“十四五”时期国家重点出版物出版专项规划项目

中国能源革命与先进技术丛书

2021 年度机械工业出版社优秀图书一等奖

电机气隙磁场调制统一理论及应用

General Airgap Field Modulation Theory for Electrical Machines and Its Applications

程　明　韩　鹏　杜　怿　文宏辉　著

机械工业出版社

本书系统地介绍了电机气隙磁场调制统一理论及应用方法，是作者团队十多年研究成果的提炼和总结。在揭示气隙磁场调制现象普遍性的基础上，完整地阐述了电机气隙磁场调制统一理论，结合实例介绍了如何利用磁场调制理论来分析计算电机性能，给出了指导电机拓扑创新的一般性原则和方法，并通过多个新型电机实例予以佐证。

本书首次将电机气隙磁场调制现象抽象化和理论化，创立了电机气隙磁场调制理论，为电机的分析和计算提供了全新的视角和方法，丰富了电机学理论，是一本难得的佳作。

本书适合电气工程及相关领域的科研人员和研究生阅读，也可供管理、设计、生产部门的人员参考。

图书在版编目（CIP）数据

电机气隙磁场调制统一理论及应用/程明等著. —北京：机械工业出版社，2021.1（2022.2重印）

ISBN 978-7-111-66740-7

Ⅰ.①电…　Ⅱ.①程…　Ⅲ.①电机-气隙磁场-调制技术
Ⅳ.①TM301.4

中国版本图书馆 CIP 数据核字（2020）第 190135 号

机械工业出版社（北京市百万庄大街22号　邮政编码100037）
策划编辑：李小平　责任编辑：李小平
责任校对：陈　越　封面设计：马精明
责任印制：单爱军
北京虎彩文化传播有限公司印刷
2022 年 2 月第 1 版第 2 次印刷
169mm×239mm · 23.5 印张 · 2 插页 · 485 千字
1901—2900 册
标准书号：ISBN 978-7-111-66740-7
定价：148.00 元

电话服务　　　　　　　　网络服务
客服电话：010-88361066　机　工　官　网：www.cmpbook.com
　　　　　010-88379833　机　工　官　博：weibo.com/cmp1952
　　　　　010-68326294　金　书　网：www.golden-book.com
封底无防伪标均为盗版　机工教育服务网：www.cmpedu.com

序　言

唐任远

中国工程院院士
国家稀土永磁电机工程技术研究中心主任
沈阳工业大学教授

电机是实现机电能量转换的电磁装置，诞生于 19 世纪 20 年代，至今已有近 200 年的历史。随着电气化、自动化和智能化的快速发展与普及，电机应用已广泛渗透至人类生产、生活的各个方面。近年来，航空航天、电气化交通、先进制造等战略性新兴产业的快速发展，对电机的性能和品质提出了更为苛刻的要求，促使各种新原理、新结构电机不断涌现，给传统电机理论带来挑战。对于磁齿轮电机、永磁游标电机、无刷双馈电机等基于磁场调制原理工作的电机，传统电机分析理论和方法已难以准确地阐释其工作原理，因此相继出现了针对不同具体电机的分析理论与方法，导致电机理论呈现"碎片化"特征，缺乏统一性和通用性，制约了电机理论和技术的发展。在此背景下，作者团队将电机气隙磁场调制现象抽象化和理论化，创立了电机气隙磁场调制理论，统一了电机原理和分析计算，丰富和发展了电机学理论。

在电机的发展史上，曾产生过多种电机分析理论与方法，较为经典的有双反应理论、旋转磁场理论、派克变换、绕组函数理论等，但是这些理论几乎无一例外地出自欧美等外国学者。据我所知，电机气隙磁场调制统一理论是首个由中国学者创立的电机新理论，甚感欣慰！这一电机理论的新突破，不仅为电机的分析计算提供了新思路和新方法，而且给电机拓扑创新提供了一般性原则和方法。2019 年，国家自然科学基金重大项目"高品质伺服电机系统磁场调制理论与设计方法"的立项，标志着电机磁场调制技术在"实践—理论—再实践"的辩证发展过程中进入了新阶段。

《电机气隙磁场调制统一理论及应用》是作者及其团队多年研究成果的集中提炼和总结，在揭示气隙磁场调制现象普遍性的基础上，系统地阐述了电机气隙磁场调制统一理论，结合实例介绍了如何利用磁场调制理论来分析计算电机性能，给出了指导电机拓扑创新的一般性原则和方法，并通过多个新型电机实例予以佐证。

本书创新性强，内容丰富，条理清晰，自成体系，是电机学科难得的一本高水平学术著作，具有重要的学术价值和现实指导意义。希望在本书的带动下，有更多学者投入电机理论与技术的研究，产出更多的创新成果，助推我国电机产业发展。

唐任远

2020 年 12 月

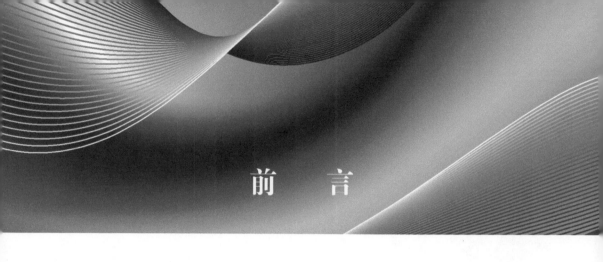

前　言

　　电机是实现机电能量转换的电磁装置，诞生于 19 世纪 20 年代，迄今已有近 200 年的历史。与其大致同期出现的电报机、白炽灯等，已被不断涌现的新技术所取代而逐步退出历史舞台，而电机不仅呈现出顽强的生命力，成为近代工业革命的活化石，且不断焕发新的生机。社会经济的快速发展对电机的需求与日俱增，电机应用场合已经从常规工业驱动，全面拓展至航空航天、交通运输、数控设备、机器人等高科技领域，应用地点也从地面立体化延伸拓展到深空、深海、深地。不同应用领域对电机性能的个性化需求，催生了各种不同结构特点、不同工作原理、不同性能优势的新型电机。特别是一些多工作谐波电机，如磁齿轮电机、永磁游标电机、无刷双馈电机等，依靠磁场调制原理工作，给电机理论带来了严峻挑战，传统电机理论已难以准确阐释部分新型电机的工作原理。相应地，出现了针对不同电机的分析理论与方法，导致电机理论呈现"碎片化"特征，缺少统一性和通用性，制约了电机理论与技术的发展。

　　本书是作者团队十多年研究成果的提炼和总结。十多年来，作者团队在研究多种新型电机的过程中，率先揭示了磁场调制现象在各类电机中的普遍存在性，并进一步将气隙磁场调制现象抽象化和理论化，创立了电机气隙磁场调制理论，统一了电机运行原理，为电机的分析与计算提供了全新的视角和方法。十多年来，团队在电机气隙磁场调制理论及应用技术方面完成 6 篇博士学位论文和多篇硕士学位论文，在国内外学术期刊发表了近百篇论文，获授权发明专利 50 余件；部分成果获 2016 年国家技术发明奖二等奖、2013 年教育部自然科学奖一等奖、2019 年江苏省科学技术成果奖一等奖、2019 年江苏省专利项目奖金奖、2017 年江苏省优秀博士学位论文、2018 年 IEEE IAS 优秀博士学位论文、2017 年第二届中国科协优秀科技论文奖等。全书共分 7 章，第 1 章绪论介绍了研究背景和本书的框架，第 2 章分析了常见电机中的气隙磁场调制现象，第 3 章建立电机气隙磁场调制统一理论，第 4 章分析了三种调制器的磁场调制行为，第 5 章应用磁场调制理论对几种典型电机的性能进行分析与计算，第 6 章介绍了电机拓扑结构创新的一般性原则和方法以及多个实例，第 7 章介绍了磁场调制理论的其他应用。

　　作为本书撰写基础的科研工作，得到了多项科研基金和项目的资助，主要包括：国家自然科学基金重大项目"高品质伺服电机系统磁场调制理论与设计方法（51991380）"，国家重点基础研究计划（973 计划）课题"高可靠性电机系统设计与容错控制（2013CB035603）"，国家自然科学基金重点项目"定子永磁型风力发电系统关键基础问题（51137001）"，国家自然科学基金海外与港澳青年学者合作研究基金项目"新型电机与特种电机（50729702）"，国家自然科学基金重大国际（地区）合作研究项目"新型双定子无刷双馈风力发电系统及其控制（51320105002）"、国家自然科学基金面上项目"电动车新型自减速永磁复合轮毂电机及其控制系统研究（51177012）""磁场调制型谐波混合励磁电机及其驱动控制策略研究（51677081）""静态密封双定子高温超导电机及其自预防失超机理研究（51777216）"，国家自然科学基金青年项目"高功率因数分段式初级永磁型游标直线电机系统研究（51307072）"，江苏省创新学者攀登项目"新型自增速永磁风力发电系统及控制（BK2010013）"等。

本书由程明提出总体撰写思路和提纲，并为全书统稿。韩鹏、杜怿和文宏辉承担了主要撰写工作。此外，孙乐起草了"6.3 定子永磁型旋转变压器"和"6.7 双转子磁齿轮功率分配电机"的初稿，王玉彬起草了"6.8 定子超导励磁磁场调制电机"的初稿。

江苏电机与电力电子联盟（Jiangsu Electrical Machines and Power Electronics League，JEMPEL）成员花为教授、樊英教授、张建忠研究员，以及李祥林、张淦、朱洒、苏鹏、朱新凯、王景霞等参与了部分研究工作；张淦博士等为本书绘制了部分插图。

中国香港大学邹国棠教授、丹麦奥尔堡大学陈哲教授参与并指导了部分研究工作。

本书还得到东南大学 JEMPEL 团队各位成员以及江苏大学朱孝勇教授和赵文祥教授等的关心和支持。

在此，一并表示衷心的感谢！

限于著者能力和水平，且电机气隙磁场调制理论以及磁场调制电机技术正处于快速发展阶段，书中难免存在疏漏和不妥之处，尚祈广大读者不吝批评指正。

程 明 谨识
2020 年 12 月于南京四牌楼

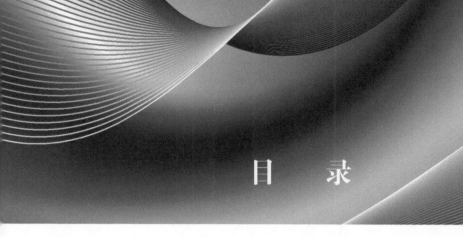

目 录

序言
前言

第1章 绪 论

1.1 电机发展历史回顾

电机是实现机电能量转换的电磁装置。自从 1834 年 Jacobi 发明直流电机、1887 年 Tesla 等发明感应电机以来的 180 多年时间里，电机技术快速发展，其应用领域日益广泛，已成为支撑国民经济发展最重要的能源动力装备之一。功率等级从数毫瓦到数百兆瓦的各类型电机，特别是直流电机、交流感应（异步）电机和交流同步电机这三大传统电机，为人类社会的发展做出了巨大贡献[1-4]。

值得一提的是，与电机大致同期出现的电报机、白炽灯等，已被不断涌现的新技术所取代而逐步退出历史舞台。而电机不仅呈现出顽强的生命力，成为近代工业革命的活化石，而且不断焕发新的生机，老而不衰、历久弥新，电机理论和技术的完善、发展和创新从未止步。

随着电气化和自动化技术的普及，电机的应用场合已经从常规工业驱动，全面拓展至航空航天、交通运输、数控设备、机器人等高科技领域，应用地点也从地面立体化延伸拓展到深空、深海、深地。不同应用领域对电机的性能要求不断细化，传统的有刷直流电机、感应电机和同步电机已难以满足新领域、新应用的苛刻要求。与此同时，材料技术、加工制造技术以及控制技术等快速发展，与新的应用需求相结合，催生了各种不同结构特点、不同工作原理、不同性能优势的新型电机，如磁阻同步电机[5-7]、永磁无刷电机[8,9]、游标电机[10]、无刷双馈感应电机[11-13]、无刷双馈磁阻电机[14,15]、横向磁通电机[16]、开关磁阻电机[17,18]、定子永磁无刷电机[19-22]、永磁游标电机[23,24]、磁齿轮复合电机[25-28]、双机械端口电机[29,30] 等。

与此同时，电机理论也随之不断丰富和完善。除了电机所遵循的电磁感应定律、电磁力定律等基本的物理定律外，为了解决不同电机的性能分析与计算，相应地出现了多种电机理论和分析方法。

例如，针对凸极同步电机的直轴和交轴磁阻不相等给电枢反应计算所带来的困难，勃朗德（A. Blondel）提出了双反应理论[31,32]，即当电枢磁动势 F_a 的轴线既不与直轴也不与交轴重合时，可以将 F_a 分解为直轴分量 F_{ad} 和交轴分量 F_{aq}（见图 1-1），然后分别求出直轴电枢反应磁场和交轴电枢反应磁场，最后将它们进行叠加。实践证明，当不计磁路饱和时，采用双反应理论可取得令人满意的结果。此后，派克（R. H. Park）进一步将双反应理论进行概括和拓展，提出了著名的派克变换，从而建立了同步电机稳态和暂态下的电流、电压、功率和转矩的通用计算公式[33]，为同步电机的分析计算带来了极大方便。

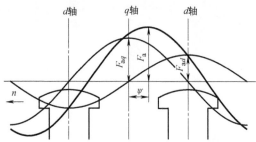

图 1-1　凸极同步电机的电枢磁动势分解为直轴分量和交轴分量

又如，克朗（G. Kron）提出了分析电机的统一理论[34]，将电机理论提高到一个新水平。他首次从能量的角度分析电机特性。在此基础上，多位学者进一步发展出机电能量转换理论[35]。根据能量守恒定律，电机中存在四种能量形式：电能、机械能、电磁场储能和热能。按照电动机惯例可写出能量方程为

$$\begin{pmatrix} 电源输入 \\ 的电能 \end{pmatrix} = \begin{pmatrix} 耦合场储能 \\ 的增量 \end{pmatrix} + \begin{pmatrix} 输出的 \\ 机械能 \end{pmatrix} + \begin{pmatrix} 转换成热的 \\ 能量损耗 \end{pmatrix} \tag{1-1}$$

并提出了磁共能概念，磁共能与磁能的关系为

$$W_m = \int_0^{\psi_1} i \mathrm{d}\psi = i_1 \psi_1 - \int_0^{i_1} \psi \mathrm{d}i = i_1 \psi_1 - W'_m \tag{1-2}$$

式中，W_m 为磁能；W'_m 为磁共能；i_1 为电机绕组电流；ψ_1 为磁链。

用图形表示时，磁共能为图 1-2 中的垂直阴影部分的面积。而磁共能对机械位移的变化率即为电磁转矩

$$T = \frac{\mathrm{d}W'_m}{\mathrm{d}\theta} \tag{1-3}$$

式中，T 为电磁转矩；θ 为电机机械位移角。

再如，阿德金斯（B. Adkins）等所提出的交流电机统一理论，任何电机通过坐标变换都可以等效为一台原型电机，如图 1-3 所示。基于该原型电机可以推导出一组表示原型电机电压和电流关系的电压方程式，以及表示转矩和电流关系的转矩方程式，然后采用统一的方法求解[36]。

表 1-1 中列出了在电机发展史上具有代表性的电机理论以及它们的适用对象、提出者等信息，这些理论共同构成了经典电机学理论，为以直流电机、感应电机和同步电机为代表的电机技术的发展奠定了坚实的理论基础。

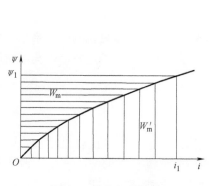

图 1-2　磁能与磁共能

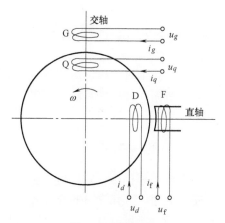

图 1-3　原型电机

表 1-1　电机学理论的代表性内容

年份	电机理论名称	典型应用	提出者	提出者国家
1913	双反应理论[31,32]	凸极同步电机、同步磁阻电机	A. Blondel	法国
1925	旋转磁场理论[37]	正弦波交流电机	K. L. Hansen	美国
1926	正交磁场理论[38]	正弦波交流电机	H. R. West	美国
1929	Park 变换[33]	正弦波交流电机	R. H. Park	美国
1930	电机统一理论[34]	机电转换装置	G. Kron	美国
1954	应用对称分量法分析交流电机瞬态[39]	正弦波交流电机	W. V. Lyon	美国
1959	空间矢量理论[40]	感应电机和同步电机	Pák K. Kovács	匈牙利
1973	基于等效磁路的统一理论[41]	感应电机、同步电机和直流电机	J. Fienne	英国
1975	交流电机统一理论[36]	正弦波交流电机	B. Adkins	英国
1990	绕组函数理论[42,43]	交流感应电机和同步电机	T. A. Lipo	美国
1992	交流电路和电机的螺旋矢量理论[44]	交流电机	S. Yamamura	日本
1994	基于磁链-电流轨迹的统一转矩生成理论[45]	所有电机类型	D. A. Staton	英国
2017	电机气隙磁场调制统一理论[46]	所有电机类型	程明	中国

1.2 经典电机学理论的局限性

尽管经典电机学理论给传统直流电机、感应电机、同步电机的分析带来了极大的便利，然而在分析大量新结构电机时仍显得力不从心。归纳起来，经典电机学理论的局限性主要体现在以下三个方面。

1.2.1 电机理论呈现碎片化

现有电机理论中，双反应理论用于分析同步电机[31-33]，旋转磁场理论[37] 和正交磁场理论[38] 用于分析交流电机，基于磁链-电流轨迹的统一转矩生成理论采用数值手段分析所有电机[45]，绕组函数理论用于分析感应电机、隐极或凸极同步电机[43]，基于双轴原型电机模型的交流电机统一理论[36] 和基于等效磁路的统一理论[41] 主要用于分析感应电机和同步电机，可进一步扩展用于直流电机。可见，某些理论仅对部分类型电机有效，并不适用于全部电机。

此外，某些理论仅能作为电机性能定量分析的工具，而不能描述电机的本质物理特性，或反之。例如，B. Adkins 等基于理想电机模型建立的交流电机统一理论[36]，能准确描述正弦电流交流电机，但对非标准正弦电流交流电机，其应用效果就要大打折扣；J. Fienne 利用等效磁路建立的统一理论[41]，虽然既可用于交流电机，也可用于直流电机，但却只能用于性能计算，无法揭示机电能量转换的内在机理和物理本质。

另一方面，某些结构上相同或相似的电机，从不同的角度可理解为不同类型的电机。例如，图 1-4 和图 1-5 所示电机，从机械结构上看，由内到外都有三层，即最内层的永磁体层、中间的凸极转子层和最外的绕组层。但图 1-4 所示电机被视为磁齿轮复合电机[47]，而图 1-5 所示电机被认为是分裂定子磁通切换永磁电机[48]。

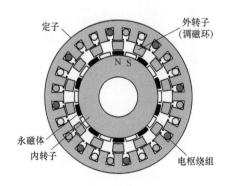

图 1-4 磁齿轮复合电机[47]

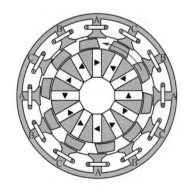

图 1-5 分裂定子磁通切换永磁电机[48]

1.2.2 原理分析存在局限性

面对一些新型/特种电机时，经典电机学理论不再完全适用，或者说经典电机学理论已难以用于这些新型电机的工作原理解释和性能参数分析。举例来说，根据经典电机学理论与机电能量转换基本原理[1,2]，电机能够实现机电能量转换的前提之一是定子绕组极对数必须等于转子磁场极对数。然而，对于如图1-6所示的永磁游标电机（Permanent Magnet Vernier Machine, PMVM）[23]，其电枢绕组通电后形成 1 对极的电枢磁场，但其转子却有 17 对永磁磁极，直观地看，其定、转子极对数明显不等，电机无法运行；即使考虑绕组磁势谐波，17 次谐波磁动势幅值很小，与转子磁场作用产生的转矩基本可以忽略，该类电机似乎没有实用价值。但研究结果表明，该类型电机不仅能实现机电能量转换，而且其转矩密度等性能还要优于常规永磁电机[49]，其原因将在本书后面解释。

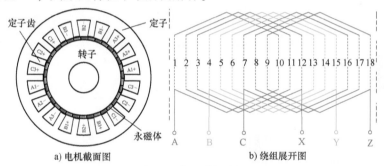

a) 电机截面图   b) 绕组展开图

图 1-6 永磁游标电机

再如，如图1-7所示为一台定子 12 槽、转子 10 极磁通切换永磁电机（Flux-Switching Permanent Magnet Machine, FSPM）[50,51]，其电枢绕组和永磁体都位于定子，转子为简单凸极铁心。该电机定子上有 12 块永磁体，相邻永磁体充磁方向相反，形成 6 对极的静止磁场，转子上有 10 个凸极，根据其转速、电流频率等关系获得的等效主极对数等于 4，既不等于定子永磁磁场极对数，也不等于转子凸极数，难以用经典电机学理论中极对数的概念来解释。

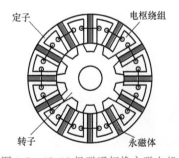

图 1-7 12/10 极磁通切换永磁电机

1.2.3 性能分析缺乏统一性

由于电机理论的碎片化，导致不同类型电机的分析彼此割裂，缺少内在统一性。即使对同为交流电机的感应（异步）电机和同步电机，也是沿着两条独立的技术途径进行分析，所得到的结果，如等效电路、相量图、转矩表达式以及转矩特性曲线，从形式到内容都缺少可比性，见表 1-2。这种困境在早期应用中可能并不突出，因为异步电机主要用作电动机，同步电机主要用作发电机，很少有需要将异步电机与同步电机直接做比较。但是，近年来同步电机（特别是永磁同步电机）被大量用作电动机，在针对某种具体应用时，常面临是选用异步电机还是同步电机的问题，而现有电机学理论难以直接比较二者的性能，只能依据实际电机的测试结果做出选择，不仅给工程实践带来了诸多不便，也制约了电机技术的发展。

表 1-2　交流感应电机与同步电机的分析模型对比

	感应电机	同步电机（隐极式为例）
等效电路	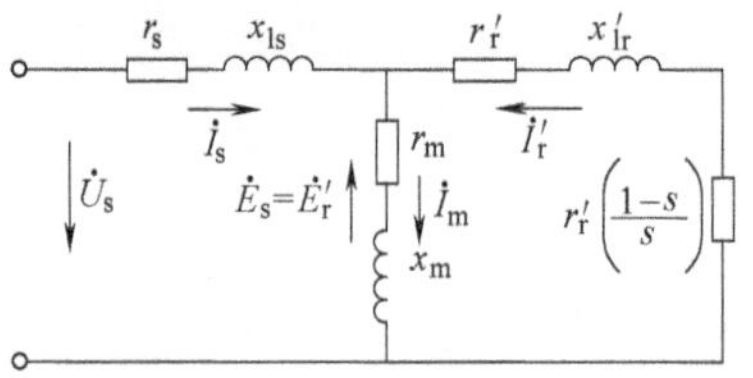	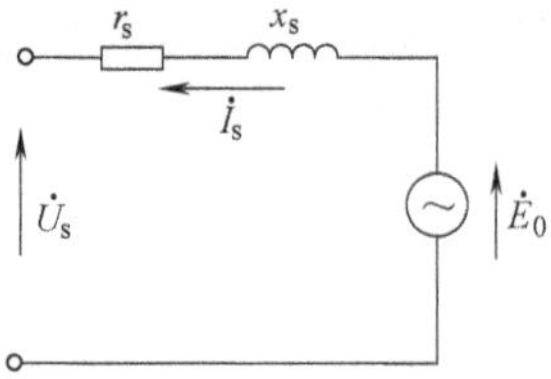
相量图	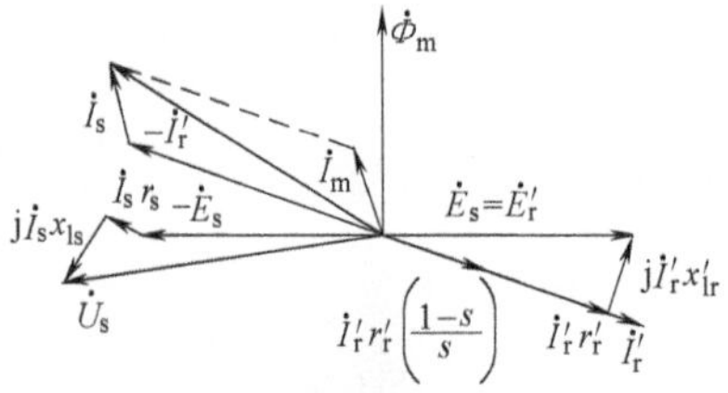	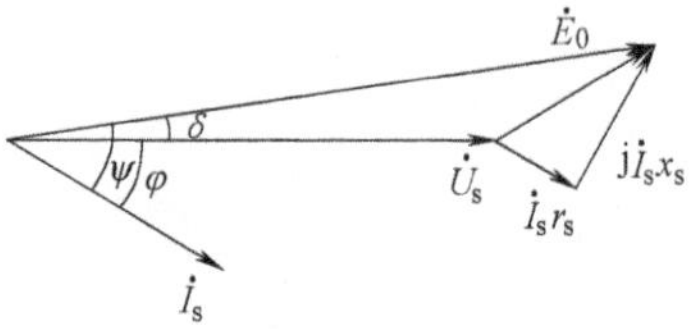
转矩表达式	$T = \dfrac{p}{\omega_1} U_s^2 \dfrac{s r_r'}{(s r_s + c_1 r_r')^2 + s^2 (x_{1s} + c_1 x_{1r}')^2}$	$T = \dfrac{p}{\omega_1} \dfrac{E_0 U_s}{x_s} \sin\delta$
转矩特性曲线	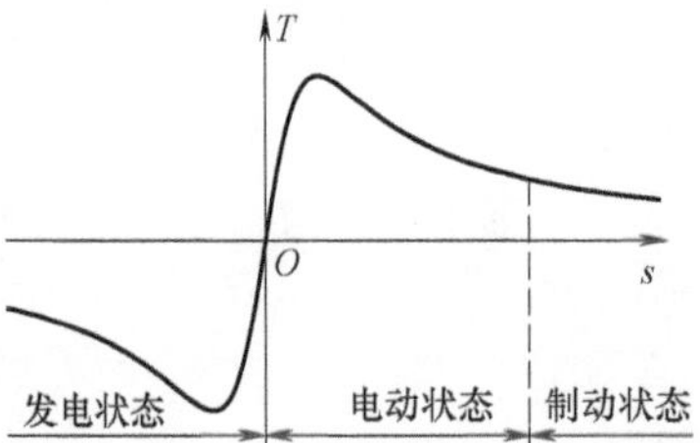	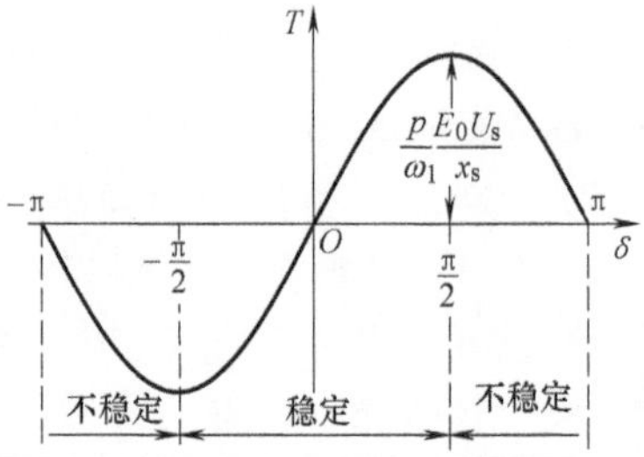

1.3　磁场调制电机及其理论的发展概况

在电机中利用"磁场调制"技术起源于 20 世纪 60 年代 C. H. Lee 教授提出的磁阻游标电机（reluctance vernier motor）[10]，如图 1-8 所示。这种电机也称为感应子式电动机（inductor motor）[52,53] 或电磁减速电动机[54]。该电机定子上包含 N_{ST} 个定子齿和 p 对极电枢绕组，转子上设置 N_{RT} 个凸极。它利用定、转子的开口槽使

气隙磁导发生变化，从而实现电磁减速，
C. H. Lee 教授给出了所谓 "电齿轮变比（electric
gear ratio）" 的定义（以后文献称其为 "磁齿轮
变比"），其实质即由定、转子凸极铁心对气隙磁
导进行重构，实现变速，可视为 "磁场调制" 的
雏形。

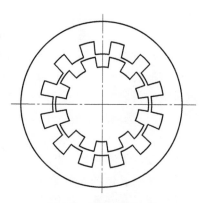

图 1-8 磁阻游标电机

　　为改善磁阻游标电机转矩密度和运行效
率，日本学者 A. Ishizaki 等[55] 通过在磁阻游
标电机定子和转子槽内嵌入永磁体的方式，提
出了一种永磁游标电机。随后，日本富士公司
A. Toba 等[23] 则进一步提出了分裂齿式、开口
槽式和双定子式转子永磁型游标电机结构；杜伦大学的 E. Spooner 教授[56] 则提出
了一种将永磁体贴于定子齿表面的混合游标电机。虽然永磁游标电机和混合游标电
机均基于永磁体产生励磁磁场，但其定子齿数、转子凸极数和电枢绕组极对数的关
系仍与磁阻游标电机一致，仍然可采用气隙磁导重构方法进行分析。

　　无刷双馈电机可视为用交流绕组替代永磁游标电机中的永磁体。Broadway 较早揭
示了无刷双馈磁阻电机中的 "磁场调制" 现象[13]；文献 [57, 58] 基于磁场调制原理
分析了双馈磁阻电机的气隙磁导、气隙磁场以及两者之间的关系，阐明了 "和调制"
和 "差调制" 的区别，进而揭示出双馈磁阻电机中 "极数转换器" 的实质。据作者所
知，文献 [13] 可能是最早使用磁场 "调制（modulation）" 一词的论文。

　　2001 年，英国谢菲尔德大学 K. Atallah 和 D. Howe
教授提出了一种磁场调制式同轴磁齿轮[25]，可视为将
双馈电机中两套绕组产生的旋转磁场替换为旋转的永
磁转子，形成内、外双转子结构，并基于中间静止的
磁阻式调磁环的 "磁场调制" 作用，实现内外转子
的变速变转矩传动，如图 1-9 所示。文献 [59] 利用
磁场调制概念分析了磁齿轮的工作原理。因此，后来
也将 "磁场调制" 称为 "磁齿轮效应（magnetic-gear
effect）"，两个词可并列或互换使用。

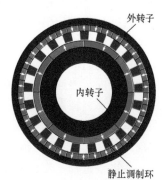

图 1-9 同轴磁齿轮

　　近年来，"磁场调制" 现象得到了前所未有的关
注。中国香港大学邹国棠教授等首次将磁齿轮与永磁
同步电机集成，提出了所谓的磁齿轮复合电机（magnetic-geared motor）[27]。此后，
各种基于 "磁场调制" 原理的不同类型的磁齿轮复合电机[60-62]、永磁游标电
机[63,64]、磁场调制电机[65-68] 和分裂定子电机[69,70] 等新型拓扑结构电机不断涌
现，丰富了电机学科的研究内容。同时，各种类型电机中的 "磁场调制" 现象不
断被揭示，为这些电机的分析提供了全新视角。例如，英国皇家工程院院士

Z. Q. Zhu 教授[71]、中国香港理工大学牛双霞博士[72] 以及作者团队[73] 等几乎同时发现了磁通切换永磁电机中存在的"磁场调制"现象,即位于定子的永磁体产生的静止永磁磁场,经过定子齿和转子凸极的"双重调制"后,在电机气隙中产生了丰富的旋转磁场谐波分量,而磁通切换永磁电机正是基于其中的部分磁场分量实现机电能量转换;华中科技大学曲荣海教授等分析了磁齿轮与游标电机的关系[74],即磁场调制原理;中国香港理工大学傅为农教授等基于磁齿轮原理建立了磁场调制分析方法,并统一分析比较了基本磁场调制电机、永磁游标电机、双馈磁阻电机和定转子双永磁电机[75]。

综上所述,磁场调制原理的理解和磁场调制现象的发现,对电机运行所起到的关键性作用已经在部分电机中得到了初步印证[30,76,77]。然而,现有研究主要局限在狭义的磁场调制电机(包括游标电机、磁齿轮电机等),并主要围绕由凸极齿(包括定子齿和转子齿)形成的交替气隙磁导产生的少数主要谐波磁场对电机输出的作用进行讨论,而未能从理论上真正揭示和统一各类电机中由凸极齿或短路线圈导致的磁场谐波的产生和变化机理,也并未就励磁源和电枢绕组在磁场调制现象下进行全面的特殊分析与设计。因此,现有的研究仍处在"调制现象"的偶然发现、"调制原理"的理论解释和原理阐述阶段,尚未到达完全理解和充分应用磁场调制阶段,更未能将磁场调制现象**抽象化**和**理论化**,因而也就无法在统一的理论平台上对不同类型和不同原理的电机进行分析与设计。

作者团队多年来在研究定子永磁电机[78-85]、永磁游标电机[86]、磁齿轮复合电机[87,88] 以及无刷双馈电机[89,90] 等过程中,揭示了它们都基于磁场调制原理工作的内在统一性,并进一步尝试用磁场调制原理分析传统的直流电机、感应电机和同步电机,从而揭示出磁场调制原理不仅适用于磁齿轮、游标电机等狭义的磁场调制电机,同样适用于传统电机,即磁场调制现象具有普遍性,存在于各类电机中。由此触发了我们的思考:既然磁场调制现象具有普遍性,那么能否将这种内在统一性从理论上进行表达,从而建立一种全新的统一理论?在此思想激励下,作者团队历经多年的反复探索和尝试,首次将单元电机抽象为"励磁源—调制器—滤波器"三个基本要素的级联,实现电机定转子极对数的解耦,并构建出调制算子函数,将调制现象数学化,从而创立了电机气隙磁场调制统一理论[46],并尝试采用这一理论对一些电机进行了定性和定量分析[91-99],验证了其有效性。

电机气隙磁场调制理论一经建立,就受到了国内外同行的关注和引用,以代表性文献 [46] 为例,于 2017 年发表后不久即入选 ESI 高被引论文并一直持续至今。多位国内外知名学者给予了充分肯定和正面评价。例如,IEEE Fellow、中国香港大学电机系主任 K. T. Chau 教授等认为磁场调制理论是继统一转矩生成理论、绕组函数理论等经典电机学理论之后又一电机新理论,"满足了新型电机性能分析的需要"[100];英国皇家工程院院士 Z. Q. Zhu 教授等认为该理论解决了长期困扰学术界的"不同极对数磁场产生转矩的机理"难题[101];中国香港理工大学 Fu W. N. 教授等认为该理论"统一了电机运行原理"[102];中国工程院院士、英国皇家工程院院士陈清泉等在论文中将该理论与旋转磁场理论、双反应理论、交流电机统一理论等经典电机学理论相媲美,并认为:"统一了包括直流、交流、凸极、隐极、正弦波驱动、方波驱动等全类型电磁电机的定性分析与定量计算"[103];美国伊利诺伊大学香槟分校的 Banerjee A. 等利用磁场调制理论阐释了"无刷双馈电机通过感应/磁阻转子对气隙磁场的调制实现具有不同极对数的二个定子绕组的耦合"[104];伊朗乌尔米亚大学 Torkaman H. 认为,电机磁场调制理论"详细地阐明了新型拓扑电机的工作原理"[105]。国内外同行的肯定和正面评价给我们以极大鼓舞,增强了我们将相关内容整理成书的信心。

1.4 本书的总体思路与框架

本书的目的是将电机气隙磁场调制统一理论系统地介绍给读者,并力图尝试采用这一理论来解释电机工作原理、分析电机工作特性,指导电机拓扑创新等,希望起到抛砖引玉之效,吸引更多学者的关注和参与,共同促进电机气隙磁场调制统一理论的完善及推广应用,与经典电机理论形成互补,丰富和发展电机学理论,推动电机学科的发展。

本书拟在揭示常见电机中磁场调制现象的基础上,建立电机气隙磁场调制统一理论,然后利用该理论来定性分析常见电机(包括传统直流电机、感应电机、同步电机等)的工作原理,定量计算其关键参数,指导电机拓扑创新等。总体框架如下:

第1章绪论,通过回顾电机及其理论发展历史,分析经典电机理论的局限性,说明建立电机气隙磁场调制理论的出发点和必要性。

第2章对常见电机中的气隙磁场调制现象进行分析,以揭示磁场调制现象在电机中的普遍存在性。

第3章是本书的核心和重点,将具有一个定子、一个转子和一层气隙的单元电机抽象为励磁源、调制器和滤波器三个要素的级联,通过绕组函数建立了励磁源和滤波器的数学描述,并进一步构建了调制算子函数,从而为电机三要素建立了统一数学模型,形成了电机气隙磁场调制统一理论;为便于理解,将其与电力电子开关变换器做对偶比较;最后以几种常见电机为例分析了气隙磁场调制统一理论的适用性。

第4章则分析了不同调制行为及其转矩成分之间的关系,对比分析了凸极磁阻、多层磁障和短路线圈三种调制器的特点以及彼此之间的等效性和互换性。

第5章则应用磁场调制理论对多种常见电机进行定性分析和定量计算,并与有限元数值计算结果和实验结果进行了对比,以说明磁场调制理论的正确性、可行性以及统一性。

第6章介绍了在磁场调制统一理论指导下的电机拓扑结构创新,在阐明电机拓扑结构创新的一般原则和方法的基础上,举例介绍了近年来出现的基于磁场调制原理的新型电机。

第 7 章则介绍了气隙磁场调制统一理论在电机径向力分析、变极绕组设计等方面的应用。

需要指出的是，如无特别说明，本书中的"电机"均指以磁场为媒介进行机电能量转换的电磁电机，使用静电场作为机电能量转换媒介的电容电机不在本书讨论范围之内。对电容电机的分析可以按照磁场调制理论的基本思路，通过磁场与电场的对偶性展开。

参 考 文 献

[1]　吴大榕. 电机学 [M]. 北京：水利电力出版社，1979.

[2]　汤蕴璆. 电机学—机电能量转换 [M]. 北京：机械工业出版社，1982.

[3]　曾继铎，译. 机电能量变换 [M]. 上海：上海科技出版社，1964.

[4]　SEELY S. Electromechanical energy conversion [M]. New York：McGraw-Hill，1962.

[5]　TALAAT M E. Steady-state and transient synthesis of 3-phase reluctance motors (synchronous motors without field excitation) [J]. Transactions of the American Institute of Electrical Engineers，1951，70 (2)：1963-1970.

[6]　周鹗，顾仲圻. 新型磁阻电动机磁路分析和参数计算 [J]. 中国科学 (A 辑)，1983，13 (6)：571-580.

[7]　周鹗，程明. 复合实心转子磁阻电机稳态性能计算 [J]. 南京：东南大学学报，1989，19 (1)：24-31.

[8]　BRAINARD M W. Synchronous machines with rotating permanent-magnet fields (Part I) characteristics and mechanical construction [J]. Transactions of the American Institute of Electrical Engineers (Part Ⅲ)：Power Apparatus & Systems，1952，71 (1)：670-676.

[9]　CHAU K T，CHAN C C，LIU C. Overview of permanent-magnet brushless drives for electric and hybrid electric vehicles [J]. IEEE Transactions on Industrial Electronics，2008，55 (6)：2246-2257.

[10]　LEE C H. Vernier motor and its design [J]. IEEE Transaction on Power Apparatus and Systems，1963，82 (66)：343-349.

[11]　BROADWAY A R W，BURBRIDGE L. Self-cascaded machine：a low speed motor or high frequency brushless alternator [J]. Proceedings of IEE，1970，117 (7)：1277-1290.

[12]　HAN P，CHENG M，LUO R. Design and analysis of a brushless doubly-fed induction machine with dual-stator structure [J]. IEEE Transactions on Energy Conversion，2016，31 (3)：1132-1141.

[13]　BROADWAY A R W. Cageless induction machine [J]. Proceedings of IEE，1971，118 (11)：1593-1600.

[14]　XU L，LIANG F，LIPO T A. Transient model of a doubly excited reluctance motor [J]. IEEE Transactions on Energy Conversion，1991，6 (1)：126-133.

[15]　HAN P，ZHANG J，CHENG M. Analytical analysis and performance characterization of brush-

less doubly-fed machines with multi-barrier rotors [J]. IEEE Transactions on Industry Applications, 2019, 55 (6): 5758-5767.

[16] LAITHWAITE E R, EASTHAM J F, BOLTON H R, et al. Linear motors with transverse flux [J]. Proceedings of IEE, 1971, 118 (12): 1761-1767.

[17] LAWRENSON P J, STEPHENSON J M, BLENKINSOP P T, et al. Variable-speed switched reluctance motors [J]. IEE Proceedings on Electric Power Applications, 1980, 127 (4): 253-265.

[18] 蒋全. 开关磁阻电机基础理论研究 [D]. 南京: 东南大学, 1991.

[19] LIAO Y, LIANG F, LIPO T A. A novel permanent magnet motor with doubly salient structure [C]. Conference Record of IEEE IAS Annual Meeting, 1992, 1: 308-314.

[20] 程明. 双凸极变速永磁电机的运行原理及静态特性的线性分析 [J]. 科技通报, 1997, 13 (1): 16-20.

[21] CHENG M, HUA W, ZHANG J, et al. Overview of stator-permanent magnet brushless machines [J]. IEEE Transactions on Industrial Electronics, 2011, 58 (11): 5087-5101.

[22] 程明, 张淦, 花为. 定子永磁型无刷电机系统及其关键技术综述 [J]. 中国电机工程学报, 2014, 34 (29): 5204-5220.

[23] TOBA A, LIPO T A. Novel dual-excitation permanent magnet vernier machine [C]. Conference Record of IEEE IAS Annual Meeting, 1999, 4: 2539-2544.

[24] DU Y, CHAU K T, CHENG M, et al. Design and analysis of linear stator permanent magnet vernier machines [J]. IEEE Transactions on Magnetics, 2011, 47 (10): 4219-4222.

[25] ATALLAH K, HOWE D. A novel high-performance magnetic gear [J]. IEEE Transactions on Magnetics, 2001, 37 (4): 2844-2846.

[26] ATALLAH K, RENS J, MEZANI S, et al. A novel 'pseudo' direct-drive brushless permanent magnet machine [J]. IEEE Transactions on Magnetics, 2008, 44 (12): 4605-4617.

[27] CHAU K T, ZHANG D, JIANG J Z, et al. Design of a magnetic-geared outer-rotor permanent-magnet brushless motor for electric vehicles [J]. IEEE Transactions on Magnetics, 2007, 43 (6): 2504-2506.

[28] FAN Y, JIANG H, CHENG M, et al. An improved magnetic-geared permanent magnet in-wheel motor for electric vehicles [C]. IEEE Vehicle Power and Propulsion Conference, Lille, France, 2010: 1-5.

[29] XU L. Dual-mechanical-port electric machines-concept and application of a new electric machine to hybrid electrical vehicles [J]. IEEE Industry Applications Magazine, 2009, 15 (4): 44-51.

[30] CHENG M, HAN P, BUJA G, et al. Emerging multi-port electrical machines and systems: past developments, current challenges and future prospects (invited paper) [J]. IEEE Transactions on Industrial Electronics, 2018, 65 (7): 5422-5435.

[31] BLONDEL A E. Synchronous motors and converters [M]. New York: McGraw-Hill, 1913.

[32] DOHERTY R E, NICKLE C A. Synchronous machines I—an extension of Blondel's two-reaction theory [J]. Transactions of the American Institute of Electrical Engineers, 1926, XLV: 912-947.

[33] PARK R H. Two-reaction theory of synchronous machine generalized method of analysis-part I [J]. Transactions of the American Institute of Electrical Engineers, 1929, 48 (9): 716-727.

[34] KRON G. Generalized theory of electrical machinery [J]. Transactions of the American Institute of Electrical Engineers, 1930, 49 (2): 666-683.

[35] 卓忠疆. 机电能量转换 [M]. 北京：水利电力出版社, 1987.

[36] ADKINS B, HARLEY R G. The general theory of alternating current machines [M]. London: Chapman and Hall Ltd., 1975.

[37] HANSEN K L. The rotating magnetic field theory of A-C motors [J]. Transactions of the American Institute of Electrical Engineers, 1925, XLIV: 340-348.

[38] WEST H R. The cross-field theory of alternating-current machines [J]. Transactions of the American Institute of Electrical Engineers, 1926, XLV: 466-474.

[39] LYON W V. Transient analysis of alternating-current machinery—an application of the method of symmetrical components [M]. New Jersey: John Wiley, 1954.

[40] KOVÁCS K P, RÁCZ I. Transiente vorgänge in wechselstrom-maschinen. Bd. I-II. (in German) [M]. Budapest: Akadémiai Kiadó, 1959.

[41] FIENNE J. New approach to general theory of electrical machines using magnetic equivalent circuit [J]. Proceedings of the Institution of Electrical Engineers, 1973, 120 (1): 94-104.

[42] MOREIRA J C, LIPO T A. Modelling of saturated AC machines including air gap flux harmonic components [C]. Conference Record of the IEEE Industry Application Society Annual Meeting, Seattle, 1990: 37-44.

[43] LIPO T A. Winding distribution in an ideal machine [M]. in Analysis of Synchronous Machine. 2nd ed. Boca Raton, FL, USA: CRC Press, 2012: 1-76.

[44] YAMAMURA S. Spiral vector theory of AC circuits and machines [M]. Oxford: Clearendon Press, 1992.

[45] STATON D A, SOONG W L, DEODHAR R P, et al. Unified theory of torque production in AC, DC and reluctance motors [C]. Proceedings of the IEEE IAS Annual Meeting, Denver, 1994: 149-156.

[46] CHENG M, HAN P, HUA W. General airgap field modulation theory for electrical machines [J]. IEEE Transactions on Industrial Electronics, 2017, 64 (8): 6063-6074.

[47] SUN L, CHENG M, JIA H. Analysis of a novel magnetic-geared dual-rotor motor with complementary structure [J]. IEEE Transactions on Industrial Electronics, 2015, 62 (11): 6737-6747.

[48] EVANS D J, ZHU Z Q. Novel partitioned stator switched flux permanent magnet machines [J]. IEEE Transactions on Magnetics, 2015, 51 (1): Article#8100114.

[49] LI X, CHAU K T, CHENG M. Comparative analysis and experimental verification of an effective permanent-magnet vernier machine [J]. IEEE Transactions on Magnetics, 2015, 51 (7): Article# 8203009.

[50] HOANG E, BEN-AHMED E H. Switching flux permanent magnet polyphased machines [C]. Proceedings of European Conference on Power Electronics & Applications, Trondheim, 1997: 903-908.

[51] ZHU Z Q, PANG Y, HOWE D, et al. Analysis of electromagnetic performance of flux-switching permanent magnet machines by non-linear adaptive lumped parameter magnetic circuit model

[J]. IEEE Transactions on Magnetics, 2005, 41 (11): 4277-4287.

[52] MUKHERJI K C, TUSTIN A. (黄大绪译). 感应子式电动机研究 [J]. 控制微电机, 1976, Z1: 62-69.

[53] 顾其善. 永磁转子感应子式同步电动机 [J]. 哈尔滨工业大学学报, 1978, Z1: 71-85.

[54] 励鹤鸣, 励庆孚. 电磁减速式电动机 [M]. 北京: 机械工业出版社, 1982.

[55] ISHIZAKI A, TANAKA T, TAKASAKI K, et al. Theory and optimum design of PM vernier motor [C]. Proceedings of IEE ICEMD, 1995: 208-212.

[56] SPOONER E, HAYDOCK L. Vernier hybrid machines [J]. IEE Proceedings-Electric Power Applications, 2003, 150 (6): 655-662.

[57] WANG F, ZHANG F. Field modulation principle and design criteria of a doubly-fed reluctance machine [C]. Proceedings of International Conference on Electrical Machines and Systems, Hangzhou, China, 1995: 457.

[58] 王凤翔, 张凤阁. 磁场调制式无刷双馈交流电机 [M]. 长春: 吉林大学出版社, 2004.

[59] ATALLAH K, CALVERLEY S D, HOWE D. Design, analysis and realisation of a high-performance magnetic gear [J]. IEE Proceedings-Electric Power Applications, 2004, 151 (2): 135-143.

[60] JIAN L, CHAU K. T, JIANG J Z. A magnetic-geared outer-rotor permanent-magnet brushless machine for wind power generator [J]. IEEE Transactions on Industrial Applications, 2009, 45 (3): 954-962.

[61] DU Y, CHAU K T, CHENG M, et al. A linear magnetic-geared permanent magnet machine for wave energy generation [C]. Proceedings of International Conference on Electrical Machines and Systems, Incheon, Republic of Korea, 2010: 1538-1541.

[62] ZHAO X, NIU S. Design and optimization of a new magnetic-geared pole-changing hybrid excitation machine [J]. IEEE Transactions on Industrial Electronics, 2017, 64 (12): 9943-9952.

[63] LI J, CHAU K T, JIANG J Z, et al. A new efficient permanent magnet vernier machine for wind power generation [J]. IEEE Transactions on Magnetics, 2010, 46 (6): 1475-1478.

[64] DU Y, CHAU K T, CHENG M, et al. Theory and comparison of the linear stator permanent magnet vernier machine [C]. Proceedings of the International Conference on Electrical Machines and Systems, Beijing, 2011: 1-4.

[65] BAI J, ZHENG P, CHENG L, et al. New magnetic-field-modulated brushless double-rotor machine [J]. IEEE Transactions on Magnetics, 2015, 51 (11): Article# 8112104.

[66] LI D, QU R, LI J. Topologies and analysis of flux-modulation machines [C]. IEEE Energy Conversion Congress and Exposition (ECCE), 2015: 2153-2160.

[67] LI X, LIU S, WANG Y. Design and analysis of a stator HTS field-modulated machine for direct-drive applications [J]. IEEE Transactions on Applied Superconductivity, 2017, 27 (4): Article# 5201005.

[68] CHENG M, ZHU X, WANG Y, et al. Effect and inhibition method of armature-reaction field on superconducting coil in field-modulation superconducting electrical machine [J]. IEEE Transactions on Energy Conversion, 2020, 35 (1): 279-291.

［69］ WU Z Z, ZHU Z Q. Analysis of magnetic gearing effect in partitioned stator switched flux PM machines ［J］. IEEE Transactions on Energy Conversion, 2016, 31 (4)：1239-1249.

［70］ ZHU X, CHEN Y, XIANG Z, et al. Electromagnetic performance analysis of a new stator-partitioned flux memory machine capable of online flux control ［J］. IEEE Transactions on Magnetics, 2016, 52 (7)：Aricle# 8203704.

［71］ WU Z Z, ZHU Z Q. Analysis of air-gap field modulation and magnetic gearing effects in switched flux permanent magnet machines ［J］. IEEE Transactions on Magnetics, 2015, 51 (5)：Article# 8105012.

［72］ SHENG T, NIU S, FU W N, et al. Topology exploration and torque component analysis of double stator biased flux machines based on magnetic field modulation mechanism ［J］. IEEE Transactions on Energy Conversion, 2018, 33 (2)：584-593.

［73］ DU Y, XIAO F, HUA W, et al. Comparison of flux-switching PM motors with different winding configurations using magnetic gearing principle ［J］. IEEE Transactions on Magnetics, 2016, 52 (5)：Article# 8201908.

［74］ QU R, LI D, WANG J. Relationship between magnetic gears and vernier machines ［C］. IEEE International Conference on Electrical Machines and Systems (ICEMS), 2011：1-6.

［75］ FU W N, LIU Y. A unified theory of flux-modulated electric machines ［C］. International Symposium on Electrical Engineering (ISEE), Hong Kong, China, 2016：1-13.

［76］ ZHU Z Q, LIU Y. Analysis of air-gap field modulation and magnetic gearing effect in fractional slot concentrated winding permanent magnet synchronous machines ［J］. IEEE Transactions on Industrial Electronics, 2018, 65 (5)：3688-3698.

［77］ CHEN Y, FU W, WENG X. A concept of general flux-modulated electric machines based on a unified theory and its application to developing a novel doubly-fed dual-stator motor ［J］. IEEE Transactions on Industrial Electronics, 2017, 64 (12)：9914-9923.

［78］ 花为. 新型磁通切换型双凸极永磁电机的设计、分析与控制 ［D］. 南京：东南大学, 2007.

［79］ 朱孝勇. 混合励磁双凸极电机及其驱动控制系统研究 ［D］. 南京：东南大学, 2008.

［80］ 张建忠. 定子永磁电机及其风力发电应用研究 ［D］. 南京：东南大学, 2008.

［81］ 赵文祥. 高可靠性定子永磁型电机及容错控制 ［D］. 南京：东南大学, 2010.

［82］ 於锋. 九相磁通切换永磁电机系统及容错控制研究 ［D］. 南京：东南大学, 2016.

［83］ 张淦. 磁通切换型定子励磁无刷电机的分析与设计 ［D］. 南京：东南大学, 2016.

［84］ 李烽. 九相磁通切换型永磁风力发电机设计与分析 ［D］. 南京：东南大学, 2018.

［85］ 邵凌云. 十二相磁通切换永磁风力发电机设计与分析 ［D］. 南京：东南大学, 2018.

［86］ 杜怿. 直驱式海浪发电用初级永磁型直线游标电机及其控制系统研究 ［D］. 南京：东南大学, 2013.

［87］ 李祥林. 基于磁齿轮原理的场调制永磁风力发电机及其控制系统研究 ［D］. 南京：东南大学, 2015.

［88］ 孙乐. 磁齿轮功率分配电机的分析、设计与控制 ［D］. 南京：东南大学, 2016.

［89］ 韩鹏. 双定子无刷双馈电机设计与驱动控制 ［D］. 南京：东南大学, 2017.

［90］ 魏新迟. 双定子无刷双馈风力发电系统的控制技术研究 ［D］. 南京：东南大学, 2018.

[91] CHENG M, WEN H, HAN P, et al. Analysis of airgap field modulation principle of simple salient poles [J]. IEEE Transactions on Industrial Electronics, 2019, 66 (4): 2628-2638.

[92] WEN H, CHENG M. Unified analysis of induction machine and synchronous machine based on the general airgap field modulation theory [J]. IEEE Transactions on Industrial Electronics, 2019, 66 (12): 9205-9216.

[93] WEN H, CHENG M, JIANG Y. A new perspective on the operating principle of direct current machine based on airgap field modulation theory [C]. The 21st International Conference on Electrical Machines and Systems (ICEMS), Jeju, Republic of Korea, 2018: 620-627.

[94] WEN H, CHENG M, WANG W, et al. The modulation behaviors and interchangeability of modulators for electrical machines [J]. IET Electric Power Applications, Accept.

[95] HAN P, CHENG M. Synthesis of airgap magnetic field modulation phenomena in electric machines [C]. IEEE Energy Conversion Congress and Exposition (ECCE), Baltimore, USA 2019: 283-290.

[96] 程明, 文宏辉, 曾煜, 等. 电机气隙磁场调制行为及其转矩分析 [J]. 电工技术学报, 2020, 35 (5): 921-930.

[97] SU P, HUA W, HU M, et al. Analysis of PM eddy current loss in rotor-PM and stator-PM flux-switching machines by air-gap field modulation theory [J]. IEEE Transactions on Industrial Electronics, 2020, 67 (3): 1824-1835.

[98] ZHU X, HUA W, WANG W, et al. Analysis of back-EMF in flux-reversal permanent magnet machines by air gap field modulation theory [J]. IEEE Transactions on Industrial Electronics, 2019, 66 (5): 3344-3355.

[99] WEN H, CHENG M, JIANG Y, et al. Analysis of airgap field modulation principle of flux guides [J]. IEEE Transactions on Industry Applications, 2020, 56 (5): 4758-4768.

[100] LEE C H T, CHAU K T, LIU C, et al. Overview of magnetless brushless machines [J]. IET Electric Power Applications, 2017, 12 (8): 1117-1125.

[101] ZHU Z Q, LIU Y. Analysis of air-gap field modulation and magnetic gearing effect in fractional-slot concentrated-winding permanent-magnet synchronous machines [J]. IEEE Transactions on Industrial Electronics, 2018, 85 (5): 3688-3698.

[102] SHENG T, NIU S X, FU W N, et al. Topology exploration and torque component analysis of double stator biased flux machines based on magnetic field modulation mechanism [J]. IEEE Transactions on Energy Conversion, 2018, 33 (2): 584-593.

[103] ZHU X, LEE C H T, CHAN C C, et al. Overview of flux-modulation machines based on flux-modulation principle: topology, theory, and development prospects [J]. IEEE Transactions on Transportation Electrification, 2020, 6 (2): 612-624.

[104] AGRAWAL S, PROVINCE A, BANERJEE A. An approach to maximize torque density in a brushless doubly fed reluctance machine [J]. IEEE Transactions on Industry Applications, 2020, 56 (5): 4829-4838.

[105] ALLAHYARI A, TORKAMAN H. A novel high-performance consequent pole dual rotor pemanent magnet vernier machine [J]. IEEE Transactions on Energy Conversion, 2020, 35 (3): 1238-1246.

第2章 电机中的气隙磁场调制现象

自英国谢菲尔德大学 K. Atallah 教授和 D. Howe 教授提出磁场调制式磁齿轮 (Field Modulation Magnetic Gear，FMMG) 以来，以 FMMG 为基础的磁场调制电机以及气隙磁场调制现象得到了各国学者的空前关注。本章首先回顾 FMMG 的发展和研究现状，根据结构特点和性能差异将其归纳分类，并指出 FMMG 的发展趋势。然后，对与 FMMG 密切相关的磁齿轮复合永磁电机进行讨论，主要对比分析了三层气隙、两层气隙磁齿轮复合电机和游标永磁电机各自的结构特点和电磁性能，揭示出该类电机的气隙磁场调制现象，从本质上阐明了 FMMG、磁齿轮复合电机、游标永磁电机三者之间的内在联系，在此基础上分析初级永磁型游标直线电机、磁通切换永磁电机以及双馈电机的磁场调制原理，以说明磁场调制现象在电机中的普遍存在性。

2.1 磁场调制式磁齿轮

机械式齿轮和齿轮箱被广泛用于变速传动系统，虽然机械齿轮具有很高的转矩传递能力，但是其自身也存在一些固有的问题：

(1) 运行噪声大，存在振动和摩擦，热损耗较大。

(2) 需要润滑和定期维护，运行成本较高。

(3) 过载时存在不可逆损坏的风险。

(4) 可靠性较差，是变速传动系统故障率较高的部件之一。

与机械齿轮相比，基于磁场耦合实现能量传递的磁齿轮则具有很多优势：

(1) 振动小、噪声低。

(2) 无机械接触，不存在摩擦损耗。

(3) 无需润滑，免维护，运行成本低。

(4) 具有过载保护能力，可靠性高。

(5) 输入和输出轴之间能够实现物理隔离。

虽然磁齿轮已经提出很长时间，但是早期传统转换型磁齿轮由于转矩传递能力较差，并未得到广泛关注和应用。近年来，随着高性能磁场调制式磁齿轮的提出和永磁体性能的不断提高，磁齿轮的研究再次引起了国内外专家学者的兴趣。

磁齿轮概念最早于 1916 年提出，当时美国学者 Neuland 在其申请的发明专利中描述了一种电磁齿轮拓扑结构[1]，该电磁齿轮采用电励磁线圈产生磁场，已具磁齿轮的雏形，由于其结构较为复杂且转矩密度和效率较低，提出后并未得到太多关注。1941 年，美国学者 Faus 借鉴直齿圆柱型机械齿轮结构提出了一种简化的磁齿轮形式，即用永磁体的 N 极、S 极分别代替圆柱机械齿轮的齿和槽，利用磁场耦合实现转矩的传递[2]。20 世纪 80 年代以后，随着高性能钕铁硼永磁材料的出现，该类磁齿轮因其结构简单，再次成为研究的热点。这一时期提出的磁齿轮多数是根据机械齿轮演变而来，结构形式基本保持不变，仅是简单地用磁极代替机械齿槽，磁场耦合代替齿槽啮合，所以可将此类磁齿轮统称为传统转换型磁齿轮，图 2-1 所示为一种径向外耦合平行轴转换型磁齿轮。虽然转换型磁齿轮具有简单的结构，但是永磁体利用率低，导致转矩传递能力弱，一直未得到广泛应用。

2.1.1　基本结构与工作原理

2001 年，英国学者 K. Atallah 和 D. Howe 提出了一种具有高转矩密度的高性能同轴磁齿轮。与转换型磁齿轮相比，该同轴磁齿轮结构具有如下特性：静止于高速转子和低速转子之间的调磁环，能够对高、低速转子永磁体产生的磁场进行调制，从而使所有永磁体产生的磁场能够同时相互耦合产生转矩，改善了永磁体利用率，大大提高了磁齿轮的转矩传递能力[3,4]。该同轴磁齿轮结构被提出后便得到了广泛关注和研究，通过改变转子永磁体的布置和充磁方式，国内外学者又相继提出了多种不同的磁齿轮拓扑结构[5-9]。由于此类磁齿轮均基于磁场调制原理工作，所以可将其统称为磁场调制式磁齿轮。

如图 2-2 所示，FMMG 包括由外至内、同轴心排列的外转子、调磁环、内转子，调磁环静止放置在内、外转子之间，三者由内、外气隙隔开，转子能够自由旋转。调磁环由导磁铁块和非导磁块沿圆周交替排布组成，导磁铁块由硅钢片叠压而成，内转子铁心外表面和外转子铁心内表面贴永磁体，相邻永磁体沿径向交替反向充磁。其工作原理是，内（外）转子产生的永磁磁场经导磁铁块的磁场调制作用后，能够在外（内）气隙产生一系列空间谐波磁场，只需根据其中幅值最大的异步空间谐波磁场的极对数来选择外（内）转子永磁体极对数，就能通过磁场耦合实现稳定的转矩传递。此时，导磁铁块的个数等于内、外转子永磁体极对数之和，内、外转子的旋转速度比等于内、外转子永磁体极对数比的倒数。根据能量守恒原理，内、外转子传递的转矩比则等于内、外转子永磁体极对数比，即实现了齿轮变速传动的效果[3,4]。

与传统转换型磁齿轮不同，上述 FMMG 的内、外转子永磁体产生的磁场，经过调磁环的磁场调制作用，能够共同耦合进行转矩的传递。仿真和实验分析表明，该径向充磁表贴式同轴磁齿轮的转矩密度可达 $100kN \cdot m/m^3$，其转矩传递能力可以与普通机械齿轮相媲美。参考 Atallah 和 Howe 教授在文献［4］中报道的径向充磁表贴式 FMMG 的相关实验结果，对比与其转速、传动比和输出转矩相近的商业化机械齿轮，分析结果见表 2-1[10,11]。对比分析表明，径向充磁表贴式 FMMG 在体积、质量和效率等方面均具有明显优势。由于非接触、无摩擦，不存在机械损耗，所以 FMMG 具有较长的使用寿命。受永磁体价格影响，FMMG 的成本比机械齿轮高很多，但其免维护特性节省的维护费用在一定程度上能够弥补成本差价。

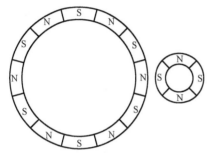

图 2-1　径向外耦合平行轴转换型磁齿轮

图 2-2　径向充磁表贴式 FMMG 拓扑结构

表 2-1　径向充磁表贴式 FMMG 与商业化机械齿轮比较

齿轮结构	斜齿轮-蜗轮减速器	斜齿轮减速器	斜齿轮-伞状齿轮减速器	平行轴斜齿轮减速器	径向充磁表贴式同轴磁齿轮[4]
传动比	7.81	6	5.7	5.54	5.75
输入转速/(r/min)	—	—	1500	—	—
输出转速/(r/min)	192	250	263	271	261
输出转矩/(N·m)	54.74	57.32	54.49	52.88	55
体积/cm³	3970	7410	4000	4680	769
质量/kg	10.1	9.8	11.2	12.9	4.6
效率(%)	75	—	95	—	>97
加工成本/美元	236.9	221.2	308.1	260.7	472
工作年限/年	3~5				> 10

　　为了进一步改善 FMMG 的性能，基于磁场调制原理，通过改变永磁体的布置或充磁方式，国内外学者又提出了多种 MMG 拓扑结构，如图 2-3 所示。图 2-3a 为内、外转子永磁体采用 Halbach 方式充磁的同轴磁齿轮，Halbach 永磁体排布不但可以使气隙磁通密度波形更接近正弦波，而且能够改善气隙磁场强度，从而有效提高磁齿轮的转矩传递能力[8]。但是，永磁体 Halbach 充磁过程复杂，且加工制作成本较高。为了防止内转子高速旋转时表贴的永磁体脱落，提高机械可靠性，图 2-3b 所示 FMMG 内转子采用了辐条嵌入式永磁体安排，该结构同时还可以产生

一定的聚磁效应，能够帮助改善磁齿轮转矩传递能力[5]。为了提高外转子机械完整性，图 2-3c 所示 FMMG 的外转子采用同极性永磁体表面内嵌结构，将磁化方向相同的永磁体沿外转子内表面均匀间隔排列，在保持转矩传递能力不变的情况下，该结构能够节省永磁体用量，而且简化了外转子机械加工工艺，降低了成本[7]。

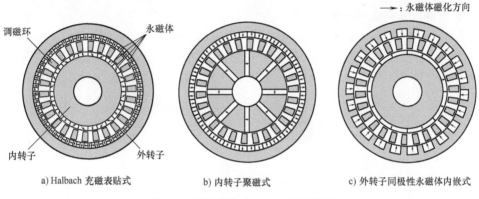

→：永磁体磁化方向

a) Halbach 充磁表贴式　　　　b) 内转子聚磁式　　　　c) 外转子同极性永磁体内嵌式

图 2-3　不同同轴式 FMMG 拓扑结构

2.1.2　磁场调制效应的定性分析

同轴磁齿轮的关键是在内外转子之间设置了由铁磁材料和非铁磁材料间隔排列构成的调磁环，正是它实现了内外转子上不同极对数永磁磁场之间的有效耦合。下面以一同轴磁齿轮为例，通过磁场分布定性分析调磁环对内、外转子永磁磁场的调制效应，从而说明磁齿轮的工作原理[12,13]。

为一般起见，设内转子的角速度为 ω_1，极对数为 p_1；外转子的角速度为 ω_2，极对数为 p_2；调磁环的角速度为 ω_{Fe}，铁磁导磁块数为 N_{Fe}。

为简单起见，假设内、外转子永磁体磁动势沿圆周方向呈正弦分布，即

$$F_1 = F_{1m}\cos[p_1(\theta - c_1\omega_1 t) + \varphi_1] \tag{2-1}$$

$$F_2 = F_{2m}\cos[p_2(\theta - c_2\omega_2 t) + \varphi_2] \tag{2-2}$$

式中，F_{1m} 和 F_{2m} 分别为内、外转子永磁体磁动势幅值；φ_1 和 φ_2 分别为内、外转子永磁体磁动势的初相角；θ 为机械角度；c_1 和 c_2 分别为内、外转子转向系数，顺时针方向取 +1，逆时针方向取 −1。

1. 无调磁环时的气隙磁场

首先观察没有调磁环时的情况，此时内、外转子之间的气隙均匀，磁导恒定不变，气隙磁通密度与磁动势相差一个系数，因此很容易得到由内、外转子永磁体产生的磁通密度为

$$B_1 = B_{1m}\cos[p_1(\theta - c_1\omega_1 t) + \varphi_1] \tag{2-3}$$

$$B_2 = B_{2m}\cos[p_2(\theta - c_2\omega_2 t) + \varphi_2] \tag{2-4}$$

式中，B_{1m} 和 B_{2m} 分别为内、外转子永磁体所产生的磁通密度幅值。

如图 2-4 所示，与永磁磁极对数相对应，内转子磁场在一个完整圆周内具有 4 个周期，而外转子磁场呈现出 22 个周期。显然，由于两个磁场具有不同的周期数，它们不可能有效耦合，因此也就无法产生稳定的电磁力矩。

2. 有调磁环时的气隙磁场

设调磁环由 N_{Fe} 块铁磁材料和非铁磁材料间隔组成，其磁导波如图 2-5 所示。略去高次谐波，调磁环的磁导可表示为

$$\Lambda = \Lambda_0 + \Lambda_m \cos\left[N_{Fe}(\theta - c_{Fe}\omega_{Fe}t) + \varphi_{Fe}\right] \tag{2-5}$$

式中，Λ_0 为磁导平均分量；Λ_m 为磁导交变分量的幅值；c_{Fe} 为调磁环转向系数，$c_{Fe} = 1$ 表示顺时针方向，$c_{Fe} = -1$ 表示逆时针方向；φ_{Fe} 为磁导交变分量的初相角。

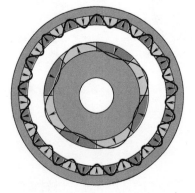

图 2-4　无调磁环时内、外转子永磁体
产生的基波磁场示意图

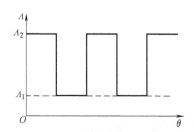

图 2-5　磁环磁导波（局部）

由式（2-1）和式（2-5）可得内转子永磁体所产生的气隙磁通密度为

$$
\begin{aligned}
B_1 &= \Lambda F_1 = \left\{\Lambda_0 + \Lambda_m \cos\left[N_{Fe}(\theta - c_{Fe}\omega_{Fe}t) + \varphi_{Fe}\right]\right\} \times F_{1m}\cos\left[p_1(\theta - c_1\omega_1 t) + \varphi_1\right] \\
&= \Lambda_0 F_{1m}\cos\left[p_1(\theta - c_1\omega_1 t) + \varphi_1\right] + \Lambda_m F_{1m}\cos\left[N_{Fe}(\theta - c_{Fe}\omega_{Fe}t) + \varphi_{Fe}\right]\cos\left[p_1(\theta - c_1\omega_1 t) + \varphi_1\right] \\
&= \Lambda_0 F_{1m}\cos\left[p_1(\theta - c_1\omega_1 t) + \varphi_1\right] + \frac{1}{2}\Lambda_m F_{1m}\cos\left[(N_{Fe} - p_1)\left(\theta - \frac{c_{Fe}N_{Fe}\omega_{Fe} - c_1 p_1\omega_1}{N_{Fe} - p_1}t\right) + (\varphi_{Fe} - \varphi_1)\right] + \frac{1}{2}\Lambda_m F_{1m}\cos\left[(N_{Fe} + p_1)\left(\theta - \frac{c_{Fe}N_{Fe}\omega_{Fe} + c_1 p_1\omega_1}{N_{Fe} + p_1}t\right) + (\varphi_{Fe} + \varphi_1)\right] \\
&= B_{11} + B_{12} + B_{13}
\end{aligned} \tag{2-6}
$$

式中

$$B_{11} = \Lambda_0 F_{1m}\cos\left[p_1(\theta - c_1\omega_1 t) + \varphi_1\right] \tag{2-7}$$

$$B_{12} = \frac{1}{2}\Lambda_m F_{1m}\cos\left[(N_{Fe} - p_1)\left(\theta - \frac{c_{Fe}N_{Fe}\omega_{Fe} - c_1 p_1\omega_1}{N_{Fe} - p_1}t\right) + (\varphi_{Fe} - \varphi_1)\right] \tag{2-8}$$

$$B_{13} = \frac{1}{2}\Lambda_m F_{1m}\cos\left[(N_{Fe} + p_1)\left(\theta - \frac{c_{Fe}N_{Fe}\omega_{Fe} + c_1 p_1\omega_1}{N_{Fe} + p_1}t\right) + (\varphi_{Fe} + \varphi_1)\right] \tag{2-9}$$

由此可见，内转子永磁体产生的气隙磁场包含三个分量：第一个分量 B_{11} 为基波分量，其极对数和转速与内转子相同；而第二、三分量则是由于调磁环的调制作用所产生的。

类似地，外转子永磁体所产生的气隙磁通密度为

$$B_2 = B_{21} + B_{22} + B_{23} \tag{2-10}$$

式中

$$B_{21} = \Lambda_0 F_{2\mathrm{m}} \cos\left[p_2(\theta - c_2\omega_2 t) + \varphi_2\right] \tag{2-11}$$

$$B_{22} = \frac{1}{2}\Lambda_\mathrm{m} F_{2\mathrm{m}} \cos\left[(N_{\mathrm{Fe}} - p_2)\left(\theta - \frac{c_{\mathrm{Fe}}N_{\mathrm{Fe}}\omega_{\mathrm{Fe}} - c_2 p_2 \omega_2}{N_{\mathrm{Fe}} - p_2}t\right) + (\varphi_{\mathrm{Fe}} - \varphi_2)\right] \tag{2-12}$$

$$B_{23} = \frac{1}{2}\Lambda_\mathrm{m} F_{2\mathrm{m}} \cos\left[(N_{\mathrm{Fe}} + p_2)\left(\theta - \frac{c_{\mathrm{Fe}}N_{\mathrm{Fe}}\omega_{\mathrm{Fe}} + c_2 p_2 \omega_2}{N_{\mathrm{Fe}} + p_2}t\right) + (\varphi_{\mathrm{Fe}} + \varphi_2)\right] \tag{2-13}$$

外转子永磁体产生的气隙磁场包含三个分量：第一个分量 B_{21} 为基波分量，其极对数和转速与外转子相同；而第二个、第三个分量则是由于调磁环的调制作用所产生的。

对于图 2-2 所示的同轴磁齿轮，调磁环静止不动，转速 $\omega_{\mathrm{Fe}} = 0$。为简化起见，设 $\varphi_{\mathrm{Fe}} = \varphi_1 = 0$，则式（2-8）和式（2-9）变为

$$B_{12} = \frac{1}{2}\Lambda_\mathrm{m} F_{1\mathrm{m}} \cos\left[(N_{\mathrm{Fe}} - p_1)\left(\theta - \frac{-c_1 p_1 \omega_1}{N_{\mathrm{Fe}} - p_1}t\right)\right] \tag{2-14}$$

$$B_{13} = \frac{1}{2}\Lambda_\mathrm{m} F_{1\mathrm{m}} \cos\left[(N_{\mathrm{Fe}} + p_1)\left(\theta - \frac{c_1 p_1 \omega_1}{N_{\mathrm{Fe}} + p_1}t\right)\right] \tag{2-15}$$

可见，内转子永磁体产生的磁场分量 B_{12} 极对数为 $N_{\mathrm{Fe}} - p_1$，转速为 $\dfrac{p_1}{N_{\mathrm{Fe}} - p_1}\omega_1$，转向与内转子相反，磁场分量 B_{13} 极对数为 $N_{\mathrm{Fe}} + p_1$，转速为 $\dfrac{p_1}{N_{\mathrm{Fe}} + p_1}\omega_1$，转向与内转子相同。

如果设计磁齿轮的参数使其满足

$$N_{\mathrm{Fe}} = p_1 + p_2 \tag{2-16}$$

则 B_{12} 变为

$$B_{12} = \frac{1}{2}\Lambda_\mathrm{m} F_{1\mathrm{m}} \cos\left[p_2\left(\theta - \frac{-c_1 p_1 \omega_1}{p_2}t\right)\right] \tag{2-17}$$

其极对数为 p_2，与外转子基波永磁磁场 B_{21} 极对数相同。只要使二者的转速相同，即可实现 B_{12} 与 B_{21} 的稳定耦合，从而产生转矩，如图 2-6a 所示。取 $c_2 = -c_1$，则转速关系为

$$\omega_2 = \frac{p_1}{p_2}\omega_1 \tag{2-18}$$

定义

$$G_\mathrm{r} = \frac{\omega_1}{\omega_2} = \frac{p_2}{p_1} \tag{2-19}$$

为磁齿轮变速比。

类似地，可得外转子磁通密度分量为

$$B_{22} = \frac{1}{2}\Lambda_m F_{2m} \cos\left[p_1\left(\theta - \frac{-c_2 p_2 \omega_2}{p_1}t\right)\right] \tag{2-20}$$

其极对数为 p_1，与内转子基波永磁磁场 B_{11} 极对数相同。当转速满足式（2-18）时，B_{22} 的转速与 B_{11} 相同，二者实现稳定耦合，从而产生转矩，如图 2-6b 所示。

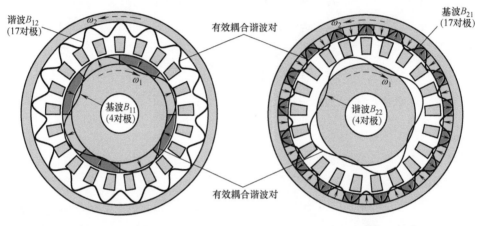

a）内转子永磁体单独作用   b）外转子永磁体单独作用

图 2-6   调磁环的磁场调制效应

综上所述，同轴磁齿轮参数在满足式（2-16）的前提下，内转子永磁体在内气隙中产生极对数为 p_1 的基波磁场，其转速与内转子相同；经调磁环调制之后，内转子永磁体还在外气隙中产生极对数为 p_2 的谐波磁场，其转速恰好与外转子的基波磁场转速相同，构成耦合谐波对。同样，外转子永磁体一方面在外气隙中产生极对数为 p_2 的基波磁场，其转速与外转子相同；另一方面，经调磁环调制后，外转子永磁体还在内气隙中产生极对数 p_1 的谐波磁场，其转速与内转子的基波磁场转速相同，构成另一谐波对。正是在这些谐波对的相互作用下，实现内、外转子之间的转矩传递，内、外转子的转向相反，转速大小与极对数成反比。这便是同轴磁齿轮中调磁环的"磁场调制效应"或同轴磁齿轮的基本工作原理。

2.1.3   其他类型的磁齿轮

与传统转换型磁齿轮不同，FMMG 利用磁场调制原理能够实现较高的转矩传递能力，所以成为目前研究较多的磁齿轮类型。

一方面，为适应不同形式的传动需求，国内外学者提出了基于磁场调制原理的多种直线、轴向和横向磁通 FMMG。图 2-7 所示为圆筒形直线 FMMG 结构，文献 [14] 分析指出，该直线 FMMG 传递的力密度高达 1.7MN/m^3，与直线永磁无刷电机结合，可方便地实现低速大推力操作，非常适合于诸如海浪发电、铁路牵引等直驱应用场合[15,16]。图 2-8 所示为轴向磁齿轮结构，文献［17］报道指出，图 2-8a 所示盘式轴向磁通式 FMMG 的转矩密度可达 $70kN \cdot m/m^3$，而且高速转子、低速转子和调磁环之间的轴向应力非常低。文献［18］提出如图 2-8b 所示的同轴式轴向磁通式 FMMG，通过将调磁块安装在磁齿轮轴向端盖上，有效减少了机械结构的复杂程度，其转矩密度达 $77kN \cdot m/m^3$，略高于盘式轴向磁通式 FMMG。文献［19］提出了一种横向磁通式 FMMG，如图 2-9 所示，两个转子均采用永磁体与铁心间隔排列的结构，且永磁体切向充磁，相邻永磁体充磁方向相反，其最显著的特征是两个永磁转子轴向并排设置，而调磁环则位于两个转子轴向外

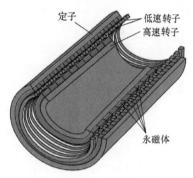

图 2-7　直线 FMMG 结构

侧，形成横向磁通路径。在此基础上，文献［20］将调磁环设置为 T 形，如图 2-10 所示，通过在两个轴向并排的转子之间增加一条有效磁路的方式，使该类 FMMG 的转矩密度增加到 $282.56kN \cdot m/m^3$。

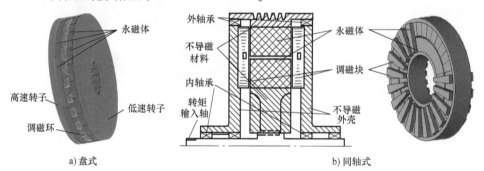

a) 盘式　　　　　　　　　　　　　　　　　　　　　b) 同轴式

图 2-8　轴向磁通式 FMMG 结构

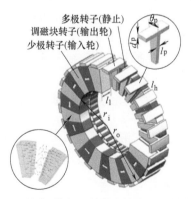

图 2-9　横向磁通式 FMMG 结构[19]　　　　图 2-10　轴向-横向磁通复合式 FMMG 结构[20]

另一方面，为降低永磁体之间的极间漏磁，现有文献通常将具有多极对数的低速转子安排为具有较大直径的外转子，而将具有少极对数的高速转子设置为内转子，这种安排方式虽然可以为外转子永磁体提供较多的安装空间，从而提高永磁体利用率，但高速转子上的永磁体却承受着高速运行所带来的巨大离心力，为永磁体（特别是采用表贴方式安装的永磁体）的机械稳定性带来巨大挑战。文献［21］提出了一种高速转子采用内置式永磁体的安装方式，试图增加高速侧转子机械结构强度，以适应其高速运转的需求，但这一方案中的导磁桥无疑会受到很高的应力，从而增加了 FMMG 的设计难度。此外，由于 FMMG 基于磁场调制原理运行，气隙中存在大量的同步和异步运行的谐波磁场，通常会导致高速运行的高速侧转子永磁体涡流损耗十分突出，严重降低了 FMMG 的传动效率。

鉴于上述两个原因，文献［22］提出一种高速转子磁阻式 FMMG，如图 2-11 所示，该方案中的低速转子与中间调磁环和传统 FMMG 完全一样，但其高速内转子侧采用凸极磁阻式，有效简化了高速转子机械结构，增加了其机械强度。因此，该磁阻式 FMMG 更能胜任高速和超高速运行，从而有望提高整个传动系统的功率密度。研究表明，当高速转子铁心采用型号为 2605SA1 的非晶合金时，磁阻式 FMMG 的传动效

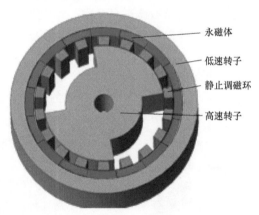

永磁体
低速转子
静止调磁环
高速转子

图 2-11　磁阻式 FMMG 结构

率将比传统 FMMG 高，然而，该 FMMG 的转矩密度仅为传统 FMMG 的 1/3 左右，且转矩脉动较大。

综合上述分析，对比传统转换型磁齿轮和磁场调制型磁齿轮，可以概括出未来高性能磁齿轮应具有如下特点：①转矩/力密度高，能与普通机械齿轮相媲美；②结构简单，加工制作方便；③可靠性高，稳定性强；④加工成本低。由于同轴磁齿轮具有较高的转矩密度，且可以方便地与现在的永磁无刷电机相结合实现变速传动，所以磁场调制型同轴磁齿轮无疑是未来磁齿轮研究和发展的趋势。

2.2　外转子聚磁式同轴磁齿轮结构及静态特性

如上文所述，由于低速外转子上通常具有较多的永磁体极对数，因此永磁体之间的极间漏磁问题十分突出，严重降低了 FMMG 的转矩密度，为此，本节讨论了一种外转子聚磁式 FMMG。借助二维有限元方法，分析了该 FMMG 的磁场分布、气隙磁通密度、转矩-角特性、定位力矩等静态特性，探讨了主要尺寸参数对最大

输出转矩能力的影响，给出了优化设计方案，并与传统 FMMG 进行了性能比较。

2.2.1 外转子聚磁式同轴磁齿轮结构

图 2-12 所示为外转子聚磁式 FMMG 截面图，与传统 FMMG 结构不同，其外转子采用辐条嵌入式永磁体排布，相邻永磁体沿切向交替反向充磁，该永磁体排布方式能够产生聚磁效应，故将其称为外转子聚磁式 FMMG。聚磁效应能够改善气隙磁通密度，从而提高磁齿轮的转矩传递能力。此外，辐条嵌入式永磁体排布使永磁体在外转子旋转过程中承受压应力而非拉应力，可以有效防止永磁体损坏脱落，提高外转子机械强度和抗冲击能力。

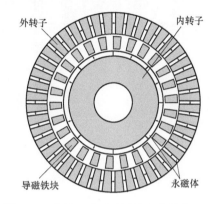

图 2-12 外转子聚磁式同轴磁齿轮截面图

2.2.2 静态特性分析

2.1.2 节已对径向充磁表贴式 FMMG 的工作原理进行了较为详细的理论分析，阐释了磁场调制的基本原理，该理论推导过程也适用于外转子聚磁式 FMMG，此处不再赘述。图 2-12 所示的外转子聚磁式 FMMG，外转子永磁体极对数为 22，内转子永磁体极对数为 4，导磁铁块数为 26，所以，其传动比为 5.5∶1。利用二维有限元方法，对该外转子聚磁式 FMMG 的气隙磁通密度、磁场分布、转矩-角特性、定位力矩等静态特性进行了分析，研究了主要尺寸参数对其转矩传递能力的影响，为该 FMMG 的优化设计奠定了基础。

图 2-13 所示为不考虑内转子永磁体的存在，仅外转子永磁体和调磁环作用下的径向气隙磁通密度波形及其谐波分析。图 2-13a 所示为外气隙内的径向磁通密度，由于外转子永磁体极对数为 22，谐波分析表明外气隙内径向磁通密度的 22 对极基波分量占绝对优势，但是经过调磁环 26 块导磁铁块的磁场调制作用（见图 2-13b）内气隙中径向磁通密度的 4 对极谐波分量已十分明显。图 2-14 给出了仅内转子永磁体和调磁环作用下的径向气隙磁通密度波形及其谐波分析。同样地，调磁环能够实现内气隙径向磁通密度 4 对极基波分量到外气隙径向磁通密度 22 对极谐波分量的磁场调制。外（内）转子永磁磁场经调磁环调制在内（外）气隙产生的谐波磁场与内（外）转子永磁磁场相互耦合，即可实现稳定的转矩传递，同时，由于内、外转子永磁体极对数不同，则可实现齿轮变速传动的效果。上述结论与 2.1.2 节的定性分析结果吻合。图 2-15 给出了径向充磁表贴式和所提外转子聚磁式 FMMG 的磁场分布情况对比。可见，与径向充磁表贴式同轴磁齿轮一样，在外转子聚磁式同轴磁齿轮中，大部分磁力线均能够穿过调磁环的导磁铁块，在内、外转子间进行耦合，实现转矩的传递。

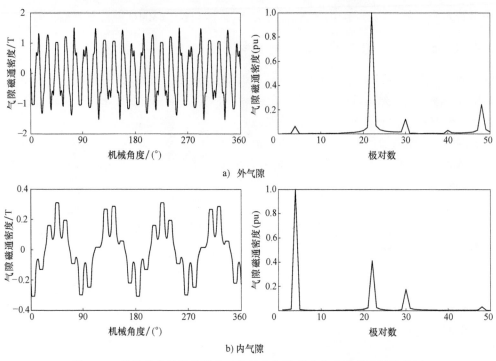

a) 外气隙

b) 内气隙

图 2-13 外转子磁场单独激励下的径向气隙磁通密度波形及谐波分析

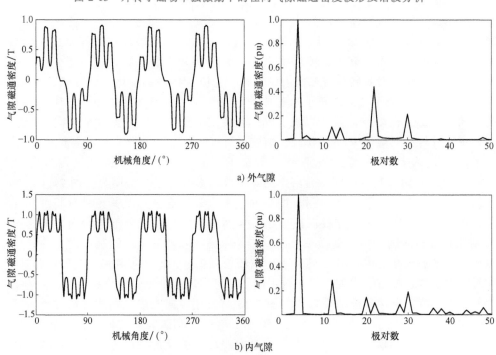

a) 外气隙

b) 内气隙

图 2-14 内转子磁场单独激励下的径向气隙磁通密度波形及谐波分析

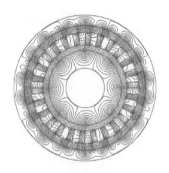

a) 径向充磁表贴式

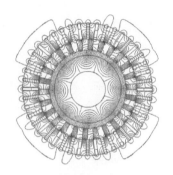

b) 外转子聚磁式

图 2-15 同轴磁齿轮磁场分布

在磁齿轮传动领域，最大输出转矩是衡量磁齿轮性能的重要指标之一，它反映了磁齿轮的转矩传递能力。有限元仿真分析时，可以保持内（外）转子静止，逐步旋转外（内）转子，得到内、外转子静态转矩-角特性曲线，外转子静态转矩-角特性的最大值即为同轴磁齿轮能够输出的最大转矩。图 2-16 定义了几个主要尺寸

参数，借助二维有限元方法，分析了这些尺寸参数对外转子聚磁式 FMMG 最大输出转矩的影响，结果如图 2-17 所示。分析结果表明，由于磁场变化的非线性特性，外转子聚磁式 FMMG 的最大输出转矩随各主要尺寸参数的变化也是非线性的，在进行磁齿轮样机设计时，必须谨慎、合理地选择各结构尺寸，以便获得最优的转矩传递能力。

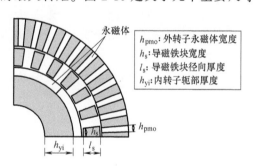

图 2-16 外转子聚磁式同轴磁齿轮
主要尺寸参数定义

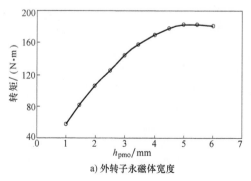

a) 外转子永磁体宽度

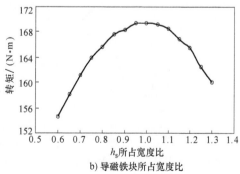

b) 导磁铁块所占宽度比

图 2-17 主要尺寸参数对外转子聚磁式同轴磁齿轮最大输出转矩的影响

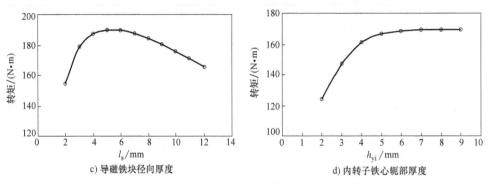

c) 导磁铁块径向厚度   d) 内转子铁心轭部厚度

图 2-17   主要尺寸参数对外转子聚磁式同轴磁齿轮最大输出转矩的影响（续）

FMMG 的静态特性分析，还包括转子转矩-角特性和定位力矩，为了说明外转子聚磁式 FMMG 的特点，本节将其与径向充磁表贴式 FMMG 进行了性能对比分析。公平起见，在保证两种 FMMG 的外径、轴长和永磁体用量相同的情况下，分别对各自结构参数进行了优化设计。图 2-18 所示为一个电周期内的内、外转子转矩-角特性曲线，由图可见，外转子聚磁式 FMMG 的内、外转子最大输出转矩分别为 $31.1\text{N}\cdot\text{m}$ 和 $168.7\text{N}\cdot\text{m}$，比径向充磁表贴式 FMMG 的 $24.9\text{N}\cdot\text{m}$ 和 $134.5\text{N}\cdot\text{m}$ 分别高 24.9% 和 25.4%。结果表明外转子聚磁式 FMMG 比径向充磁表贴式结构，在永磁体用量相同的情况下，转矩传递能力提高约 25%。此外，根据内、外转子最大输出转矩可以计算出外转子聚磁式 FMMG 的传动比约为 5.42，与理论值基本一致。

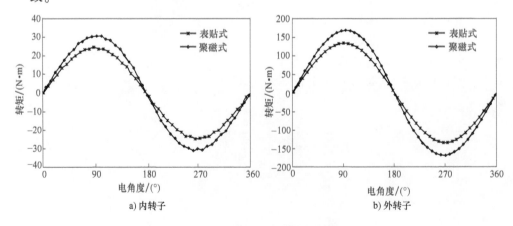

a) 内转子   b) 外转子

图 2-18   转子转矩-角特性曲线

图 2-19 所示为两种 FMMG 内、外转子所受定位力矩波形，由于外转子聚磁式 FMMG 和对比分析的径向充磁表贴式 FMMG 具有相同的内转子结构，所以二者内转子定位力矩频率和幅值均相同，如图 2-19a 所示。分析表明，定位力矩的大小与转子永磁体极对数和导磁铁块数的最小公倍数有关，该最小公倍数越大，定位力矩

越小。外转子作为低速转子，其永磁体极对数较内转子多，导致外转子永磁体极对数和导磁铁块数的最小公倍数较大，所以外转子所受定位力矩要比内转子小很多。然而，外转子聚磁式结构有一定的凸极效应，所以其外转子所受定位力矩稍大，但是二者的幅值均小于 0.1N·m，如图 2-19b 所示。由于外转子作为低速转子，本身传递的转矩较大，所以该定位力矩对其转矩传递影响很小。作为高速转子，内转子本身传递的转矩较小，但其承受的定位力矩相对较大，过大的定位力矩会影响内转子转矩传递的稳定性。图 2-3b 所示的内转子聚磁式 FMMG，内转子凸极效应会导致产生更大的内转子定位力矩，这将严重影响磁齿轮的动态传动性能。上述分析表明，外转子聚磁式 FMMG 在不增加转子定位力矩的情况下，能够有效提高转矩输出能力，具有一定的优势。

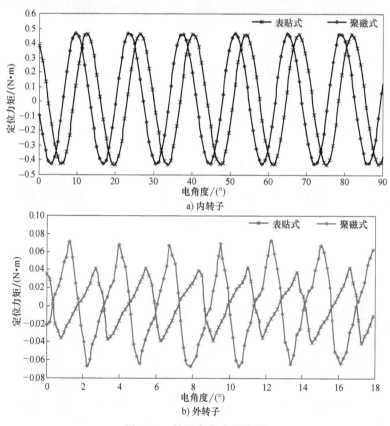

图 2-19　转子定位力矩波形

此外，还对上述五种径向 FMMG 进行了性能对比，为同轴磁齿轮的进一步研究提供了参考。为实现公平比较，选择五种同轴磁齿轮的外径、轴长、气隙长度等主要尺寸参数相同，见表 2-2，并利用二维有限元方法，分析永磁体尺寸对转矩输出能力的影响，以最大转矩密度为目标进行优化设计，表 2-3 给出了分析结果。对比分析时，主要强调的性能指标包括转矩密度和转矩纹波，二者分别反映磁齿轮的转矩传递能力和传动稳定性。表 2-3 数据表明，Halbach 充磁表贴式同轴磁齿轮性能最优，具有最高的转矩密度和最小的转矩纹波。然而 Halbach 充磁过程困难，不易实现且加工成本高，而且内、外转子每极永磁体由几块永磁体片段拼接组成，当转子高速旋转或遭遇大转矩冲击时，永磁体极易脱落。相比而言，在转矩脉动允许的情况下，外转子聚磁式同轴磁齿轮具有较高的转矩密度，而且永磁体容易加工，外转子机械可靠性相对较高，在相互比较的几种同轴磁齿轮结构中，具有一定的竞争优势。

表 2-2 对比分析的五种同轴磁齿轮主要设计参数

参数	数值	参数	数值
外转子永磁体极对数	22	导磁铁块径向厚度/mm	11.3
内转子永磁体极对数	4	内转子外径/mm	86.4
调磁环导磁铁块数	26	内转子内径/mm	32.4
外转子外径/mm	148	轴长/mm	100
外转子内径/mm	113	内、外气隙厚度/mm	1

表 2-3 五种同轴磁齿轮性能比较

同轴磁齿轮结构	转矩密度 /(kN·m/m³)	转矩纹波(%)	永磁体加工难易程度	机械可靠性
径向充磁表贴式	69.6	0.43	容易	较低
Halbach 充磁表贴式	86.3	0.22	困难	较低
内转子聚磁式	58.3	0.79	容易	较高
外转子聚磁式	81.7	1.12	容易	较高
外转子同极性永磁体内嵌式	62.4	0.96		高

2.3 磁齿轮复合电机

为提高电机系统功率密度，很多领域通常采用高速电机经高变比齿轮箱减速的动力系统结构方案，然而，如 2.1 节所述，机械齿轮箱通过齿啮合实现能量的传输，将不可避免地产生机械噪声、磨损和维护等问题。因此，采用磁齿轮代替机械齿轮，并通过将磁齿轮与电机巧妙地结合，组成结构紧凑的磁齿轮复合电机，是兼顾高速电机高功率密度和实际应用低速运行需求的有效手段之一。目前，磁齿轮复合电机的潜在应用主要包括电动汽车、风力发电、海浪发电和机器人关节伺服电机等领域，具有转矩密度高、运行效率高、低噪声和免维护等优点。

2.3.1 磁齿轮复合电机拓扑结构

作为一种新型的直驱电机解决方案，磁齿轮复合电机最早由中国香港大学的 Chau K. T. 教授于 2007 年提出[23]，其截面结构如图 2-20 所示。该电机巧妙地将一台高速外转子永磁无刷电机内置到一台径向充磁表贴式 FMMG 内部，二者共用内转子，形成一种复合式结构。将该复合电机以内转子为界分开来看，内部是一台高速永磁无刷电机，外部则是一台 FM-MG，这种简单的组合解决了电机高速设计和外转子低速直驱的矛盾。不难看出，该复合电机具有三层气隙和两个转子，机械加工较为复杂，而且内外转子总共需要表贴三层永磁体，成本较高。

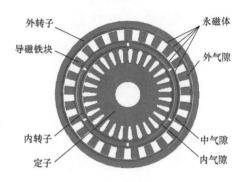

图 2-20 三层气隙磁齿轮复合电机截面结构

基于 FMMG 的磁场调制原理，直接用定子电枢绕组代替 FMMG 的高速内转子，即用定子电枢电流产生的旋转磁场来等效代替高速内转子永磁体产生的旋转磁场，保持导磁铁块和外转子结构不变，原来的 FMMG 则可转换成一种新型的磁齿轮复合电机[24,25]，其截面结构如图 2-21 所示。与三层气隙磁齿轮复合电机相比，这种转换得到的磁齿轮复合电机仅有两层气隙，结构相对简单，而且仍满足定子绕组磁场高速设计和转子低速直驱的性能要求。两层气隙磁齿轮复合电机仅有一层永磁体，磁场却要穿越两层气隙进行能量的传递，所以电机转矩密度会受到一定影响。不难发现，由于两层气隙磁齿轮复合电机中的导磁铁块与定子均静止，所以可以将二者之间的内气隙去掉，使定子和导磁铁块连接在一起，从而形成仅具有一层气隙的磁齿轮复合电机，其截面结构如图 2-22 所示。

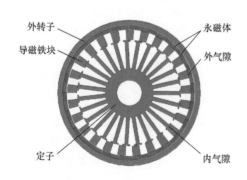

图 2-21 两层气隙磁齿轮复合电机截面结构

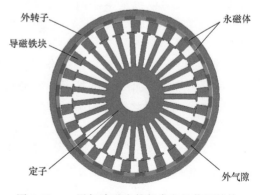

图 2-22 一层气隙磁齿轮复合电机截面结构

相比两层气隙磁齿轮复合电机，一层气隙磁齿轮复合电机的结构更接近传统的永磁电机，但是其工作原理与传统永磁同步电机有本质不同。事实上，图 2-22 所示一层气隙磁齿轮复合电机的工作原理与游标永磁电机的工作原理相同，游标永磁电机是一层气隙磁齿轮复合电机的一种特殊结构形式。当导磁铁块数和定子齿数相同时，一层气隙磁齿轮复合电机即为定子开槽式游标永磁电机[26]；当导磁铁块数是定子齿数的整数倍时，一层气隙磁齿轮复合电机即为定子裂槽式游标永磁电机[27]。因为一层气隙磁齿轮复合电机和游标永磁电机均遵循磁场调制原理，可以将二者统称为磁场调制永磁电机。

2.3.2 磁齿轮复合电机比较分析

虽然上述三种磁齿轮复合电机自提出以来吸引了不少学者的研究，但是未见有关于三者之间定量比较的报道。本章参考文献 [28] 提到的三层气隙磁齿轮复合电机的尺寸参数模型和设计分析方法，借助二维有限元方法，对上述三种磁齿轮复合电机分别进行了优化设计，然后将仿真结果进行了比较分析，得出了一些具有参考价值的结论，为场调制永磁电机的进一步深入分析研究奠定了基础。

对比分析时，三种磁齿轮复合电机采用相同的外径、轴长和气隙厚度，并与文献 [28] 中所设计的三层气隙磁齿轮复合电机样机的相关尺寸参数保持一致，以便利用该文献中的实验数据验证本节仿真分析方法的正确性，提高对比分析的参考价值。表 2-4 列出了三种磁齿轮复合电机关键设计参数和性能比较结果。对比分析表 2-4 中的数据可知，在电机外尺寸和转子旋转速度相同的情况下，一层气隙磁齿轮复合电机具有最高的功率输出能力。虽然三层气隙磁齿轮复合电机也可传递较高的功率，但是其结构复杂，而且在内、外转子上总共需要表贴三层永磁体，磁钢消耗量大，制造成本高。由于减少了一层气隙，磁路磁阻变小，使得一层气隙磁齿轮复合电机永磁体用量相比两层气隙磁齿轮复合电机减少约 20%。此外，表 2-4 中数据还表明，从电机单位质量传递的转矩能力来讲，一层气隙磁齿轮复合电机和三层气隙磁齿轮复合电机基本相同，比两层气隙磁齿轮复合电机高 25% 左右；从单位体积永磁体产生的转矩来衡量，一层气隙磁齿轮复合电机占有明显优势，而且其结构简单，性价比最高。

图 2-23 所示为三种磁齿轮复合电机的空载磁场分布情况，对应的定子外径处径向磁通密度波形如图 2-24 所示。空载磁场分布表明，虽然外转子永磁体极对数为 22，由于导磁铁块的磁场调制作用，两层气隙和一层气隙磁齿轮复合电机的定子磁场分布均与 3 对极传统永磁同步电机相同，所以，定子绕组可按 3 对极进行绕制。图 2-24a 所示，三层气隙磁齿轮复合电机内气隙径向磁通密度波形与普通永磁同步电机相似，表明该结构中外部磁齿轮产生的永磁磁场对内嵌的永磁电机磁场分布影响很小。由于永磁体用量减少和磁场调制作用产生有效谐波磁场，两层气隙和一层气隙磁齿轮复合电机定子外径处径向磁通密度比三层气隙磁齿轮复合电

小得多,所以在相同的电频率条件下,若要产生相同的相电压幅值,两层气隙和一层气隙磁齿轮复合电机需要采用更多的相绕组匝数。为此,常采用深槽结构,以便增加定子槽面积来嵌入更多的电枢绕组,实现最大的功率传递能力。然而,过多的相绕组匝数不但会增加相绕组电感、产生无功损耗、降低功率因数,还会增加绕组电阻、增加铜耗、降低效率,这也是磁场调制电机设计时需要关注和解决的问题。

表 2-4 三种磁齿轮复合电机关键设计参数和性能比较

电机类型	三层气隙磁齿轮复合电机	两层气隙磁齿轮复合电机	一层气隙磁齿轮复合电机
功率/W	3000	2500	3200
相电压/V	36		
外转子速度/(r/min)	600		
相数	3		
外转子极对数	22		
导磁铁块数	25		
定子绕组极对数	3		
定子槽数	27		
每相绕组匝数	27	90	72
槽满率	0.46		
电流密度/(A/mm²)	5		
外径/mm	194		
定子内半径/mm	17		
导磁铁块径向厚度/mm	13		
内气隙厚度/mm	0.6	0.6	
中气隙厚度/mm	0.6		
外气隙厚度/mm	1	0.6	0.6
轴长/mm	40		
永磁体材料	N38SH N_dF_eB		
铜总体积/cm³	96.7	278.9	265.4
永磁体总体积/cm³	132.5	109.3	88
转矩/质量/(N·m/kg)	6.36	5.03	6.43
转矩/永磁体体积/(kN·m/m³)	360.8	364.1	578.4

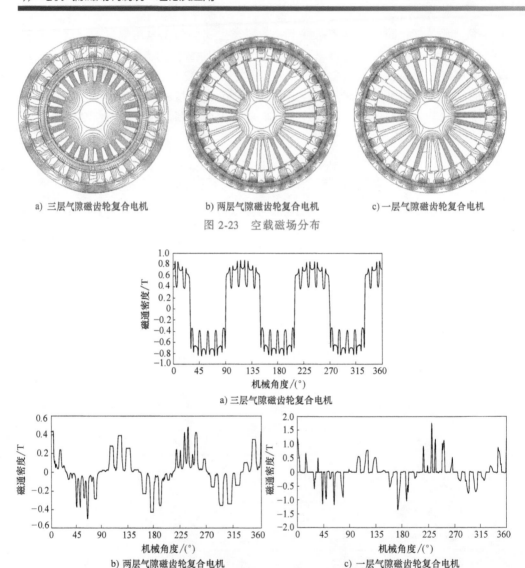

a) 三层气隙磁齿轮复合电机　　　　b) 两层气隙磁齿轮复合电机　　　　c) 一层气隙磁齿轮复合电机

图 2-23　空载磁场分布

a) 三层气隙磁齿轮复合电机

b) 两层气隙磁齿轮复合电机　　　　　　　c) 一层气隙磁齿轮复合电机

图 2-24　空载时定子外径处径向磁通密度波形

　　图 2-25 所示为定子三相分布绕组联接方式，三相对称绕组包含 27 个双层线圈，由于定子极距为槽距的 4.5 倍，所以线圈跨距为 4 个定子槽距。图 2-26 所示为仿真得到的三种磁齿轮复合电机的三相空载感应电动势波形，虽然采用相同的分布绕组联接方式，但是图 2-24a 所示的三层气隙磁齿轮复合电机的内气隙径向磁通密度波形近似 180°方波，由此感应出的相电动势波形为梯形波（近似 120°方波），如图 2-26a 所示。而基于磁场调制原理工作的两层气隙和一层气隙磁齿轮复合电机的相感应电动势波形则为正弦波，这也是此类场调制电机所具有的一般特性[29]。所以从电机控制的角度来讲，上述三层气隙磁齿轮复合电机更适合采用 120°导通

的无刷直流控制策略，而两层气隙和一层气隙磁齿轮复合电机则更适于无刷交流控制。图 2-27 所示为采用上述控制方法，三种磁齿轮复合电机负载时的外转子电磁转矩波形。由于三层气隙磁齿轮复合电机的相电动势波形并非规则的 120°方波，而是近似梯形波，所以加载与相电动势同相位的 120°方波电流时，得到的外转子电磁转矩脉动较大。因此，为了实现较好的动态性能，三层气隙磁齿轮复合电机需要采用更为复杂的控制方法（如谐波电流注入法[30]）。相较而言，两层气隙和一层气隙磁齿轮复合电机加载时的电磁转矩脉动则很小，与两层气隙磁齿轮复合电机相比，一层气隙磁齿轮复合电机由于气隙数减少一层，磁路磁阻的减小使得定子电枢反应磁场和转子永磁体产生的气隙谐波磁场之间的相互作用增强，从而导致一层

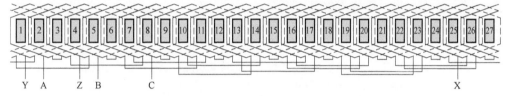

图 2-25　对比分析的三种磁齿轮复合电机定子绕组联接展开图

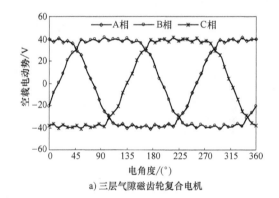

a) 三层气隙磁齿轮复合电机

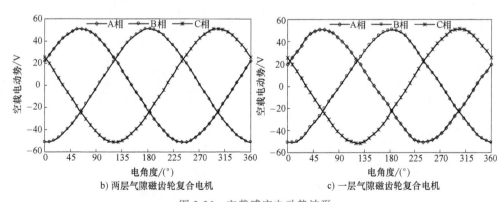

b) 两层气隙磁齿轮复合电机　　　　c) 一层气隙磁齿轮复合电机

图 2-26　空载感应电动势波形

气隙磁齿轮复合电机加载时的电
磁转矩脉动比两层气隙磁齿轮复
合电机略有增加。

图 2-28 所示为仿真得到的三
种磁齿轮复合电机转子定位力矩
波形,对比分析可见,三种磁齿
轮复合电机外转子所受定位力矩
均很小,但是三层气隙磁齿轮复
合电机内转子所受定位力矩较
大。图 2-29 对三层气隙磁齿轮复

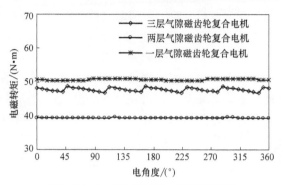

图 2-27　加载时外转子电磁转矩波形

合电机内转子定位力矩的组成进行了分析,其中曲线 1 表示直接利用有限元方法计
算得到的内转子所受定位力矩;曲线 2 表示仅外部磁齿轮作用下的内转子定位力
矩;曲线 3 表示仅内嵌电机作用下的内转子定位力矩;曲线 4 表示由曲线 2 和曲线
3 相加计算得到的内转子总定位力矩。

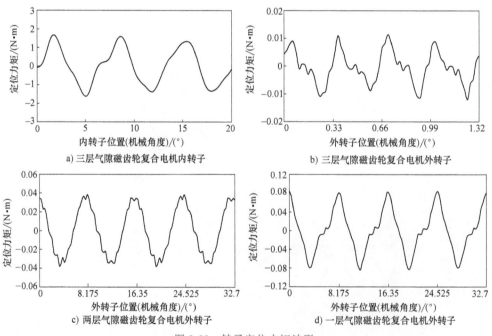

a) 三层气隙磁齿轮复合电机内转子

b) 三层气隙磁齿轮复合电机外转子

c) 两层气隙磁齿轮复合电机外转子

d) 一层气隙磁齿轮复合电机外转子

图 2-28　转子定位力矩波形

图 2-29 表明,上述三层气隙磁齿轮复合电机内转子定位力矩主要由内嵌电机
的定子齿槽变化引起,而外部磁齿轮在内转子上附加产生的定位力矩相对小很多。
对于三层气隙磁齿轮复合电机而言,内转子作为高速转子传递的电磁转矩较小,所
以较大的内转子定位力矩会影响该电机的动态性能。此外,根据定位力矩波形周期

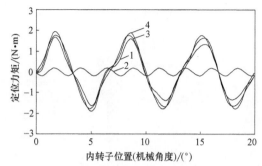

图 2-29　三层气隙磁齿轮复合电机内转子定位力矩分析

还可以得出如下结论：在三层气隙磁齿轮复合电机中，内（外）转子定位力矩周期仍由定子齿数（导磁铁块数）和内（外）转子极数的最小公倍数决定；而在两层气隙和一层气隙磁齿轮复合电机中，转子定位力矩周期取决于导磁铁块数和定子齿数的最大公约数与转子极数之间的最小公倍数。

2.4　外转子聚磁式磁场调制永磁电机

　　上述分析表明，作为一种新兴的直驱电机解决方案，磁场调制永磁电机在低速直驱应用场合具有明显优势。该类电机基于磁场调制原理工作，定子绕组可按极对数较少的高速磁场设计，结构简单紧凑，而转子则仍然保持低速旋转，满足直驱运行要求。与传统永磁同步电机相比，无需机械结构的改变和零部件的增加，却能容易地实现低速大转矩传递，所以场调制永磁电机具有良好的应用前景。本节基于磁场调制原理，提出一种外转子聚磁式磁场调制永磁（Flux-Concentrating Field-Modulated Permanent-Magnet，FCFMPM）电机。在详细介绍该电机基本结构的基础上，通过对转子不同位置的电机磁场分布和磁路研究，分析了其工作原理。然后，基于等效磁路法对比分析推导了 FCFMPM 电机和传统永磁同步电机的气隙磁通密度、相感应电动势和电磁转矩表达式，并通过有限元方法对上述理论分析进行了验证，本质上揭示了 FCFMPM 电机能够实现低速大转矩特性的原因[11]。

2.4.1　FCFMPM 电机基本结构

　　图 2-30 所示为一台三相 18 槽/28 极 FCFMPM 电机的结构示意图，考虑到在风力发电、电动汽车轮毂电机的需要，采用了直接驱动的外转子结构。相比内转子结构，外转子形式能够有效增加气隙直径，可以进一步提高电机功率密度。所提FCFMPM 电机外转子由硅钢片叠成的转子铁心和插入转子铁心均匀分布、交替切向充磁的转子永磁体组成。考虑到永磁体承受压应力的能力强，而承受拉应力的能力很弱[31]，辐条嵌入式永磁体排布一方面使永磁体在转子旋转时承受压应力，避免损坏和脱落，能够提高转子整体机械强度；另一方面该永磁体排布方式能够产生

聚磁效应，改善气隙磁通密度，提高电机功率密度。

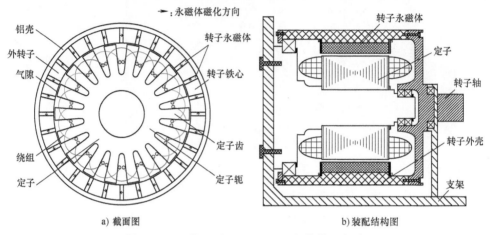

a) 截面图   b) 装配结构图

图 2-30 18 槽/28 极 FCFMPM 电机结构示意图

  一般而言，磁场调制永磁电机定子可以采用两种结构形式：开槽式结构和裂槽式结构[32]。与开槽式定子结构相比，文献［33］中报道的游标永磁电机所采用的裂槽式定子结构存在两个缺点：①图 2-31 所示的定子裂槽式场调制永磁电机空载磁场分布表明，转子永磁体产生的磁力线一部分会经过调磁极块闭合，而不能有效匝链定子电枢绕组，无法感应出电动势，降低了永磁体利用率；②调磁极块之间的空间无法被有效利用，成为"死区"，降低了定子空间利用率。因此，所提 FCFMPM电机定子采用硅钢片叠成的开槽式结构，如图 2-30a 所

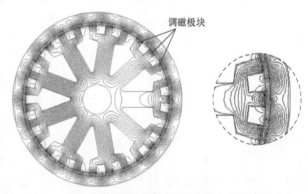

图 2-31 定子裂槽式场调制永磁电机空载磁场分布

示，三相电枢绕组对称嵌套在定子齿上，省去了调磁极块，定子齿兼做调磁极块进行磁场的调制，提高了空间利用率，而且原来被调磁极块短路的磁力线能够顺利通过定子齿有效匝链电枢绕组产生感应电动势，进而提高了永磁体利用率。整体而言，所提 FCFMPM 电机结构并不复杂，能够方便地实现机械加工和制造。

2.4.2 FCFMPM 电机特性分析

  下面以 18 槽/28 极 FCFMPM 电机为例，分析其特性。所述方法和所得结论同样适用于其他基于磁场调制原理工作的场调制永磁电机。

1. FCFMPM 电机工作原理

无论是开槽式定子结构还是裂槽式定子结构，定子齿槽交替排布都会引起气隙磁导在圆周方向周期性变化，转子永磁体产生的磁动势与该交变磁导作用，在气隙中会产生一系列空间谐波磁场，其极对数与转子永磁体极对数和定子齿数之间的关系可表示为

$$p_{m,n} = \left| mN_{RT} + nN_{ST} \right| \quad m = 1, 3, \cdots, +\infty; n = 0, \pm 1, \cdots, \pm\infty \quad (2\text{-}21)$$

式中，N_{RT} 为转子永磁体极对数；N_{ST} 为定子齿数，对应谐波磁场的旋转速度为

$$\omega_{m,n} = \frac{mN_{RT}}{mN_{RT} + nN_{ST}}\omega_r \quad (2\text{-}22)$$

式中，ω_r 为转子旋转机械角速度。

式（2-22）表明，当气隙谐波磁场极对数小于转子永磁体极对数时，该次谐波旋转速度高于转子转速；反之，当气隙谐波磁场极对数大于转子永磁体极对数时，该次谐波旋转速度低于转子转速。对气隙磁通密度进行傅里叶谐波分析表明，在极对数小于 N_{RT} 的低次高速谐波磁场中，$m=1$、$n=-1$ 对应的 $(N_{ST}-N_{RT})$ 对极谐波磁场具有最大的幅值。以 18 槽/28 极 FCFMPM 电机为例，图 2-32 给出了该电机空载时，气隙径向磁通密度波形及其谐波组成情况。图 2-32b 所示的谐波分析表明，气隙中除了与转子永磁体极对数相同的 14 对极基波磁场外，极对数较少的高速谐波磁场中，$m=1$、$n=-1$ 对应的 4 对极谐波磁场占有明显优势。事实上，在传统低速直驱永磁同步电机中，定子齿槽交替引起的气隙磁导变化同样会导致气隙中产生一系列谐波磁场，然而传统永磁同步电机定子槽数比转子极对数一般多得多，气隙中产生的 $(N_{ST}-N_{RT})$ 对极谐波磁场并不明显。

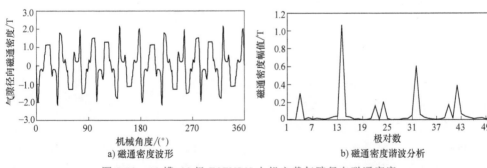

图 2-32　18 槽/28 极 FCFMPM 电机空载气隙径向磁通密度

根据电机学原理，较快的磁场变化速率能够感应较高的电动势幅值，另一方面，如果定子绕组绕制的极对数较少，所需定子槽数可以相对减少，能够简化定子结构和绕组复杂性。磁场调制永磁电机设计则充分考虑上述气隙谐波磁场的组成，选择定子槽数略大于转子永磁体极对数，保证了气隙中 $(N_{ST}-N_{RT})$ 对极谐波磁场具有较小的极对数和较高的旋转速度。在此情况下，磁场调制永磁电机的定子绕组

可以不再像传统低速直驱永磁同步电机那样按照转子永磁体极对数进行设计，而是根据（$N_{ST}-N_{RT}$）对极进行绕制。此时，一方面实现了定子电枢磁场高速设计，简化了结构；另一方面转子仍保持低速旋转，能够满足直驱应用的要求。分析表明，当采用上述设计时，不但气隙中（$N_{ST}-N_{RT}$）对极高速谐波磁场（称为"有效谐波"）能够用于机电能量的转换，而且气隙中 N_{RT} 对极基波磁场仍可参与转矩的传递，二者具有相同的电角频率。换句话说，相比永磁同步电机，在场调制永磁电机中，气隙有效谐波磁场和基波磁场的共同作用能够进一步提高电机的转矩传递能力。

所以，在磁场调制永磁电机中，定子绕组极对数 p_s、有效谐波极对数 p_{eh}、转子永磁体极对数 N_{RT}、定子齿数 N_{ST} 之间满足如下关系：

$$p_s = p_{eh} = N_{ST} - N_{RT} \tag{2-23}$$

此时，转子旋转角速度 ω_r、气隙有效谐波磁场旋转角速度 ω_{eh}、定子电枢磁场旋转角速度 ω_s 存在如下变比关系：

$$G_r = \frac{\omega_{eh}}{\omega_r} = \frac{\omega_s}{\omega_r} = \frac{N_{RT}}{p_{eh}} = \frac{N_{RT}}{p_s} \tag{2-24}$$

式中，G_r 为"磁场增速比"或"极对数变比"。

式（2-24）表明，在磁场调制永磁电机中，气隙有效谐波磁场（定子电枢磁场）的旋转速度是转子旋转速度的 G_r 倍，即实现了"磁场增速效应"。此外，结合式（2-22）可知，$m=1$，$n=-1$ 对应的气隙有效谐波磁场的旋转方向与转子旋转方向相反。

为直观说明磁场调制永磁电机的运行特性，图 2-33 所示为采用有限元方法分析得到的 18 槽/28 极 FCFMPM 电机空载磁场分布，由图可见，由于定子齿槽交替变化带来的磁场调制作用，虽然外转子永磁体极对数为 14，定子磁场分布却与 4 对极普通永磁同步电机磁

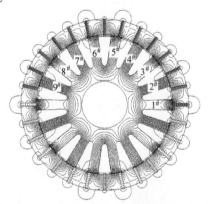

图 2-33 18 槽/28 极 FCFMPM 电机空载磁场分布

场分布相似，所以定子电枢绕组可以不再按转子永磁体的 14 对极磁场进行绕制，而按调制产生的 4 对极谐波磁场进行设计。由于结构对称，图 2-34 所示为转子不同位置时，18 槽/28 极 FCFMPM 电机一半的空载磁场分布变化情况，可见当转子转过 1 对极，定子有效谐波磁场也相应转过 1 对极，二者具有相同的电角频率。从结构上看，磁场调制永磁电机与普通永磁同步电机并无太大差异，但是基于磁场调制原理，磁场调制永磁电机可以方便地实现定子磁场高速设计和转子低速运转，所以非常适合直驱应用场合。

观察图 2-33 所示的 18 槽/28 极 FCFMPM 电机空载磁场分布情况，一方面可以

清晰地发现磁场调制产生的有效谐波磁通能够穿过定子齿匝链电枢绕组，从而感应出电动势；另一方面表面上看起来转子基波磁通似乎只能在定子极靴处闭合，不能有效匝链电枢绕组，无法感应出电动势。事实上，对磁场调制永磁电机的磁路进行仔细分析研究可以发现，转子基波磁场其实仍能作用于定子电枢绕组用于机电能量的转换。为了阐述磁场调制永磁电机中有效谐波磁场和转子基波磁场共同作用的运行原理，图 2-35 给出了 18 槽/28 极 FCFMPM 电机在两个不同转子位置时的气隙磁通密度和磁路变化示意图。转子位置电角度 $\theta_e = 0°$ 代表初始位置，此时定、转子位置关系与图 2-33 一致；转子位置电角度 $\theta_e = 90°$ 表示转子从初始位置沿逆时针方向旋转 1/2 转子极距后的位置。图 2-35c 和图 2-35d 表明，由于特殊的极槽配合，一方面定子齿槽交替使得有效谐波磁通能够穿过气隙，在不同的定子齿和转子之间形成闭合回路；另一方面，虽然一部分转子基波磁通在定子极靴处短路，但是仍有一部分基波磁通可以在相邻定子齿之间形成闭合回路，有效匝链电枢绕组。

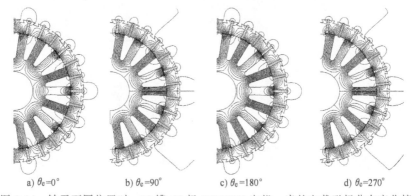

a) $\theta_e = 0°$　　b) $\theta_e = 90°$　　c) $\theta_e = 180°$　　d) $\theta_e = 270°$

图 2-34　转子不同位置时，18 槽/28 极 FCFMPM 电机一半的空载磁场分布变化情况

为清楚说明 FCFMPM 电机的运行原理，以线圈 V1 为例，对有效谐波磁通和基波磁通共同作用感应出电动势的原理做进一步阐释。转子从 $\theta_e = 0°$ 位置旋转到 $\theta_e = 90°$ 位置，线圈 V1 匝链的磁通变化量 $\Delta\Phi_{V1}$ 可以表示为

$$\Delta\Phi_{V1} = (\overbrace{\Phi'_f - \Phi_f}^{\Delta\Phi_{V1f}}) + (\overbrace{\Phi'_{eh} - \Phi_{eh}}^{\Delta\Phi_{V1eh}}) \qquad (2-25)$$

式中，Φ_f、Φ_{eh} 分别为转子在 $\theta_e = 0°$ 位置时，线圈 V1 匝链的基波磁通和有效谐波磁通分量；Φ'_f、Φ'_{eh} 分别为转子在 $\theta_e = 90°$ 位置时，线圈 V1 匝链的基波磁通和有效谐波磁通分量。

图 2-35a 表明，转子在 $\theta_e = 0°$ 位置时，线圈 V1 匝链的基波磁通 Φ_f 和有效谐波磁通 Φ_{eh} 均为正值；图 2-35b 表明，转子在 $\theta_e = 90°$ 位置时，线圈 V1 匝链的基波磁通 Φ'_f 和有效谐波磁通 Φ'_{eh} 均为负值，即转子从 $\theta_e = 0°$ 位置旋转到 $\theta_e = 90°$ 位置时，线圈 V1 中匝链的基波磁通变化量 $\Delta\Phi_{V1f}$ 和有效谐波磁通变化量 $\Delta\Phi_{V1eh}$ 具有相同的变化趋势。所以二者可以在线圈 V1 中感应出相互叠加的电动势。

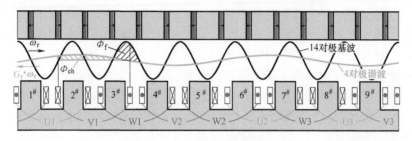

a) 转子位置为 $\theta_e=0°$ 时气隙磁通密度示意图

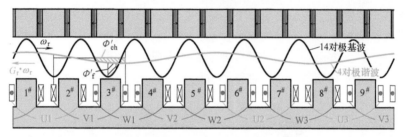

b) 转子位置为 $\theta_e=90°$ 时气隙磁通密度示意图

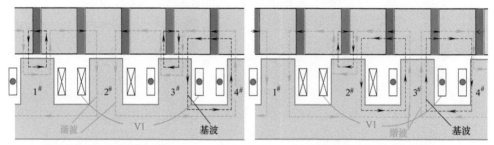

c) 转子位置为 $\theta_e=0°$ 时磁路示意图　　　　d) 转子位置为 $\theta_e=90°$ 时磁路示意图

图 2-35　18 槽/28 极 FCFMPM 电机运行原理示意图

$$E_{V1} = \frac{\Delta \Phi_{V1}}{\Delta t} = \overbrace{\frac{2p_{eh}\omega_r}{\pi} G_r \Delta \Phi_{V1f}}^{E_{V1f}} + \overbrace{\frac{2p_{eh}\omega_{eh}}{\pi} \Delta \Phi_{V1eh}}^{E_{V1eh}} \qquad (2\text{-}26)$$

结合图 2-35a、2-35b 分析，转子旋转 1/2 极距时，18 槽/28 极 FCFMPM 电机中，由于定子极靴造成的部分基波磁通短路，线圈 V1 匝链的基波磁通变化量 $\Delta \Phi_{V1f}$，与永磁体用量和定子绕组结构相同的 4 对极永磁同步电机相比，会减小为后者的 $1/G_r$，但是在 18 槽/28 极 FCFMPM 电机线圈 V1 感应电动势式（2-26）第一项中还存在一个正系数 G_r，正好可以弥补该基波磁通变化量的减小。这意味着在 FCFMPM 电机中，气隙基波磁场在定子绕组中能够感应出与之同等的永磁同步电机相同的绕组电动势。此外，式（2-26）中额外的第二项则表明，在 FCFMPM 电机中，有效谐波磁场的利用能够进一步改善绕组感应电动势。事实上，正是由于基波磁场和有效谐波磁场的共同作用,才使得 FCFMPM 电机能够提供比传统永磁同步电机高得多的转矩传递能力。上述原理分析同样能够用于解释所有基于磁场调制原理工作的磁场调制永磁电机具有高转矩密度特性的原因。

2. 基于等效磁路法的计算分析

本节将从基本的电磁定律出发,结合永磁电机的一般理论,基于等效磁路法[34-37] 对比推导 FCFMPM 电机和永磁同步电机的电磁转矩表达式,从理论上阐释 FCFMPM 电机所具有的高转矩特性。为了简化推导过程,做如下假设:

(1)磁场仅在截面发生变化,轴向不发生变化。

(2)忽略铁心局部磁饱和。

(3)忽略漏磁。

考虑到定子齿槽交替引起的气隙磁导变化,为了简化分析过程,可以采用等效气隙长度 g_e 来计算气隙磁动势[38],其中

$$g_e = k_c g \tag{2-27}$$

式中,g 为物理气隙长度;k_c 为 Carter 系数。

高性能永磁体钕铁硼的退磁曲线呈线性变化,其第二象限的特性可以近似认为是一条直线[35],因此,永磁体可以等效成一个内磁阻恒定的磁动势源,在此基础上可以得到如图 2-36 所示的 FCFMPM 电机等效磁路模型。图 2-36 中,F_m 为每极永磁体磁动势,R_m 为每极永磁体内磁阻,R_{ge} 为等效气隙磁阻。

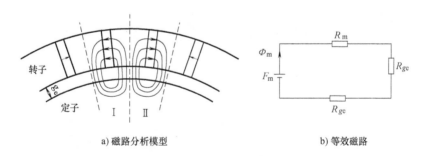

a) 磁路分析模型   b) 等效磁路

图 2-36 计算每极气隙磁动势时所用的磁路模型

根据永磁体特性,每极永磁体磁动势 F_m 可以表示为

$$F_m = \frac{B_r}{\mu_0 \mu_{rm}} \theta_m r_g \tag{2-28}$$

式中,B_r 为永磁体剩磁;μ_0 为真空磁导率;μ_{rm} 为永磁体相对磁导率;θ_m 为永磁体厚度;r_g 为气隙半径,如图 2-37a 所示。

永磁体内磁阻 R_m 可以表示为

$$R_m = \frac{\theta_m r_g}{\mu_0 \mu_{rm} l_m l_{stk}} \tag{2-29}$$

式中，l_{stk} 为电机轴向长度；l_m 为永磁体径向长度，如图 2-37a 所示。

此外，等效气隙磁阻 R_{ge} 可以表示为

$$R_{g'} = \frac{g_e}{\mu_0 \dfrac{\theta_p r_g}{2} L_{stk}} = \frac{2g_e}{\mu_0 \theta_p r_g l_{stk}} \qquad (2\text{-}30)$$

式中，θ_p 为每极转子铁心厚度，如图 2-37a 所示。

因此，根据磁路基本定律，转子每极永磁磁通 Φ_m 可以表示为

$$\Phi_m = \frac{F_m}{R_m + 2R_{ge}} = \frac{B_r \theta_m \theta_p r_g^2 l_m l_{stk}}{\theta_m \theta_p r_g^2 + 4g_e \mu_{rm} l_m} \qquad (2\text{-}31)$$

于是，每极气隙磁动势幅值可以表示成如下形式：

$$F_{agm} = \Phi_m R_{ge} = \frac{2B_r \theta_m r_g l_m g_e}{\mu_0 \theta_m \theta_p r_g^2 + 4\mu_0 \mu_{rm} g_e l_m} \qquad (2\text{-}32)$$

基于上述分析，计及永磁体厚度的影响，FCFMPM 电机的气隙磁动势波形可以等效成如图 2-37b 所示的方波。

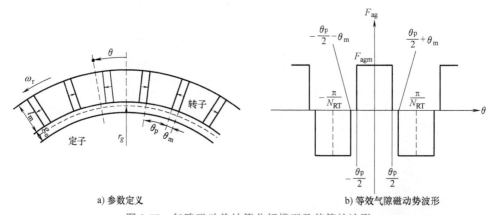

a) 参数定义   b) 等效气隙磁动势波形

图 2-37 气隙磁动势计算分析模型及其等效波形

据此，利用离散傅里叶变换，考虑转子的旋转，可以得到气隙磁动势 F_{ag} 随圆周位置 θ 变化的表达式如下：

$$F_{ag}(\theta,t) = \sum_{j=1,3}^{+\infty} F_{agj} \cos\left[jN_{RT}(\theta - \omega_r t)\right] \qquad (2\text{-}33)$$

式中，F_{agj} 为 j 次分量幅值，其可以表示成

$$
\begin{aligned}
F_{agj} &= \frac{N_{RT}}{\pi} \int_{-\frac{\pi}{N_{RT}}}^{\frac{\pi}{N_{RT}}} F_{ag}(\theta) \cos(jN_{RT}\theta)\,\mathrm{d}\theta \\
&= \frac{N_{RT}}{\pi}\left[\int_{-\frac{\pi}{N_{RT}}}^{\frac{\theta_p}{2}-\theta_m}(-F_{agm})\cos(jN_{RT}\theta)\,\mathrm{d}\theta + \int_{-\frac{\theta_p}{2}}^{\frac{\theta_p}{2}} F_{agm}\cos(jN_{RT}\theta)\,\mathrm{d}\theta + \int_{\frac{\theta_p}{2}+\theta_m}^{\frac{\pi}{N_{RT}}}(-F_{agm})\cos(jN_{RT}\theta)\,\mathrm{d}\theta\right]
\end{aligned}
$$

$$= \frac{4F_{\text{agm}}}{j\pi}\sin\left(\frac{j\pi}{2}\right)\cos\left(\frac{jN_{\text{RT}}\theta_{\text{m}}}{2}\right) \tag{2-34}$$

式（2-34）表明，当 $j=1$ 时，气隙磁动势的基波分量 $F_{\text{ag1}}>0$。

以上借助等效气隙来计及定子齿槽变化引起的磁导变化，对气隙磁动势进行了简化分析计算，下面将考虑定子齿槽变化对气隙磁导的影响，进行气隙磁导的分析计算。图 2-38a 所示为气隙磁导计算分析模型及参数定义，图 2-38b 为考虑定子齿槽交替的简化气隙磁导波形。图 2-38b 中，定子齿、槽对应气隙处的磁导 Λ_{t}、Λ_{s} 可分别表示为

$$\Lambda_{\text{t}} = \frac{\mu_0 \theta_{\text{t}} r_g l_{\text{stk}}}{g_{\text{e}}} \tag{2-35}$$

$$\Lambda_{\text{s}} = \frac{4\mu_0 l_{\text{stk}}}{\pi}\ln\left(1+\frac{\pi\theta_{\text{s}} r_g}{4g_{\text{e}}}\right) \tag{2-36}$$

式中，θ_{t} 为定子齿宽度；θ_{s} 为槽口宽度。

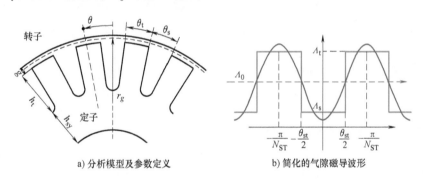

a) 分析模型及参数定义　　　　b) 简化的气隙磁导波形

图 2-38　气隙磁导计算分析模型及其简化波形

基于图 2-38b 所示的气隙磁导简化波形，利用离散傅里叶变换，可以得到气隙磁导 Λ 随圆周位置 θ 变化的表达式如下

$$\Lambda(\theta) = \Lambda_0 + \sum_{k=1,2}^{+\infty} \Lambda_k \cos(kN_{\text{ST}}\theta) \tag{2-37}$$

式中，直流分量 Λ_0 可以表示为

$$\Lambda_0 = \frac{N_{\text{ST}}}{2\pi}(\Lambda_{\text{t}}\theta_{\text{t}} + \Lambda_{\text{s}}\theta_{\text{s}}) \tag{2-38}$$

谐波分量 Λ_k 可以表示为

$$\Lambda_k = \frac{N_{\text{ST}}}{\pi}\int_{-\frac{\pi}{N_{\text{ST}}}}^{\frac{\pi}{N_{\text{ST}}}} \Lambda(\theta)\cos(kN_{\text{ST}}\theta)\,\mathrm{d}\theta$$

$$= \frac{N_{\text{ST}}}{\pi}\left[\int_{-\frac{\pi}{N_{\text{ST}}}}^{-\frac{\theta_{\text{s}}}{2}} \Lambda_{\text{t}}\cos(kN_{\text{ST}}\theta)\,\mathrm{d}\theta + \int_{-\frac{\theta_{\text{s}}}{2}}^{\frac{\theta_{\text{s}}}{2}} \Lambda_{\text{s}}\cos(kN_{\text{ST}}\theta)\,\mathrm{d}\theta + \int_{\frac{\theta_{\text{s}}}{2}}^{\frac{\pi}{N_{\text{ST}}}} \Lambda_{\text{t}}\cos(kN_{\text{ST}}\theta)\,\mathrm{d}\theta\right]$$

$$= \frac{2(\Lambda_s - \Lambda_t)}{k\pi} \sin\left(\frac{kN_{ST}\theta_s}{2}\right) \tag{2-39}$$

式（2-38）和式（2-39）表明，气隙圆周磁导直流分量 $\Lambda_0 > 0$，基波分量的系数 $\Lambda_1 < 0$。

基于式（2-33）和式（2-37），可以得到 FCFMPM 电机的气隙磁通密度表达式为

$$
\begin{aligned}
B_{ag}(\theta,t) &= \Lambda_0 F_{ag1} \cos\left[N_{RT}(\theta - \omega_r t)\right] + \Lambda_1 F_{ag1} \cos(N_{ST}\theta) \cos\left[N_{RT}(\theta - \omega_r t)\right] + B_{agh} \\
&= \Lambda_0 F_{ag1} \cos\left[N_{RT}(\theta - \omega_r t)\right] + \frac{\Lambda_1 F_{ag1}}{2} \Big\{ \cos\left[(N_{ST} - N_{RT})\theta + N_{RT}\omega_r t\right] + \\
&\quad \cos\left[(N_{ST} + N_{RT})\theta - N_{RT}\omega_r t\right] \Big\} + B_{agh} \\
&= \Lambda_0 F_{ag1} \cos\left[N_{RT}(\theta - \omega_r t)\right] + \frac{\Lambda_1 F_{ag1}}{2} \cos\left[(N_{ST} - N_{RT})\left(\theta - \frac{-N_{RT}}{N_{ST} - N_{RT}}\omega_r t\right)\right] + \\
&\quad \frac{\Lambda_1 F_{ag1}}{2} \cos\left[(N_{ST} + N_{RT})\left(\theta - \frac{N_{RT}}{N_{ST} + N_{RT}}\omega_r t\right)\right] + B_{agh}
\end{aligned}
\tag{2-40}
$$

式中，B_{agh} 为气隙磁通密度高次谐波分量，由于所占比例较小，该高次谐波分量在后面的分析计算中可以忽略。

理论推导得到的气隙圆周磁通密度表达式（2-40）表明，气隙中除了与转子永磁体极对数相同的基波磁场外，还存在两个较大的谐波磁场，其极对数分别为 $(N_{ST} - N_{RT})$ 和 $(N_{ST} + N_{RT})$，前者所表示的谐波磁通密度极对数较少，旋转速度快；后者所表示的谐波磁通密度极对数多，旋转速度慢。气隙圆周磁通密度表达式（2-40）不仅适用于 FCFMPM 电机，同样适用于转子永磁体采用辐条嵌入式结构的传统永磁同步电机。在永磁同步电机中，定子电枢绕组绕制的极对数与气隙基波磁场极对数相同，所以在永磁同步电机中，用于转矩传递的有效气隙磁通密度可以简化为

$$B_{agc}(\theta,t) = \Lambda_0 F_{ag1} \cos\left[N_{RT}(\theta - \omega_r t)\right] \tag{2-41}$$

与之不同，在 FCFMPM 电机中，定子电枢绕组并非按照气隙基波磁场极对数绕制，而是按照次数较低的高速谐波磁场极对数进行设计，即满足式（2-23）所示的极对数配合关系。如前所述，当定子电枢绕组极对数按此规律进行设计时，不仅气隙中 $(N_{ST} - N_{RT})$ 对极谐波磁场能够在定子电枢绕组中感应出电动势，而且气隙基波磁场同样可以被利用。结合式（2-23）和式（2-24），在 FCFMPM 电机中，用于转矩传递的总有效气隙磁通密度可以表示为

$$
\begin{aligned}
B_{agv}(\theta,t) &= \Lambda_0 F_{ag1} \cos\left[N_{RT}(\theta - \omega_r t)\right] + \frac{\Lambda_1 F_{ag1}}{2} \cos\left[(N_{ST} - N_{RT})\left(\theta - \frac{-N_{RT}}{N_{ST} - N_{RT}}\omega_r t\right)\right] \\
&= \Lambda_0 F_{ag1} \cos\left[N_{RT}(\theta - \omega_r t)\right] + \frac{\Lambda_1 F_{ag1}}{2} \cos\left[p_s(\theta + G_r \omega_r t)\right]
\end{aligned}
\tag{2-42}
$$

虽然气隙有效谐波磁通密度幅值较基波磁通密度幅值小得多，但是其旋转速度是基波磁通密度旋转速度的 G_r 倍，快速的磁通变化可以感应出较大的电动势。此

外由于基波磁通密度极对数是有效谐波磁通密度极对数的 G_r 倍，所以二者在定子绕组中感应出的电动势具有相同的电角频率。在三相永磁电机中，相永磁磁链 ψ_{ph} 可以表示为

$$\psi_{ph}(t) = k_{d1} N_{ph} l_{stk} r_g \int_0^{\sigma\theta_\tau} B_{ag}(\theta,t)\,\mathrm{d}\theta \tag{2-43}$$

式中，k_{d1} 为绕组基波分布系数；N_{ph} 为每相绕组串联匝数；σ 为线圈跨距；θ_τ 为定子槽距，可以表示为

$$\theta_\tau = \theta_t + \theta_s = \frac{2\pi}{N_{ST}} \tag{2-44}$$

将式（2-41）代入式（2-43）可以得到传统永磁同步电机的相永磁磁链表达式为

$$\psi_{phc}(t) = k_{d1} N_{ph} l_{stk} r_g \left[\frac{2\Lambda_0 F_{ag1}}{p_s} \sin\left(\frac{\sigma\pi}{2q}\right) \cos\left(\frac{\sigma\pi}{2q} - p_s \omega_r t\right) \right] \tag{2-45}$$

式中，q 为定子每极每相槽数。

于是，传统永磁同步电机的相感应电动势可以表示为

$$e_{phc}(t) = k_{d1} N_{ph} l_{stk} r_g \omega_r \left[2\Lambda_0 F_{ag1} \sin\left(\frac{\sigma\pi}{2q}\right) \sin\left(p_s \omega_r t - \frac{\sigma\pi}{2q}\right) \right] \tag{2-46}$$

同样地，将式（2-42）代入式（2-43）可以得到 FCFMPM 电机的相永磁磁链表达式为

$$\psi_{phv}(t) = k_{d1} N_{ph} l_{stk} r_g \left\{ \frac{2\Lambda_0 F_{ag1}}{(2q-1)p_s} \sin\left[\left(1-\frac{1}{2q}\right)\sigma\pi\right] \cos\left[\left(1-\frac{1}{2q}\right)\sigma\pi - (2q-1)p_s\omega_r t\right] + \right.$$
$$\left. \frac{\Lambda_1 F_{ag1}}{p_s} \sin\left(\frac{1}{2q}\sigma\pi\right) \cos\left[\frac{1}{2q}\sigma\pi + (2q-1)p_s\omega_r t\right] \right\} \tag{2-47}$$

于是，FCFMPM 电机的相感应电动势可以表示为

$$e_{phv}(t) = k_{d1} N_{ph} l_{stk} r_g \omega_r \left[2\Lambda_0 F_{ag1} \sin\left(G_r \frac{\sigma\pi}{2q}\right) \sin\left(G_r p_s \omega_r t - G_r \frac{\sigma\pi}{2q}\right) + \right.$$
$$\left. G_r \Lambda_1 F_{ag1} \sin\left(\frac{\sigma\pi}{2q}\right) \sin\left(G_r p_s \omega_r t + \frac{\sigma\pi}{2q}\right) \right] \tag{2-48}$$

对比式（2-46）和式（2-48）发现，FCFMPM 电机的相感应电动势表达式比同等的永磁同步电机的相感应电动势表达式多一项，该电动势增量正是由 FCFMPM 电机对气隙有效谐波磁通密度的利用获得的。此外，FCFMPM 电机的相感应电动势电频率是同等的永磁同步电机的 G_r 倍。以 18 槽/28 极 FCFMPM 电机和 18 槽/8 极永磁同步电机为例，将相关参数代入式（2-46）和式（2-48），对二者相感应电动势之间的差异做进一步阐释。鉴于工作原理不同，上述两种电机仅转子极对数不同，定子绕组极对数和绕组绕制方式完全相同，所以具有可比性。此时，所讨论的 18 槽/28 极 FCFMPM 电机的磁场增速比 $G_r = 3.5$。由于定子每极槽数 $q = 2.25$，所以采用线圈跨距 $\sigma = 2$ 的分布绕组，以便获得幅值较高且波形正弦度好的相感应电动势[39]。将上述参数代入式（2-46）和式（2-48）可以得到 18 槽/8 极

永磁同步电机和 18 槽/28 极 FCFMPM 电机的相感应电动势幅值分别为

$$E_{phc} = k_{d1} N_{ph} l_{stk} r_g \omega_r (1.97 \Lambda_0 F_{ag1}) \tag{2-49}$$

$$E_{phv} = k_{d1} N_{ph} l_{stk} r_g \omega_r (1.97 \Lambda_0 F_{ag1} - 3.45 \Lambda_1 F_{ag1}) \tag{2-50}$$

如前所述，由于气隙圆周磁导直流分量 $\Lambda_0 > 0$，傅里叶系数基波分量 Λ_1 为负数，气隙磁动势基波分量 $F_{ag1} > 0$。所以，对比分析式（2-49）和式（2-50）表明，18 槽/28 极 FCFMPM 电机的相感应电动势幅值比 18 槽/8 极永磁同步电机多出式（2-50）中的第二项。图 2-39 所示为上述两种电机运行原理对比分析示意图，为了公平比较，保证两种电机能够产生相同的气隙基波磁负荷，18 槽/8 极永磁同步电机的永磁体径向长度应为 18 槽/28 极 FCFMPM 电机的 G_r 倍。在转子转速、定子绕组结构、气隙电负荷和基波磁负荷相同的情况下，图 2-39 表明：对比分析的两种电机中，气隙基波磁场可以在定子绕组中感应出相同的电动势幅值，但是气隙有效谐波磁场的利用，可以进一步改善 FCFMPM 电机的相感应电动势。

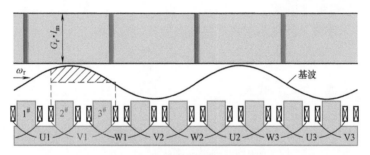

a) 18槽/8极永磁同步电机

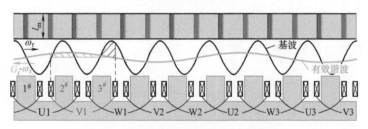

b) 18槽/28极FCFMPM电机

图 2-39　对比分析的两种电机运行原理示意图

为了分析上述两种电机的转矩传递特性，假设采用 $i_d = 0$ 的无刷交流控制方式，即保持施加的相电流与相电动势同相位。此时，永磁电机传递的电磁转矩 T_e 可以表示为

$$T_e = \frac{m E_{ph} I_{ph}}{2 \omega_r} \tag{2-51}$$

式中，m 为相数；E_{ph} 为相电动势幅值；I_{ph} 为相电流幅值。

将式（2-49）和式（2-50）分别代入式（2-51），可以得到 18 槽/28 极 FCFMPM 电机和对比分析的 18 槽/8 极永磁同步电机的电磁转矩分别表示如下：

$$T_{ev} = \frac{mI_{ph}}{2} k_{d1} N_{ph} l_{stk} r_g (1.97 \Lambda_0 F_{ag1} - 3.45 \Lambda_1 F_{ag1})　(2-52)$$

$$T_{ec} = \frac{mI_{ph}}{2} k_{d1} N_{ph} l_{stk} r_g (1.97 \Lambda_0 F_{ag1})　(2-53)$$

所以，相比而言，在电机结构形式基本不变的情况下，由于磁场调制作用带来谐波磁场的有效利用，使得 FCFMPM 电机比同等的永磁同步电机可以传递更大的转矩，即 FCFMPM 电机具有更高的转矩密度。

3. 有限元仿真分析

为了验证上述理论分析，本节将借助有限元方法对比分析 18 槽/28 极 FCFMPM 电机和同等的 18 槽/8 极永磁同步电机的性能差异。为了实现公平比较，两种电机具有相同的气隙半径、气隙长度、轴长、永磁体用量和气隙电负荷。借助二维有限元分析软件可以对上述两种电机分别进行优化设计，表 2-5 列出了优化后的主要性能和关键尺寸参数。表 2-5 中的数据表明，在转子转速相同的情况下，18 槽/28 极 FCFMPM 电机的相空载感应电动势近似为同等的 18 槽/8 极永磁同步电机的两倍，该仿真结果充分说明了，气隙有效谐波磁场的利用确实能够改善 FCFMPM 电机的相感应电动势，此结论与前述理论分析一致。

表 2-5　两种电机主要性能和关键尺寸参数

参数	18 槽/28 极 FCFMPM 电机	18 槽/8 极永磁同步电机
转子转速/(r/min)	214	
相空载感应电动势/V	228	123
相电流/A	8.33	
转子永磁体极对数	14	4
定子齿数	18	
定子绕组极对数	4	
相绕组串联匝数	162	
轴长/mm	284	
定、转子铁心材料	DW360-50	
永磁体径向长度/mm	20.5	71.75
永磁体宽度/rad	0.039	
永磁体剩磁/T	1.15	
永磁体相对磁导率	1.07	
气隙半径/mm	89.25	
物理气隙长度/mm	0.5	
槽电流密度/(A/mm^2)	4.15	

图 2-40 和图 2-41 所示分别为 18 槽/8 极永磁同步电机和 18 槽/28 极 FCFMPM 电机空载时气隙径向磁通密度波形及其谐波分析。可以看到，无论是在磁场调制永磁电机中还是传统永磁同步电机中，定子齿槽交替引起的气隙磁导变化总会导致气隙磁通密度含有一系列空间谐波，除了与转子永磁体极对数相同的基波分量外，$(N_{ST}-N_{RT})$ 和 $(N_{ST}+N_{RT})$ 对极谐波分量具有较大的幅值，该仿真分析结果与理论推导的气隙磁通密度表达式（2-40）一致。此外，图 2-40b 和图 2-41b 的气隙磁通密度谐波分析表明，由于上述对比分析的两种电机设计时使用了相同的永磁体用量，所以二者的气隙磁通密度基波幅值基本相同，即施加了相同的气隙基波磁负荷。

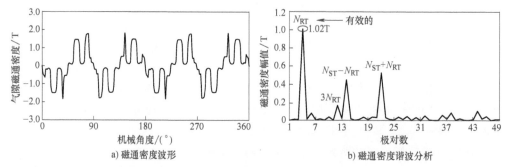

图 2-40　18 槽/8 极永磁同步电机空载时气隙径向磁通密度波形及其谐波分析

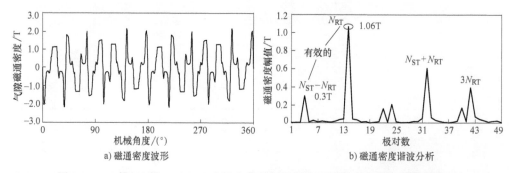

图 2-41　18 槽/28 极 FCFMPM 电机空载时气隙径向磁通密度波形及其谐波分析

图 2-42 所示为对比分析的两种电机空载时磁场分布情况，可以看到，虽然二者的转子永磁体极对数分别为 4 和 14，但是定子磁场分布均为 4 对极，所以可以采用相同的绕组结构。此外，对比图 2-42a 和图 2-42b 表明：磁场调制作用使得 FCFMPM 电机比传统的永磁同步电机漏磁更为严重，若将漏磁效应考虑在内，18 槽/28 极 FCFMPM 电机的电磁转矩表达式（2-52）应该修正为

$$T_{ev} = \frac{mI_{ph}}{2}(1-k_{df})k_{d1}N_{ph}l_{stk}r_g(1.97\Lambda_0 F_{ag1}-3.45\Lambda_1 F_{ag1}) \tag{2-54}$$

式中，k_{df} 定义为漏磁系数。

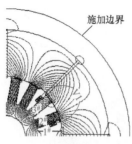
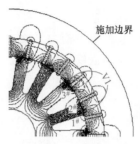

a) 18槽/8极永磁同步电机　　　　　b) 18槽/28极FCFMPM电机

图 2-42　两种电机空载时磁场分布

图 2-43 所示为对比分析的两种电机空载时磁通密度分布情况。可以发现，虽然使用了相同的永磁体用量，但是 18 槽/28 极 FCFMPM 电机定子齿部磁通密度明显低于同等的 18 槽/8 极永磁同步电机。结合图 2-39 和图 2-42，以线圈 V1 为例，可做如下解释：在 18 槽/8 极永磁同步电机中，图 2-39a 中阴影部分所示的气隙基波磁通可以通过 2# 和 3# 定子齿全部匝链线圈 V1。但是，在 18 槽/28 极 FCFMPM 电机中，由于气隙基波磁通密度极对数是定子电枢绕组极对数的 G_r 倍，所以只有如图 2-42b 中阴影所示的一部分气隙基波磁通能够通过 3# 定子齿有效匝链线圈 V1，而其余部分基波磁通则在 3# 定子齿极靴处闭合短路，如图 2-42b 中椭圆虚线框所示。所以在 18 槽/28 极 FCFMPM 电机中，定子齿极靴处磁通密度略高于定子齿部磁通密度，如图 2-43b 所示。由于转子转速相同，18 槽/28 极 FCFMPM 电机中匝链线圈 V1 的基波磁通变化速率是 18 槽/8 极永磁同步电机的 G_r 倍，故基波磁通能够在两种电机中感应出相同的电动势幅值，只是电频率不同。与此同时，在 18 槽/28 极 FCFMPM 电机中，如图 2-39b 中右斜线阴影所示的气隙有效谐波磁通也能够通过 2# 定子齿匝链线圈 V1，从而感应出额外的电动势。

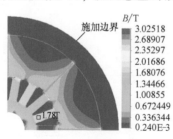
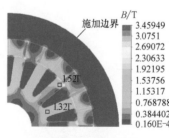

a) 18槽/8极永磁同步电机　　　　　b) 18槽/28极FCFMPM电机

图 2-43　两种电机空载时磁通密度分布

图 2-44 所示为对比分析的两种电机负载时磁通密度分布情况。结合图 2-43 分析发现，在 18 槽/28 极 FCFMPM 电机中，定子齿部磁通密度平均值由空载时的 1.32T 增加到加载时的 1.37T，增幅很小，表明电枢反应在 FCFMPM 电机中影响较

弱。在对比分析的 18 槽/8 极永磁同步电机中，定子齿部磁通密度平均值由空载时的 1.78T 增加到加载时的 1.85T，而且局部磁饱和较为严重。相比 18 槽/8 极永磁同步电机，18 槽/28 极 FCFMPM 电机不但可以感应出较高的电动势，而且定子磁通密度较低，有利于降低铁耗和减小定子轭部厚度，从而节省铁心材料。

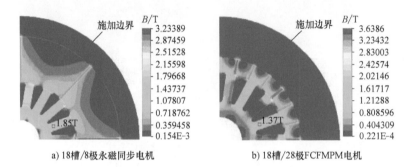

a) 18槽/8极永磁同步电机   b) 18槽/28极FCFMPM电机

图 2-44 两种电机负载时磁通密度分布

在永磁电机控制中，根据相电动势波形形状的不同，可以采用不同的控制模式。一般而言，对于相电动势为正弦波的永磁电机，可以采用无刷交流控制方式；对于相电动势为方波的永磁电机，可以采用无刷直流控制方式。有限元仿真分析表明，本书所述 18 槽/28 极 FCFMPM 电机的相电动势波形为正弦波，所以可以采用 $i_d = 0$ 无刷交流控制方式；而对比分析的 18 槽/8 极永磁同步电机的相电动势波形近似为梯形波，因此既可以采用如图 2-45a 所示的 $i_d = 0$ 无刷交流控制方式，也可以采用如图 2-45b 所示的 120°导通无刷直流控制方式。当采用不同的控制方式时，应保证施加的相电流有效值相同，即 $i_d = 0$ 无刷交流控制方式下的相电流幅值 I_{max} 和 120°导通无刷直流控制方式下的相电流幅值 I_m 应满足如下关系

$$I_m = \frac{\sqrt{3}}{2} I_{max} \tag{2-55}$$

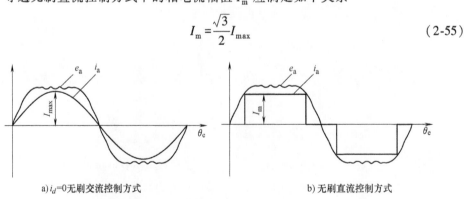

a)i_d=0无刷交流控制方式   b) 无刷直流控制方式

图 2-45 无刷交流和无刷直流控制模式

图 2-46 所示为通过有限元分析得到的两种电机电磁转矩波形，表 2-6 列出了电磁转矩相关参数结果，从转矩输出能力和转矩纹波大小考虑，对于 18 槽/8 极永

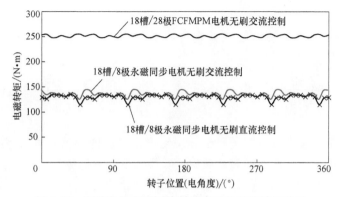

图 2-46　两种电机在不同控制方式下的电磁转矩波形

磁同步电机，无刷交流控制优于无刷直流控制。当采用 $i_d = 0$ 无刷交流控制方式时，18 槽/28 极 FCFMPM 电机的转矩纹波仅为同等的 18 槽/8 极永磁同步电机的 35.5%，且平均转矩传递能力提高到后者的 1.85 倍，此仿真结果与前述电磁转矩的理论分析相一致。所以有限元分析法再次验证了 FCFMPM 电机确实能够提供比传统永磁同步电机更高的转矩传递能力，具有低速大转矩传递的特性。

表 2-6　两种电机电磁转矩参数对比分析　（单位：N·m）

	18 槽/8 极永磁同步电机		18 槽/28 极 FCFMPM 电机
	无刷直流控制	无刷交流控制	无刷交流控制
转矩最大值	135.3	144.0	255.1
转矩最小值	115.0	125.4	248.5
转矩纹波	20.3	18.6	6.6
转矩平均值	129.8	136.1	251.8

2.4.3　FCFMPM 电机主要尺寸关系式

分析表明，所提 FCFMPM 电机的感应电动势波形同样也为正弦波，此时可以采用无刷交流控制模式，从而可以最大限度地将机械能转换成电能。当所提 FCFMPM 电机做发电运行时，为简化分析，假设施加三相对称电阻负载，即负载功率因数为 1，此时电机的电磁功率 P_e 可以表示为

$$P_e = \frac{m}{2} E_{0m} I_m \cos\varphi \qquad (2-56)$$

式中，E_{0m} 为相空载感应电动势幅值；I_m 为相电流幅值；φ 为内功率因数角，即相空载感应电动势和相电流之间的夹角；$\cos\varphi$ 表示内功率因数。

由 2.4.2 节的分析讨论可知，FCFMPM 电机的相永磁磁通 Φ_{PMp} 由两部分组成：一部分是气隙基波磁通密度匝链相绕组产生的磁通 Φ_{PMfp}，可以表示成如下形式：

$$\Phi_{\mathrm{PMfp}} = \Phi_{\mathrm{mf}} \cos(N_{\mathrm{RT}}\theta_{\mathrm{r}}) \tag{2-57}$$

另一部分是气隙有效谐波磁通密度匝链相绕组产生的磁通 Φ_{PMehp}，可以按式（2-58）计算

$$\Phi_{\mathrm{PMehp}} = \Phi_{\mathrm{meh}} \cos\left(\frac{\pi}{\theta_{\tau\mathrm{eh}}}\theta_{\mathrm{eh}}\right) = \Phi_{\mathrm{meh}} \cos(p_{\mathrm{eh}}\theta_{\mathrm{eh}}) = \Phi_{\mathrm{meh}} \cos\left(\frac{N_{\mathrm{RT}}}{G_{\mathrm{r}}}G_{\mathrm{r}}\theta_{\mathrm{r}}\right) = \Phi_{\mathrm{meh}} \cos(N_{\mathrm{RT}}\theta_{\mathrm{r}})$$

$$\tag{2-58}$$

式中，Φ_{mf} 为气隙基波磁通密度匝链相绕组产生的磁通幅值；Φ_{meh} 为气隙有效谐波磁通密度匝链相绕组产生的磁通幅值；θ_{r} 为转子位置机械角度；$\theta_{\tau\mathrm{eh}}$ 为气隙有效谐波磁场极距；θ_{eh} 为气隙有效谐波磁场位置机械角度。

所以，FCFMPM 电机的相永磁磁通 Φ_{PMp} 可以表示为

$$\Phi_{\mathrm{PMp}} = \Phi_{\mathrm{mf}} \cos(N_{\mathrm{RT}}\theta_{\mathrm{r}}) + \Phi_{\mathrm{meh}} \cos(N_{\mathrm{RT}}\theta_{\mathrm{r}}) \tag{2-59}$$

根据 FCFMPM 电机的工作原理，忽略漏磁影响，式（2-59）中两项的磁通幅值 Φ_{mf} 和 Φ_{meh} 可分别表示为

$$\Phi_{\mathrm{mf}} = k_{\mathrm{w}} \frac{2}{\pi} B_{\mathrm{gmf}} \frac{1}{G_{\mathrm{r}}} l_{\mathrm{stk}} \frac{\pi D_g}{2p_{\mathrm{eh}}} = \frac{1}{p_{\mathrm{r}}} k_{\mathrm{w}} B_{\mathrm{gmf}} l_{\mathrm{stk}} D_g \tag{2-60}$$

$$\Phi_{\mathrm{meh}} = k_{\mathrm{w}} \frac{2}{\pi} B_{\mathrm{gmeh}} l_{\mathrm{stk}} \frac{\pi D_g}{2p_{\mathrm{eh}}} = \frac{G_{\mathrm{r}}}{p_{\mathrm{r}}} k_{\mathrm{w}} B_{\mathrm{gmeh}} l_{\mathrm{stk}} D_g \tag{2-61}$$

式中，k_{w} 为相绕组系数；B_{gmf} 为气隙磁通密度基波幅值；B_{gmeh} 为气隙磁通密度有效谐波幅值；D_g 为气隙直径。

将式（2-60）和式（2-61）代入式（2-59），可以得到 FCFMPM 电机的相永磁磁通表达式为

$$\Phi_{\mathrm{PMp}} = \frac{1}{p_{\mathrm{r}}} k_{\mathrm{w}} l_{\mathrm{stk}} D_g (B_{\mathrm{gmf}} + G_{\mathrm{r}} B_{\mathrm{gmeh}}) \cos(N_{\mathrm{RT}}\theta_{\mathrm{r}}) \tag{2-62}$$

由式（2-62）可以计算得到 FCFMPM 电机的相空载感应电动势表达式为

$$e_{\mathrm{PMp}}(t) = -N_{\mathrm{ph}} \frac{\mathrm{d}\Phi_{\mathrm{PMp}}}{\mathrm{d}\theta_{\mathrm{r}}} \omega_{\mathrm{r}} = k_{\mathrm{w}} N_{\mathrm{ph}} \omega_{\mathrm{r}} l_{\mathrm{stk}} D_g (B_{\mathrm{gmf}} + G_{\mathrm{r}} B_{\mathrm{gmeh}}) \sin(N_{\mathrm{RT}}\theta_{\mathrm{r}}) \tag{2-63}$$

因此，FCFMPM 电机相空载感应电动势幅值 $E_{0\mathrm{m}}$ 为

$$E_{0\mathrm{m}} = k_{\mathrm{w}} N_{\mathrm{ph}} \omega_{\mathrm{r}} l_{\mathrm{stk}} D_g (B_{\mathrm{gmf}} + G_{\mathrm{r}} B_{\mathrm{gmeh}}) \tag{2-64}$$

另一方面，每相正弦分布的电流幅值 I_{m} 满足

$$I_{\mathrm{m}} = \frac{\sqrt{2} A_{\mathrm{s}} \pi D_g}{2m N_{\mathrm{ph}}} \tag{2-65}$$

式中，A_{s} 为气隙电负荷。

将式（2-64）和式（2-65）代入式（2-56），可以得到 FCFMPM 电机的电磁功率方程为

$$P_{\mathrm{e}} = \frac{\sqrt{2}}{4} \pi k_{\mathrm{w}} (B_{\mathrm{gmf}} + G_{\mathrm{r}} B_{\mathrm{gmeh}}) A_{\mathrm{s}} l_{\mathrm{stk}} D_g^2 \omega_{\mathrm{r}} \cos\varphi \tag{2-66}$$

若不考虑铁耗和铜耗，上述电磁功率即为 FCFMPM 电机发电运行时的输出有功功率，此时 FCFMPM 电机的电磁转矩可以表示为

$$T_e = \frac{\sqrt{2}\pi}{4}k_w(B_{gmf}+G_rB_{gmeh})A_sl_{stk}D_g^2\cos\varphi = \sqrt{2}k_w(B_{gmf}+G_rB_{gmeh})A_sV_g\cos\varphi \quad (2\text{-}67)$$

式中，V_g 为电机气隙所包围部分的体积。

参照永磁无刷电机气隙磁负荷的定义，式（2-67）中的 $(B_{gmf}+G_rB_{gmeh})$ 可以定义为 FCFMPM 电机的等效气隙磁负荷。与传统永磁同步电机不同，基于磁场调制原理工作的 FCFMPM 电机的等效气隙磁负荷是由气隙基波磁通密度和有效谐波磁通密度共同作用产生的。式（2-67）表明，FCFMPM 电机的电磁转矩与电机的等效气隙磁负荷 $(B_{gmf}+G_rB_{gmeh})$、气隙电负荷 A_s 和气隙所包围体积 V_g 成正比。

定义转矩密度 $\xi_T = T_e/V_g$，因此，FCFMPM 电机的转矩密度很容易由式（2-67）得到

$$\xi_T = \sqrt{2}k_w(B_{gmf}+G_rB_{gmeh})A_s\cos\varphi \quad (2\text{-}68)$$

至此，推导出了 FCFMPM 电机的电磁功率方程（2-66）和电磁转矩方程（2-67），并由此派生出了转矩密度方程（2-68）。显然，FCFMPM 电机的转矩密度与电机相数 m 和相绕组串联匝数 N_{ph} 无关，而与相绕组系数 k_w、等效气隙磁负荷 $(B_{gmf}+G_rB_{gmeh})$、气隙电负荷 A_s 和内功率因数 $\cos\varphi$ 有关。

根据式（2-66）或式（2-67），当电机的电磁功率或者电磁转矩性能要求确定以后，可以得到 FCFMPM 电机的尺寸方程如下：

$$l_{stk}D_g^2 = \frac{2\sqrt{2}P_e}{\pi k_w(B_{gmf}+G_rB_{gmeh})A_s\omega_r\cos\varphi} \quad (2\text{-}69)$$

$$l_{stk}D_g^2 = \frac{2\sqrt{2}T_e}{\pi k_w(B_{gmf}+G_rB_{gmeh})A_s\cos\varphi} \quad (2\text{-}70)$$

2.4.4　FCFMPM 样机设计与实验验证[40,41]

设计了一台 5kW 18 槽/28 极 FCFMPM 电机，主要设计参数见表 2-7，并依此制作了原理样机。图 2-47 ~ 图 2-49 为部分样机部件的具体设计尺寸图，由于电机轴向较长，所以永磁体需要进行分段，图 2-49 所示的每段永磁体长度为 60mm。根据表 2-7 所列 18 槽/28 极 FCFMPM 电机的优化设计参数，制作 FCFMPM 原理样机对上述分析结果进行实验验证。

图 2-50 所示为样机定、转子装配图及实验测试平台。实验中，以异步电机拖动 FCFMPM 样机发电运行，利用 WT3000 数字功率分析仪，首先测量样机空载感应电动势，然后施加不同的对称三相电阻负载，测试样机的输出特性和效率。图 2-51 对比给出了样机在不同转子位置时的相自感仿真计算和实验测量结果，二者波形基本吻合，实测相自感平均值约为 21.7mH，与有限元计算值 23mH 相差很小。

表 2-7　优化的 18 槽/28 极 FCFMPM 样机设计参数

参　数	数　值	参　数	数　值
转子转速 n_r/(r/min)	214	转子内径/mm	179
额定功率/kW	5	永磁体径向长度 w_{pm}/mm	20.5
输出相电压 U_o/V	200	永磁体厚度 h_{pm}/mm	3.5
相电流 I_a/A	8.33	转子燕尾槽宽度 w_{rdt}/mm	9
电频率 f/Hz	50	转子燕尾槽高度 h_{rdt}/mm	4
转子永磁体极对数 N_{RT}	14	转子燕尾槽角度 θ_{rdt}/rad	1.3
定子齿数 N_{ST}	18	定子内径/mm	60
定子绕组极对数 p_s	4	定子极靴系数 k_{stt}	0.48
相绕组串联匝数 N_{ph}	162	定子齿宽 w_{st}/mm	12.5
轴长 l_{stk}/mm	284	w_{s1}/mm	1
气隙长度 δ_g/mm	0.5	h_{s1}/mm	0.6
长径比 l_{stk}/D_g	1.6	定子轭部厚度 l_{sy}/mm	20
定、转子铁心材料	DW360-50	槽满率	0.35
永磁体材料	N38SH	槽电流密度 J_s/(A/mm²)	4.15

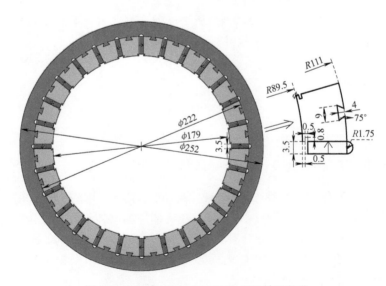

图 2-47　18 槽/28 极 FCFMPM 电机转子部分

　　图 2-52 所示为转子转速为 214r/min 时，样机空载感应电动势实验波形，与有限元计算结果相比，两者吻合较好，谐波分析表明，实测空载感应电动势波形总谐波畸变率仅为 2.94%。实测相空载感应电动势有效值约为 214V，与有限元计算值 228V 相比，减小了 6.14%，该误差主要是由二维有限元仿真并未考虑电机端部漏

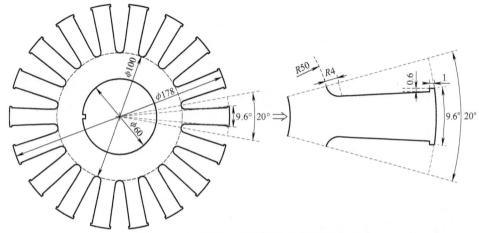

图 2-48 18 槽/28 极 FCFMPM 电机定子冲片

磁以及加工工艺误差等因素造成的。图 2-53 所示为样机相空载感应电动势有效值随转子转速变化的情况，根据电动势与转速的比值计算，可以得到样机相永磁磁链有限元计算值和实测值分别约为 0.72Wb 和 0.68Wb，二者比较一致。

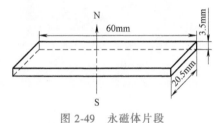

图 2-49 永磁体片段

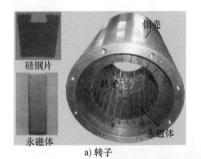

a) 转子

b) 定子

c) 测试平台

图 2-50 18 槽/28 极 FCFMPM 样机及实验测试平台

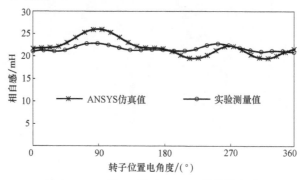

图 2-51　18 槽/28 极 FCFMPM 样机相自感

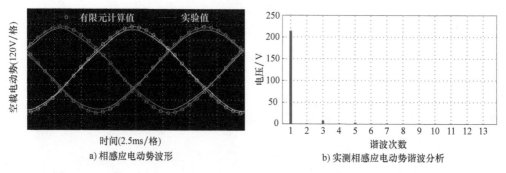

a) 相感应电动势波形

b) 实测相感应电动势谐波分析

图 2-52　18 槽/28 极 FCFMPM 样机空载感应电动势及谐波分析 （n_r = 214r/min）

保持转子转速 214r/min 不变，通过调节负载电阻，可以测量样机发电运行时的输出特性，结果如图 2-54 所示。图 2-54a 所示为输出相电压随相电流的变化，由于电机存在内抗压降，仿真和实测的输出相电压均随相电流的增加而下降，二者变化趋势一致，数值上的差距主要由于样机空载感应电动势未达到仿真设计值所导致。当输出相电流达到设计值 8.33A 时，实测输出相电压约为 181V，此

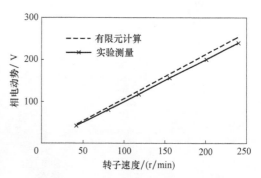

图 2-53　18 槽/28 极 FCFMPM 样机相空载感应电动势随转子转速变化的情况

时电压调整率约为 15%。图 2-54b 所示为输出功率随相电流的变化情况，当相电流达到设计值 8.33A 时，样机输出功率约为 4.5kW，对应样机的输入转矩约为 221N·m。此时，若忽略机械和杂散损耗，可得样机转矩传递能力（按有效部分计算）高达 20.4kN·m/m³，该值比传统的径向磁通永磁同步电机（自然冷却状态下转矩密度典型值为 10kN·m/m³[4]）要高很多。

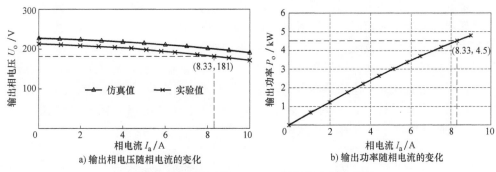

a) 输出相电压随相电流的变化　　　　　　b) 输出功率随相电流的变化

图 2-54　18 槽/28 极 FCFMPM 样机发电输出特性

至此，对于上述 18 槽/28 极 FCFMPM 样机，可以采用三种不同方法得到其负载时的输出功率：①根据式（2-66）进行理论估算，结合 2.4.2 节的分析可知，采用式（2-66）对 FCFMPM 电机输出功率进行估算时，还应考虑漏磁系数 k_{df} 的影响；②直接利用有限元法仿真计算；③样机实验测量。

表 2-8 对比给出了不同方法得到的样机输出功率结果，比较分析发现：有限元仿真值比理论计算值减小约 7.4%，主要原因是式（2-66）推导过程中忽略了铁心磁饱和、绕组漏感等。与有限元仿真结果相比，样机实测结果减小约 10%，产生该误差的主要原因是二维有限元仿真未计及端部漏磁以及电机加工工艺因素等。综合分析可见，样机实验结果较好地验证了理论分析的有效性和有限元仿真分析的正确性。

表 2-8　采用不同方法得到的 18 槽/28 极 FCFMPM 样机输出功率

方法	输出功率/ kW	参数备注
理论计算	5.4	k_{df}:0.08，k_w:0.945，B_{gmf}:1.08T，G_r:3.5，B_{gmeh}:0.3T，A_s:14450A/m，L_a:284mm，D_g:178.5mm，ω_r:22.4rad/s，$\cos\varphi$:0.9
有限元仿真	5	U_o:200V，I_a:8.33A
实验测量	4.5	U_o:181V，I_a:8.33A

样机的输入功率可以通过测量输入转矩和转子转速计算得到，进而根据对应的输出功率可以求得样机效率，结果如图 2-55 所示。由图 2-55 可见，随着输出功率的增加，样机效率逐渐提高，当相电流达到设计值 8.33A，即输出功率 4.5kW 时，实测样机效率约为 0.92。

对于上述 18 槽/28 极 FCFMPM 样机，电机本身产生的有功损耗主要包括：

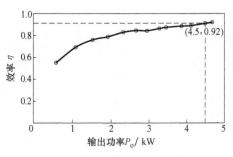

图 2-55　18 槽/28 极 FCFMPM 样机效率

电枢绕组铜耗、定转子硅钢片铁耗、永磁体涡流损耗、铝壳涡流损耗及其他机械摩擦和杂散损耗。图 2-56 所示为采用二维有限元法，计算得到的空载时不同成分电磁损耗随转速的变化情况，可以看出，铝壳涡流损耗所占比重较大。这是由于铝壳内表面靠近永磁体的位置，由于极间漏磁磁通较大，加之铝的电阻率较小，导致此处涡流损耗较大。为此，可以采用如图 2-57 所示的结构，即在铝壳内表面靠近永磁体处开一个直径大于永磁体厚度的凹槽，此举能够有效降低铝壳涡流损耗。计算分析表明，空载运行时，铝壳内表面采用凹槽设计可以使铝壳涡流损耗减小约35%，从而能够进一步改善电机效率。

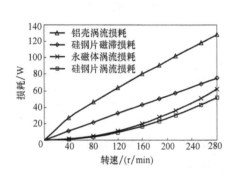

图 2-56　18 槽/28 极 FCFMPM 电机电磁损耗

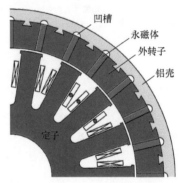

图 2-57　铝壳内表面靠近永磁体处设置凹槽结构图

2.4.5　与商业化小型风力发电机的比较

为了进一步说明 FCFMPM 电机的特点，将样机与一款额定值相近的商业化小型永磁直驱风力发电机进行比较，结果见表 2-9。可见，在额定功率、永磁材料、冷却方式、热绝缘等级相同，额定相电压、额定转速、铁心材料等参数相近的情况下，样机体积减小 5.1%，质量降低 16.7%，转矩密度提高 38.3%，充分说明 FCFMPM 电机具有体积小、质量轻、转矩密度大的优点。

表 2-9　18 槽/28 极 FCFMPM 样机和商业化风力发电机比较

参数	数值	
	FCFMPM 样机	商业化永磁风力发电机
额定功率/kW	5	
额定相电压/V	200	220
额定转速/(r/min)	214	240
额定转矩/(N·m)	220	200
永磁材料	稀土钕铁硼	
铁心材料	DW360-50	50WW470

（续）

参数	数值	
	FCFMPM 样机	商业化永磁风力发电机
整机体积/cm³	31360	33050
整机质量/kg	125	150
转矩密度（按有效部分计算）/(kN·m/m³)	20.37	14.73
效率(%)	>90	>85
冷却方式	自然冷却	

2.5　初级永磁型游标直线电机

上述 FCFMPM 电机中的永磁体位于转子，其气隙中与永磁体极对数一致的谐波磁场分量与位于定子上的电枢绕组之间存在相对运动，即能在电枢绕组中产生感应电动势。而对于永磁体和电枢绕组均位于定子（初级）的永磁型而言，由于永磁体与电枢绕组之间相对静止，导致该类电机的运行原理与转子永磁式磁场调制电机存在一定差异，因此有必要对该类电机中存在的磁场调制现象进行单独讨论。本节主要以初级永磁型游标直线（Linear Primary Permanent Magnet Vernier，LPPMV）电机为例来说明。

2.5.1　LPPMV 电机的基本结构及运行原理

1. LPPMV 电机基本结构

图 2-58 所示为一台 6-2 极 LPPMV 电机的结构示意图[42,43]，电机采用单侧平板结构。初级包括 6 个初级齿，每个齿表面均贴装有 5 块永磁体，单个齿上的相邻永磁体充磁方向相反，相邻两个初级齿上的永磁体充磁方向相同。为了便于绕线，初级齿采用半闭口槽设计，考虑到永磁体的磁导率与空气基本相等，设置初级齿极靴间的间隔宽度与单个永磁体宽度相等，以便在电机气隙内形成类似正弦的永磁磁通密度。电机次级仅为含有凸极的导磁铁心，具有结构简单、机械强度大的特点，非常适用于直驱式海浪发电等大推力工作场合。初级和次级铁心可以使用硅钢片叠制，以降低电机铁耗，提高运行效率，也可以直接使用导磁碳钢制成，以降低制造成本和制造难度。

由于该样机的永磁极对数为

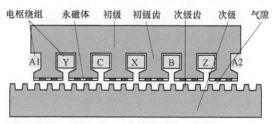

图 2-58　LPPMV 电机结构示意图

18，次级有效凸极数为 17，由下文分析可知，该样机工作磁通极对数为 1，其绕组星形联结图如图 2-59 所示，每个初级槽相距 60°电角度，所以三相绕组可以采用集中绕组方式，绕组节距为 3。B 相和 C 相仅包含一个线圈，而 A 相则分为两个线圈置于初级两端，以平衡磁路，图 2-60 所示为三相电枢绕组示意图。

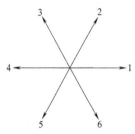

图 2-59　电枢绕组星形联结图

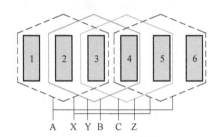

图 2-60　6-2 极 LPPMV 电机电枢绕组

从外形上看，LPPMV 电机与磁通反向永磁电机十分相似，但两者的运行原理和设计方法却完全不同。LPPMV 电机利用次级凸极铁心形成交替变化的气隙磁导，利用该磁导与永磁磁通的相对运动，调制出快速运行的谐波磁场，以提高电机的空载感应电动势和电磁推力密度，属于变磁阻永磁（Variable Reluctance Permanent Magnet，VRPM）电机的一种。

2. LPPMV 电机的运行原理

LPPMV 电机基于次级凸极对永磁磁场的调制作用进行工作，下面将通过次级运动过程中四个典型位置的磁场情况，分析 LPPMV 电机的运行原理。图 2-61 所示的四个典型位置，对应 LPPMV 电机 A 相绕组中磁链的正向最大值、零、负向最大值、零四个状态。为更加清楚地说明问题，电机初级齿间开口处用永磁体填满，并符合相邻永磁体充磁方向相反的原则，忽略初级齿槽对磁路的影响。

假设图 2-61 中灰色的永磁体充磁方向向上，而白色的永磁体充磁方向向下，定义图 2-61a 所示位置 A 时刻为次级位置 $x_t = 0$。此时，初级齿 t2 上的两块灰色永磁体与次级凸极重叠面积最大，初级齿 t5 中间的白色永磁体与次级凸极轴线对齐，而其他永磁体与次级凸极重叠面积相对较小。由于次级凸极处的磁导大，而次级槽位置的磁导小，因此可以近似地认为每块永磁体产生的磁通与其自身和次级凸极重叠面积成正比，根据位置 A 时刻永磁体与次级凸极的相对位置，最终在气隙中形成了如图 2-61a 上方的永磁磁通密度曲线，忽略谐波分量，可以得到如图中所示的有效谐波磁通密度波形，其正向最大值位于初级齿 t2 轴线。因此，此时电机内磁通主要由 t2 齿上虚线框内的两个永磁体向上，通过初级轭部，进入 t5，再经过 t5 齿中间的白色永磁体进入气隙，然后经由次级齿和次级轭部，再次进入气隙，形成闭合磁路。由于 A 相绕组由两个元件组成，且绕制方向相反，而经过两个元件的磁通方向也相反，此时 A 相绕组中匝链的永磁磁链为正向最大。

当电机次级向右运动过 1/4 齿距时，如图 2-61b 所示的位置 B，此时初级齿 t1

和 t6 上的灰色永磁体与次级凸极对齐，而 t3 和 t4 上的白色永磁体与次级凸极对齐，如图中虚线框所示。因此整个电机磁路被分为左右对称的两部分，左侧磁路经过灰色永磁体—t1—初级轭部—t3—白色永磁体—气隙—次级凸极—次级轭部—次级凸极—气隙形成回路，此时 A 相绕组的元件 1 向上的磁通和向下的磁通大小相等、方向相反，因此匝链磁链为零，右侧磁路与左侧磁路类似。因此，位置 B 时刻 A 相绕组匝链的总磁链为零。根据永磁体和次级凸极的相对位置，可以得到气隙内永磁磁通密度及其基波分量波形，其正向最大值较位置 A 时刻向左移动了 1/2 极距，位于初级铁心最左侧。

当次级继续向右移动 1/4 个齿距时，如图 2-61c 位置 C 所示，图中 t2 上中间的白色永磁体与次级凸极对齐，而 t5 上两块灰色永磁体与次级凸极重合的面积最大，如图中虚线框所示，因此该时刻的磁路与位置 A 时刻的磁路类似，两者为左右镜像关系。此时，A 相绕组元件 1 所处位置的磁通为负向最大，而元件 2 所处位置的磁通为正向最大，由于 A 相两个元件绕向相反，因此两元件串联后 A 相绕组永磁磁链为负向最大。同样也可以根据永磁体与次级凸极的相对位置得到气隙中永磁磁通密度及其基波波形，其最大值又向左（循环向左）移动了 1/2 极距，位于 t5 轴线处。

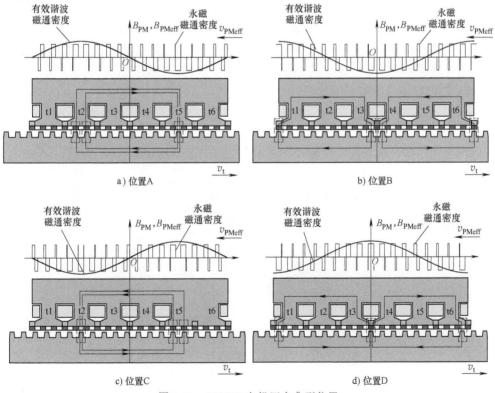

图 2-61 LPPMV 电机四个典型位置

当次级第三次向右移动 1/4 齿距时，如图 2-61d 位置 D 所示，此时 t1 和 t6 齿上的白色永磁体与次级凸极轴线对齐，t3 和 t4 齿中间的灰色永磁体与另一个次级凸极轴线对齐。此时的磁路与位置 B 时刻类似，同样分成了左右两部分，只是由于与次级凸极对齐的永磁体充磁方向与位置 B 时刻相反，因此磁路方向也相反。A 相绕组两个元件中匝链的永磁磁链同样为零，气隙磁通密度的最大值则再一次向左移动至电机初级中间轴线位置，即 t3 和 t4 中间位置。

若再将次级向右移动 1/2 齿距，初级上的永磁体和次级凸极的相对位置则回到位置 A 所示的情况，即经过了一个周期。

通过以上四个典型位置电机磁路的分析，可以得到以下结论：

（1）由于次级凸极的调制作用，电机气隙内将产生类似 PWM 波的永磁磁通密度波形，若忽略谐波含量，可以得到其基波分量，称之为有效谐波。

（2）次级向某一方向移过一个齿距，将引起电枢绕组中匝链的永磁磁链变化一个周期。

（3）当次级运动时，气隙内的有效谐波将跟随次级一同运动，两者运动方向相反，电速率相同。

（4）由于有效谐波的极距远远大于次级凸极的齿距，由（3）可知，有效谐波的机械速度远远大于次级的运动速度。

（5）若按照有效谐波的极对数来设计电机初级绕组，如图 2-59 和图 2-60 所示，由于有效谐波的运行速度较次级速度快得多，与速度呈正比的电机感应电动势、功率等参数将得到有效提高，使 LPPMV 电机适用于低速工况。

3. 气隙磁通密度的解析计算

利用等效磁路法对电机内部的磁场进行计算，定量研究该电机永磁体极对数、有效次级凸极数、有效谐波磁场极对数等量之间的关系，更进一步给出 LPPMV 电机磁场调制的实质，并为电机的设计奠定基础。为了简化推导过程，做如下假设：

（1）铁心的磁导率为无穷大。

（2）永磁体的相对磁导率为 1。

（3）磁场仅在 y 方向发生变化，如图 2-62 所示。

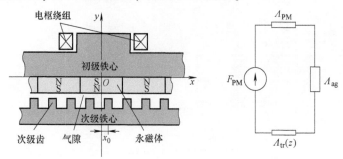

图 2-62　LPPMV 电机的等效磁路模型

（4）忽略漏磁。

现代永磁体钕铁硼的退磁曲线呈线性变化，其第二象限特性为直线[35,36]，因此，永磁体可以等效成一个恒磁动势源 F_{PM} 与一个恒定的内磁导 Λ_{PM} 相串联的磁动势源，在此基础上得到如图 2-62 所示的 LPPMV 电机的等效磁路模型。其中，电机磁路单位面积上的总磁导可以表示为

$$\frac{1}{\Lambda(x,t)}=\frac{1}{\Lambda_{PM}}+\frac{1}{\Lambda_{ag}}+\frac{1}{\Lambda_{tr}(x,t)}=h_{PM}/\mu_0+h_{ag}/\mu_0+\Lambda_{tr}(x,t) \tag{2-71}$$

式中，Λ_{PM}、Λ_{ag} 为永磁体和气隙单位面积磁导；$\Lambda_{tr}(x,t)$ 为由电机次级的齿槽形成的单位面积磁导，它是一个关于次级位置 x 和时间 t 的函数；h_{PM} 为永磁体厚度；h_{ag} 为气隙厚度；μ_0 为真空磁导率。

根据式（2-71）和上述假设，$\Lambda(x,t)$ 可以用图 2-63 来表示，并可以分解为傅里叶级数形式

$$\Lambda(x,t)=\Lambda_0+\sum_{i=1}^{\infty}\Lambda_i\cos\left[iN_t\frac{2\pi}{L_{ar}}(x-v_t t-x_0)\right] \tag{2-72}$$

$$\Lambda_0=\frac{N_t}{L_{ar}}(\Lambda_t\tau_t+\Lambda_s\tau_s)=\frac{N_t}{L_{ar}}\left(\frac{\mu_0}{h_{ag}+h_{PM}}\tau_t+\frac{\mu_0}{h_{ag}+h_{PM}+h_t}\tau_s\right) \tag{2-73}$$

$$\Lambda_i=\frac{2}{i\pi}\left[(\Lambda_t-\Lambda_s)\sin\left(iN_t\tau_t\frac{\pi}{L_a}\right)\right]=\frac{2}{i\pi}\left[\left(\frac{\mu_0}{h_{ag}+h_{PM}}-\frac{\mu_0}{h_{ag}+h_{PM}+h_t}\right)\sin\left(iN_t\tau_t\frac{\pi}{L_{ar}}\right)\right] \tag{2-74}$$

式中，Λ_0 为磁导中的直流分量；L_{ar} 为电机初级长度；v_t 为次级的运动速度；x_0 为次级初始位置；N_t 为次级有效齿数；Λ_t、Λ_s 为次级齿和槽范围内的磁导；τ_t、τ_s 为次级齿和槽的宽度；h_t 为次级齿高。

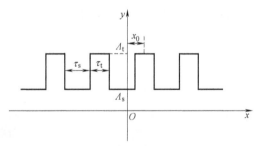

图 2-63　电机总磁导波形

此外，贴装于初级齿表面的永磁体产生的磁动势 F_{PM} 也可以使用傅里叶级数的形式表示为

$$F_{PM}=\sum_{j,奇数}^{\infty}\frac{4B_r h_{PM}}{j\mu_0\pi}\cos\left(jp_{PM}\frac{2\pi}{L_{ar}}x\right) \tag{2-75}$$

式中，B_r 为永磁体剩磁；p_{PM} 为永磁磁通的极对数。

忽略高次谐波的影响，仅考虑式（2-72）和式（2-75）的直流和基波分量，则电机空载气隙磁通密度 B_{ag} 可近似表示为

$$B_{ag}=F(x)\Lambda(x,t)$$

$$= \frac{4B_r h_{PM}}{\mu_0 \pi} \Lambda_0 \cos\left(p_{PM} \frac{2\pi}{L_{ar}} x\right) + \frac{2B_r h_{PM}}{\mu_0 \pi} \Lambda_1 \cos\left[(N_t + p_{PM}) \frac{2\pi}{L_{ar}}\left(x - \frac{N_t v_t t + N_t x_0}{N_t + p_{PM}}\right)\right] +$$

$$\frac{2B_r h_{PM}}{\mu_0 \pi} \Lambda_1 \cos\left[(N_t - p_{PM}) \frac{2\pi}{L_{ar}}\left(x - \frac{N_t v_t t - N_t x_0}{N_t - p_{PM}}\right)\right] \tag{2-76}$$

式（2-76）中的第一项由永磁体直接产生，由于 LPPMV 电机中永磁体贴装于初级齿表面，因此该分量并不随电机次级的运动发生变化，所以不能在电枢绕组中产生感应电动势；由于次级凸极对永磁磁场的调制作用，产生了式（2-76）中第二项和第三项谐波磁场分量，其中前者所表示的磁通波长短、运行速度慢，而后者则具有波长长、运行速度快的特点。根据电机学原理，电机的感应电动势幅值和频率与磁通的变化速度呈正比，因此选择第三项作为 LPPMV 电机有效谐波分量，有利于提高电机的感应电动势，进而提高电机的推力密度。由式（2-76）分析可得有效谐波磁通的极对数 p_{PMeff} 和运行速度 v_{PMeff} 的关系为

$$p_{PMeff} = |N_t - p_{PM}| \tag{2-77}$$

$$v_{PMeff} = \frac{N_t}{N_t - p_{PM}} v_t = G_r v_t \tag{2-78}$$

有效谐波磁通的极距可以表示为

$$\tau_{PMeff} = \frac{1}{2} \frac{N_t}{N_t - p_{PM}} \tau_{tr} = \frac{1}{2} G_r \tau_{tr} \tag{2-79}$$

式中，τ_{PMeff} 为有效谐波磁通的极距；τ_{tr} 为次级凸极齿距。

由式（2-77）可见，与普通电机不同，新型 LPPMV 电机中同时具有次级凸极齿数 N_t、永磁体产生的永磁磁通极对数 p_{PM} 和有效谐波磁通极对数 p_{PMeff} 三个参数，且通常三者均不相等。本文所研究的电机基于有效谐波磁通运行，其初级齿数为 6，有效谐波磁通极对数为 1。在设计电机电枢绕组时，可以将 LPPMV 电机看作一台普通的 1 对极永磁直线电机进行绕制，以使电枢绕组磁通和气隙磁通极对数相匹配，产生稳定的功率输出。

由式（2-78）可见，有效谐波磁通的运行速度较次级运行速度放大 G_r 倍，G_r 即为磁齿轮变比。与磁场调制式磁齿轮类似，永磁磁场经过次级凸极调制后，气隙磁场的运行速度得以放大，即相当于电机的次级速度被提高。这一特点将有效提高电机的感应电动势、推力密度和功率密度，使该电机更适用于低速运行的直驱式海浪发电，这就是 LPPMV 电机具有低速、大推力特点的本质原因。此外，当 $N_t > p_{PM}$ 时，v_{PMeff} 和 v_t 同向，反之则反向，本文中 LPPMV 电机次级有效凸极数量为 17，永磁体极对数为 18，因此有效谐波磁场的运动方向与次级的方向相反。为了获得最大限度的放大倍数，通常取 $p_{PMeff} = 1$，电枢绕组则按照该有效谐波磁通的极对数进行绕制，这也是该新型电机与 VRPM 电机结构上的最大区别所在。

2.5.2 LPPMV 电机有限元计算

1. 永磁磁链

基于上一节的分析，将建立的 LPPMV 电机有限元模型中的电机次级向某一个

方向移动一个齿距，就能得到一个电周期内电枢的磁通波形。如图 2-64 为各个初级齿部永磁磁通随次级位置变化的波形，磁通峰值约为 0.72mWb。图 2-65 所示为三相绕组永磁磁链波形，波形正弦度非常高，所以可以将 LPPMV 电机看成是一台具有 1 对极的永磁同步电机，并可以利用常用的矢量控制等方法加以控制。

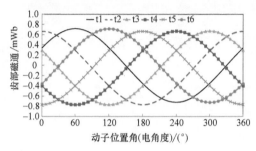

图 2-64 初级齿部永磁磁通波形   图 2-65 三相电枢绕组磁链波形

综上考虑，可以将三相永磁磁链表示为

$$
\begin{cases}
\psi_{\mathrm{PMa}}=\psi_{\mathrm{PMm}}\cos\left(\dfrac{\pi}{\tau_{\mathrm{PMeff}}}x\right)=\psi_{\mathrm{PMm}}\cos\left(\dfrac{2\pi}{G_{\mathrm{r}}\tau_{\mathrm{t}}}x\right) \\[2mm]
\psi_{\mathrm{PMb}}=\psi_{\mathrm{PMm}}\cos\left(\dfrac{\pi}{\tau_{\mathrm{PMeff}}}x-\dfrac{2\pi}{3}\right)+\psi_{\mathrm{PMDC}}=\psi_{\mathrm{PMm}}\cos\left(\dfrac{2\pi}{G_{\mathrm{r}}\tau_{\mathrm{t}}}x-\dfrac{2\pi}{3}\right)+\psi_{\mathrm{PMDC}} \\[2mm]
\psi_{\mathrm{PMc}}=\psi_{\mathrm{PMm}}\cos\left(\dfrac{\pi}{\tau_{\mathrm{PMeff}}}x+\dfrac{2\pi}{3}\right)-\psi_{\mathrm{PMmDC}}=\psi_{\mathrm{PMm}}\cos\left(\dfrac{2\pi}{G_{\mathrm{r}}\tau_{\mathrm{t}}}x+\dfrac{2\pi}{3}\right)-\psi_{\mathrm{PMmDC}}
\end{cases}
\quad(2\text{-}80)
$$

式中，ψ_{PMm} 为永磁磁链的基波峰值；ψ_{PMDC} 为直流偏差量。

值得注意的是，计算磁链时的起始位置是 A 相永磁磁链最大时刻，即图 2-61 中的位置 A。此外，由于每个初级齿上的永磁体个数为单数，且三相绕组结构不一致，导致三相永磁磁链之间存在直流偏差。由于 B、C 两相仅包含一个线圈，且两相线圈的绕向相反，因此 B 相磁链向坐标轴正方向偏，C 相磁链向坐标轴负方向偏。而由于 A 相绕组包含两个方向相反的线圈元件，串联连接时，两个元件中的偏差正好抵消，因此 A 相磁链没有偏差。表 2-10 给出了三相磁链峰值，直流偏差为 0.02Wb，这也是导致后文中三相电感不对称的原因之一，同时也是本文设计样机过程中考虑不周的地方之一，在今后的设计中需要尽量避免。

表 2-10 三相磁链峰值及直流偏差   （单位：Wb）

	最大值	最小值
A 相	0.2	−0.2
B 相	0.22	−0.18
C 相	0.18	−0.22
直流偏差	0.02	

2. 空载感应电动势

永磁电机的空载感应电动势可以由各相绕组的永磁磁链求导得到，并满足如下关系：

$$e_{\mathrm{PM}p} = \frac{\mathrm{d}\psi_{\mathrm{PM}p}}{\mathrm{d}t} = \frac{\mathrm{d}\psi_{\mathrm{PM}p}}{\mathrm{d}x_{\mathrm{t}}}\frac{\mathrm{d}x_{\mathrm{t}}}{\mathrm{d}t} = \frac{\mathrm{d}\psi_{\mathrm{PM}p}}{\mathrm{d}x_{\mathrm{t}}}v_{\mathrm{t}} \qquad (2\text{-}81)$$

式中，$e_{\mathrm{PM}p}$ 为各相空载感应电动势；$\psi_{\mathrm{PM}p}$ 各相绕组磁链；下标 p 代表 A、B、C 三相；x_{t} 为电机次级位置。

如图 2-66 所示为次级速度为 1m/s 时的感应电动势有限元仿真波形。求导过程中，磁链的直流偏差将被消除，因此三相空载感应电动势波形相互对称，不存在直流分量，其峰值约为 60V。与磁链波形一样，感应电动势波形具有很高的正弦度，谐波分析显示，其谐波含量约为 5%。

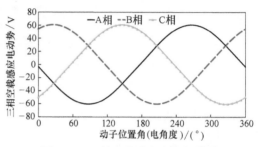

图 2-66　三相空载感应电动势波形

3. 电枢反应磁场

计算电枢电流单独作用的电枢反应磁场时，考虑到永磁体的磁导率与空气相接近，可以将电机有限元模型中的永磁体的剩磁设置为零。图 2-67 所示为次级处于位置 A，施加与三相感应电动势同相位的三相额定电枢电流时的电枢反应磁场分布，图 2-68 为气隙磁通密度波形。由于电枢电流产生的磁场极距远远大于永磁体的极距，即在一个电枢磁场极距范围内，存在多个充磁方向交替永磁体，因此在设计永磁体尺寸，考虑永磁体工作点

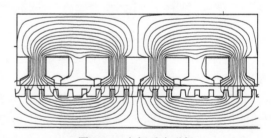

图 2-67　电枢反应磁场

时，特别需要考虑充磁方向与电枢反应磁场方向相反的永磁体，这部分内容将在永磁体尺寸设计中专门加以讨论。

图 2-69 所示为永磁体设置为空气、并施加与感应电动势同相位的三相电枢电流产生的各个初级齿内的磁通随次级位置变化的波形，对比图 2-64 所示的由永磁磁场引起的初级齿部磁通波形可知，电枢反应磁通幅值远大于永磁磁通幅值，也就是说，在负载情况下，通过 LPPMV 电机铁心的磁通中，电枢反应磁通占有绝对强的比例，因此在考虑铁心磁通密度设计铁心尺寸时，需要考虑负载情况，而不能光考虑空载状态，这一点与普通永磁电机中铁心磁通主要为永磁磁通的情况不同。

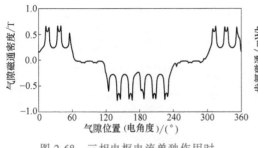

图 2-68　三相电枢电流单独作用时
的气隙磁通密度波形

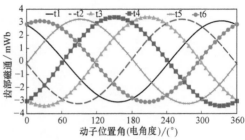

图 2-69　三相电枢电流单独作用产生
的初级齿部磁通波形

4. 电感

在使用有限元对电机的电感进行计算时，对电枢绕组的某一相通入电流，可以得到某相绕组中所匝链的总磁链为

$$\psi = \psi_{PM} + LI \tag{2-82}$$

式中，L 为相绕组自感（被测相与通电相为同一相）或互感（被测相与通电相为不同相）；I 为所通入的电流。

根据式（2-82）便可以得到绕组的电感为

$$L = (\psi - \psi_{PM})/I \tag{2-83}$$

将按照式（2-83）计算得到的电感称之为饱和电感，这种饱和电感考虑了永磁体对磁路的影响。如果将永磁体剩磁设为零进行计算，得到的电感称为不饱和电感[45]。

如图 2-70 所示为基于有限元仿真模型计算得到的不饱和自感和互感随转子位置变化的波形，由图可知，新型 LPPMV 电机的电感随转子位置的变化量非常小，可以认为在整个电周期中为一恒定值，这一结论对电机的建模和控制非常重要。其次，如上文所述，该电机的三相绕组安排方式的差异性导致 A 相电感与 B、C 两相不同。

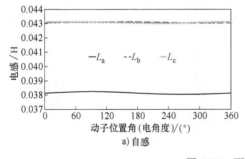

a）自感

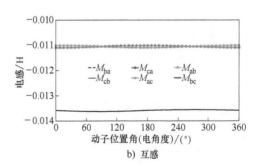

b）互感

图 2-70　不饱和电感波形

饱和电感的计算分两步进行：第一步先计算出各相空载永磁磁链；第二步为某一相电枢绕组通入直流电，计算三相磁链，再根据式（2-83），将两次结果依次相

减，得到电机的三相自感和互感。图 2-71 所示为某一相绕组加载直流电流 18.382A 时计算得到的饱和电感波形，其中 18.382A 为额定电流峰值。

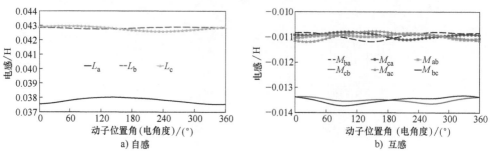

图 2-71 饱和电感波形

由图 2-68 可知，由于电枢电流产生磁场的一个极距范围内，有多个方向交替的永磁磁场和多个次级凸极，因此每相磁路的饱和情况将随动子运动发生变化，导致各相磁路的磁导也随之发生周期性变化，加剧了饱和电感的波动。表 2-11 列出了三相绕组不饱和电感、饱和电感及其电感的波动情况，由此可知，三相电感虽然有波动，但是其波动范围很小，均不超过 4%，因此还是可以认为 LPPMV 电机的电感近似为恒定值，即可以将 LPPMV 电机看成是一台隐极式永磁电机。

表 2-11 各相电感值 （单位：mH）

		不饱和电感			饱和电感		
		平均值	峰峰值	峰峰值/平均值(%)	平均值	峰峰值	峰峰值/平均值(%)
A 相	L_a	38.142	0.200	0.52	37.789	0.480	1.27
	M_{ab}	11.050	0.085	0.76	10.936	0.375	3.42
	M_{ac}	11.052	0.084	0.76	10.941	0.305	2.79
B 相	M_{ba}	11.050	0.083	0.75	10.969	0.254	2.32
	L_b	43.084	0.092	0.21	42.817	0.139	0.32
	M_{bc}	13.590	0.069	0.50	13.510	0.272	2.01
C 相	M_{ca}	11.052	0.083	0.75	10.961	0.425	3.88
	M_{cb}	13.590	0.069	0.50	13.495	0.399	2.96
	L_c	43.085	0.092	0.21	42.788	0.364	0.85

设计电机时，通常使电机铁心工作在接近饱和状态，以获得尽可能大的功率密度，因此正常情况下的磁路磁导 Λ 将比计算不饱和电感时小，根据电感计算公式

$$L = N_{ph}^2 \Lambda \tag{2-84}$$

可知，饱和电感的平均值通常比不饱和电感小。

值得注意的是，与其他 VRPM 一样，LPPMV 电机的电感相对较大，导致该电

机作为发电机运行时，需要由直流侧提供无功输入以补偿电感所需，进而减小发电机的电压调整率；而当该电机运行于电动状态时，则需要较大的直流母线电压以提供电感上的电压降。

5. 定位力

定位力是衡量永磁电机性能的重要指标之一，它会对电机的起动性能、电磁推力纹波等产生影响。永磁直线电机的定位力由齿槽定位力和边端效应定位力两部分组成，对于本书研究的 LPPMV 电机来说，由于永磁体在初级上，而整个电机又为短初级、长次级结构，由边端效应引起的定位力相对比较小，可以忽略。齿槽定位力的周期可以表示为

$$C_{\text{cog}} = 360°/N_{\text{cog}} \tag{2-85}$$

式中，N_{cog} 为永磁同步电机初级齿数与永磁极数的最小公倍数，对于 6/2 极电机 $C_{\text{cog}} = 60°$，即在一个电周期内，定位力有 6 个周期。

图 2-72 所示为采用虚功法计算得到的 LPPMV 电机定位力波形，其峰峰值为 ±15N，仅为额定推力的 1.85%，其周期为 60°，与式（2-85）结果相符，表明永磁同步电机关于齿槽定位力的分析方法适用于 LPPMV 电机。

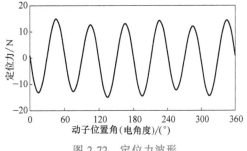

图 2-72　定位力波形

6. 推力

如前述，直驱式系统中直线电机的运动速度一般较低，这就要求电机具有较大的推力密度以减小制造和安装成本。图 2-73 所示为加载与感应电动势同相位的电流时，电机推力随电流有效值的变化曲线。当电流小于额定值时，电机推力几乎随电流呈线性变化，当电流超过 13A 时，由于磁路饱和加剧，推力增长趋缓。当电流等于额定电流 13A 时，电磁推力可达 1.62kN，由此计算得到该 LPPMV 电机的电磁推力密度为 45kN/m^2，远远大于普通永磁同步电机的经验值。

通常，永磁直线电机推力可以表示为

$$F = F_{\text{em}} + F_{\text{cog}} = F_{\text{PM}} + F_{\text{r}} + F_{\text{cog}} \tag{2-86}$$

式中，F_{em} 为电机的电磁推力，包括永磁推力 F_{PM} 和磁阻推力 F_{r} 两部分，F_{cog} 为定位力。

永磁推力可以表示为

$$F_{\text{PM}} = i_a \frac{d\psi_{\text{PMa}}}{dx_{\text{t}}} + i_b \frac{d\psi_{\text{PMb}}}{dx_{\text{t}}} + i_c \frac{d\psi_{\text{PMc}}}{dx_{\text{t}}} \tag{2-87}$$

将图 2-65 所示的三相永磁磁链代入式（2-87）可得永磁推力分量。如图 2-74 所示，永磁推力的平均值约为 1643.6N。理论上，永磁推力分量应该为一个恒定

值，但是由于受到电机端部效应等因素的影响，三相永磁磁链中含有一定的谐波分量，造成了永磁推力的波动，其峰峰值约为 17N。

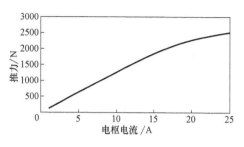

图 2-73　电磁推力随电流大小的变化

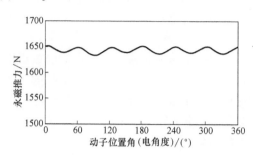

图 2-74　永磁推力分量波形

磁阻推力可以表示为

$$F_{\mathrm{r}}=\frac{1}{2}i_{\mathrm{a}}^{2}\frac{\mathrm{d}L_{\mathrm{a}}}{\mathrm{d}x_{\mathrm{t}}}+\frac{1}{2}i_{\mathrm{b}}^{2}\frac{\mathrm{d}L_{\mathrm{b}}}{\mathrm{d}x_{\mathrm{t}}}+\frac{1}{2}i_{\mathrm{c}}^{2}\frac{\mathrm{d}L_{\mathrm{c}}}{\mathrm{d}x_{\mathrm{t}}}+i_{\mathrm{a}}i_{\mathrm{b}}\frac{\mathrm{d}M_{\mathrm{ab}}}{\mathrm{d}x_{\mathrm{t}}}+i_{\mathrm{a}}i_{\mathrm{c}}\frac{\mathrm{d}M_{\mathrm{ac}}}{\mathrm{d}x_{\mathrm{t}}}+i_{\mathrm{b}}i_{\mathrm{c}}\frac{\mathrm{d}M_{\mathrm{bc}}}{\mathrm{d}x_{\mathrm{t}}} \quad (2\text{-}88)$$

将上文计算的 LPPMV 电机不饱和电感和饱和电感分别代入式（2-88），可得磁阻推力分量波形如图 2-75 所示。电机在运行过程中，不饱和电感实际上是不存在的，而饱和电感的计算方法更加贴近电机的实际工作情况，因此基于饱和电感计算得到的磁阻推力也较为准确。

将计算得到的永磁推力、定位力和基于饱和电感计算得到的磁阻推力相叠加，根据式（2-86）就可以得到电机的总推力波形，如图 2-76 所示，图中还给出了由有限元直接计算得到的电机推力波形。

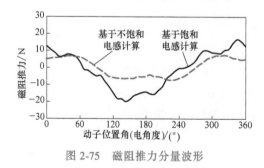

图 2-75　磁阻推力分量波形

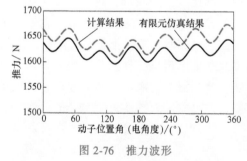

图 2-76　推力波形

根据式（2-86）计算得到的推力平均值约为 1642.8N，而有限元计算的平均值约为 1621N，相比而言，前者要比后者略大，这是由于计算饱和电感时，仅仅加载了某一相电流，而根据上文分析，LPPMV 电机中，电枢电流对电机磁路的影响大于永磁体对磁路的影响，因此造成计算饱和电感时，电机磁路没有达到电机正常运行时的饱和程度。由此可见，虽然饱和电感比不饱和电感准确，但与实际情况仍有差距。然而，由图 2-76 可知，两种方法计算得到的结果实际上已经非常接近，不仅波形走势一致，两者之间误差最大值也仅为 31.6N，而误差平均值仅为 21.7N，约为推力平均值的 1.33%，完全可以满足工程计算的需要。这一结论也正好证明了上一节对电感计算的准确性。

2.5.3　LPPMV 电机实验验证

为了验证上述理论分析的正确性，研制了一台 6/2 极 LPPMV 样机，其关键参数列于表 2-12，样机图片如图 2-77 所示[44]，初级铁心由 50WW350 硅钢片叠成。

表 2-12　LPPMV 样机参数

参数	数值	参数	数值
额定功率/kW	1.6	永磁体厚度/mm	4
额定感应电动势/V	43	永磁体宽度/mm	10
额定速度/(m/s)	1	c_{ttop}	0.3
额定电流/A	13	c_{tbot}	0.35
槽电流密度/(A/mm^2)	5	次级齿高/mm	10
额定速度/(m/min)	1	有效次级齿数	17
初级齿数	6	每相绕组匝数	142
初级宽度/mm	100	绕组线径/mm	1.7
初级齿距/mm	60	气隙厚度/mm	1

a) 初级铁心

b) 初级装配照片

c) LPPMV 样机

图 2-77　LPPMV 样机照片

1. 空载感应电动势

图 2-78 所示为电机在额定速度 1m/s 时的空载感应电动势实测波形，可见三相电动势基本对称且接近理想正弦波，其 THD 约为 4.04%，电动势峰值约为 55V，为如图 2-66 所示仿真结果的 91.67%，主要原因是二维有限元仿真忽略了电机的两侧漏磁等因素。

2. 电感

图 2-79 所示为实测样机不同位置时三相绕组电感的变化规律，表 2-13 列出了三相自感仿真值和实测值。由此可见，三相电感几乎不随电机动子位置发生变化，

且 A 相电感明显小于 B、C 两相，与上文仿真结果和理论分析相符。此外，由于电枢绕组的端部漏感和样机制作时三相绕组相对初级铁心的位置不同等因素，使实测电感大于二维有限元计算值，并导致 B、C 两相电感与 A 相电感的差距增大，但仍与仿真值较为接近，较好地验证了仿真和理论分析的正确性。

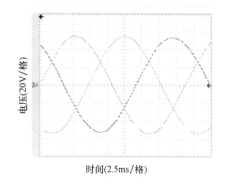

图 2-78　空载感应电势

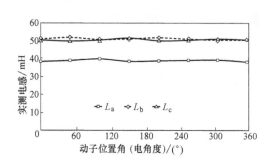

图 2-79　三相绕组实测自感

表 2-13　三相电感仿真值与实测值　　　　　　（单位：mH）

		L_a	L_b	L_c
仿真值	平均值	37.789	42.817	42.788
	峰峰值	0.480	0.139	0.364
实测值	平均值	38.604	50.824	50.600
	峰峰值	2.2	1.7	1.7

3. 静态推力实验

　　LPPMV 电机具有大推力特性，本节通过电机静态推力的测试，验证其推力特性。

　　在不同动子位置，施加某一固定相位和幅值的电枢电流，测试电机静态推力与动子位置之间的关系。为了简化实验过程，将 A 相绕组悬空，B 和 C 相绕组反向串联，并通入 15.9A 的直流电，对应电机动子位于 d 轴时的额定电流，且每个测量点之间的机械距离保持一致。测试结果如

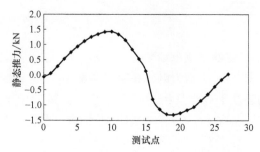

图 2-80　LPPMV 电机静态推力与动子位置的关系曲线

图 2-80 所示。可见静态推力随位置近似正弦变化，最大值约为 1429N，约为仿真

结果的 86%。

2.6　磁通切换永磁电机

磁通切换电机近年来得到广泛关注和深入研究，取得了一系列成果，并且已经衍生出多种拓扑结构[36]。但是，不同拓扑结构的磁通切换电机的内在运行机理具有统一性。本节以最具代表性的 12/10 极磁通切换永磁（FSPM）电机中存在的气隙磁场调制现象进行分析[46,47]。

2.6.1　FSPM 电机磁场调制机理

FSPM 电机的三维视图如图 2-81 所示，定子与转子均为凸极结构，因此永磁磁动势与电枢反应磁动势均受到转子凸极齿的调制作用，产生相应的气隙磁通密度谐波。本节将基于 FSPM 电机的简化永磁磁动势-磁导模型与电枢反应磁动势-磁导模型，分析其磁场调制原理。

FSPM 电机永磁体位于定子侧，嵌入相邻两个 U 形铁心之间。永磁体产生的永磁磁动势假设沿圆周方向为矩形波分布，考虑 U 形定子铁心影响后，永磁磁势-磁导模型如图 2-82 所示。傅里叶分析的定子永磁磁动势为

$$F_{PM}(\theta,t) = F_{PMb} \sum_{n=1}^{\infty} F_{PMn} \sin\left[(2n-1)p_{PM}\theta\right] \tag{2-89}$$

式中

$$F_{PMb} = -\frac{4F_{PM}}{\pi} \tag{2-90}$$

$$F_{PMn} = \frac{\cos\left[(2n-1)p_{PM}\theta_{S2}\right] - \cos\left[(2n-1)p_{PM}\theta_{S1}\right]}{2n-1} \tag{2-91}$$

式中，F_{PM} 为永磁磁动势幅值；θ_{S1} 和 θ_{S2} 为永磁体半弧长和永磁体半弧长加定子齿弧；F_{PMn} 为傅里叶系数，n 为 1、2、3、…；p_{PM} 为永磁极对数。

FSPM 电机永磁极对数 p_{PM} 为定子槽数 p_s 的一半。

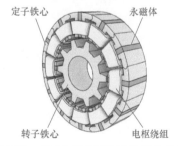

图 2-81　12/10 极 FSPM 电机拓扑结构

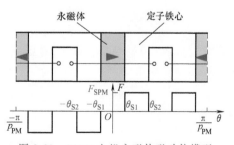

图 2-82　FSPM 电机永磁体磁动势模型

由式（2-89）可知，FSPM 电机永磁磁动势中包含极对数为 $(2n-1)p_{PM}$ 的谐波，且永磁体位于定子且静止不动，因此永磁磁动势中所有谐波的转速均为零。忽略转子凸极效应时，12/10 极 FSPM 电机定子永磁磁动势谐波分布如图 2-83 所示，谐波极对数主要包括 6、18、30、42 等，与式（2-89）中分析结果一致，验证了 FSPM 电机永磁磁动势模型的正确性。该电机中永磁体极对数 $p_{PM}=6$，因此永磁磁动势中极对数为 6 的谐波幅值最大。

由于 FSPM 电机转子为凸极结构，则转子凸极可表示为如图 2-84 所示的模型，相应的傅里叶级数可以表示为

$$\Lambda_{Sr}(\theta) = \Lambda_{Sr0} + \Lambda_{Srb}\sum_{k=1}^{\infty}\Lambda_{Srk}\cos(kp_r\theta - \omega_r t + \theta_0) \quad k=1、2、3、\cdots \quad (2\text{-}92)$$

式中，Λ_{Sr0}、Λ_{Srb} 和 Λ_{Srk} 为傅里叶系数，且

$$\Lambda_{Sr0} = \frac{p_r\Lambda_r\theta_{r3}}{\pi} \quad (2\text{-}93)$$

$$\Lambda_{Srb} = \frac{2\Lambda_r}{\pi} \quad (2\text{-}94)$$

$$\Lambda_{Srk} = \frac{\sin(kp_r\theta_{r3})}{k} \quad (2\text{-}95)$$

式中，Λ_{Sr} 为转子侧气隙磁导峰值；θ_{r3} 为转子半齿宽；p_r 为转子齿数。

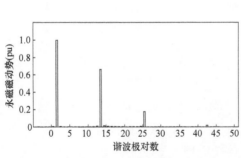

图 2-83　忽略转子凸极效应时 FSPM 电机永磁磁动势分布

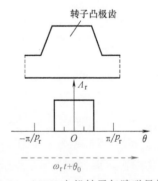

图 2-84　FSPM 电机转子气隙磁导模型

因此，FSPM 电机空载气隙磁通密度分布由永磁磁动势与转子气隙磁导共同确定

$$B_{gap}(\theta,t) = B_1(\theta,t) + B_2(\theta,t) + B_3(\theta,t) \quad (2\text{-}96)$$

式中

$$B_1(\theta,t) = F_{SPMb}\Lambda_{Sr0}\sum_{n=1}^{\infty}F_{SPMn}\sin[(2n-1)p_{PM}\theta] \quad (2\text{-}97)$$

$$B_2(\theta,t) = \frac{F_{\text{SPMb}}\Lambda_{\text{Srb}}}{2}\sum_{n=1}^{\infty}\sum_{k=1}^{\infty}F_{\text{SPM}n}\Lambda_{\text{Srk}}\sin\{[kp_r+(2n-1)p_{\text{PM}}]\theta-kp_r(\omega_r t+\theta_0)\}$$

$$(2\text{-}98)$$

$$B_3(\theta,t) = -\frac{F_{\text{SPMb}}\Lambda_{\text{Srb}}}{2}\sum_{n=1}^{\infty}\sum_{k=1}^{\infty}F_{\text{SPM}n}\Lambda_{\text{Srk}}\sin\{[kp_r-(2n-1)p_{\text{PM}}]\theta-kp_r(\omega_r t+\theta_0)\}$$

$$(2\text{-}99)$$

由式（2-97）~式（2-99），可归纳空载气隙磁通密度谐波特性见表2-14。由于永磁体位于定子侧，产生的永磁磁动势静止，因此气隙磁通密度中的 $(2n-1)p_{\text{PM}}$ 对极谐波转速为零。另一方面，由于转子凸极齿的调制作用，气隙磁通密度中含有极对数为 $|(2n-1)p_{\text{PM}}\pm kp_r|$ 的谐波，转速为 $kp_r\omega_r/[kp_r\pm(2n-1)p_{\text{PM}}]$。

表 2-14　FSPM 电机空载永磁气隙磁通密度谐波特性

谐波极对数	谐波转速
$(2n-1)p_{\text{PM}}$	0
$kp_r+(2n-1)p_{\text{PM}}$	$kp_r\omega_r/[kp_r+(2n-1)p_{\text{PM}}]$
$\lvert kp_r-(2n-1)p_{\text{PM}}\rvert$	$kp_r\omega_r/[kp_r-(2n-1)p_{\text{PM}}]$

基于有限元分析，12/10 极 FSPM 电机空载气隙磁通密度及谐波分析如图 2-85 所示，主要包括极对数为 4、6、8、16、18 和 28 等谐波分量。其中，4、8、16 和 28 对极的谐波是由于凸极转子对永磁磁动势的调制产生，基于永磁磁动势磁导模型分析结果，可表示为 $\lvert(2n-1)p_{\text{PM}}\pm kp_r\rvert$，$k=1$，$n=1$、2；而 6 和 18 对极谐波则是由永磁磁动势直接产生，即 $(2n-1)p_{\text{PM}}$，$n=1$、2。

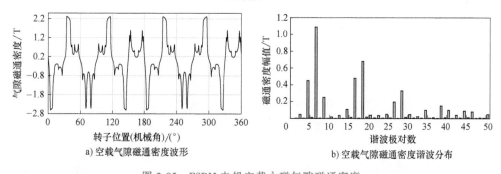

a) 空载气隙磁通密度波形　　　　　　b) 空载气隙磁通密度谐波分布

图 2-85　FSPM 电机空载永磁气隙磁通密度

2.6.2　FSPM 电机电枢反应磁场调制机理

12/10 极 FSPM 电机电枢反应磁动势模型如图 2-86 所示。由电机绕线方式可知，A 相的四个线圈绕线方向相同，因此在电枢反应磁动势模型中均定义为正值。同理，可得 B 相与 C 相电枢反应磁动势磁导模型如图 2-86b 和图 2-86c 所示，与 A

相绕组在空间上分别相差 30° 和 60° 机械角度。

基于电枢反应磁动势模型，可求得电枢反应磁动势表达式为

$$F_{Sw}(\theta,t) = \frac{2N_{Sc}}{\pi} \sum_{i=1}^{\infty} F_{Swi} \left\{ i_{SA} \sin\left[(4i)\theta \right] + i_{SB} \sin\left[(4i)\left(\theta - \frac{\pi}{6} \right) \right] + \right.$$

$$\left. i_{SC} \sin\left[(4i)\left(\theta + \frac{\pi}{6} \right) \right] \right\} \quad i = 1、2、3、\cdots \qquad (2\text{-}100)$$

式中，N_{Sc} 为 FSPM 电机单线圈匝数；F_{Swi} 为电枢反应磁动势傅里叶系数。

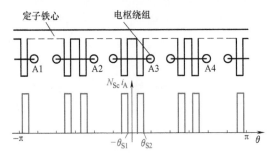

a) A相电枢反应磁动势分布

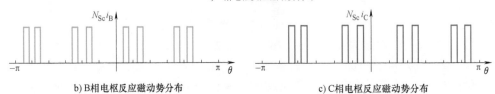

b) B相电枢反应磁动势分布　　　　　　　c) C相电枢反应磁动势分布

图 2-86　FSPM 电机电枢反应磁动势模型

当 $i = 3r-2$ 时（r 为正整数），电枢反应磁动势可表示为

$$F_{Sw}(\theta,t) = \frac{3N_{Sc}I_{Smax}}{\pi} \sum_{i=1}^{\infty} F_{Swi} \sin(p_r \omega_r t - 4i\theta) \qquad (2\text{-}101)$$

式中，I_{Smax} 为电枢电流峰值；F_{Swi} 为

$$F_{Swi} = \frac{\sin(4i\theta_{S2}) - \sin(4i\theta_{S1})}{i} \qquad (2\text{-}102)$$

当 $i = 3r-1$ 时

$$F_{Sw}(\theta,t) = \frac{3N_{Sc}I_{Smax}}{\pi} \sum_{i=1}^{\infty} F_{Swi} \sin(p_r \omega_r t + 4i\theta) \qquad (2\text{-}103)$$

式中

$$F_{Swi} = \frac{\sin(4i\theta_{S2}) - \sin(4i\theta_{S1})}{i} \qquad (2\text{-}104)$$

当 $i = 3r$ 时

$$F_{Sw}(\theta,t) = 0 \qquad (2\text{-}105)$$

由以上分析可知，电枢反应磁动势的谐波极对数可以表示为 $4i$ 次，$i = 1$、2、$\cdots$，且不包括 3 及 3 的倍数次谐波。电枢反应磁动势谐波分布如图 2-87 所示，主要包括 4、8、16、20、28 和 32 对极等，分别对应电枢反应磁动势模型中的 $4i$ 次，$i = 1$、2、4、5、7、8，与电枢反应磁动势模型分析结果一致，验证了电枢反应磁动势模型的正确性。

由于转子气隙磁导谐波分布在式 (2-92) 中已分析，因此可求得电枢反应气隙磁通密度分布表达式为

$$B_{\mathrm{Sw}}(\theta, t) = F_{\mathrm{Sw}}(\theta, t) \Lambda_{\mathrm{Sr}}(\theta)$$

$$(2\text{-}106)$$

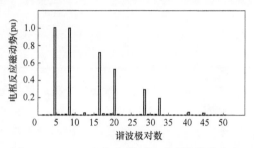

图 2-87　FSPM 电机电枢反应磁动势谐波分布

当 $i = 3r - 2$ 时，电枢反应气隙磁通密度可表示为

$$B_{\mathrm{Sw}}(\theta, t) = \frac{3 \Lambda_{\mathrm{Sr0}} N_{\mathrm{Sc}} I_{\mathrm{Smax}}}{\pi} \sum_{i=1}^{\infty} F_{\mathrm{Sw}i} \cos\left(4i\theta - p_{\mathrm{r}} \omega_{\mathrm{r}} t + \frac{\pi}{2}\right) +$$

$$\frac{3 N_{\mathrm{Sc}} I_{\mathrm{Smax}}}{2\pi} \Lambda_{\mathrm{Srb}} \sum_{i=1}^{\infty} \sum_{k=1}^{\infty} \left\{ \Lambda_{\mathrm{Sr}k} F_{\mathrm{Sw}i} (\cos\beta_1 + \cos\beta_2) \right\} \qquad (2\text{-}107)$$

式中

$$\begin{cases} \beta_1 = (k p_{\mathrm{r}} - 4i)\theta - \left[(k-1) p_{\mathrm{r}} \omega_{\mathrm{r}} t + k p_{\mathrm{r}} \theta_0 + \dfrac{\pi}{2} \right] \\[2mm] \beta_2 = (k p_{\mathrm{r}} + 4i)\theta - \left[(k+1) p_{\mathrm{r}} \omega_{\mathrm{r}} t + k p_{\mathrm{r}} \theta_0 - \dfrac{\pi}{2} \right] \end{cases} \qquad (2\text{-}108)$$

当 $i = 3r - 1$，电枢反应气隙磁通密度可表示为

$$B_{\mathrm{Sw}}(\theta, t) = \frac{3 \Lambda_{\mathrm{Sr0}} N_{\mathrm{Sc}} I_{\mathrm{Smax}}}{\pi} \sum_{i=1}^{\infty} F_{\mathrm{Sw}i} \sin\left(-4i\theta + p_{\mathrm{r}} \omega_{\mathrm{r}} t + \frac{\pi}{2}\right) +$$

$$\frac{3 N_{\mathrm{Sc}} I_{\mathrm{Smax}}}{2\pi} \Lambda_{\mathrm{Srb}} \sum_{i=1}^{\infty} \sum_{k=1}^{\infty} \left\{ \Lambda_{\mathrm{Sr}k} F_{\mathrm{sw}i} (\cos\beta_1 + \cos\beta_2) \right\} \qquad (2\text{-}109)$$

式中

$$\begin{cases} \beta_1 = (k p_{\mathrm{r}} + 4i)\theta - \left[(k-1) p_{\mathrm{r}} \omega_{\mathrm{r}} t + k p_{\mathrm{r}} \theta_0 + \dfrac{\pi}{2} \right] \\[2mm] \beta_2 = (k p_{\mathrm{r}} - 4i)\theta - \left[(k+1) p_{\mathrm{r}} \omega_{\mathrm{r}} t + k p_{\mathrm{r}} \theta_0 - \dfrac{\pi}{2} \right] \end{cases} \qquad (2\text{-}110)$$

由电枢反应气隙磁通密度表达式 (2-107) 和式 (2-109)，可归纳气隙磁通密度谐波特性见表 2-15。气隙磁通密度中主要的谐波极对数包括两类：

(1) 谐波极对数为 $4i$ 次。该类谐波是由电枢反应磁动势作用于气隙而直接产生，因此与电枢反应磁动势谐波极对数相同。

表 2-15 FSPM 电机电枢反应气隙磁通密度谐波特性

$i=3r-2$		$i=3r-1$	
谐波极对数	谐波转速	谐波极对数	谐波转速
$4i$	$p_r\omega_r/4i$	$4i$	$-p_r/4i$
$\lvert kp_r-4i\rvert$	$(k-1)p_r\omega_r/(kp_r-4i)$	kp_r+4i	$(k-1)p_r/(kp_r+4i)$
kp_r+4i	$(k+1)p_r\omega_r/(kp_r+4i)$	$\lvert kp_r-4i\rvert$	$(k+1)p_r/(kp_r-4i)$

（2）谐波极对数为 $\lvert p_r\pm 4i\rvert$ 次。该类谐波为调制谐波，由电枢反应磁场受转子凸极齿调制产生。

当 $i=3r-2$ 时，电枢反应气隙磁通密度中的 $\lvert p_r-4i\rvert$ 对极谐波转速为 0，谐波极对数表达式可变换为

$$\lvert p_r-4i\rvert=\lvert 18-12r\rvert=\lvert[2(r-1)-1]p_{PM}\rvert \tag{2-111}$$

显然，电枢反应气隙磁通密度中的该类静态谐波与表 2-14 中的空载气隙磁通密度中极对数为 $(2n-1)p_{PM}$ 的谐波均静止。

当 $i=3r-1$ 时，电枢反应气隙磁通密度中的 p_r+4i 对极谐波转速也为 0，谐波极对数表达式可变换为

$$\lvert p_r+4i\rvert=\lvert 12r+6\rvert=\lvert[2(r+1)-1]p_{PM}\rvert \tag{2-112}$$

由式（2-112），该类静态谐波也与表 2-14 空载气隙磁通密度中的 $(2n-1)p_{PM}$ 次谐波同步，且静止。

除了空间静止的谐波，其他次谐波也与表 2-14 中相应的空载气隙磁通密度中的谐波同步。当 $i=3r-2$ 时的电枢反应气隙磁通密度谐波极对数表达式可变换为

$$4i=12r-8=p_r+[2(r-1)-1]p_{PM} \tag{2-113}$$
$$\lvert kp_r-4i\rvert=\lvert 10k-12r+8\rvert=\lvert(k-1)p_r-[2(r-1)-1]p_{PM}\rvert \tag{2-114}$$
$$kp_r+4i=10k+12r-8=(k+1)p_r+[2(r-1)-1]p_{PM} \tag{2-115}$$

因此，该类电枢反应气隙磁通密度谐波均与表 2-14 中的空载气隙磁通密度中的 $\lvert(2n-1)p_{PM}\pm kp_r\rvert$ 对极调制谐波同步旋转。

同理，$i=3r-1$ 的电枢反应气隙磁通密度谐波极对数可变换为

$$4i=12r-4=-\{p_r-[2(r+1)-1]p_{PM}\} \tag{2-116}$$
$$\lvert kp_r-4i\rvert=\lvert 10k-12r+4\rvert=\lvert(k+1)p_r-[2(r+1)-1]p_{PM}\rvert \tag{2-117}$$
$$kp_r+4i=10k+12r-4=(k-1)p_r+[2(r+1)-1]p_{PM} \tag{2-118}$$

由式（2-116）~式（2-118）可知，该类电枢反应气隙磁通密度谐波与表 2-14 中的空载气隙磁通密度中的 $\lvert(2n-1)p_{PM}\pm kp_r\rvert$ 次调制谐波同步旋转。

FSPM 电机电枢反应气隙磁通密度谐波分布如图 2-88 所示。电枢反应气隙磁通密度谐波主要包括极对数为 4、6、8、14、16 和 20。其中，4、8、16 和 20 对极谐波是由电枢反应磁动势直接产生的，相应的谐波极对数可表示为 $4i$，$i=1$、2、4 和 5；而 6 和 14 对极谐波则是由于凸极转子齿对电枢反应磁动势的调制作用产生的，

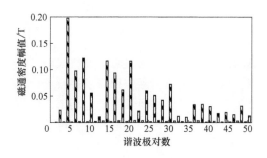

图 2-88 FSPM 电机电枢反应气隙磁通密度谐波分布

极对数可表示为 $|k_{pr}\pm4i|$，$k=1$，$i=1$。因此，基于电枢反应磁动势磁导模型能够有效分析电枢反应气隙磁通密度中的谐波成分与谐波转速。

2.6.3 FSPM 电机转矩产生机理

FSPM 电机的转矩产生机理也可基于磁场调制原理解释与分析，即气隙中具有相同谐波极对数和转速的空载气隙磁通密度谐波和电枢反应气隙磁通密度谐波相互作用，产生电磁转矩。由图 2-85 与图 2-88 中的空载气隙磁场与电枢反应气隙磁场中的谐波分析可知，永磁气隙磁通密度中 4、6、8、16、18 和 28 对极谐波具有较高的幅值，同时电枢反应气隙磁通密度中 4、6、8、14、16、20 和 28 对极谐波幅值较大。因此，可推断 12/10 极 FSPM 电机电磁转矩主要由 4、6、8、16、18 和 28 对极谐波贡献。

基于麦克斯韦应力张量公式有电机转矩为

$$T_e = \frac{\pi D_g^2 l_{stk}}{4\mu_0}\sum_{v=1}^{\infty}B_{rv}B_{tv}\cos[\theta_{rv}(t)-\theta_{tv}(t)] \tag{2-119}$$

因此，基于三相 12/10 极 FSPM 电机气隙磁通密度谐波的径向与切向分量，可求得各谐波对电磁转矩的贡献比例，如图 2-89 所示。可见，FSPM 电机电磁转矩主要由极对数为 4、6、8、16、18 和 28 的谐波产生，其中，4、8、16 和 28 对极调制谐波分别贡献了电磁转矩的 28.5%、-14%、29.2% 和 9%，6 和 18 对极非调制谐波分别贡

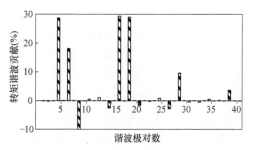

图 2-89 FSPM 电机电磁转矩谐波贡献

献了总电磁转矩的 18% 和 28.9%，而以上 6 个主要谐波对电磁转矩的总贡献超过了总电磁转矩的 99%。此外，由于永磁磁通密度与电枢反应磁通密度中的 8 对极谐波的旋转方向与转子相反，因此产生负转矩。

2.7 双馈电机

双馈电机也称交流励磁电机，可以通过将普通绕线转子感应电机的转子绕组通过电刷集电环引出得到，也可以按照实际应用需求进行专门设计以获得最佳电磁性能。双馈电机的转子绕组和变频器仅需要承担转差功率，因而在调速范围有限的应用场合，比如风力发电、泵类负载调速、船舶轴带发电等，具有传统同步电机和感应电机不可比拟的优势[48]。

双馈电机的"去刷化"一直是电机领域的重要研究课题。近年来的研究表明，无刷双馈电机继承了有刷双馈电机多方面的优点，比如所需变频器容量小、有功和无功功率控制灵活、具备无撬棒低电压穿越能力等，成为有刷双馈电机的有力竞争者，受到各国研究人员的广泛关注。

与本章中前面几节涉及的其他电机类型类似，对气隙磁通密度波形的分析显示，不论是传统的有刷双馈电机，还是各种新型的无刷双馈电机结构中，均存在明显的气隙磁场调制现象。这意味着气隙中的行波磁场中除了基波之外，还存在多种空间谐波分量。这些谐波分量的幅值可大可小，取决于电机的电磁设计方案，并且对电机的性能指标，如转矩密度/比转矩、功率密度/比功率、损耗、效率、振动和噪声等，产生重要影响。尽管结构上存在较大差异，有刷和无刷双馈电机中普遍存在着齿和槽。齿槽结构的存在改变了沿着气隙圆周各处的气隙磁阻和磁导，导致气隙中齿槽谐波的产生。另外，在多种无刷双馈电机结构中存在多种工作谐波，它们相互作用产生有效电磁转矩，进而完成机电能量的转换。

2.7.1 双馈电机的分类及工作原理

按照是否包含电刷和集电环，双馈电机可以分为有刷双馈电机和无刷双馈电机。以一台 4 极有刷双馈电机为例，其电机本体结构如图 2-90a 所示。定子 48 槽，转子 36 槽，定子和转子绕组极对数相同，均为 2。忽略绕组空间谐波和齿槽的影响，定子和转子绕组磁动势均为正弦行波，且两者转速相同。电动机运行时，通过调节定子绕组或转子绕组的电流幅值和相位便可改变电机的转矩和功率因数。其电机本体结构与绕线转子感应电机类似，不同之处在于双馈电机的转子绕组通过电刷和集电环与电力电子变换器相连，而绕线转子感应电机的转子绕组直接短接或者通过外接电阻进行短接。双馈电机的稳态性能可通过分析如图 2-90b 所示的稳态等效电路得到。

图 2-90 表明，与感应电机和同步电机不同，双馈电机有两个电气端口，分别为定子绕组和转子绕组，且定子和转子绕组的电流可进行独立控制。

现有的无刷双馈电机结构均可被认为是有刷双馈电机去刷化后的产物。一般来讲，电机中的去刷化可以通过三种途径实现，即永磁励磁、级联运行和磁场耦合。

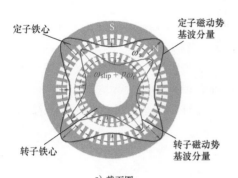

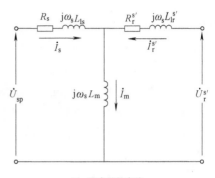

a) 截面图   b) 稳态等效电路

图 2-90　有刷双馈电机

ω_s—定子绕组电频率　ω_r—转子机械转速　ω_{slip}—转差电频率　p—极对数

使用永磁会减少电气端口的数目，因而在无刷双馈电机中无法直接应用。级联运行意味着在有刷双馈电机的基础上通过级联的其他电气设备将电功率传输到转子绕组

上，从而实现无刷化。磁场耦合需要利用短路线圈、凸极磁阻和多层磁障结构来实现两套不同极对数的定子绕组之间的间接磁耦合。不论采用哪一种方式，最终结果均为定子上的两套绕组仅通过转子进行间接耦合。因而无刷双馈电机的结构和运行原理可以用图 2-91 所示的原理图进行统一表述[49]。

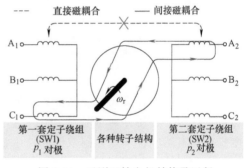

图 2-91　无刷双馈电机结构及运行原理的统一表述

　　无刷双馈电机起源于将两台多相绕线转子感应电机进行级联运行[50]。两台绕线转子感应电机同轴连接，其中一台电机的转子绕组与第二台电机的定子绕组相连，第二台电机的转子绕组通过电刷集电环与起动电阻或调速电阻连接。该结构无需特殊的绕组设计，仅通过开关切换即可获得三个不同的同步转速，满足了电机发展早期人们对于调速的迫切需求。

　　Hunt 改进了该系统的接线方式，将"转子绕组-定子绕组连接"修改为"转子绕组-转子绕组连接"，形成了级联式无刷双馈感应电机的本体雏形。这一改动保留了三个同步转速的优点，同时有效去除了电刷和集电环，极大地提高了系统的可靠性，降低了维护成本[50]。

　　"去刷化"的思想被进一步延伸，陆续诞生了多种新型无刷双馈电机结构。按照其去刷化的方式可以分为两类：级联式和调制式。

　　级联式是将传统有刷双馈电机与其他电磁设备级联，采用无接触式电能传输的方式实现转差功率在静止电源与转子绕组之间双向流动。这一类型的无刷双馈电机结构包括级联式无刷双馈感应电机（Cascaded Brushless Doubly-Fed Induction Machine，CBDFIM）[51]，旋转变压器式无刷双馈感应电机（Brushless Doubly-Fed Induction Machine with Rotary Transformer，BDFIM-RT）[52]和旋转电力电子变换器式无刷双馈感应发电机（Brushless Doubly-Fed Induction Machine With Rotating Power Electronics，BDFIM-RPE）[53]。级联式无刷双馈电机的工作原理可以通过如图2-92所示的稳态等效电路进行统一描述[49]。

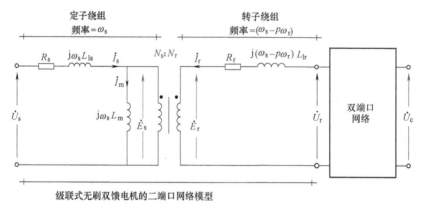

级联式无刷双馈电机的二端口网络模型

图2-92　级联式无刷双馈电机的稳态等效电路统一描述

与级联式不同，调制式是借助特殊的转子结构同时产生不同极对数的两个气隙磁场行波，这两个磁场分别与两套定子绕组作用产生有效转矩。属于调制式的无刷双馈电机结构有感应转子式无刷双馈感应电机（Brushless Doubly-Fed Induction Machine，BDFIM）[54]，磁阻转子式无刷双馈磁阻电机（Brushless Doubly-Fed Reluctance Machine，BDFRM）[55]和混合转子式无刷双馈电机（Brushless Doubly-Fed Machine with Hybrid Rotor，BDFM-HR）[56]。详细的分类如图2-93所示。

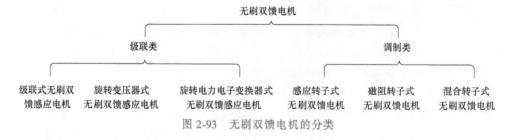

图2-93　无刷双馈电机的分类

2.7.2　级联式无刷双馈电机

级联式无刷双馈感应电机通过两台绕线转子感应电机同轴级联实现无刷化[50]，图2-94表示了级联式无刷双馈感应电机的演变过程。如图2-94c所示，其基本结构与图 2-94a 和图 2-94b 非常相近，不同之处在于：①图 2-94a 和图 2-94b 所示结构只有一个馈电端口；②图 2-94a 和图 2-94b 所示结构运行于异步工作方式下。用电力电子变换器取代起动电阻或调速电阻便产生了现在的级联式无刷双馈感应电机。其优点为：

（1）结构简单，易于实现，可由任意两台绕线转子感应电机级联构成。

（2）建模简单，数学模型可以由普通异步电机的动态和稳态数学模型按照转子绕组连接方式组合后得到。

（3）气隙磁通密度分布正弦度高，电磁转矩平稳，噪声小。

从功率流、变换器容量需求、系统效率和电机利用率的角度来看，最佳极对数配合为 $p_1 \geqslant p_2$[57]，其中 p_1 和 p_2 分别为第一定子绕组（Stator Winding 1，SW1）和第二定子绕组（Stator Winding 2，SW2）的极对数。两套定子绕组中的一套承担大部分功率，并且被称为功率绕组；另外一套承担转差功率，被称为控制绕组。该结构也存在明显的缺点：

（1）轴向长度过长，现有的绕线转子感应电机通常设计为少极对数大长径比结构，而且总的绕组端部长，电机功率密度低。

（2）转子采用绕线结构，导致电阻较大，一方面转子铜耗增加；另一方面异步转矩占总转矩的比例增大，使得双馈同步特性变差。

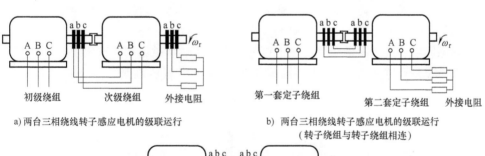

a) 两台三相绕线转子感应电机的级联运行

b) 两台三相绕线转子感应电机的级联运行
（转子绕组与转子绕组相连）

c) 级联式无刷双馈感应电机

图 2-94　级联式无刷双馈感应电机的演变过程

2.7.3　调制式无刷双馈电机

1. 感应转子式无刷双馈电机

嵌套环转子式无刷双馈电机是最广为人知的感应转子式无刷双馈电机，而且"无刷双馈电机"这一名称就起源于该结构。为了简化级联式无刷双馈感应电机的转子绕组结构，使转子具有传统感应电机的笼型转子相近的牢固性和可制造性，Broadway 和 Burbridge 提出该嵌套环转子结构[54]，如图 2-95a~c 所示。

嵌套环转子式无刷双馈电机为单定子、单转子结构，定子槽内放置两套极对数分别为 p_1 和 p_2 的分布绕组，转子绕组包括 p_1+p_2 个重复单元，其中每个单元称为一个巢，且每个巢包括多个嵌套的导体环路。为避免两套定子绕组直接耦合，要求 $p_1 \neq p_2$。为了避免产生不平衡磁拉力，进一步要求 $|p_1-p_2|>1$。

转子上存在多个短路线圈大大增加了该电机结构的建模难度。其全耦合电路模型具有变系数、高阶、非线性的特点[58]。全耦合电路模型必须经过降阶处理才能在实际的系统仿真和控制器设计中使用。尽管提出该转子结构的初衷在于简化加工制造，但研究表明嵌套环转子绕组并不适合直接铸造，导条与铁心之间必须增加足够的绝缘才能获得理想的无刷双馈特性[59]。而且，不同于传统感应电机中的笼型转子，不同环路导条中的电流密度并不均匀[60]。

考虑到嵌套环转子绕组产生大量低次空间谐波，文献［63］提出螺旋状串联环绕组结构，如图 2-95d 所示，并对线圈跨距角进行了优化。文献［64］从齿谐波原理出发，通过调整基波和谐波的绕组因数实现保留两种有效频率基波，抑制其他阶次谐波的目标，提出一种双正弦绕组绕线转子。图 2-95e 和图 2-95f 给出了该绕线转子一个单元的短路线圈连接方式。与嵌套环转子相比，不同之处在于齿谐波绕线转子用等匝或不等匝分布式闭合线圈组代替等匝同心式短路环，使转子绕组建立的磁动势中除主要磁场外的其他磁场分量尽可能地少，充分发挥了绕组改善磁动势分布和感应电动势波形的功能。该电机大大降低了气隙磁场空间谐波含量，但由于采用不等匝分布式线圈，设计与制造工艺的复杂度有所增加，转子绕组的电阻增大。

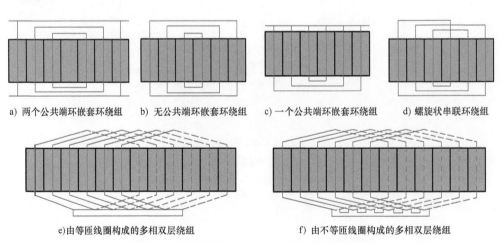

a) 两个公共端环嵌套环绕组　　b) 无公共端环嵌套环绕组　　c) 一个公共端环嵌套环绕组　　d) 螺旋状串联环绕组

e)由等匝线圈构成的多相双层绕组　　　　　　f) 由不等匝线圈构成的多相双层绕组

图 2-95　无刷双馈电机嵌套环转子绕组展开图

嵌套环转子式无刷双馈电机的气隙中除包含两个主要磁场分量外，还存在多种无效谐波磁场分量[61]，导致转矩脉动和噪声[62]。图 2-96a 和图 2-96b 分别给出了一台嵌套环转子式无刷双馈电机带载电动运行情况下的气隙磁通密度波形及其谐波分析结果。该无刷双馈电机的两套定子绕组分别为 4 对极和 2 对极，转子绕组包含 6 个巢。可见，径向和切向气隙磁通密度波形中同时包含 4 对极和 2 对极的主要低次空间谐波，同时还有丰富的其他谐波。采用麦克斯韦应力张量法对转矩进行分解后可知，平均电磁转矩主要由 4 对极和 2 对极的空间谐波产生。而且，4 对极谐波产生的转矩较 2 对极产生的转矩分量更大，如图 2-96c 所示。这些谐波磁场分量的存在会增加附加铁耗和铜耗，使铁心容易饱和，功率密度和比功率降低。

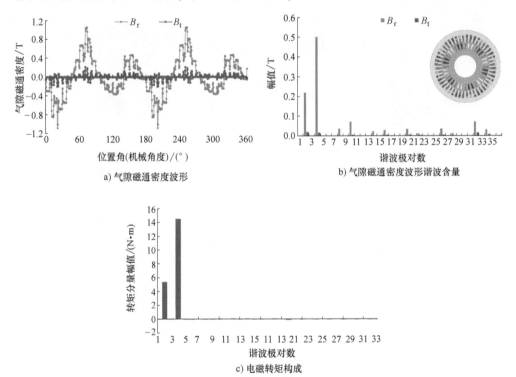

a) 气隙磁通密度波形

b) 气隙磁通密度波形谐波含量

c) 电磁转矩构成

图 2-96　感应转子式无刷双馈电机中的气隙磁场调制现象
（嵌套短路环绕组，有限元结果，选取电动机负载运行情况下的某一时刻）

2. 磁阻转子式无刷双馈电机

Broadway 在提出嵌套环转子式无刷双馈感应电机的同时，注意到凸极磁阻可以代替短路线圈对交变磁通产生相似的阻碍作用，提出一种磁阻转子式无刷双馈电机，即无刷双馈磁阻电机[55]。与同步磁阻电机类似，其转子可以采用凸极结构、轴向叠片各向异性结构和径向叠片多层磁障结构，如图 2-97 所示。研究表明，轴向叠片各向异性转子的磁场转换能力最强，多层磁障转子次之，凸极磁阻转子最弱[65,66]。但轴向叠片中会感生大量涡流，因而多层磁障转子被认为是目前最适合无刷双馈磁阻电机的转子结构。

图 2-98 给出了一台采用凸极磁阻转子结构的无刷双馈电机在只有一套定子绕组通电的情况下的气隙磁通密度波形及其对应的谐波分析结果。该磁阻转子式无刷双馈电机的定子绕组分别为 4 对极和 2 对极，其转子包含 6 个凸极。当只有 4 对极绕组通电时，气隙磁通密度波形中同时包含有 2 对极，4 对极和 10 对极的空间谐波，并且 2 对极和 10 对极的空间谐波的幅值基本相同。与此类似，当只有 2 对极绕组通电时，气隙磁通密度波形中同时包含有 2 对极，4 对极和 8 对极的空间谐波，且 4 对极和 8 对极的空间谐波具有相同的幅值。

a) 径向叠片凸极磁阻转子 b) 轴向叠片各向异性转子 c) 径向叠片多层磁障转子

图 2-97 磁阻转子式无刷双馈电机的转子结构（图中箭头表示叠片方向）

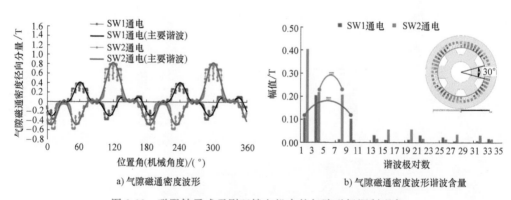

a) 气隙磁密度波形 b) 气隙磁通密度波形谐波含量

图 2-98 磁阻转子式无刷双馈电机中的气隙磁场调制现象
（径向叠片凸极磁阻转子，有限元结果，选取一套定子绕组单独供电情况下的某一时刻）

文献 [67] 对采用多层磁障转子的磁阻转子式无刷双馈电机内的气隙磁场调制现象进行了深入分析。图 2-99 则给出了一台采用多层磁障转子结构的磁阻转子式无刷双馈电机在一套定子绕组通电时的气隙磁通密度波形，及其对应的谐波分析结果。该磁阻转子式无刷双馈电机的两套定子绕组分别为 4 对极和 2 对极。其转子包含 6 个径向叠片结构的多层磁障单元。与凸极磁阻转子的作用类似，在一套定子绕组通电的情况下，该电机的气隙磁通密度波形中存在三种主要的空间谐波。但与凸极磁阻转子不同的是，三种主要空间谐波的幅值互不相同。

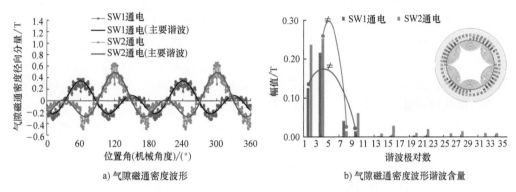

a) 气隙磁通密度波形　　　　　　b) 气隙磁通密度波形谐波含量

图 2-99　磁阻转子式无刷双馈电机中的气隙磁场调制现象

（径向叠片多层磁障转子，有限元结果，选取一套定子绕组单独供电情况下的某一时刻）

对气隙磁通密度波形的进一步分析显示，与定子绕组极对数相同的两次空间谐波的幅值在电机正常运行的过程中基本保持不变。图 2-100 给出了负载电动运行情况下，转子转过一个多层磁障单元所对应的角度过程中的 6 个时刻所对应的磁场分布图。所截取的 6 个时刻，其磁场分布均没有呈现出明显的 4 对极或 2 对极。

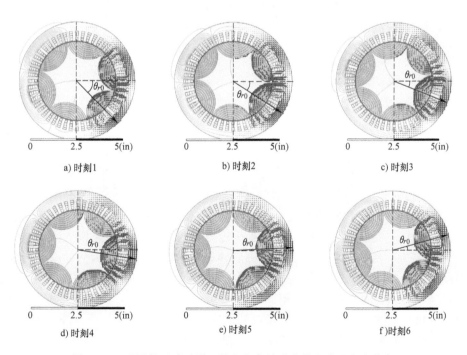

a) 时刻1　　　　　　b) 时刻2　　　　　　c) 时刻3

d) 时刻4　　　　　　e) 时刻5　　　　　　f)时刻6

图 2-100　磁阻转子式无刷双馈电机中的磁力线和磁通密度分布

（径向叠片多层磁障转子，有限元结果，选取转子转过一个转子极距过程中的 6 个时刻）

这6个时刻的气隙磁通密度波形及其对应的谐波分析结果如图2-101所示。为了更加清晰地呈现主要空间谐波的作用，除转子位置角为15°的情形外，所有时刻的气隙磁通密度波形均只显示与定子绕组极对数相同的两次空间谐波。

使用麦克斯韦应力张量法对每一时刻的平均转矩进行分解后的结果显示只有4对极和2对极的空间谐波能够产生非零的电磁转矩，且4对极空间谐波产生的转矩约为2对极空间谐波产生转矩的2倍。这一结论在不同的转子位置下均成立。

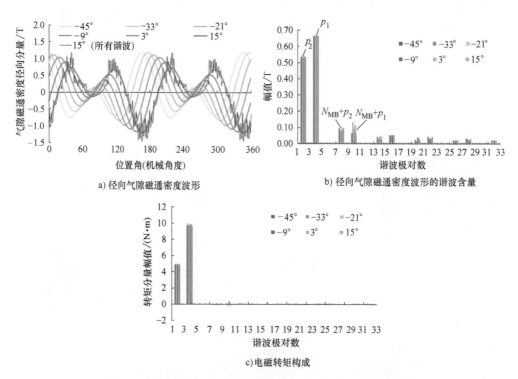

a) 径向气隙磁通密度波形　　　b) 径向气隙磁通密度波形的谐波含量

c) 电磁转矩构成

图2-101　磁阻转子式无刷双馈电机中的气隙磁场调制现象
（径向叠片多层磁障转子，有限元结果，对应图中的6个时刻）

3. 混合转子式无刷双馈电机

文献［56］提出一种兼具短路线圈和磁障层的混合转子式无刷双馈电机。其转子如图2-102a所示，本质上为多层磁障转子与嵌套环转子结构的结合，旨在利用短路绕组和凸极转子的双重调制作用增强转子的磁场转换能力。但短路线圈与磁障层之间存在怎样的相互影响，不同转子结构的磁场转换能力如何衡量还有待进一步研究。由于同时存在磁饱和与导条内的涡流，磁场分布更为复杂，分析时将在更大程度上依赖有限元等数值分析工具。文献［68］从减小嵌套环转子式无刷双馈感应电机的重量的角度出发，在嵌套环转子的轭部部分挖空，形成磁障块，如图2-102b所示。该结构可被直观看作径向叠片多层磁障与嵌套短路环结构的复合。

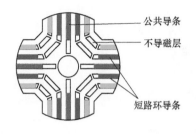
a) 多层磁障和嵌套短路环结构

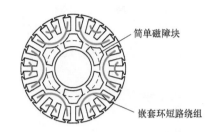
b) 简单磁障和嵌套短路环结构

图 2-102　混合转子式无刷双馈电机的转子结构

2.7.4　现有无刷双馈电机的共性特点与个性差别

综上所述，可以发现不同结构无刷双馈发电机之间既有共性特点，又有个性差别[69]。其共性主要体现在：

（1）无电刷集电环装置和永磁体。

（2）有两个馈电端口（两套彼此不直接电磁耦合的定子绕组）和一个机械端口（转轴），且两个馈电端口的能量均可以双向流动。

（3）双馈同步速为

$$\omega_{\text{syn}} = \frac{\omega_1 \pm \omega_2}{p_1 \pm p_2} \qquad (2\text{-}120)$$

式中，ω_1、ω_2 分别为第一定子绕组和第二定子绕组的电流角频率；p_1、p_2 分别为第一定子绕组和第二定子绕组的极对数。

当电机转速 $\omega_r = \omega_{\text{syn}}$ 时，电机运行于双馈同步模式。特别地，当其中一套绕组中的频率为 0 时，式（2-120）对应的转速称为自然同步速。

（4）当其中一个馈电端口短接时，电机可以工作在异步运行模式。

（5）式（2-120）分母中取加号时，无刷双馈电机的等效极对数多，适合设计为中低速电机；式（2-120）分母中取减号时，无刷双馈电机的等效极对数少，适合设计为高速电机。

另一方面由于工作原理和实现方式的不同，不同无刷双馈发电机之间又存在个性差别，主要体现在：

（1）级联式无刷双馈感应电机的极对数配合选取主要取决于气隙直径比，其转矩密度与极对数配合没有确定的关系；但对于调制式无刷双馈电机，其极对数配合主要受制于电磁关系，从提高磁场耦合能力的角度考虑，两套定子绕组的极对数应当尽可能接近，即所谓的近极配合。

（2）级联式具有更加正弦的气隙磁通密度波形，但对于调制式来说，气隙磁场除包含两个主要正弦空间谐波分量外，还存在多种寄生低次空间谐波。

（3）级联式的振动行为与传统交流电机相同，但对于调制式来说，气隙中存在的两种极对数不同的主要磁场分量会产生额外的振动模态，且振动幅值与极对数配合关系密切。远极配合有助于避免低阶振动模态。

2.8　电机原理的统一性

从本章前面几节的分析可以看出，在磁齿轮以及磁齿轮复合电机、游标电机、磁通切换永磁电机、无刷双馈电机等电机中，均存在气隙磁场调制效应，其基本规律就是：由励磁侧（永磁体或通电线圈）产生的磁场，经凸极磁阻或短路线圈等调制后，一方面改变了基波磁场的幅值和相位，另一方面还产生多种谐波磁场，如果其中一个或多个磁场的极对数和转速，正好与电枢绕组磁场一致，则形成耦合谐波对，相互作用实现电磁能量转换。其结果是电枢绕组最终输出的电压和电流所对应的磁场极对数和转速，与励磁磁场极对或转速成一定的倍数关系（即调速比 G_r），实现了电磁增速或减速。

事实上，在传统的直流电机、感应电机和同步电机中，同样存在气隙磁场调制效应，只是某些情况下调制前后磁场极对数和转速没有改变，转速比为 $G_r=1$，称为"单位调制"，可视为磁场调制的一种特例。

对于隐极式同步电机，转子上正弦分布的单相绕组通入直流励磁电流，产生沿气隙空间正弦分布的磁场，忽略定、转子表面的齿槽影响，气隙磁导为一常数，相当于式（2-5）中仅剩一个常数项，因此，调制后的磁场只有基波，如图 2-103 所示。为了提取该基波磁场，定子上的多相分布电枢绕组必须具有与基波磁场相同的极对数。也就是说，在隐极式同步电机中，调制作用没有改变磁场的极对数，是典型的"单位调制"。

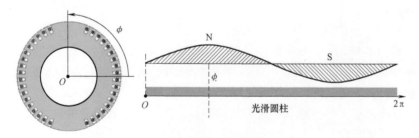

图 2-103　隐极同步电机的磁场调制效应

对于传统的笼型感应电机，不考虑定转子齿槽影响，则气隙均匀。可以理解为定子上有两套绕组：一套励磁绕组，一套电枢绕组。定子励磁绕组产生的励磁磁动势正弦分布，以同步速旋转；转子笼型绕组本质上是一种均匀分布的短路线圈，当它与励磁磁场之间有相对运动时，便感应出电势和电流，产生与励磁磁动势同极对数的副边磁场，如图 2-104 所示。调制后的磁场为励磁磁场与副边磁场的叠加，为了利用基波旋转磁场,电枢绕组必须具有相同的极对数。因为励磁绕组与电枢绕组的极对数相同,故可合二为一,因此,实际感应电机的定子上只有一套三相对称绕组,兼具励磁绕组和电枢绕组的功能。

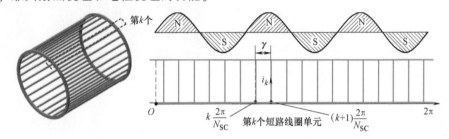

图 2-104　笼型感应电机的磁场调制效应

综上所述,在已有的电机中,普遍存在磁场调制效应,任何类型的电机,都包含三个基本单元或要素:励磁源、调制器和电枢绕组。励磁源所产生的励磁磁场,经调制器的调制作用,形成一系列谐波磁场,电枢绕组则依据极对数的匹配关系从中提取某一种或几种谐波磁场,滤除其他无用磁场,进行能量转换。从这个意义上讲,电机原理具有统一性。

在电机的三个基本单元中,存在着不同的组合形态,但至少有一个旋转(运动)单元和一个静止单元要素。对一个具体的电机,则可能有一个部件同时承担二个要素功能的情况,例如感应电机的定子绕组同时承担励磁源和电枢绕组的功能;也可能在一个电机中存在多个同一要素功能的部件,例如在磁通切换永磁电机中,定子齿和转子齿均起到调制器的作用,即有两个调制器;再如,在混合励磁电机中,永磁体和直流励磁绕组都起到励磁源的作用,即有两个励磁源。

因此,从电机磁场调制原理出发,可将电机进行新的分类。图 2-105 是按照三要素中哪个要素旋转所做的分类,其中磁齿轮双转子电机中的永磁转子(励磁源)和凸极调制环都旋转;而凸极同步电机,无论是永磁型还是电励磁型,励磁源位于凸极转子上,二者同步旋转。

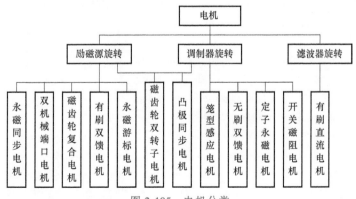

图 2-105　电机分类

对于同一类型的电机，通过设计参数或实现方式的改变，可以从一种电机演变为另一种电机。以励磁源旋转型电机为例，从磁齿轮复合电机开始，如果将调磁块数与定子齿设计为相同，则可将二者合而为一，采用开口槽设计，定子齿兼作调磁块，就演变为永磁游标电机；如果进一步改变定子槽为闭口槽或半闭口槽，使气隙趋于均匀，并相应改变定子绕组极对数和转子永磁体极对数，使二者相等，该电机就演变为传统的永磁同步电机；如果再将转子上的永磁体励磁改为电励磁，并通过电刷和集电环与外电路相通，则演变为有刷双馈电机，如图 2-106 所示。

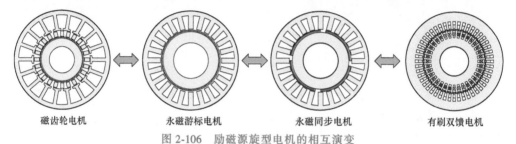

磁齿轮电机　　　　　永磁游标电机　　　　　永磁同步电机　　　　　有刷双馈电机

图 2-106　励磁源旋型电机的相互演变

参 考 文 献

［1］　NEULAND A H. Apparatus for transmitting power：US1171351［P］. 1916.

［2］　FAUS H T. Magnet gearing：US2243555［P］. 1941.

［3］　ATALLAH K, HOWE D. A novel high-performance magnetic gear［J］. IEEE Transactions on Magnetics，2001，37（4）：2844-2846.

［4］　ATALLAH K, CALVERLEY S D, HOWE D. Design, analysis and realization of a high-performance magnetic gear［J］. IEE Proceedings-Electric Power Applications，2004，151（2）：135-143.

［5］　RASMUSSEN P O, ANDERSEN T O, JORGENSEN F T, et al. Development of a high-performance magnetic gear［J］. IEEE Transactions on Industry Applications，2005，41（3）：764-770.

［6］　LI Y, XING J, PENG K, LU Y. Principle and simulation analysis of a novel structure magnetic gear［C］. International Conference on Electrical Machines and Systems（ICEMS），2008：3845-3849.

［7］　LIU X, CHAU K T, JIANG Z, et al. Design and analysis of interior-magnet outer-rotor concentric magnetic gears［J］. Journal of Applied Physics，2009，105：1-3.

［8］　JIAN L, CHAU K T. A coaxial magnetic gear with Halbach permanent-magnet arrays［J］. IEEE Transactions on Energy Conversion，2010，25（2）：319-328.

［9］　JIAN L, CHAU K T, GONG Y, et al. Comparison of coaxial magnetic gears with different topologies［J］. IEEE Transactions on Magnetics，2009，45（10）：4526-4529.

［10］　LI X, CHAU K T, CHENG M, et al. Comparison of magnetic-geared permanent-magnet machines［J］. Progress in Electromagnetics Research（PIER），2013，133：177-198.

［11］ 李祥林. 基于磁齿轮原理的场调制永磁风力发电机及其控制系统研究［D］. 南京：东南大学，2015.

［12］ 鄢林旎. 同轴磁性齿轮的原理及应用［M］. 北京：科学出版社，2015.

［13］ FU W N, LIU Y. A unified theory of flux-modulated electric machines［C］. International Symposium on Electrical Engineering (ISEE), Hong Kong, China, 2016：1-13.

［14］ ATALLAH K, WANG J, HOWE D. A high-performance linear magnetic gear［J］. Journal of Applied Physics, 2005, 97 (10Pt3)：1-3.

［15］ LI W, CHAU K T. Analytical field calculation for linear tubular magnetic gears using equivalent anisotropic magnetic permeability［J］. Progress in Electromagnetics Research, 2012, 127：155-171.

［16］ LI W, CHAU K T, JIANG J Z. Application of linear magnetic gears for pseudo-direct-drive oceanic wave energy harvesting［J］. IEEE Transactions on Magnetics, 2011, 47 (10)：2624-2627.

［17］ MEZANI S, ATALLAH K, HOWE D. A high-performance axial-field magnetic gear［J］. Journal of Applied Physics, 2006, 99：1-3.

［18］ ZHU D, YANG F, DU Y, et al. An axial-field flux-modulated magnetic gear［J］. IEEE Transactions on Applied Superconductivity, 2016, 26 (4)：0604405.

［19］ BOMELA W, BIRD JONATHAN Z, ACHARYA VEDANADAM M. The performance of a transverse flux magnetic gear［J］. IEEE Transactions on Magnetics, 2014, 50 (1)：Article 4000104.

［20］ YIN X, PFISTER P, FANG Y. A novel magnetic gear：toward a higher torque density［J］. IEEE Transactions on Magnetics, 2015, 51 (11)：Article 8002804.

［21］ FRANK N W, TOLIYAT H A. Analysis of the concentric planetary magnetic gear with strengthened stator and interior permanent magnet inner rotor［J］. IEEE Transactions on Industrial Applications, 2011, 47 (4)：1652-1660.

［22］ AISO K, AKATSU K, AOYAMA Y. A novel reluctance magnetic gear for high-speed motor［J］. IEEE Transactions on Industry Applications, 2019, 55 (3)：2690-2699.

［23］ CHAU K T, ZHANG D, JIANG J Z, et al. Design of a magnetic-geared outer-rotor permanent-magnet brushless motor for electric vehicles［J］. IEEE Transactions on Magnetics, 2007, 43 (6)：2504-2506.

［24］ WANG L L, SHEN J X, LUKP C K, et al. Development of a magnetic-geared permanent magnet brushless motor［J］. IEEE Transactions on Magnetics, 2009, 45 (10)：4578-4581.

［25］ FAN Y, JIANG H, CHENG M, et al. An improved magnetic-geared permanent magnet in-wheel motor for electric vehicles［C］. IEEE Vehicle Power and Propulsion Conference, Lille, France, 2010.

［26］ TOBA A, LIPO T A. Generic torque-maximizing design methodology of surface permanent-magnet vernier machine［J］. IEEE Transactions on Industry Applications, 2000, 36 (6)：1539-1546.

［27］ LI J, CHAU K T, JIANG J Z, et al. A new efficient permanent-magnet vernier machine for wind power generation［J］. IEEE Transactions on Magnetics, 2010, 46 (6)：1475-1478.

［28］ JIAN L, CHAU K T, JIANG J Z. A magnetic-geared outer-rotor permanent-magnet brushless machine for wind power generator [J]. IEEE Transactions on Industrial Applications, 2009, 45 (3): 954-962.

[29] LI D, QU R. Sinusoidal back-EMF of vernier permanent magnet machines [C]. International Conference on Electrical Machines and Systems (ICEMS), 2012: 1-6.

[30] JIA H, CHENG M, HUA W, et al. Torque ripple suppression in flux-switching PM motor by harmonic current injection based on voltage space-vector modulation [J]. IEEE Transactions on Magnetics, 2010, 46 (6): 1527-1530.

[31] 王凤翔. 永磁电机在风力发电系统中的应用及其发展趋向 [J]. 电工技术学报, 2012, 27 (3): 12-24.

[32] TOBA A, LIPO T A. Novel dual-excitation permanent magnet vernier machine [C]. 34th IEEE IAS Annual Meeting, 1999: 2539-2544.

[33] LI J, CHAU K T, JIANG J Z, et al. A new efficient permanent-magnet vernier machine for wind power generation [J]. IEEE Transactions on Magnetics, 2010, 46 (6): 1475-1478.

[34] 陈峻峰. 永磁电机上册: 永磁电机基础 [M]. 北京: 机械工业出版社, 1982.

[35] 唐任远. 现代永磁电机理论与设计 [M]. 北京: 机械工业出版社, 1997.

[36] 程明, 花为. 定子永磁无刷电机·理论、设计与控制 [M]. 北京: 科学出版社, 2021.

[37] 周鹗. 电机学 [M]. 北京: 中国电力出版社, 1995.

[38] LIPO T A. Analysis of synchronous machines [M]. 2nd ed. Boca Raton, USA: CRC Press, 2012.

[39] HENDERSHOT J R, MILLER T J E. Design of brushless permanent-magnet motors [M]. Oxford: Clarendon Press, 1994.

[40] LI X, CHAU K T, CHENG M. Analysis, design and experimental verification of a field-modulated permanent-magnet machine for direct-drive wind turbines [J]. IET Electric Power Applications, 2015, 9 (2): 150-159.

[41] LI X, CHAU K T, CHENG M, et al. Performance analysis of a flux-concentrating field-modulated permanent-magnet machine for direct-drive applications [J]. IEEE Transactions on Magnetics, 2015, 51 (5): 8104911/1-11.

[42] 杜怿. 直驱式海浪发电用初级永磁型直线游标电机及其控制系统研究 [D]. 南京: 东南大学, 2013.

[43] DU Y, CHAU K T, CHENG M, et al. Design and analysis of linear stator permanent magnet vernier machines [J]. IEEE Transactions on Magnetics, 2011, 47 (10): 4219-4222.

[44] DU Y, CHENG M, CHAU K T, et al. Comparison of linear primary permanent magnet vernier machine and linear vernier hybrid machine [J]. IEEE Transactions on Magnetics, 2014, 50 (11): 8202604.

[45] 花为, 程明. 新型三相磁通切换型双凸极永磁电机电感特性分析 (英文) [J]. 电工技术学报, 2007, 22 (11): 21-28.

[46] WU Z Z, ZHU Z Q. Analysis of air-gap field modulation and magnetic gearing effects in switched flux permanent magnet machines [J]. IEEE Transactions on Magnetics, 2015, 51 (5): Article# 8105012.

[47] DU Y, XIAO F, HUA W, et al. Comparison of flux-switching PM motors with different winding configurations using magnetic gearing principle [J]. IEEE Transactions on Magnetics, 2016, 52

(5)：Article# 8201908.

[48] CHENG M, HAN P, BUJA G, et al. Emerging multiport electrical machines and systems: past developments, current challenges, and future prospects [J]. IEEE Transactions on Industrial E-lectronics, 2018, 65 (7): 5422-5435.

[49] HAN P, CHENG M, ADEMI S, et al. Brushless doubly-fed machines: opportunities and challenges [J]. Chinese Journal of Electrical Engineering, 2018, 4 (2): 1-17.

[50] HUNT L. A new type of induction motor [J]. Journal of the Institution of Electrical Engineers, 1907, 39 (186): 648-667.

[51] SMITH B H. Synchronous behavior of doubly fed twin stator induction machine [J]. IEEE Transactions on Power Apparatus and Systems, 1967, PAS-86 (10): 1227-1236.

[52] RUVIARO M, RUNCOS F, SADOWSKI N, et al. Analysis and tests results of a brushless doubly-fed induction machine with rotary transformer [J]. IEEE Transactions on Industrial Electronics, 2012, 59 (6): 2670-2677.

[53] MALIK N R, SADARANGANI C. Brushless doubly-fed induction machine with rotating power electronic converter for power applications [C]. International Conference on Electrical Machines and Systems (ICEMS), Beijing, 2011: 1-6.

[54] BROADWAYA R W, BURBRIDGE L. Self-cascaded machine: a low speed motor or high frequency brushless alternator [J]. Proceedings of the Institution of Electrical Engineers, 1970, 117 (7), 1277-1290.

[55] BROADWAYA R W. Cageless induction machine [J]. Proceedings of the IEE, 1971, 118 (11): 1593-1600.

[56] ZHANG F, LI Y, WANG X. The design and FEA of brushless doubly-fed machine with hybrid rotor [C]. International Conference on Applied Superconductivity and Electromagnetic Devices, Chengdu, 2009: 324-327.

[57] HOPFENSPERGER B, ATKINSON D J, LAKIN R A. Steady state of the cascaded doubly-fed induction machine [J]. European Transactions on Electrical Power, 2002, 12 (6): 427-437.

[58] ROBERT P C, LONG T, MCMAHON R A, et al. Dynamic modeling of the brushless doubly fed machine [J]. IET Electric Power Applications, 2013, 7 (7): 544-556.

[59] WILLIAMSON S, BOGER M S. Impact of inter-bar currents on the performance of the brushless doubly fed motor [J]. IEEE Transactions on Industry Applications, 1999, 35 (2): 453-460.

[60] KEMP A, BOGER M, WIEDENBRUGE, et al. Investigation of rotor current distribution in brushless doubly-fed machines [C]. Conference Record of the IEEE 31st IAS Annual Meeting on Industry Applications San Diego, CA, 1996, 1: 638-643.

[61] ALEXANDER G C. Characterization of the brushless doubly-fed machine by magnetic field analysis [C]. Conference Record of the IEEE IAS Annual Meeting, Seatle, WA, 1990, 1: 67-74.

[62] LOGAN T, MCMAHON R A, SEFFEN K. Noise and vibration in brushless doubly fed machine and brushless doubly fed reluctance machine [J]. IET Electric Power Applications, 2014, 8 (2): 50-59.

[63] GORGINPOUR H, JANDAGHI B, ORAEE H. A novel rotor configuration for brushless doubly-fed induction generators [J]. IET Electric Power Applications, 2013, 7 (2): 106-115.

[64] XIONG F, WANG X. Design of a low-harmonic-content wound rotor for the brushless doubly fed generator [J]. IEEE Transactions on Energy Conversion, 2014, 29 (1): 158-168.

[65] XU L, TANG Y, YE L. Comparative study of rotor structures of doubly excited brushless reluctance machine by finite element analysis [J]. IEEE Transactions on Energy Conversion, 1994, 9 (1): 165-172.

[66] XU L, WANG F. Comparative study of magnetic coupling for a doubly fed brushless machine with reluctance and cage rotors [C]. Conference Records of the IEEE 32th IAS Annual Meeting on Industry Applications, New Orleans, LA, 1997, 1: 326-332.

[67] HAN P, ZHANG J, CHENG M. Analytical analysis and performance characterization of brushless doubly fed machines with multibarrier rotors [J]. IEEE Transactions on Industry Applications, 2019, 55 (6): 5758-5767.

[68] ABDI S, ABDI E, ORAEE A, et al. Optimization of magnetic circuit for brushless doubly fed machines [J]. IEEE Transactions on Energy Conversion, 2015, 33 (4): 1611-1620.

[69] 程明, 韩鹏, 魏新迟. 无刷双馈风力发电机的设计、分析与控制 [J]. 电工技术学报, 2016, 31 (19): 36-52.

第3章 电机气隙磁场调制统一理论

3.1 概述

近年来，磁场调制现象得到了前所未有的关注。各种基于磁场调制原理的磁齿轮及其复合电机、永磁游标电机、磁通切换电机、磁通反向电机和分裂定子式电机等新型电机拓扑结构不断涌现。新结构的出现，在丰富电机学科研究内容的同时，极大地推动了电动汽车、风力发电、船舶发电、航空航天等领域的发展。与此同时，各种新结构电机中的磁场调制现象被不断地发现和分类归纳，为电机的分析和设计提供了全新视角。磁场调制现象的发现和磁场调制原理的理解，对电机运行所起到的关键性作用已经在部分电机中得到了初步印证。然而，现有大多数研究主要局限在狭义的磁场调制电机，并主要围绕由凸极齿形成的交替气隙磁导产生的少数主要谐波磁场对电机输出的作用进行讨论，而未从理论上真正揭示和统一各类电机中由短路线圈、磁阻凸极和多层磁障导致的磁场谐波的产生和变化机理，仍处在"调制现象"的偶然发现、"调制原理"的理论解释和原理阐述阶段，尚未达到完全理解和充分应用磁场调制，更未能将磁场调制现象普遍化和理论化，因而也就无法在统一理论平台上对不同类型和不同原理的电机进行分析与设计。本章将开关变换器中的"源—调制器—滤波器"三个基本要素对偶到电机中，将含有一个定子、一个转子和一层气隙的基本单元电机，规格化为"源励磁磁势（励磁源）—短路线圈/凸极磁阻/多层磁障（调制器）—电枢绕组（滤波器）"三个基本要素的级联，突破具体电机结构的限制，将基本单元电机中的三要素分别用统一的数学方程进行表征，根据三要素在气隙中的磁场耦合规律，建立适用于各类电机的气隙磁场调制统一理论。

绕组是电机的基本组成部分，也是电机分析的起点。本章首先回顾电机绕组分析的基本方法，介绍相关概念，如导体分布函数、线电流密度分布函数、磁动势分布函数和磁通密度分布函数，并给出了各分布函数之间的数学关系。在此基础上，介绍了传统绕组函数的导出及其局限性。基于大量的对现有电机结构的诞生和演变历程、结构和功能特征、分析和计算方法的学习、归纳和综合，总结出影响磁动势分布的三种因素——短路线圈、凸极磁阻和多层磁障。调制算子的引入为气隙磁动势分布和气隙磁通密度分布的解析和分析带来便利，但气隙磁通密度的分布并不能直接反映电机的性能，还需要有电枢绕组的参与。电枢绕组对气隙磁通密度波形的频率选择功能（极对数相同才能相互作用）激发了对电机与开关变换器之间相似性的思考，对电机进行功能化抽象，将电机性能指标（空载感应电动势、平均转矩、功率、齿槽转矩等）确定为源磁动势、调制器和电枢绕组三个基本要素级联后的综合结果，将三要素用统一的数学方程进行表征，分析并验证其数学特性，根据三要素在气隙中的磁场耦合规律，建立适用于各类电机的气隙磁场调制统一理论，为后续章节中电机的拓扑分析和结构创新提供新的分析工具。

3.2 经典绕组函数法及其局限性

3.2.1 绕组磁动势分析

绕组是电机的必要组成部分，从功能上分为励磁绕组和电枢绕组。其中励磁绕组的作用是流过励磁电流建立励磁磁动势，而电枢绕组的作用是切割磁力线产生感应电动势。流过电枢电流的电枢绕组建立电枢磁动势。考虑到磁动势和电动势的相似性，对电机绕组的分析可以简化为对绕组磁动势的分析，然后再将所得结论推广应用到绕组电动势中。

气隙是电机完成机电能量转换的场所，气隙磁通密度的分布是计算磁链、感应电动势、力和转矩的基础。绕组磁动势分析的目的就在于确定气隙磁通密度的分布，为了便于理解磁动势分析中的相关概念，首先假设气隙表面均匀，铁心磁导率无穷大。

电机绕组是由沿气隙离散分布的导体以特定的方式连接在一起构成，其数学特征可以用导体分布函数 $C(\phi)$ 来描述，其中变量 ϕ 为静止坐标系下沿气隙圆周方向的机械位置角度。通常导体离散分布于定转子铁心槽内，导体分布函数 $C(\phi)$ 为定义在 $0\sim2\pi$ 机械角度范围内的冲激函数序列，表示为

$$C(\phi) = \sum_k C_k \delta(\phi - \phi_k) \tag{3-1}$$

式中，C_k 为定子第 k 个槽内的串联导体数，且规定电流流入纸面时为正，流出纸面时为负。

定子第 k 个槽内一根导体对应的导体分布函数为移位 ϕ_k 角度位置的单位冲激函数，表示为

$$\begin{cases} \delta(\phi - \phi_k) = 0 & \phi \neq \phi_k \\ \int_0^{2\pi} \delta(\phi) = 1 \end{cases} \tag{3-2}$$

图 3-1 对应的导体分布函数如图 3-2 所示。绕组中流过电流会在气隙表面形成线电流层，进而建立磁动势，产生磁场分布。某一时刻 t 线电流层沿气隙圆周的分布用线电流密度分布函数 $A(\phi,t)$ 来描述[1]。假设气隙圆周上某一槽口宽度为 o（rad）（槽口宽度/气隙圆周长度×2π）的槽内安放有 N_s 根导体，在某一时刻 t，每根导体中流过相同的电流 $i(t)$（A）。假定线电流层均匀分布在槽口上，则气隙圆周沿该 o 宽度上的线电流密度为 $A=N_s i/o$（A/rad）。

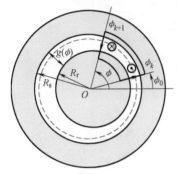

图 3-1　经典绕组函数推导（非均匀气隙）

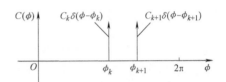

图 3-2　导体分布函数

通常为了简化分析，进一步认为槽内的线电流 $N_s i$ 集中在槽口正中一点，则这时每个槽产生的线电流密度也变为冲激函数（在槽口正中间一点 $A=\infty$，而在其他各点 $A=0$），该函数沿气隙圆周的积分等于槽内的安匝 $N_s i$。于是线电流密度分布函数 $A(\phi,t)$ 可以由导体分布函数 $C(\phi)$ 与各导体中的电流乘积得到，即

$$A(\phi,t)=\sum C(\phi)i(t) \tag{3-3}$$

其函数分布如图 3-3 所示。

现取气隙圆周上任意一点作为起点，记为 A，通过起点 A 和坐标为 ϕ 的任意一点 B 取一闭合回路。则由安培环路定律知，沿闭合回路的总磁动势降落应等于回路所包围的总电流，即线电流密度分布函数 $A(\phi,t)$ 沿 AB 的积分。若 A 点对应的气隙磁动势为

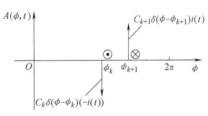

图 3-3　线电流密度分布函数

$F_g(\phi_0,t)$，则在铁心相对磁导率为无穷大的假设下，B 点处的气隙磁动势就等于闭合回路的总磁动势加上 A 点的气隙磁动势 $F_g(\phi_0,t)$，用符号 $F_g(\phi,t)$ 表示。于是可得气隙磁动势分布函数 $F_g(\phi,t)$ 与线电流密度分布函数 $A(\phi,t)$ 之间的关系为

$$F_g(\phi,t)=\int_{\phi_0}^{\phi}A(\phi,t)\mathrm{d}\phi+F_g(\phi_0,t) \tag{3-4}$$

图 3-1 对应的磁动势分布函数如图 3-4 所示。

磁动势分布函数描述了沿气隙圆周各点的气隙磁动势，若除以各点的气隙长度，便可得到沿气隙圆周各点的磁场强度，对应的气隙磁通密度分布函

数 $B_g(\phi,t)$ 为

$$B_g(\phi,t) = \mu_0 \frac{F_g(\phi,t)}{g(\phi,\theta_r)} \tag{3-5}$$

均匀气隙情况下的磁通密度分布函数如图 3-5 所示。

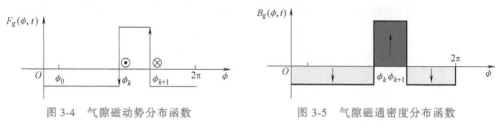

图 3-4 气隙磁动势分布函数　　　　　　图 3-5 气隙磁通密度分布函数

3.2.2 经典绕组函数法

基于前述磁动势分析的经典绕组函数法在文献〔2〕中有详细介绍，这里作简要回顾。将式（3-3）代入式（3-4）中的积分项，可得

$$\int_{\phi_0}^{\phi} A(\phi,t)\,\mathrm{d}\phi = i(t)\int_{\phi_0}^{\phi} \sum C(\phi,t)\,\mathrm{d}\phi = T(\phi,\phi_0)i(t) \tag{3-6}$$

式中，$T(\phi,\phi_0)$ 为匝数函数，定义为导体分布函数对空间位置角的积分。

式（3-4）中等号两边的磁动势分布函数均为未知数，不能唯一确定任意位置 ϕ 处的磁动势，必须补充约束条件以获得唯一解。由高斯定理可知

$$\int_0^{l_{stk}}\int_0^{2\pi} r_g \left[\mu_0 \frac{F_g(\phi,t)}{g(\phi,\theta_r)} \right] \mathrm{d}\phi\,\mathrm{d}l = 0 \qquad r_g \in (R_r,R_s) \tag{3-7}$$

将式（3-4）两边在 0~2π 上积分，可得

$$\int_0^{2\pi} \frac{F_g(\phi,t)}{g(\phi,\theta_r)}\mathrm{d}\phi = \int_0^{2\pi} \frac{T(\phi,\phi_0)i(t)}{g(\phi,\theta_r)}\mathrm{d}\phi + \int_0^{2\pi} \frac{F_g(\phi_0,t)}{g(\phi,\theta_r)}\mathrm{d}\phi \tag{3-8}$$

将式（3-7）化简并代入式（3-8），移项整理可得

$$F_g(\phi_0,t) = -\frac{\displaystyle\int_0^{2\pi} g^{-1}(\phi)T(\phi,\phi_0)\,\mathrm{d}\phi}{\displaystyle\int_0^{2\pi} g^{-1}(\phi,\theta_r)\,\mathrm{d}\phi}i(t) \tag{3-9}$$

代入式（3-4）可得

$$F_g(\phi,t) = \left[T(\phi,\phi_0) - \frac{\displaystyle\int_0^{2\pi} g^{-1}(\phi)T(\phi,\phi_0)\,\mathrm{d}\phi}{\displaystyle\int_0^{2\pi} g^{-1}(\phi,\theta_r)\,\mathrm{d}\phi} \right] i(t) = W(\phi)i(t) \tag{3-10}$$

式中，$W(\phi)$ 定义为绕组函数；$g^{-1}(\phi,\theta_r)$ 为气隙函数的倒数，称为反气隙函数。

对于均匀气隙或可以近似为均匀气隙的情况，反气隙函数为一常值函数，绕组函数简化为

$$W(\phi) = T(\phi,\phi_0) - \frac{1}{2}\int_0^{2\pi} T(\phi,\phi_0)\,\mathrm{d}\phi \tag{3-11}$$

对于气隙一侧均匀或近似均匀、另一侧为凸极的情况，如凸极同步电机和凸极同步磁阻电机，定子绕组均为整数槽多相分布绕组，对应的磁动势分布只有奇数次谐波，而凸极必须成对出现，即反气隙函数只有偶次谐波，这时绕组函数仍可以简化为式（3-10），所以对凸极同步电机和同步磁阻电机，均可以用式（3-11）方便地计算其绕组函数。

磁动势分布可以由多相绕组的绕组函数与对应相电流的乘积通过叠加得到，在均匀或近似均匀气隙的条件下，气隙磁通密度分布与该磁动势分布波形一致，数值上是前者的 μ_0/g 倍。在绕组函数为 $W_i(\phi)$ 的绕组中通入单位电流，则任一绕组函数为 $W_j(\phi)$ 的绕组匝链的磁链即为 i 绕组与 j 绕组之间的电感，即

$$L_{ij} = \mu_0\int_0^{2\pi}\left[g^{-1}(\phi,\theta_r)W_i(\phi)\right]\mathrm{d}S = \mu_0 r_g l_{stk}\int_0^{2\pi}\left[g^{-1}(\phi,\theta_r)W_i(\phi)\right]W_j(\phi)\,\mathrm{d}\phi$$

$$\tag{3-12}$$

电机绕组种类繁多，可按照不同的标准进行分类。例如，按照绕组相数分为单相、两相、三相、四相、五相和更多相；按照每极每相槽数分为整数槽绕组和分数槽绕组；按照每个槽内线圈边层数分为单层绕组、双层绕组和多层绕组；按照线圈跨距分为整距绕组、短距绕组和长距绕组；按照相绕组之间的联结方式分为星形联结和封闭式联结[3]。文献［4］对电机中常用的绕组结构进行了逐一介绍，进一步丰富了绕组的形式，如直流电机换向器绕组、凸极同步电机阻尼绕组等。实际上，为了方便绕组函数法的应用，需要从绕组的构成上对电机绕组进行重新分类，如图3-6所示。

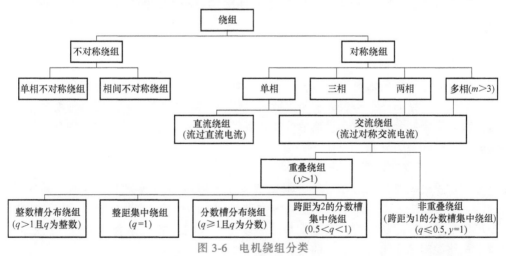

图3-6　电机绕组分类

首先将绕组分为不对称绕组和对称绕组，因为绕组的对称性对相绕组磁动势（或电动势）和合成磁动势（或电动势）的频谱产生影响。将不对称绕组分为单相不对称绕组和相间不对称绕组。其中，单相不对称绕组是指本身分布不对称的相绕

组，如无刷双馈感应电机中的嵌套环转子绕组、多相双层绕组或串联环绕组等。通入单位电流后这些绕组建立的磁动势沿圆周的分布正负半波不对称。相间不对称绕组是指通常所说的不对称绕组，如每极每相槽数 $q = Z/(2mp) = N/D$（$m = 3$，D 与 N 无公约数，且 D 为 3 及 3 的倍数）的三相绕组。

对称绕组是最常用的电机绕组形式。可以按照相数分为单相绕组、两相绕组、三相绕组和多相绕组，其中比较常用的是单相绕组和三相绕组。单相绕组中流过直流电流时为直流绕组，如直流电机和同步电机中的励磁绕组。分析中可以将永磁体等效为单相直流绕组。所有对称绕组中流过交流电流便成为交流绕组，可以进一步按照端部是否重叠分为重叠绕组（要求跨距大于1）和非重叠绕组（跨距等于1），即近些年来备受关注的分数槽集中绕组[3]。重叠绕组可以按照每极每相槽数进一步细分为整数槽分布绕组（要求 q 为大于1的整数），整距集中绕组（$q = 1$），分数槽分布绕组（要求 q 为大于等于1的分数）和跨距为2的分数槽集中绕组（要求 q 的取值在 0.5 ~ 1，这样极距的取值在 1.5 ~ 3，只能取极距为2）。

3.2.3 经典绕组函数法的局限性

经典绕组函数法要求与气隙相邻的两侧中至少有一侧是光滑或近似光滑，然后通过忽略铁心中的磁动势降落从气隙磁动势分布函数 $F_g(\phi, t)$ 直接得到气隙磁通密度分布函数 $B_g(\phi, t)$。如果与气隙相邻的两侧都不均匀，或由于铁心饱和而不能忽略铁心中的磁动势降落，或者磁通路径被磁阻磁障限制，或者短路线圈引入附加磁动势时，则不能直接从磁动势分布函数 $F_g(\phi, t)$ 来求磁通密度分布函数 $B_g(\phi, t)$，因为磁通密度分布函数 $B_g(\phi, t)$ 受具体的磁通路径影响，即经典绕组函数法不再适用。电机结构中更为普遍的情形是，气隙两侧包含短路线圈（感应电机和无刷双馈感应电机）、凸极磁阻（双凸极电机）和多层磁障（多层磁障转子式同步磁阻电机和无刷双馈电机），这三种结构的存在，均会对气隙磁动势分布产生影响，进而影响气隙磁通密度分布，导致经典绕组函数法不再适用。仔细分析可以发现，这三种结构的存在不会影响槽内载流导体在气隙表面产生的线电流密度分布函数，线电流密度分布函数仍然离散分布在各槽口中心一点。但三种结构的存在将改变磁动势沿气隙的分布（见图 3-7 ~ 图 3-9）。

1. 短路线圈的影响

如果短路线圈是理想超导体，那么假设初始时刻短路线圈中无电流。某一时刻，定子绕组中流入恒定电流，建立源磁动势 $F(\phi, t)$。在这个过程中，短路线圈中产生电流，建立相应的附加磁动势分布以阻碍源磁动势的建立。如图 3-7 所示，考虑短路线圈的影响后，最终的气隙磁动势变为

$$F_g(\phi, t) = F(\phi, t) + \sum_{j=1}^{N_{SC}} W_j(\phi) i_j(t) \qquad (3\text{-}13)$$

式中，N_{SC} 为短路线圈单元数；i_j 为短路线圈第 j 环中的电流。

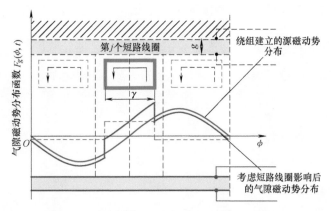

图 3-7 短路线圈结构对气隙磁动势分布的影响

2. 凸极磁阻的影响

假设气隙两侧均为凸极结构，且有轭部连通所有凸极，保证磁场强度积分路径可以任意选取，则励磁磁动势集中分布在定子凸极与转子凸极重合的部分，而在凸极与槽相重合以及槽与槽相重合的地方，磁动势分布衰减很多，在槽中心线处磁动势分布最小，如图 3-8 所示。最终的气隙磁动势变为

$$F_g(\phi,t)=F(\phi,t)\lambda(\phi,\theta_r) \tag{3-14}$$

式中，$\lambda(\phi,\theta_r)$ 为归一化气隙磁导函数，文献 [5] 给出了其经验表达式为

$$\lambda(\phi,\theta_r)=\frac{\dfrac{1}{g(\phi,\theta_r)}}{\dfrac{1}{g}}=\frac{g}{g(\phi,\theta_r)}=\frac{g}{\dfrac{1}{g_s^{-1}(\phi,\theta_r)}+\dfrac{1}{g_r^{-1}(\phi,\theta_r)}-g} \tag{3-15}$$

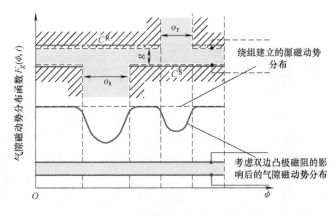

图 3-8 双边凸极磁阻结构对气隙磁动势分布的影响

式中，$g(\phi,\theta_r)$ 为实际气隙函数；$g_s^{-1}(\phi,\theta_r)$ 为假设气隙转子一侧均匀，只考虑

定子侧开槽时的反气隙函数；$g_r^{-1}(\phi,\theta_r)$ 为假设定子一侧均匀，只考虑转子侧开槽时的反气隙函数。

反气隙函数的具体表达式与槽口宽度和齿距有关，$g_s^{-1}(\phi,\theta_r)$ 和 $g_r^{-1}(\phi,\theta_r)$ 均可以用傅里叶级数进行表示。以 $g_s^{-1}(\phi,\theta_r)$ 为例，其表达式为

$$g_s^{-1}(\phi,\theta_r) = a_0 - \sum_{v=1}^{\infty} a_v \cos(vN_{SP1}\phi) \tag{3-16}$$

式中，N_{SP1} 为定子侧凸极个数；a_0 为常数项，a_v 为 v 次谐波的幅值，分别为

$$a_0 = \frac{t_d - 1.6\beta o}{t_d g} \tag{3-17}$$

$$a_v = \frac{\beta}{g} FC_v(\varepsilon), \quad \varepsilon = \frac{o}{t_d} \tag{3-18}$$

式中，t_d 为极距（齿距）；o 为气隙侧槽口宽度；β 和 FC_v 均为 o 与 t_d 比值的函数，其具体表达式为

$$\beta = \frac{1}{2} - \frac{1}{2}\left[1+\left(\frac{o}{2g}\right)^2\right]^{-\frac{1}{2}} = \frac{1}{2} - \frac{1}{2}\left[1+\left(\frac{o}{t_d}\frac{t_d}{2g}\right)^2\right]^{-\frac{1}{2}} \tag{3-19}$$

$$FC_v(\varepsilon) = \frac{4}{v\pi}\left[0.5 + \frac{(v\varepsilon)^2}{0.78125 - 2(v\varepsilon)^2}\right]\sin(1.6\pi v\varepsilon) \tag{3-20}$$

3. 多层磁障的影响

当气隙一侧光滑或近似光滑，另外一侧为磁障结构（多层磁障或轴向叠片），如图 3-9 所示，则磁力线将被限定到磁导层内，导致最终的气隙磁动势分布发生变化，即

$$F_g(\underline{\phi},t) = \left[\frac{g(\underline{\phi},\theta_r)}{g(\underline{\phi},\theta_r)+g((2i+1)2\pi/N_{MB}-\underline{\phi})}\right] \cdot \left[F(\underline{\phi},t) - F\left((2i+1)\frac{2\pi}{N_{MB}}-\underline{\phi},t\right)\right],$$

$$\underline{\phi} = \phi - \theta_{MB} \in \left(i\frac{2\pi}{N_{MB}},(i+1)\frac{2\pi}{N_{MB}}\right) \tag{3-21}$$

式中，$\underline{\phi}$ 为将 ϕ 转换到多层磁障所在坐标系下的坐标值，$\underline{\phi}=\phi-\theta_{MB}$；$N_{MB}$ 为多层磁障单元数。

以上三种情形均考虑气隙两侧有源一侧铁心连续。在磁导率为无穷大的假设条件下连续铁心为一等标量磁位体。当有源侧铁心不连续时，有源侧铁心不再是连续的等磁位体，磁场强度积分路径被限定到一个个不连续的局部区域，重合面大小的变化直接影响到磁场强度的大小，导致气隙中磁通密度的幅值受到影响。

当有源侧铁心不再连续时，应用安培环路定律和高斯定律不能直接获得简便的关系将最终的气隙磁动势分布函数与源磁动势分布函数联系起来，尽管理论上这种关系是确定存在的。在这种情况下，主磁路上的等效气隙尺寸和实际气隙中重合面的大小都会直接影响到最终的气隙磁动势的分布，使得采用绕组函数法获取气隙磁

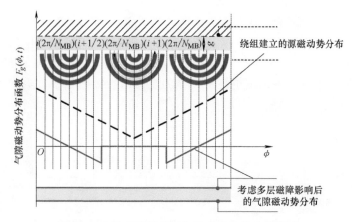

图 3-9　多层磁障结构对气隙磁动势分布的影响

通密度分布的精度受到很大影响。

　　典型的有源侧铁心不连续的电机结构有双凸极永磁电机、磁通切换永磁电机和各类变磁通定子永磁型电机。对于此类电机，能否从绕组函数的角度确定三种特殊结构对气隙磁动势分布的影响，取决于由主磁路上的永磁体引入的等效气隙与实际气隙磁阻的相对大小。一般情况下，合理设计的双凸极永磁电机和磁通切换电机主磁路上永磁体的磁阻小于实际气隙磁阻的平均值，因而可以忽略永磁体磁阻的影响，将有源侧铁心按照连续体进行分析。例如，传统结构的磁通切换永磁电机中定子铁心虽然也是分块并且彼此之间被永磁体隔断，但总体来看，由于磁路结构的变化，当转子转过一个转子齿距，气隙磁动势的分布与铁心连续时相同。文献 [6] 在分析此类电机的一个典型案例时，假设永磁体为一恒磁通源，事实上是在假设有源侧铁心连续，以满足绕组函数法的适用条件。

3.3　电机三要素

　　电机通常包含定子、转子和位于定转子之间的气隙。定子和转子通常由磁导率非常大的软磁材料制成。位于定子或转子上的永磁体或励磁绕组用于建立气隙磁场，而位于定子或转子上的电枢绕组通过切割磁场产生感应电动势。典型的电机结构（拥有 6 个定子槽和 4 个转子极的永磁无刷直流电机）如图 3-10 所示。将上述具有一个定子、一个转子和一层气隙的电机

图 3-10　永磁无刷直流电机爆炸视图

称为"单元电机"。为一般起见，任何一个单元电机均可抽象为"励磁源"—"调制器"—"滤波器"三个基本要素的级联，如图 3-11 所示。励磁源（图 3-11 中的永磁体）在物理气隙上建立一个源磁动势分布，调制器（图 3-11 中的凸极）调制源磁动势分布以产生一系列磁动势谐波分量，并在气隙中产生相应的磁通密度谐波分量，滤波器（图 3-11 中的电枢绕组）作为空间谐波滤波器提取有效的气隙磁通密度谐波分量用于产生磁链或电动势，进行能量转换。实际中，每个要素都有多种可能的形式。

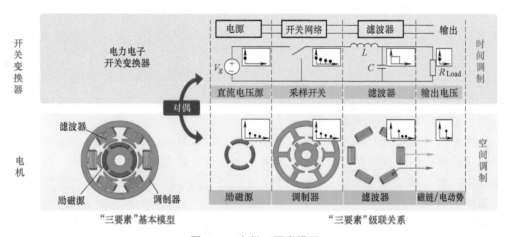

图 3-11 电机三要素模型

为方便理解，可将电机与开关变换器[7]进行对偶。从图 3-11 可见，电机与开关变换器具有相似性，这一相似性具有严密的数学基础，文献［8］和文献［9］从空间频率域详细推导了永磁同步电机中感应电势和脉动转矩表达式与永磁体排布和绕组结构之间的关系，揭示了电机几何结构对气隙磁通密度空间谐波的滤波作用。下一节将参照文献［10］给出更为一般化的数学证明。差别在于，开关变换器属于时间调制，而电机则属于空间调制。

3.3.1 励磁源

通常，励磁源由绕组或永磁体建立。为了将问题统一考虑，把永磁体用被等效面电流包围的磁阻块来代替。实际电机中的绕组主要有三种形式：

（1）单相绕组（通常流过直流电流）。通以直流电的单相绕组通常被用作励磁绕组，用于产生相对于定子或转子静止的理想的矩形波源励磁磁动势。通入交流电的单相励磁绕组会产生脉动磁场，该脉动磁场可以进一步分解为具有相同幅值和转速的正转和反转两个旋转磁场，如单相感应电机[11]和单相串励电机[12]那样。

（2）多相重叠绕组（通常流过交流电流）。多相绕组通常流入多相对称交流电流来建立理想的按正弦规律分布的源磁动势分布，例如三相感应电机的定子绕组、双馈感应电机的定子和转子绕组。

（3）多相非重叠绕组（通常流过交流电流）。多相对称电源供电的多相分数槽集中绕组会产生大量不同转速的空间谐波，因而并不像分布绕组那样适合用作励磁绕组，这也解释了为什么感应电机和同步磁阻电机不能像永磁同步电机那样采用常用的单层和双层分数槽集中绕组[13,14]。

3.3.2　调制器

调制器有三种基本形式，即短路线圈、凸极磁阻和多层磁障：

（1）短路线圈。对交变磁场来说，短路线圈为一理想的高阻抗[15]。通过精心布置，短路线圈组可以通过在源磁动势的基础上叠加一个感应产生的附加磁动势来改变气隙磁动势分布的频谱。

（2）凸极磁阻。最常见的表现出磁场调制行为的调制器为凸极磁阻，其根本原理是较大的槽开口（槽口对齿距的比例 $o/t_d \geq 0.3$）会显著增加齿谐波的影响[5]。例如，定子永磁型电机中的定子齿和转子极[16,17]，永磁游标电机中的铁磁极[18] 等。不同电机结构典型的 o/t_d 取值见表 3-1。

表 3-1　不同电机结构典型的 o/t_d 取值

电机结构	o_s/t_{ds}	o_r/t_{dr}
笼型转子感应电机和无刷双馈感应电机	0.28	0.18
永磁无刷电机	0.22	—
直流电机	0.33	0.25
凸极同步电机	0.22	0.33
凸极磁阻转子式同步磁阻电机	0.26	0.38
凸极磁阻转子式无刷双馈磁阻电机	0.26	0.38
磁齿轮电机和永磁游标电机	0.2	0.5
磁通反向电机	0.33	0.5
磁通切换电机	0.5	0.71
开关磁阻电机和永磁双凸极电机	0.5	0.56

特殊设计的极形也属于这一类。典型例子就是凸极同步电机的转子极靴[2]，通常都需要特殊设计以使产生的气隙磁场分布尽可能正弦。另一个例子是，内嵌式永磁同步电机中通常采用不等气隙设计以改善反电动势波形[19]。

（3）多层磁障。多层磁障通常会被等效为凸极磁阻以方便理解，但在调制行为方面与凸极磁阻有很大不同。它通过充分利用不同位置处标量磁位的差别来改变气隙磁动势的分布，典型例子是同步磁阻电机、无刷双馈磁阻电机和磁通切换电机中的径向叠片结构[20-22]。

3.3.3　滤波器

绕组完成滤波器的功能，用于提取指定次数的空间谐波。滤波器通常有两种物理形态，即重叠绕组和非重叠绕组：

（1）重叠绕组。多相（或单相）重叠绕组（整数槽或分数槽）就像一个带通滤波器，具有非常强的频选特性，几乎是所有正弦波电动势交流电机电枢绕组的首选。如三相凸极同步电机的电枢绕组，三相笼型感应电机的定子绕组和大部分转子永磁型无刷电机的定子绕组。单相重叠绕组用作需要单相正弦输出的交流电机的空间谐波滤波器，例如单相感应电机和单相无刷双馈感应电机的电枢绕组[23]。

（2）非重叠绕组。某些应用场合要求电机具有较大的极对数、较短的端部绕组或者相邻相之间的弱耦合，此时多相非重叠绕组比较实用，如采用分数槽集中绕组的转子永磁型无刷电机的定子绕组。多相非重叠绕组也是一个带通滤波器，但是带宽比多相重叠绕组要宽。单相非重叠绕组仅在采用分数槽集中绕组的单相永磁无刷电机中有所应用。

3.4　三要素的数学表征

电机与开关变换器之间的相似性为所有电机中的转矩生成机理和电磁能量转换过程的理解提供了一个全新的视角。本节着重介绍如何用数学语言描述励磁源（源磁动势）、调制器（短路线圈/凸极磁阻/多层磁障）和滤波器（电枢绕组）三者的行为，以及电机性能与三要素之间的关系。首先，下文中的数学模型基于如下假设：

- 永磁体用被等效面电流包围的磁阻块代替。
- 铁心磁导率无穷大。
- 槽内导体集中在槽口中心点。
- 气隙励磁磁动势产生的磁力线垂直于圆周表面。
- 忽略漏磁通和有限轴向长度的影响。
- 铁心饱和用铁心中的恒定磁动势降落来计及。

3.4.1　源磁动势

源磁动势指由绕组或永磁体在光滑均匀气隙上建立的磁动势分布，暂不考虑短路线圈、凸极磁阻和多层磁障的影响。源磁动势可以采用槽导体星形图[24]或3.2.2节所介绍的绕组函数[25,26]进行分析。槽导体星形图方便手算，是传统交流电机绕组设计和分析中的一个非常有效的工具，特别适用于分布绕组（每极每相槽数 q 为整数或大于 1 的分数）。在此类电机中，绕组建立的源磁动势分布接近正弦，因而基波分量占主要成分。槽导体矢量具有明确的物理意义，即代表磁动势空间相量。槽导体星形图的主要缺点在于其频率依赖性。

在磁动势分析中，不同磁动势空间谐波对应的槽导体星形图均不相同。例如，3次谐波的槽导体星形图将不同于基波的槽导体星形图，因而在计算不同次空间谐波的绕组函数时需要重新绘制槽导体星形图。而且，当q不为整数时，必须引入单元电机绕组的概念来辅助分析[3]。随着槽数的增加，采用槽导体星形图分析电机绕组的简便性将不复存在。

与槽导体星形图相比，绕组函数法能够更直观地呈现绕组所建立的磁动势分布的波形。采用绕组函数法进行绕组磁动势分析的第一步就是绘制绕组函数波形。绕组函数为分段函数，可由阶跃函数通过缩放平移得到，适合编程实现。采用绕组函数法分析源磁动势时，源磁动势由绕组函数与流过绕组的电流相乘得到。绕组结构（导体分布及导体之间的连接方式）直接影响其建立的磁动势的分布。

对于一套m相的电机绕组，其中一相的绕组函数$W(\phi)$可以从具体的绕组分布得到，并表示为式（3-11）。一相绕组所建立的源磁动势沿气隙的分布及其频谱完全取决于绕组结构。图3-12给出了一套典型的整距分布绕组对应的导体分布函数、线电流密度分布函数、匝数函数和绕组函数。其中，槽数$Z = 12$，相数$m = 3$，极对数$p = 2$，线圈跨距$y = 6$。可见，绕组函数与积分的初始位置无关；而匝数函数不同，受积分初始位置的影响。因而，在气隙磁场调制理论中，绕组的结构统一用对应的绕组函数加以描述。

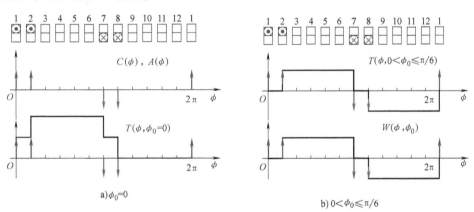

a) $\phi_0 = 0$　　　　　　　　　b) $0 < \phi_0 \leqslant \pi/6$

图3-12　一台三相12槽2极电机的导体分布函数、匝数函数和绕组函数

绕组结构最重要特征为主极对数p和各次空间谐波所对应的绕组系数k_{wv}。此处定义绕组的主极对数为该绕组所建立的源磁动势分布中相对幅值最大的谐波分量所对应的极对数，即主极对数为p的绕组建立的源磁动势分布中p对极分量的幅值最大。将绕组函数写成傅里叶级数的形式，可以方便得到各次谐波的绕组系数k_{wv}。

除了绕组系数中所包含的短距和分布，不同相绕组之间的联结方式（星形联结、三角形联结等）也会对合成磁动势产生影响，这里用合成系数k_{cv}来描述。将这两种因素考虑在内，可以得到一个轴截面（径向磁通电机）或一个圆周环切面（轴向磁通电机）内的由一套 m 相绕组所建立的合成源磁动势分布 $F(\phi,t)$ 为

$$F(\phi,t) = \underbrace{\sum_{i=1}^{m} \underbrace{W_i(\phi)}_{k_{wv}} i_i(t)}_{k_{cv}} = \sum_{v=1}^{\infty} F_v \cos(v\phi + \phi_v) \tag{3-22}$$

式中，v 对极源磁动势空间谐波分量的幅值与谐波极对数 v 之间的关系为

$$|F_v| \propto k_{cv} \frac{k_{wv}}{v} \tag{3-23}$$

传统交流电机中可能含有一套或多套分布绕组，但每套绕组的主极对数均相同，因而合成源磁动势为一具有确定极对数的行波。而许多新结构电机中包含两套或多套极对数不同的绕组，其合成源磁动势与传统交流电机有很大不同。以无刷双馈电机为例，其定子含有两套正弦分布的三相绕组。两套绕组可同时供电或者只有其中一套供电。如果用 F_1 和 F_2 分别表示第一套定子绕组和第二套定子绕组的基波磁动势的幅值，并且保证 F_1+F_2 恒定、相序一致的情况下，改变 F_1/F_2 的值，对应的磁动势分布如图 3-13 所示。

当其中一套绕组供电时，合成的源磁动势分布为行波，其幅值在时间和空间的二维平面内体现为连续的平行带状分布，如图 3-13a 和图 3-13j 所示。随着时间的推移，图 3-13a 所示的磁动势向左移动，而图 3-13j 所示的磁动势向右移动。这是由于在转子坐标系下进行分析导致的。在无刷双馈电机中，两套定子绕组建立的磁动势相对于转子的运动方向正好相反。图 3-13a 和图 3-13j 中，最红处为波峰，最蓝处为波谷，且波峰和波谷交替出现。波峰和波谷分别对应磁动势的 N 极和 S 极，且波峰数等于波谷数。在任一时刻，磁动势沿气隙圆周的分布均呈现明显的极对数。图 3-13a 为 8 极，对应主极对数 $p_1 = 4$ 的定子绕组；而图 3-13b 为 4 极，对应主极对数 $p_2 = 2$ 的定子绕组。

当两套绕组一起供电时，合成磁动势分布同时具有行波和驻波的特征，在时间和空间的二维平面内体现为离散的点状分布，如图 3-13b~图 3-13i 所示。其中，颜色最深的部分（最红处和最蓝处）为波腹，相邻波腹的中间位置为波节。波腹和波节的位置均不随时间发生变化，且波腹数等于波节数。波腹对应磁动势分布的 N 极和 S 极。在任一时刻，磁动势沿气隙圆周的分布包含若干波腹，而且波腹的幅值并不完全相同。当转子转速取为 $\omega_r = (\omega_1+\omega_2)/(p_1+p_2)$ 时，其波腹的个数等于两套绕组极对数之和，其中 ω_r 为转子机械转速，ω_1 和 ω_2 为两套定子绕组电流的角频率，p_1 和 p_2 为两套定子绕组的主极对数。图 3-13b~图 3-13i 和图 3-13b k 所示的情形均含有 6 个波腹和 6 个波节，其等效极对数均为两套绕组极对数之和 $p_1+p_2 = 6$。当转子转速为 $\omega_r = (\omega_1+\omega_2)/|p_1-p_2|$ 时，其波腹和波节的个数均为 2，即等效极对数变为两套绕组极对数之差 $p_1-p_2 = 2$。如果绕组为分数槽集中绕组而非正弦分布绕组，则合成磁动势在空间和时间两个维度上的分布将变得更加复杂。

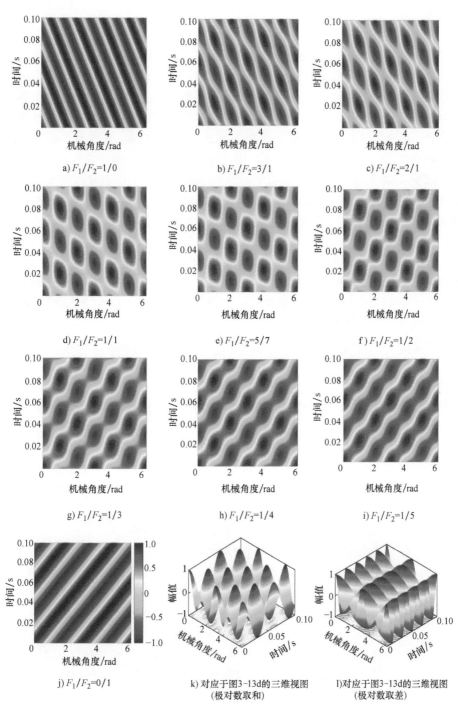

图 3-13　无刷双馈电机中定子合成磁动势在时间和空间两个维度上的分布
（两套绕组的主极对数分别为 $p_1 = 4$ 和 $p_2 = 2$）

3.4.2 调制算子

3.2.3 节指出，当气隙一侧或两侧存在短路线圈、凸极磁阻或多层磁障时，气隙磁动势的分布将不再与源磁动势分布一致，即气隙磁动势的分布被三种调制器的调制行为影响。为了从数学上描述这种影响，本节引入磁动势调制算子的概念。磁动势调制算子定义为从源磁动势分布（函数）到实际气隙磁动势分布（函数）的一个映射。由于数学算子是从某一函数集合到另一函数集合的映射，即函数的函数，此处定义其自变量集合为所有在空间上连续可微分和可积分，并且空间周期为 2π 的二元函数的集合。$f(x,t)$ 为自变量集合中的任一元素，其中 x 和 t 分别为空间变量和时间变量。按照定义，有 $f(x,t)=f(x+2\pi,t)$。源磁动势分布函数 $F(\phi,t)$ 为 $f(x,t)$ 的一个实例。

1. 短路线圈

短路线圈为一无源元件，它依赖源磁动势（通常为正弦分布）与调制器之间的转速差在短路线圈中产生交流电流，从而在气隙上建立一个附加的源磁动势，如图 3-7 所示。考虑短路线圈影响后的气隙磁动势变为式（3-13），从而短路线圈的调制算子可以统一定义为

$$M(N_{SC})[f(x,t)] = f(x,t) + \sum_{j=1}^{N_{SC}} W_j i_j(t) \quad x \in [0,2\pi] \tag{3-24}$$

其具体形态取决于短路线圈的结构（导体分布和连接方式）。例如，相同的源磁动势被单层短路线圈、多层嵌套短路线圈和串联短路线圈调制后产生的气隙磁动势分布将存在差异。

2. 凸极磁阻

定子和转子凸极利用磁导大小的交替变化对施加在气隙上的任意源磁动势分布进行调制，如图 3-8 所示。考虑凸极磁阻的影响后，气隙磁动势的分布变为式（3-14）。因而凸极磁阻的调制算子可以定义为

$$M(N_{SP})[f(x,t)] = \lambda(x,\theta_r)f(x,t) \tag{3-25}$$

式（3-25）考虑了定子侧和转子侧槽开口部分的磁动势分布[5]，使得调制后的气隙磁动势分布波形更加准确。同步磁阻电机和无刷双馈磁阻电机的凸极转子，磁齿轮和磁齿轮类电机的调磁环导磁部分，直流电机的定子凸极，定子永磁型电机的定子和转子凸极等通常都设计为大开口结构（$o/t_d \geqslant 0.3$）以产生较好的磁场调制效果。

在大多数情况下，小开口的定子和转子（$o/t_d < 0.3$）可以被认为是无槽结构，除非遇到要研究槽开口影响的情况，如笼型感应电机中谐波损耗的研究、永磁同步电机中齿槽转矩的研究等。无槽结构不会对源磁动势的分布产生影响。将其定义为单位调制算子，对应的调制行为称为单位调制，即调制后的周期函数与其本身相同。式（3-25）中，当气隙的定子和转子侧槽开口均为 0 时，$\lambda(x,\theta_r)$ 变为 1，

凸极磁阻调制算子自动转化为单位调制。

3. 多层磁障

多层磁障结构通过预先限定磁力线路径的方式对非均匀分布的源磁动势进行调制，如图3-9所示。理想的磁障为轴向叠片结构，例如同步磁阻电机、无刷双馈磁阻电机和磁通切换电机的轴向叠片各向异性转子。考虑多层磁障的影响后，气隙磁动势的分布变为式（3-21）。因而多层磁障的调制算子可以定义为

$$M(N_{MB})[f(x,t)] = \left[\frac{g(x,\theta_r)}{g(x,\theta_r)+g((2i+1)2\pi/N_{MB}-x,\theta_r)}\right]\left[f(x,t)-f\left((2i+1)\frac{2\pi}{N_{MB}}-x,t\right)\right]$$

$$x \in \left(i\frac{2\pi}{N_{MB}},(i+1)\frac{2\pi}{N_{MB}}\right) \tag{3-26}$$

一般情况下，关于$(2i+1)\pi/N_{MB}$对称的两点气隙相等，即

$$g(x,\theta_r) = g\left((2i+1)\frac{2\pi}{N_{MB}}-x,\theta_r\right) \tag{3-27}$$

所以磁动势调制算子简化为

$$M(N_{MB})[f(x,t)] = \frac{1}{2}\left[f(x,t)-f\left((2i+1)\frac{2\pi}{N_{MB}}-x,t\right)\right], x \in \left(i\frac{2\pi}{N_{MB}},(i+1)\frac{2\pi}{N_{MB}}\right)$$

$$\tag{3-28}$$

为了消除机械相对运动对调制器形式的影响进而简化分析，需要首先将被调制的磁动势转换到调制器参考坐标系下，然后进行调制行为的分析。例如，为了分析磁通切换电机中的调制现象，首先在静止坐标系下分析定子调制器对永磁体建立的静止磁场的调制，然后在转子坐标系下分析被转子调制器调制过的复杂气隙磁场。

4. 调制算子的数学特性

作为数学算子，调制算子有一些基本特性，此处列出调制算子共有的基本特性：

（1）线性律

调制算子是线性的，满足齐次性和可加性，即

$$M[\alpha f(x,t)+\beta g(x,t)] = \alpha M[f(x,t)]+\beta M[g(x,t)] \quad \alpha,\beta \in R \tag{3-29}$$

线性是调制算子最基本的数学特性，可根据它们的定义总结得到。下面给出短路线圈调制器满足线性规律的推导证明，凸极磁阻和多层磁障调制器的推导可以类似地近似得到。为了简化表达式，这里假设转子上的N_{SC}个短路线圈互不重叠，且沿圆周方向均匀分布。短路线圈调制算子表达式如式（3-24）所示。当单位余弦信号形式的源磁动势施加在均匀气隙上时，产生的空载气隙磁通密度分布为

$$B_g(\phi,t) = \frac{\mu_0}{g}\cos(p\phi-\omega t) \tag{3-30}$$

式中，μ_0为真空磁导率；g为气隙长度；ω为定子绕组电流角频率。

当转子转速为非同步速时，转差频率$\omega_s = \omega-p\omega_r$，则第$j$个短路线圈所匝链的

磁链为

$$\psi_j = \int_{(1-\gamma)\pi/N_{SC}+(j-1)\times 2\pi/N_{SC}}^{(1+\gamma)\pi/N_{SC}+(j-1)\times 2\pi/N_{SC}} B_g(\phi,t) l_{stk} r_g \mathrm{d}\phi = \frac{\mu_0 r_g l_{stk}}{g} \int_{(1-\gamma)\pi/N_{SC}+(j-1)\times 2\pi/N_{SC}}^{(1+\gamma)\pi/N_{SC}+(j-1)\times 2\pi/N_{SC}} \cos(p\phi - \omega_s t) \mathrm{d}\phi$$

$$= \frac{\mu_0 r_g l_{stk}}{g} \frac{2}{p} \cos\left[p(2j-1)\frac{\pi}{N_{SC}} - \omega_s t \right] \sin\left(\gamma \frac{p\pi}{N_{SC}} \right) \qquad (3\text{-}31)$$

式中，r_g 为气隙半径；l_{stk} 为电机有效轴长。

则在第 j 个短路线圈中感应电势为

$$e_j(t) = -\frac{\mathrm{d}\psi_j}{\mathrm{d}t} = \omega_s \frac{\mu_0 r_g l_{stk}}{g} \frac{2}{p} \sin\left[p(2j-1)\frac{\pi}{N_{SC}} - \omega_s t \right] \sin\left(\gamma \frac{p\pi}{N_{SC}} \right) \qquad (3\text{-}32)$$

第 j 个短路线圈中电流为

$$i_j(t) = \frac{\omega_s}{\sqrt{R^2+(\omega_s L)^2}} \frac{\mu_0 r_g l_{stk}}{g} \frac{2}{p} \sin\left(\gamma \frac{p\pi}{N_{SC}} \right) \sin\left[p(2j-1)\frac{\pi}{N_{SC}} + \varphi - \omega_s t \right] \qquad (3\text{-}33)$$

式中，R 和 L 分别为第 j 个短路线圈的电阻和电感；φ 为阻抗角，且 $\varphi = \arctan(\omega_s L/R)$。

在短路线圈所在的转子坐标系下，调制后的气隙磁动势可以表达为

$$M(N_{SC})[F(\underline{\phi},t)] = F(\underline{\phi},t) +$$

$$\begin{cases} W_1(\underline{\phi})i_1(t) & \underline{\phi} \in \left[(1-\gamma)\dfrac{\pi}{N_{SC}}+0\times\dfrac{2\pi}{N_{SC}}, (1+\gamma)\dfrac{\pi}{N_{SC}}+0\times\dfrac{2\pi}{N_{SC}} \right] \\ \vdots & \\ W_i(\underline{\phi})i_i(t) & \underline{\phi} \in \left[(1-\gamma)\dfrac{\pi}{N_{SC}}+(i-1)\times\dfrac{2\pi}{N_{SC}}, (1+\gamma)\dfrac{\pi}{N_{SC}}+(i-1)\times\dfrac{2\pi}{N_{SC}} \right] \\ \vdots & \\ W_{N_{SC}}(\underline{\phi})i_{N_{SC}}(t) & \underline{\phi} \in \left[(1-\gamma)\dfrac{\pi}{N_{SC}}+(N_{SC}-1)\times\dfrac{2\pi}{N_{SC}}, (1+\gamma)\dfrac{\pi}{N_{SC}}+(N_{SC}-1)\times\dfrac{2\pi}{N_{SC}} \right] \\ 0 & \underline{\phi} \in [0,2\pi] - \bigcup\limits_{i=1}^{N_{SC}} \left[(1-\gamma)\dfrac{\pi}{N_{SC}}+(i-1)\times\dfrac{2\pi}{N_{SC}}, (1+\gamma)\dfrac{\pi}{N_{SC}}+(i-1)\times\dfrac{2\pi}{N_{SC}} \right] \end{cases}$$

$$(3\text{-}34)$$

式中，$\underline{\phi}$ 为 ϕ 在短路线圈所在坐标系下的坐标位置，且 $\underline{\phi} = \phi - \theta_r$。

将上式调制后的磁动势展开为傅里叶级数形式可得

$$M(N_{SC})[F(\underline{\phi},t)] = \frac{a_0}{2} + \sum_{k=1}^{\infty} a_k \cos(k\underline{\phi}) + \sum_{k=1}^{\infty} b_k \sin(k\underline{\phi}) \qquad (3\text{-}35)$$

其系数分别为

$$a_0 = \frac{1}{\pi} \int_0^{2\pi} M(N_{SC})\left[F(\underline{\phi},t)\right] d\underline{\phi} \tag{3-36}$$

$$a_k = \frac{1}{\pi} \int_0^{2\pi} M(N_{SC})\left[F(\underline{\phi},t)\right] \cos(k\underline{\phi}) d\underline{\phi} \tag{3-37}$$

$$b_k = \frac{1}{\pi} \int_0^{2\pi} M(N_{SC})\left[F(\underline{\phi},t)\right] \sin(k\underline{\phi}) d\underline{\phi} \tag{3-38}$$

故而得到调制后的气隙磁动势为

$$M(N_{SC})\left[F(\underline{\phi},t)\right] = C_p \cos(p\underline{\phi} - \omega_s t) - \sum_{k=lN_{SC}-p}^{\infty} C_{sum} \sin\left[k\underline{\phi} + \omega_s t + (p+k)\frac{\pi}{N_{SC}} - \varphi\right] +$$

$$\sum_{k=lN_{SC}+p}^{\infty} C_{dif} \sin\left[k\underline{\phi} - \omega_s t + (k-p)\frac{\pi}{N_{SC}} + \varphi\right] \tag{3-39}$$

转换到定子坐标系下，其表达式为

$$M(N_{SC})\left[F(\phi,t)\right] = C_p \cos(p\phi - \omega t) -$$

$$\sum_{k=lN_{SC}-p}^{\infty} C_{sum} \sin\left[k\phi - (k+p)\omega_r t + \omega t + (p+k)\frac{\pi}{N_{SC}} - \varphi\right] +$$

$$\sum_{k=lN_{SC}+p}^{\infty} C_{dif} \sin\left[k\phi - (k-p)\omega_r t - \omega t + (k-p)\frac{\pi}{N_{SC}} + \varphi\right]$$

$$= C_p \cos(p\phi - \omega t) - \sum_{l=1}^{\infty} C_{sum} \cos\left[(lN_{SC}-p)\phi + (\omega - lN_{SC}\omega_r)t + l\pi - \varphi - \frac{\pi}{2}\right] +$$

$$\sum_{l=1}^{\infty} C_{dif} \cos\left[(lN_{SC}+p)\phi - (\omega + lN_{SC}\omega_r)t + l\pi + \varphi - \frac{\pi}{2}\right] \tag{3-40}$$

式中，三个磁场转换系数可表示为

$$C_p = 1 - 2\pi N_{SC} \frac{\omega_s}{\sqrt{R^2 + (\omega_s L)^2}} \left(\frac{\mu_0 r_g l_{stk}}{g}\right) \left(\frac{\gamma}{N_{SC}}\right)^2 \left[\frac{\sin\left(\gamma \frac{p\pi}{N_{SC}}\right)}{\left(\gamma \frac{p\pi}{N_{SC}}\right)}\right]^2 \tag{3-41}$$

$$C_{sum} = 2\pi N_{SC} \frac{\omega_s}{\sqrt{R^2 + (\omega_s L)^2}} \frac{\mu_0 r_g l_{stk}}{g} \left(\frac{\gamma}{N_{SC}}\right)^2 \frac{\sin\left(\gamma \frac{p\pi}{N_{SC}}\right)}{\left(\gamma \frac{p\pi}{N_{SC}}\right)} \frac{\sin\left(\gamma \frac{k\pi}{N_{SC}}\right)}{\left(\gamma \frac{k\pi}{N_{SC}}\right)} \quad k = lN_{SC} - p$$

$$\tag{3-42}$$

$$C_{dif} = 2\pi N_{SC} \frac{\omega_s}{\sqrt{R^2 + (\omega_s L)^2}} \frac{\mu_0 r_g l_{stk}}{g} \left(\frac{\gamma}{N_{SC}}\right)^2 \frac{\sin\left(\gamma \frac{p\pi}{N_{SC}}\right)}{\left(\gamma \frac{p\pi}{N_{SC}}\right)} \frac{\sin\left(\gamma \frac{k\pi}{N_{SC}}\right)}{\left(\gamma \frac{k\pi}{N_{SC}}\right)} \quad k = lN_{SC} + p$$

$$\tag{3-43}$$

式中，下标 sum 表示和调制；dif 表示差调制。

若忽略转子电阻和漏电感，可得短路线圈电感 $L = \mu_0 g^{-1} r_g l_{stk} (2\gamma\pi/N_{SC})$。短路线圈变为理想调制器，则磁场转换系数可化简为

$$C_p\big|_{ideal} = 1 - \gamma \left[\frac{\sin\left(\gamma\dfrac{p\pi}{N_{SC}}\right)}{\left(\gamma\dfrac{p\pi}{N_{SC}}\right)} \right]^2 \tag{3-44}$$

$$C_{sum}\big|_{ideal} = \gamma \frac{\sin\left(\gamma\dfrac{p\pi}{N_{SC}}\right)}{\left(\gamma\dfrac{p\pi}{N_{SC}}\right)} \frac{\sin\left(\gamma\dfrac{k\pi}{N_{SC}}\right)}{\left(\gamma\dfrac{k\pi}{N_{SC}}\right)} \quad k = lN_{SC} - p \tag{3-45}$$

$$C_{dif}\big|_{ideal} = \gamma \frac{\sin\left(\gamma\dfrac{p\pi}{N_{SC}}\right)}{\left(\gamma\dfrac{p\pi}{N_{SC}}\right)} \frac{\sin\left(\gamma\dfrac{k\pi}{N_{SC}}\right)}{\left(\gamma\dfrac{k\pi}{N_{SC}}\right)} \quad k = lN_{SC} + p \tag{3-46}$$

若源磁动势由 $\cos(p\phi - \omega t)$ 替换为 $\alpha\cos(p\phi - \omega t) + \beta\cos(q\phi - vt)$，且重复式 (3-30)~式 (3-46) 的推导过程，则调制后的气隙磁动势可表述为

$M(N_{SC})[\alpha\cos(p\phi - \omega t) + \beta\cos(q\phi - vt)]$

$$= \alpha C_{p,p}\cos(p\phi - \omega t) - \sum_{k=lN_{SC}-p}^{\infty} \alpha C_{sum,lN_{SC}-p}\sin\left[k\phi - (k+p)\omega_r t + \omega t + (p+k)\frac{\pi}{N_{SC}} - \varphi\right] +$$

$$\sum_{k=lN_{SC}+p}^{\infty} \alpha C_{dif,lN_{SC}+p}\sin\left[k\phi - (k-p)\omega_r t - \omega t + (k-p)\frac{\pi}{N_{SC}} + \varphi\right] +$$

$$\beta C_{q,q}\cos(q\phi - vt) - \sum_{k=lN_{SC}-q}^{\infty} \beta C_{sum,lN_{SC}-q}\sin\left[k\phi - (k+p)\omega_r t + \omega t + (p+k)\frac{\pi}{N_{SC}} - \varphi\right] +$$

$$\sum_{k=lN_{SC}+q}^{\infty} \beta C_{dif,lN_{SC}+q}\sin\left[k\phi - (k-p)\omega_r t - \omega t + (k-p)\frac{\pi}{N_{SC}} + \varphi\right] \tag{3-47}$$

上式结果等于 $\alpha M(N_{SC})[\cos(p\phi - \omega t)] + \beta M(N_{SC})[\cos(q\phi - vt)]$，因此短路线圈调制算子是线性的，满足叠加原理。

（2）交换律

调制算子满足交换律，即

$$M_1 M_2[f(x,t)] = M_2 M_1[f(x,t)] \tag{3-48}$$

仍以短路线圈调制算子为例，假定单位余弦源磁动势被 $M(N_{SC1})[\,.\,]$ 调制后继而被 $M(N_{SC2})[\,.\,]$ 调制。两个调制器的机械转速相同，但短路线圈的个数和跨距均不同（$N_{SC1} \neq N_{SC2}$，$\gamma_1 \neq \gamma_2$）。相应地，两个调制器的阻抗角也不同（$\varphi_1 \neq \varphi_2$）。则调制磁动势可表述为

$M(N_{SC2})\{M(N_{SC1})[\cos(p\phi - \omega t)]\}$

$$= M(N_{SC2})[C_p\cos(p\phi - \omega t)] +$$

$$M(N_{SC2})\left\{\sum_{l=1}^{\infty} C_{sum,lN_{SC1}-p}\cos\left[(lN_{SC1}-p)\phi + (\omega - lN_{SC1}\omega_r)t + l\pi - \varphi_{SC1} - \frac{\pi}{2}\right]\right\} +$$

$$M(N_{SC2})\left\{\sum_{l=1}^{\infty} C_{dif,lN_{SC1}+p}\cos\left[(lN_{SC1}+p)\phi - (\omega + lN_{SC1}\omega_r)t + l\pi + \varphi_{SC1} - \frac{\pi}{2}\right]\right\} +$$

$$= A + B + C \tag{3-49}$$

式中

$$A = M(N_{SC2})[C_{p,N_{SC1}}\cos(p\phi - \omega t)]$$

$$= C_{p,N_{SC1}}C_{p,N_{SC2}}\cos(p\phi - \omega t) +$$

$$\sum_{l=1}^{\infty} C_{p,N_{SC1}}C_{sum,lN_{SC2}-p}\cos\left[(lN_{SC2}-p)\phi + (\omega - lN_{SC2}\omega_r)t + l\pi - \varphi_{SC1} - \frac{\pi}{2}\right] +$$

$$\sum_{l=1}^{\infty} C_{p,N_{SC1}}C_{dif,lN_{SC2}+p}\cos\left[(lN_{SC2}+p)\phi - (\omega + lN_{SC2}\omega_r)t + l\pi + \varphi_{SC1} - \frac{\pi}{2}\right] \tag{3-50}$$

$$B = M(N_{SC2})\left\{\sum_{l=1}^{\infty} C_{sum,lN_{SC1}-p}\cos\left[(lN_{SC1}-p)\phi + (\omega - lN_{SC1}\omega_r)t + l\pi - \varphi_{SC1} - \frac{\pi}{2}\right]\right\}$$

$$= C_{p,N_{SC2}}\sum_{l=1}^{\infty} C_{sum,lN_{SC1}-p}\cos\left[(lN_{SC1}-p)\phi + (\omega - lN_{SC1}\omega_r)t + l\pi - \varphi_{SC1} - \frac{\pi}{2}\right] +$$

$$\sum_{n=1}^{\infty} C_{sum,nN_{SC2}-p}\sum_{l=1}^{\infty} C_{sum,lN_{SC1}-p}\cos\left\{nN_{SC2}(\phi - \omega_r t) + n\pi - \varphi_{SC2} - \frac{\pi}{2} - \right.$$

$$\left.\left[(lN_{SC1}-p)\phi + (\omega - lN_{SC1}\omega_r)t + l\pi - \varphi_{SC1} - \frac{\pi}{2}\right]\right\} +$$

$$\sum_{n=1}^{\infty} C_{dif,nN_{SC2}+p}\sum_{l=1}^{\infty} C_{sum,lN_{SC1}-p}\cos\left\{nN_{SC2}(\phi - \omega_r t) + n\pi - \varphi_{SC2} - \frac{\pi}{2} - \right.$$

$$\left.\left[(lN_{SC1}-p)\phi + (\omega - lN_{SC1}\omega_r)t + l\pi - \varphi_{SC1} - \frac{\pi}{2}\right]\right\}$$

$$= \sum_{l=1}^{\infty} C_{p,N_{SC2}}C_{sum,lN_{SC1}-p}\cos\left[lN_{SC1}(\phi - \omega_r t) - (p\phi - \omega_r t) + l\pi - \varphi_{SC1} - \frac{\pi}{2}\right] +$$

$$\sum_{n=1}^{\infty}\sum_{l=1}^{\infty} C_{sum,nN_{SC2}-p}C_{sum,lN_{SC1}-p} \cdot$$

$$\cos[(nN_{SC2}-lN_{SC1})(\phi - \omega_r t) - (p\phi - \omega t) + (n-l)\pi - \varphi_{SC1} - \varphi_{SC2} - \pi] +$$

$$\sum_{n=1}^{\infty}\sum_{l=1}^{\infty} C_{dif,nN_{SC2}+p}C_{sum,lN_{SC1}-p} \cdot$$

$$\cos[(nN_{SC2}+lN_{SC1})(\phi - \omega_r t) + (p\phi - \omega t) + (n+1)\pi - \varphi_{SC1} - \varphi_{SC2} - \pi] \tag{3-51}$$

$$C = M(N_{SC2}) \left\{ \sum_{l=1}^{\infty} C_{\mathrm{dif},lN_{SC1}+p} \cos\left[(lN_{SC1}+p)\phi - (\omega + lN_{SC1}\omega_r)t + l\pi - \varphi_{SC1} - \frac{\pi}{2} \right] \right\}$$

$$= \sum_{l=1}^{\infty} C_{p,N_{SC2}} C_{\mathrm{dif},lN_{SC1}+p} \cos\left[lN_{SC1}(\phi - \omega_r t) + (p\phi - \omega_r t) + l\pi - \varphi_{SC1} - \frac{\pi}{2} \right] +$$

$$\sum_{n=1}^{\infty} \sum_{l=1}^{\infty} C_{\mathrm{sum},nN_{SC2}-p} C_{\mathrm{dif},lN_{SC1}+p} \cdot$$

$$\cos\left[(nN_{SC2} - lN_{SC1})(\phi - \omega_r t) + (p\phi - \omega t) + (n-l)\pi - \varphi_{SC1} - \varphi_{SC2} - \pi \right] +$$

$$\sum_{n=1}^{\infty} \sum_{l=1}^{\infty} C_{\mathrm{dif},nN_{SC2}+p} C_{\mathrm{dif},lN_{SC1}+p} \cdot$$

$$\cos\left[(nN_{SC2} + lN_{SC1})(\phi - \omega_r t) - (p\phi - \omega t) + (n+l)\pi - \varphi_{SC1} - \varphi_{SC2} - \pi \right]$$

$$(3-52)$$

假定源磁动势被 $M(N_{SC2}, \gamma_2)$ [.] 调制后继而被 $M(N_{SC1}, \gamma_1)$ [.] 调制，则调制磁动势可表述为

$$M(N_{SC1})\{M(N_{SC2})[\cos(p\phi - \omega t)]\}$$

$$= M(N_{SC1})[C_{p,N_{SC2}}\cos(p\phi - \omega t)] +$$

$$M(N_{SC1})\left\{ \sum_{l=1}^{\infty} C_{\mathrm{sum},lN_{SC2}-p} \cos\left[(lN_{SC2}-p)\phi + (\omega - lN_{SC2}\omega_r)t + l\pi - \varphi_{SC2} - \frac{\pi}{2} \right] \right\} +$$

$$M(N_{SC1})\left\{ \sum_{l=1}^{\infty} C_{\mathrm{dif},lN_{SC2}+p} \cos\left[(lN_{SC2}+p)\phi - (\omega + lN_{SC2}\omega_r)t + l\pi + \varphi_{SC2} - \frac{\pi}{2} \right] \right\}$$

$$= D + E + F \qquad (3-53)$$

式中

$$D = M(N_{SC1})[C_{p,N_{SC2}}\cos(p\phi - \omega t)] = C_{p,N_{SC1}} C_{p,N_{SC2}}\cos(p\phi - \omega t) +$$

$$\sum_{l=1}^{\infty} C_{\mathrm{sum},lN_{SC1}-p} C_{p,N_{SC2}} \cos\left[(lN_{SC1}-p)\phi + (\omega - lN_{SC1}\omega_r)t + l\pi - \varphi_{SC2} - \frac{\pi}{2} \right] +$$

$$\sum_{l=1}^{\infty} C_{\mathrm{dif},lN_{SC1}+p} C_{p,N_{SC2}} \cos\left[(lN_{SC1}+p)\phi - (\omega + lN_{SC1}\omega_r)t + l\pi + \varphi_{SC2} - \frac{\pi}{2} \right] \quad (3-54)$$

$$E = M(N_{SC1})\left\{ \sum_{l=1}^{\infty} C_{\mathrm{sum},lN_{SC2}-p} \cos\left[(lN_{SC2}-p)\phi + (\omega - lN_{SC2}\omega_r)t + l\pi - \varphi_{SC2} - \frac{\pi}{2} \right] \right\}$$

$$= \sum_{l=1}^{\infty} C_{p,N_{SC1}} C_{\mathrm{sum},lN_{SC2}-p} \cos\left[(lN_{SC2}-p)\phi + (\omega - lN_{SC2}\omega_r)t + l\pi - \varphi_{SC2} - \frac{\pi}{2} \right] +$$

$$\sum_{n=1}^{\infty} C_{\mathrm{sum},nN_{SC1}-p} \sum_{l=1}^{\infty} C_{\mathrm{sum},lN_{SC2}-p} \cos\left\{ nN_{SC1}(\phi - \omega_r t) + n\pi - \varphi_{SC1} - \frac{\pi}{2} - \right.$$

$$\left. \left[(lN_{SC2}-p)\phi + (\omega - lN_{SC2}\omega_r)t + l\pi - \varphi_{SC2} - \frac{\pi}{2} \right] \right\} +$$

$$\sum_{n=1}^{\infty} C_{\mathrm{dif},nN_{\mathrm{SC1}}+p} \sum_{l=1}^{\infty} C_{\mathrm{sum},lN_{\mathrm{SC2}}-p} \cos\left\{ nN_{\mathrm{SC1}}(\phi - \omega_{\mathrm{r}}t) + n\pi - \varphi_{\mathrm{SC1}} - \frac{\pi}{2} - \right.$$

$$\left. \left[(lN_{\mathrm{SC2}} - p)\phi + (\omega - lN_{\mathrm{SC2}}\omega_{\mathrm{r}})t + l\pi - \phi_{\mathrm{SC2}} - \frac{\pi}{2} \right] \right\}$$

$$= \sum_{l=1}^{\infty} C_{p,N_{\mathrm{SC1}}} C_{\mathrm{sum},lN_{\mathrm{SC2}}-p} \cos\left[lN_{\mathrm{SC2}}(\phi - \omega_{\mathrm{r}}t) - (p\phi - \omega_{\mathrm{r}}t) + l\pi - \varphi_{\mathrm{SC2}} - \frac{\pi}{2} \right] +$$

$$\sum_{n=1}^{\infty} \sum_{l=1}^{\infty} C_{\mathrm{sum},nN_{\mathrm{SC1}}-p} C_{\mathrm{sum},lN_{\mathrm{SC2}}-p} \cdot$$

$$\cos\left[(nN_{\mathrm{SC1}} - lN_{\mathrm{SC2}})(\phi - \omega_{\mathrm{r}}t) - (p\phi - \omega t) + (n - l)\pi - \varphi_{\mathrm{SC2}} - \varphi_{\mathrm{SC1}} - \pi \right] +$$

$$\sum_{n=1}^{\infty} \sum_{l=1}^{\infty} C_{\mathrm{dif},nN_{\mathrm{SC1}}+p} C_{\mathrm{sum},lN_{\mathrm{SC2}}-p} \cdot$$

$$\cos\left[(nN_{\mathrm{SC1}} + lN_{\mathrm{SC2}})(\phi - \omega_{\mathrm{r}}t) + (p\phi - \omega t) + (n + l)\pi - \varphi_{\mathrm{SC2}} - \varphi_{\mathrm{SC1}} - \pi \right]$$

$$(3\text{-}55)$$

$$F = M(N_{\mathrm{SC1}}) \left\{ \sum_{l=1}^{\infty} C_{\mathrm{dif},lN_{\mathrm{SC2}}+p} \cos\left[(lN_{\mathrm{SC2}} + p)\phi - (\omega + lN_{\mathrm{SC2}}\omega_{\mathrm{r}})t + l\pi - \varphi_{\mathrm{SC2}} - \frac{\pi}{2} \right] \right\}$$

$$= \sum_{l=1}^{\infty} C_{p,N_{\mathrm{SC1}}} C_{\mathrm{dif},lN_{\mathrm{SC2}}+p} \cos\left[lN_{\mathrm{SC2}}(\phi - \omega_{\mathrm{r}}t) + (p\phi - \omega_{\mathrm{r}}t) + l\pi - \varphi_{\mathrm{SC2}} - \frac{\pi}{2} \right] +$$

$$\sum_{n=1}^{\infty} \sum_{l=1}^{\infty} C_{\mathrm{sum},nN_{\mathrm{SC1}}-p} C_{\mathrm{dif},lN_{\mathrm{SC2}}+p} \cdot$$

$$\cos\left[(nN_{\mathrm{SC1}} - lN_{\mathrm{SC2}})(\phi - \omega_{\mathrm{r}}t) + (p\phi - \omega t) + (n - l)\pi - \varphi_{\mathrm{SC2}} - \varphi_{\mathrm{SC1}} - \pi \right] +$$

$$\sum_{n=1}^{\infty} \sum_{l=1}^{\infty} C_{\mathrm{dif},nN_{\mathrm{SC1}}+p} C_{\mathrm{dif},lN_{\mathrm{SC2}}+p} \cdot$$

$$\cos\left[(nN_{\mathrm{SC1}} + lN_{\mathrm{SC2}})(\phi - \omega_{\mathrm{r}}t) - (p\phi - \omega t) + (n + l)\pi - \varphi_{\mathrm{SC2}} - \varphi_{\mathrm{SC1}} - \pi \right]$$

$$(3\text{-}56)$$

经过化简，显然知 $A+B+C=D+E+F$，故短路线圈调制器满足交换律，凸极磁阻和多层磁障调制器的推导过程类似。

（3）可微律

调制磁动势可视作一系列三角函数的叠加，且各个三角函数是可微的，故源磁动势经调制后仍然是可微的。

当微分算子直接作用于被短路线圈调制过的气隙磁动势时，其结果可表述为

$$\frac{\mathrm{d}}{\mathrm{d}\phi} M(N_{\mathrm{SC}})\left[\cos(p\phi - \omega t)\right] = \frac{\mathrm{d}}{\mathrm{d}\phi}\left\{ C_p \cos(p\phi - \omega t) + \sum_{l=1}^{\infty} C_{\mathrm{sum},lN_{\mathrm{SC}}-p} \cdot \right.$$

$$\cos\left[(lN_{\mathrm{SC}} - p)\phi + (\omega - lN_{\mathrm{SC}}\omega_{\mathrm{r}})t + l\pi - \varphi - \frac{\pi}{2} \right] +$$

$$\sum_{l=1}^{\infty} C_{\mathrm{dif},lN_{SC}+p} \cos\left[(lN_{SC}+p)\phi - (\omega + lN_{SC}\omega_r)t + l\pi + \varphi - \frac{\pi}{2}\right]\Bigg\}$$

$$= C_p\left[\frac{\mathrm{d}}{\mathrm{d}\phi}\cos(p\phi - \omega t)\right] +$$

$$\sum_{l=1}^{\infty} C_{\mathrm{sum},lN_{SC}-p}\frac{\mathrm{d}}{\mathrm{d}\phi}\cos\left[(lN_{SC}-p)\phi + (\omega - lN_{SC}\omega_r)t + l\pi - \varphi - \frac{\pi}{2}\right] +$$

$$\sum_{l=1}^{\infty} C_{\mathrm{dif},lN_{SC}+p}\frac{\mathrm{d}}{\mathrm{d}\phi}\cos\left[(lN_{SC}+p)\phi - (\omega + lN_{SC}\omega_r)t + l\pi + \varphi - \frac{\pi}{2}\right]$$

$$= C_p\left[-p\sin(p\phi - \omega t)\right] +$$

$$\sum_{l=1}^{\infty} C_{\mathrm{sum},lN_{SC}-p}(p - lN_{SC})\sin\left[(lN_{SC}-p)\phi + (\omega - lN_{SC}\omega_r)t + l\pi - \varphi - \frac{\pi}{2}\right] +$$

$$\sum_{l=1}^{\infty} C_{\mathrm{dif},lN_{SC}+p}(-lN_{SC}-p)\sin\left[(lN_{SC}+p)\phi - (\omega + lN_{SC}\omega_r)t + l\pi + \varphi - \frac{\pi}{2}\right]$$

$$(3\text{-}57)$$

由此可知，源磁动势经调制后仍然是可微的，同样的结果适用于凸极磁阻和多层磁障调制器。

（4）幂运算律

另外，部分调制器在源磁动势相对于调制器静止且调制行为不改变磁动势分布的主极对数的情形下，还满足幂运算性质，即同一调制算子作用 k 次的效果与作用一次的效果相同。多层磁障调制器和电阻为零的短路线圈调制器均属于这一类。在凸极磁阻调制器和在电阻不为零的短路线圈调制器中，这一性质不成立。在调制行为改变磁动势分布的主极对数的情形下，三类调制器均不满足幂运算律。

5. 调制系数

气隙磁场调制行为改变了源磁动势周期信号在频域中谱线的位置和幅值，进而导致调制后的气隙磁动势周期信号所包含的功率发生变化。可以定义一个调制系数 MF 为有效磁动势分量所包含的功率与源磁动势所包含的总功率之比来描述调制的效率，即

$$MF = \sqrt{\frac{\sum_{\mu \in E}|F_\mu|^2}{\frac{1}{2\pi}\int_{-\pi}^{\pi}[f(x,t)]^2\mathrm{d}x}} \tag{3-58}$$

式中，E 为调制后气隙磁动势中有效分量对应的谐波次数所构成的集合。

显而易见，单位调制算子的调制系数为 1。

3.4.3 滤波器

按照图 3-14a 所示的坐标系统，可得到相绕组中任一导体上的感应电动势为

$$e_c(\phi) = \int_b^a (-\boldsymbol{v} \times \boldsymbol{B}) \, \mathrm{d}\boldsymbol{l}$$

$$= r_g \omega_r l_{stk} B(-\phi) * S(-\phi + \phi_0)$$

$$= \omega_r \mu_0 \frac{r_g l_{stk}}{g} M[F_g(-\phi)] * S(-\phi + \phi_0) \tag{3-59}$$

式中，"$*$"代表卷积运算。

相对斜度函数用于描述槽导体与气隙磁场分布沿轴向存在的相对偏移对感应电动势的影响。其函数表达式为

$$S(\xi) = \begin{cases} \dfrac{1}{l_{stk}} \dfrac{\mathrm{d}l_z}{\mathrm{d}\xi} & \xi_b \leqslant \xi \leqslant \xi_a \\ 0 & \text{其他} \end{cases} \tag{3-60}$$

式中，$S(\xi)$ 为相对斜度函数，其自变量为 ξ，且 $\xi = \theta_m + \phi - \phi_0$。

整个相绕组中的感应电动势为

$$e_w(\phi) = e_c(\phi) * C(\phi) \tag{3-61}$$

式（3-59）和式（3-61）是空间上的卷积运算，对应于空间频率域内的乘积。这两式表明，感应电动势的产生为一滤波过程，绕组可以看作空间谐波滤波器，用导体分布函数加以描述，并通过斜槽（极）或绕组结构（导体分布和连接方式）进行滤波。

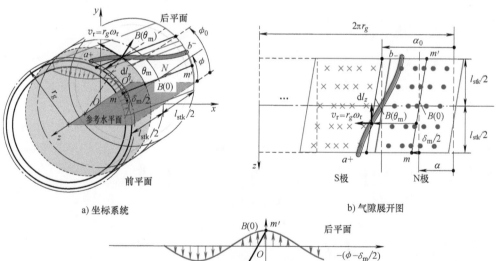

a) 坐标系统

b) 气隙展开图

c) 轴向切平面

图 3-14　一相绕组中感应电动势的推导

绕组函数与气隙磁通密度分布相乘后积分便可以得到绕组所匝链的磁链。绕组的结构决定了滤波器的频率选择特性。图3-15给出了所有可能的12槽3相对称绕组合成磁动势的频谱比较。

图3-15中，q为每极每相槽数。可见，包络线为sinc函数的绝对值，而在数字信号处理中，sinc函数为对称周期方波信号的傅里叶变换，即频域低通滤波器的时域表达式[27]，充分体现了绕组的滤波特性。

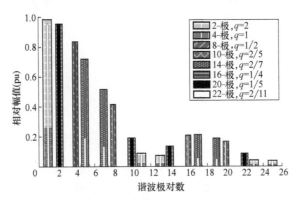

图3-15　所有可能的12槽3相对称绕组的频谱

3.4.4　电机统一模型

通过引入调制算子，带有短路线圈、凸极磁阻或多层磁障的物理气隙可以被等效为一个均匀气隙，如图3-16所示，其中调制后的磁动势 $M[F_f(\phi,t)]$ 和 $M[F_a(\phi,t)]$ 可以表示为

$$M[F_f(\phi,t)]=M_1[M_2[\cdots[M_n[F_f(\phi,t)]]]] \tag{3-62}$$

$$M[F_a(\phi,t)]=M_1[M_2[\cdots[M_n[F_a(\phi,t)]]]] \tag{3-63}$$

式中，$F_f(\phi,t)$ 为源励磁磁动势；$F_a(\phi,t)$ 为源电枢磁动势，并且分别为

$$F_f(\phi,t)=\sum_{j=1}^{m}[W_j^f(\phi,t)\times i_j^f(t)] \tag{3-64}$$

$$F_a(\phi,t)=\sum_{j=1}^{m}[W_j^a(\phi,t)\times i_j^a(t)] \tag{3-65}$$

式中，W^f 和 W^a 分别为励磁绕组和电枢绕组的绕组函数；i^f 和 i^a 分别为励磁电流和电枢电流。

气隙磁通密度分布为

$$B_g(\phi,t)=\frac{\mu_0}{g}\{M[F_f(\phi,t)]+M[F_a(\phi,t)]\} \tag{3-66}$$

空载气隙磁通密度分布为

$$B_{\mathrm{f}}(\phi,t)=\frac{\mu_0}{g}M[\,F_{\mathrm{f}}(\phi,t)\,] \tag{3-67}$$

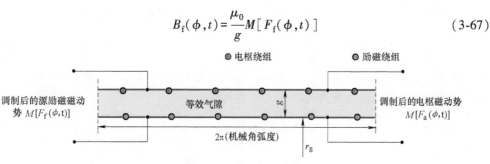

图 3-16　等效气隙模型

电枢绕组匝链的每相空载磁链为

$$\psi_j^{\mathrm{a}}(t)=\frac{\mu_0 r_g l_{\mathrm{stk}}}{g}\int M[\,F_{\mathrm{f}}(\phi,t)\,]\times W_j^{\mathrm{a}}(\phi,t)\mathrm{d}\phi \tag{3-68}$$

绕组电感为

$$L_{ij}=k_{\mathrm{sat}}\frac{\mu_0}{g}r_g l_{\mathrm{stk}}\int_0^{2\pi}W_i(\phi)M[\,W_j(\phi)\,]\mathrm{d}\phi \tag{3-69}$$

式中，k_{sat} 为饱和系数，且当铁心磁导率为无穷大时，$k_{\mathrm{sat}}=1$；$W_i(\phi)$ 和 $W_j(\phi)$ 分别为第 i 套绕组与第 j 套绕组（励磁绕组和/或电枢绕组）的绕组函数。

当 $i=j$ 时，依据式（3-69）算出的电感为绕组自电感；当 $i\neq j$ 时，为第 i 套绕组与第 j 套绕组之间的互电感。

电枢绕组中产生的每相空载电动势可以通过磁链对时间求微分得到

$$e_j^{\mathrm{a}}(t)=-\frac{\mathrm{d}}{\mathrm{d}t}\left\{\frac{\mu_0 r_g l_{\mathrm{stk}}}{g}\int M[\,F_{\mathrm{f}}(\phi,t)\,]\times W_j^{\mathrm{a}}(\phi,t)\mathrm{d}\phi\right\} \tag{3-70}$$

电磁转矩的表达式可以从磁能和磁共能对转角的偏微分导出。磁能以磁链和转子位置角为自变量，而磁共能以电流和转子位置角为自变量[28]。为了简化转矩表达式，此处从磁共能出发导出电磁转矩。

若以气隙磁场为分析对象，则气隙内的磁共能 W_{m}' 为

$$
\begin{aligned}
W_{\mathrm{m}}' &= \int_V \frac{[\,B_g(\phi,t)\,]^2}{2\mu_0}\mathrm{d}v \\
&= \int_V \left(\frac{\mu_0}{g}\right)^2 \frac{\{M[\,F_{\mathrm{f}}(\phi,t)\,]+M[\,F_{\mathrm{a}}(\phi,t)\,]\}^2}{2\mu_0}\mathrm{d}v \\
&= \int_0^{2\pi}\left(\frac{\mu_0}{g}\right)^2 \frac{\{M[\,F_{\mathrm{f}}(\phi,t)\,]+M[\,F_{\mathrm{a}}(\phi,t)\,]\}^2}{2\mu_0}g l_{\mathrm{stk}}r_g\mathrm{d}\phi \\
&= \frac{\mu_0 r_g l_{\mathrm{stk}}}{2g}\int_0^{2\pi}\{M[\,F_{\mathrm{f}}(\phi,t)\,]+M[\,F_{\mathrm{a}}(\phi,t)\,]\}^2\mathrm{d}\phi
\end{aligned} \tag{3-71}
$$

利用转矩与磁能之间的基本关系 $T_{\mathrm{em}}=\partial W_{\mathrm{m}}'/\partial\theta_{\mathrm{r}}$，使绕组电流保持不变（即

磁动势幅值不变），转子作微分虚位移 Δ，于是可得电磁转矩表达式为

$$T_{\mathrm{em}}(t) = \frac{\mu_0 r_g l_{\mathrm{stk}}}{2g} \frac{\partial}{\partial\Delta} \int_0^{2\pi} \left\{ M[F_{\mathrm{f}}(\phi,t)] + M[F_{\mathrm{a}}(\phi,t)] \right\}^2 \mathrm{d}\phi \tag{3-72}$$

若以电机绕组为分析对象，对于一台有 n 个绕组的电机，用电流和式（3-69）计算的电感将电机的磁共能进行表达，其磁共能 W'_{m} 为

$$W'_{\mathrm{m}}(i_1, i_2, \cdots, i_k, \cdots, i_n) = \int_0^{i_1} \psi_1(i'_1, 0, \cdots, 0, \phi)\, \mathrm{d}i'_1 + \int_0^{i_2} \psi_2(i_1, i'_2, 0, \cdots, 0, \phi)\, \mathrm{d}i'_2 + \cdots +$$

$$\int_0^{i_k} \psi_k(i_1, i_2, \cdots, i'_k, \cdots, 0, \phi)\, \mathrm{d}i'_k + \cdots + \int_0^{i_n} \psi_n(i_1, i_2, \cdots, i'_n, \phi)\, \mathrm{d}i'_n$$

$$\tag{3-73}$$

利用转矩与磁共能之间的基本关系，并使绕组电流保持不变，转子作微分虚位移 Δ，同样可以得到电机的电磁转矩表达式。以电机绕组为分析对象导出的电磁转矩通常含有很多项，需要利用绕组电感和电流的对称性进行化解才能得到较为简便的电磁转矩表达式。以三相 12/10 磁通切换电机为例，将永磁体阵列用直流绕组代替后，其磁共能表达式中将包含 4 个积分项，即 $k = 1$，2，3，4。其中，代替永磁体的直流绕组为第 1 个绕组，三相交流绕组分别为第 2、3 和 4 个绕组。

电机的信号流图如图 3-17 所示。可见，电机的性能主要取决于三个要素：励磁源（源磁动势）、调制器和滤波器（电枢绕组）。

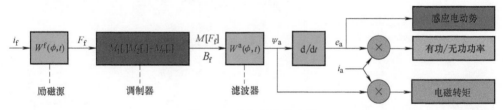

图 3-17　电机的信号流图

从机电能量转换的角度考虑，三个部分中至少有一个部分是运动的，那么对一个包含一个励磁源、一个调制器和一个滤波器的标准电机来说，总共有 $(2^3 - 1)$ 种可能的组合。调制器既可能与源励磁（或电枢）磁动势同步，也可能与源励磁（或电枢）磁动势有相对运动，前者称为静态调制，后者称为动态调制。静态调制可以视为动态调制的一个特例，即源磁动势与调制器之间的相对速度为零。在传统电机和新型电机结构中可以同时观察到这两种调制行为。

3.5　统一转矩分析

3.5.1　统一转矩方程

从转矩表达式（3-72）出发，可以进一步推得电磁转矩的具体形式为

$$T_{\mathrm{em}}(t) = T_{\mathrm{ff}}(t) + T_{\mathrm{fa}}(t) + T_{\mathrm{aa}}(t) \tag{3-74}$$

式中

$$T_{\mathrm{ff}}(t) = \frac{\mu_0 r_g l_{\mathrm{stk}}}{2g} \frac{\partial}{\partial \Delta} \int_0^{2\pi} M^2 \left[F_{\mathrm{f}}(\phi,t) \right] \mathrm{d}\phi \tag{3-75}$$

$$T_{\mathrm{fa}}(t) = \frac{\mu_0 r_g l_{\mathrm{stk}}}{g} \frac{\partial}{\partial \Delta} \int_0^{2\pi} M \left[F_{\mathrm{f}}(\phi,t) \right] M \left[F_{\mathrm{a}}(\phi,t) \right] \mathrm{d}\phi \tag{3-76}$$

$$T_{\mathrm{aa}}(t) = \frac{\mu_0 r_g l_{\mathrm{stk}}}{2g} \frac{\partial}{\partial \Delta} \int_0^{2\pi} M^2 \left[F_{\mathrm{a}}(\phi,t) \right] \mathrm{d}\phi \tag{3-77}$$

T_{ff}由调制后的励磁磁动势单独产生，该转矩分量的一个典型例子是永磁同步电机的齿槽转矩，该转矩分量对平均电磁转矩的贡献为零，只产生周期性转矩脉动。T_{fa}由调制后的励磁磁动势与调制后的电枢磁动势相互作用产生，这一分量占电磁转矩的绝大部分。而T_{aa}是由调制后的电枢磁动势单独产生，这一转矩分量的典型例子是开关磁阻电机中的有效转矩。

在多数情况下，励磁源和电枢绕组分别放在定子和转子上。以有刷直流电机为例，直流励磁绕组（励磁源）位于定子上，电枢绕组位于转子上。电机产生的电磁转矩为作用在转子上的总转矩，包含T_{ff}，T_{fa}和T_{aa}三个分量。T_{ff}为励磁绕组供电、电枢绕组开路时，被定子极和转子齿调制后的定子励磁磁动势产生的转矩，即齿槽转矩。T_{fa}为励磁绕组和电枢绕组同时供电时，调制后的定子励磁磁动势与调制后的转子电枢磁动势相互作用产生的转矩。T_{aa}为励磁绕组开路、电枢绕组供电时，调制后的转子电枢磁动势产生的转矩。

而在许多电机结构中，励磁源和电枢绕组被放置在相同的定子或转子上，如感应电机、同步磁阻电机以及绝大多数新型结构电机。当励磁源和电枢绕组被放置在同一定子或转子上时，电机产生的电磁转矩同样包含全部三个分量。

感应电机的定子绕组同时提供励磁电流和转矩电流，因而其励磁绕组和电枢绕组均位于定子上。感应电机的转矩包含全部三个转矩分量：T_{ff}为感应电机理想空载时，作用在转子上的脉动转矩，其在一个时间周期内的平均值为零；T_{fa}为感应电机负载时，调制后的励磁磁动势与调制后的电枢磁动势相互作用产生的转矩；T_{aa}为定子绕组中仅有转矩电流分量时作用在转子上的脉动转矩。

绕线转子凸极同步电机中存在两种转矩形式，即与转子励磁磁链相关的转矩分量和由转子dq轴磁阻不等产生的磁阻转矩分量，两种转矩分量的构成存在差异。对于与转子励磁磁链相关的转矩分量来说，其励磁绕组和电枢绕组分别放置在转子和定子上，电机产生的电磁转矩为作用在转子上的总转矩，包含T_{ff}，T_{fa}和T_{aa}三个分量：T_{ff}为调制后的转子励磁磁动势产生的转矩，即转子励磁绕组施加直流电流激励后产生的齿槽力矩；T_{fa}为调制后的转子励磁磁动势与调制后的定子电枢磁动势相互作用产生的主转矩；T_{aa}为调制后的定子电枢磁动势产生的齿槽转矩。而对于由转子dq轴磁阻不等产生的磁阻转矩分量来说（此时转子励磁绕组开路），定子绕组中既流过励磁电流，也流过转矩电流，分别对应同步电机控制中的 d 轴电流 i_d 和 q 轴电流 i_q，即定子绕组既是励磁源，也是电枢绕组。同步磁阻电机中只包含磁阻转矩，其转矩构成与绕线转子凸极同步电机中磁阻转矩的构成相同。

表贴式永磁同步电机中不存在磁阻转矩分量，其转矩构成类似于绕线转子凸极同步电机中与转子励磁磁链相关的转矩分量的构成，包含全部三个分量，与此类似的还有绕线转子隐极同步电机。内嵌式永磁同步电机与绕线转子凸极同步电机类似，既包含与转子励磁磁链相关的转矩，也包含磁阻转矩，因而其总转矩需按照与转子励磁磁链相关的转矩分量和磁阻转矩分量分别进行进一步分解。

无刷双馈磁阻电机的定子上含有两套定子绕组，将其中一套定子绕组定义为励磁绕组，则另外一套定子绕组为电枢绕组。其电磁转矩为作用在转子上的各转矩分量之和：T_{ff} 为调制后的励磁磁动势产生的转矩；T_{fa} 为调制后的励磁磁动势与调制后的电枢磁动势相互作用产生的转矩；T_{aa} 为调制后的电枢磁动势产生的转矩。

无刷双馈感应电机由于转子上存在短路线圈，其转矩构成非常复杂。当短路线圈的电阻可以忽略时，其转矩构成与无刷双馈磁阻电机类似，包含三个转矩分量，其中 T_{fa} 产生非零平均电磁转矩。当计及短路线圈的电阻时，每套定子绕组和带有短路线圈的转子会形成一个额外的感应电机，产生异步转矩，每个异步转矩均包含全部三个转矩分量。

一旦明确了转矩构成，就可以方便地从式（3-75）~式（3-77）的组合中得到有效平均转矩。这里给出几种典型电机的转矩密度方程推导过程，其他类型电机可以直接套用或用类似方法推得。

3.5.2　绕线转子凸极同步电机

绕线转子凸极同步电机的平均转矩为

$$T_{\text{avg\_SM}} = \frac{1}{T}\int_0^T T_{\text{em\_SM}}(t)\,dt = \frac{1}{T}\int_0^T T_{\text{ff}}(t)\,dt + \frac{1}{T}\int_0^T T_{\text{fa}}(t)\,dt + \frac{1}{T}\int_0^T [T_{\text{aa}}(t)]\,dt$$

(3-78)

式中，第一项为经转子凸极和定子齿调制后的励磁磁动势产生的齿槽转矩，在一个时间周期内平均值为零。

$$\frac{1}{T}\int_0^T T_{\text{ff}}(t)\,dt = \frac{1}{T}\int_0^T \left\{ \frac{\mu_0 r_g l_{\text{stk}}}{2g}\frac{\partial}{\partial\Delta}\int_0^{2\pi} M^2[F_f(\phi,t)]\,d\phi \right\} dt = 0 \qquad (3-79)$$

同理，第三项的平均值也为零。第二项为调制后的励磁磁动势与调制后的电枢磁动势之间相互作用产生的作用在转子上的主转矩

$$\frac{1}{T}\int_0^T T_{\text{fa}}(t)\,dt = \frac{1}{T}\int_0^T \left\{ \frac{\mu_0 r_g l_{\text{stk}}}{g}\frac{\partial}{\partial\Delta}\int_0^{2\pi} M[F_f(\phi,t)]M[F_a(\phi,t)]\,d\phi \right\} dt \quad (3-80)$$

考虑凸极转子的同步调制作用，并忽略定子小开口槽的影响，式（3-80）可进一步推导得

$$\frac{1}{T}\int_0^T T_{\text{fa}}(t)\,\mathrm{d}t = \frac{1}{T}\int_0^T\left\{\frac{\mu_0 r_g l_{\text{stk}}}{g}\frac{\partial}{\partial\Delta}\int_0^{2\pi}F_{\text{f}}(\phi,t)F_{\text{a}}(\phi,t)\,\mathrm{d}\phi\right\}\mathrm{d}t \tag{3-81}$$

式中, 电枢绕组每极磁动势为

$$F_{\text{a}}(\phi,t) = \left(\frac{m}{2}\right)\left(\frac{4}{\pi}\right)\left(\frac{N_{\text{ph}}k_{\text{w1}}\sqrt{2}I_{\text{rms}}}{2p}\right)\cos\left[p(\phi-\phi_0)-\omega t\right]$$

$$= \frac{\sqrt{2}\,\overline{A}_{\text{a}}r_g}{p}\cos\left[p(\phi-\phi_0)-\omega t\right] \tag{3-82}$$

其中, ϕ_{0a} 为从参考轴导电枢绕组 A
相绕组轴线的夹角, 如图 3-18 所示;
ω 为定子电流角频率。

电枢绕组线负荷为

$$\overline{A}_{\text{a}} = \frac{2mN_{\text{ph}}k_{\text{w1}}I_{\text{rms}}}{2\pi r_g} = \frac{mN_{\text{ph}}k_{\text{w1}}I_{\text{rms}}}{\pi r_g}$$

$$\tag{3-83}$$

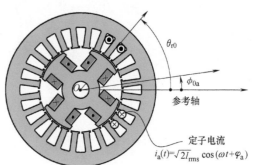

式中, m 为相数; N_{ph} 为每相串联匝
数; k_{w1} 为空间谐波基波所对应的绕
组系数; I_{rms} 为相电流有效值。

图 3-18 绕线式子凸极同步电机参考坐标系

由励磁绕组产生的空载气隙磁通密度为

$$B_{\text{f}}(\phi,t) = \frac{\mu_0}{g}F_{\text{f}}(\phi,t) = B_{pk}\cos\left[p(\phi-\theta_{\text{r0}}-\omega_{\text{r}}t)\right] \tag{3-84}$$

式中, θ_{r0} 为从参考轴到转子凸极中心轴线之间的夹角; ω_{r} 为转子机械角速度。

将式 (3-82)~式 (3-84) 代入式 (3-81), 可得

$$\frac{1}{T}\int_0^T T_{\text{fa}}(t)\,\mathrm{d}t = \frac{1}{T}\int_0^T\left\{r_g l_{\text{stk}}\frac{\partial}{\partial\Delta}\int_0^{2\pi}B_{\text{f}}(\phi,t)\frac{\sqrt{2}\,\overline{A}_{\text{a}}r_g}{p}\cos\left[p(\phi-\phi_{0a})-\omega t\right]\mathrm{d}\phi\right\}\mathrm{d}t$$

$$= \frac{1}{T}\int_0^T\left\{r_g^2 l_{\text{stk}}\frac{\partial}{\partial\Delta}\int_0^{2\pi}B_{\text{f}}(\phi,t)\frac{\sqrt{2}\,\overline{A}_{\text{a}}}{p}\cos\left[p(\phi-\phi_{0a})-(\omega t+\varphi_{\text{a}})\right]\mathrm{d}\phi\right\}\mathrm{d}t$$

$$= \frac{1}{T}\int_0^T\left\{r_g^2 l_{\text{stk}}\frac{\partial}{\partial\Delta}\int_0^{2\pi}B_{pk}\cos\left[p(\phi-\theta_{\text{r0}}-\omega_{\text{r}}t)\right]\frac{\sqrt{2}\,\overline{A}_{\text{a}}}{p}\cdot\right.$$

$$\left.\cos\left[p(\phi-\phi_{0a})-(\omega t+\varphi_{\text{a}})\right]\mathrm{d}\phi\right\}\mathrm{d}t \tag{3-85}$$

考虑到磁负荷为

$$\overline{B} = \frac{2}{\pi}B_{pk} \tag{3-86}$$

电枢绕组电流角频率与转子机械转速之间的关系为

$$\omega = p\omega_{\text{r}} \tag{3-87}$$

平均转矩变为

$$\frac{1}{T}\int_0^T T_{fa}(t)\,dt = \frac{1}{T}\int_0^T \left\{ r_g^2 l_{stk} \frac{\partial}{\partial\Delta}\int_0^{2\pi}\left(\frac{\pi}{2}\overline{B}\right)\cos\left[p(\phi-\theta_{r0}-\omega_r t)\right]\frac{\sqrt{2A_a}}{p}\cdot\right.$$

$$\left.\cos\left[p(\phi-\phi_{0a})-(\omega t+\varphi_a)\right]d\phi\right\}dt$$

$$= \frac{1}{T}\int_0^T (\pi r_g^2 l_{stk})\overline{B}\,\overline{A}_a\left(\frac{1}{p}\right)\frac{\partial}{\partial\Delta}\left\{\frac{1}{\sqrt{2}}\int_0^{2\pi}\cos\left[p(\phi-\theta_{r0}-\omega_r t)\right]\cdot\right.$$

$$\left.\cos\left[p(\phi-\phi_{0a})-(\omega t+\varphi_a)\right]d\phi\right\}dt$$

$$= \frac{1}{T}\int_0^T (\pi r_g^2 l_{stk})\overline{B}\,\overline{A}_a\left(\frac{1}{p}\right)\frac{\partial}{\partial\Delta}\left\{\frac{\pi}{\sqrt{2}}\cos\left[p(\phi_{0a}-\theta_{r0})+\varphi_a\right]\right\}dt$$

$$= (\pi r_g^2 l_{stk})\left(\frac{\pi}{\sqrt{2}}\overline{B}\right)\overline{A}_a\left(\frac{1}{p}\right)\frac{\partial}{\partial\Delta}\cos\Gamma \tag{3-88}$$

式中，Γ 为转矩角，其表达式为

$$\Gamma = p\phi_{0a}+\varphi_a-p\theta_{r0} \tag{3-89}$$

保持电流不变，对转子初始位置作虚位移，于是电磁转矩为

$$\frac{1}{T}\int_0^T T_{af}(t)\,dt = (\pi r_g^2 l_{stk})\left(\frac{\pi}{\sqrt{2}}\overline{B}\right)\overline{A}_a\left(\frac{1}{p}\right)\frac{d}{d\theta_{r0}}\cos\Gamma$$

$$= (\pi r_g^2 l_{stk})\left(\frac{\pi}{\sqrt{2}}\overline{B}\right)\overline{A}_a\sin\Gamma \tag{3-90}$$

这里需要注意的是，线电流密度分布函数的单位为 A/rad，而线负荷的单位为 A/m，两者之间相差一个气隙半径 r_g。最终可得，$i_d=0$ 控制时，同步电机单位有效转子体积对应的转矩密度为

$$TRV_{SM} = \frac{T_{avg\_SM}}{\pi r_g^2 l_{stk}} = \frac{\pi}{\sqrt{2}}\overline{B}\,\overline{A}_a \tag{3-91}$$

式中，$\overline{B}$ 为空间谐波基波所对应的磁负荷（平均值，正弦峰值的 $2/\pi$ 倍）；$\overline{A}_a$ 为空间谐波基波所对应的线负荷。

3.5.3 同步磁阻电机

同步磁阻电机的电枢绕组和励磁绕组均位于定子上，其平均转矩为

$$T_{avg\_SynRM} = \frac{1}{T}\int_0^T T_{em\_SynRM}(t)\,dt$$

$$= \frac{1}{T}\int_0^T T_{ff}(t)\,dt + \frac{1}{T}\int_0^T T_{fa}(t)\,dt + \frac{1}{T}\int_0^T T_{aa}(t)\,dt \tag{3-92}$$

式中，第一项为调制后的励磁磁动势产生的齿槽转矩，其在一个时间周期内的平均值为零；第三项为调制后的电枢磁动势产生的齿槽转矩。

同步磁阻电机的平均转矩最终由调制后的励磁磁动势与调制后的电枢磁动势相互作用产生

$$T_{\text{avg\_SynRM}} = \frac{1}{T}\int_0^T T_{\text{fa}}(t)\,\mathrm{d}t \qquad (3\text{-}93)$$

类似地，$i_d = 0$ 控制时，其单位有效转子体积对应的转矩密度为

$$TRV_{\text{SynRM}} = \frac{T_{\text{avg\_SynRM}}}{\pi r_g^2 l_{\text{stk}}} = \frac{\pi}{\sqrt{2}}\overline{B}\,\overline{A}_{\text{a}} \qquad (3\text{-}94)$$

该转矩密度表达式与同步电机的式（3-91）相同，但值得注意的是，同步磁阻电机的气隙磁场径向分量由定子绕组中的励磁电流分量建立，而气隙磁场切向分量由定子绕组中的电枢电流分量建立。按照传统电机设计理论中磁负荷与线负荷的定义，其磁负荷与线负荷之间存在耦合关系。

在气隙场调制统一理论中，认为磁负荷 $\overline{B}$ 与励磁绕组中的励磁电流分量对应，电枢线负荷 $\overline{A}_{\text{a}}$ 与电枢绕组中的电枢电流分量对应，电枢线负荷与磁负荷之间不再相互耦合。

3.5.4 笼型感应电机

笼型感应电机的平均转矩为

$$T_{\text{avg\_IM}} = \frac{1}{T}\int_0^T T_{\text{em\_IM}}(t)\,\mathrm{d}t$$

$$= \frac{1}{T}\int_0^T T_{\text{ff}}(t)\,\mathrm{d}t + \frac{1}{T}\int_0^T T_{\text{fa}}(t)\,\mathrm{d}t + \frac{1}{T}\int_0^T T_{\text{aa}}(t)\,\mathrm{d}t \qquad (3\text{-}95)$$

式中，第一项为调制后的励磁磁动势产生的齿槽转矩，其在一个时间周期内的平均值为零；第三项为调制后的电枢磁动势产生的齿槽转矩。

感应电机的平均转矩最终由调制后的励磁磁动势与调制后的电枢磁动势相互作用产生。类似地，其单位有效转子体积对应的转矩密度为

$$TRV_{\text{IM}} = \frac{T_{\text{avg\_IM}}}{\pi r_g^2 l_{\text{stk}}} = \frac{\pi}{\sqrt{2}}\overline{B}\,\overline{A}_{\text{a}} \qquad (3\text{-}96)$$

该转矩密度表达式与同步电机的式（3-91）相同。同样，电枢线负荷与磁负荷之间不再相互耦合。但值得注意的是，感应电机的气隙磁场分布由定子绕组中的励磁电流分量建立，如果按照传统电机设计理论中磁负荷与线负荷的定义，其磁负荷与线负荷之间存在耦合关系。

对比式（3-91）、式（3-94）和式（3-96）可以发现，绕线式凸极同步电机、同步磁阻电机和感应电机的转矩密度方程形式完全相同，仅与励磁电流分量建立的磁负荷和电枢电流分量建立的线负荷成正比，这与经典电机学理论中的结论是一致

的。而且值得注意的是，这里的转矩密度定义为平均转矩与转子体积的比值，并未将线负荷和磁负荷对定子体积的影响考虑进去。这一指标在经典电机学理论中非常常见，而且该结论还适用于仅有一种工作气隙磁场谐波的其他传统交流电机结构。当电机气隙中的多种磁场谐波参与平均转矩的生成时，电机的转矩密度方程形式将发生变化。下面给出一些这样的例子。

3.5.5　无刷双馈磁阻电机

无刷双馈磁阻电机的平均转矩为

$$T_{\text{avg\_BDFRM}} = \frac{1}{T}\int_0^T T_{\text{em\_BDFRM}}(t)\,\mathrm{d}t$$

$$= \frac{1}{T}\int_0^T T_{\text{ff}}(t)\,\mathrm{d}t + \frac{1}{T}\int_0^T T_{\text{fa}}(t)\,\mathrm{d}t + \frac{1}{T}\int_0^T T_{\text{aa}}(t)\,\mathrm{d}t \quad (3\text{-}97)$$

式中，第一项和第三项分别为励磁绕组和电枢绕组单独作用时产生的齿槽转矩，其在一个时间周期内的平均值为零。所以有

$$\frac{1}{T}\int_0^T T_{\text{em\_BDFRM}}(t)\,\mathrm{d}t = \frac{1}{T}\int_0^T T_{\text{fa}}(t)\,\mathrm{d}t$$

$$= (\pi r_g^2 l_{\text{stk}})\frac{\pi}{\sqrt{2}}(\overline{B}_f\overline{A}_f\cos\varphi_f + \overline{B}_a\overline{A}_a\cos\varphi_a)\sin\varGamma \quad (3\text{-}98)$$

式中，$\varGamma$ 为转矩角，且

$$\varGamma = (p_f\phi_{0f} + \varphi_f) + (p_a\phi_{0a} + \varphi_a) - (p_f + p_a)\theta_{r0} \quad (3\text{-}99)$$

式中，ϕ_{0f} 为从参考轴到励磁绕组 A 相绕组轴线的机械角度；φ_f 为励磁绕组 A 相绕组电流的初始相位（余弦函数形式）；ϕ_{0a} 为从参考轴到电枢绕组 A 相绕组轴线的机械角度；φ_a 为电枢绕组 A 相绕组电流的初始相位（余弦函数形式）；θ_{r0} 为转子初始位置，为参考轴到相邻磁障之间的中心线的机械角度。

各变量的具体含义如图 3-19 所示。

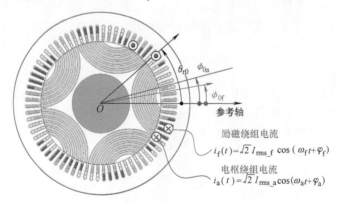

图 3-19　无刷双馈磁阻电机参考坐标系

如果从式（3-98）中消除磁负荷，直接用两套绕组的线负荷表达，则转矩表达式将变为

$$\frac{1}{T}\int_0^T T_{\text{em\_BDFRM}}(t)\,\mathrm{d}t = (p_{\text{f}} + p_{\text{a}})\frac{2\mu_0 r_g}{g}C_{p_{\text{f}},p_{\text{a}}}\left(\frac{\overline{A}_{\text{f}}}{p_{\text{f}}}\right)\left(\frac{\overline{A}_{\text{a}}}{p_{\text{a}}}\right)\sin\varGamma \tag{3-100}$$

无刷双馈磁阻电机的平均转矩由调制后的励磁磁动势与调制后电枢磁动势之间相互作用产生。当 $\varGamma = 90°$，电机按照最大转矩运行时，其单位有效转子体积对应的转矩密度为

$$TRV_{\text{BDFRM}} = \frac{T_{\text{avg\_BDFRM}}}{\pi r_g^2 l_{\text{stk}}} = \frac{\pi}{\sqrt{2}}(\overline{B}_{\text{f}}\overline{A}_{\text{f}}\cos\lambda_{\text{f}} + \overline{B}_{\text{a}}\overline{A}_{\text{a}}\cos\lambda_{\text{a}}) \tag{3-101}$$

需要注意的是，无刷双馈磁阻电机的励磁绕组和电枢绕组是互相制约的。主极对数为 p_{f} 的励磁绕组既是极对数为 p_{f} 的子电机的电枢绕组，也是极对数为 p_{a} 的子电机的励磁绕组。同样，主极对数为 p_{a} 的电枢绕组既是极对数为 p_{a} 的子电机的电枢绕组，也是极对数为 p_{f} 的子电机的励磁绕组。此时，两套绕组的电磁负荷之间相互制约，需考虑彼此的约束关系才能得到最终的电磁转矩表达式。

无刷双馈电机两套绕组之间的电磁负荷约束为[29]

$$\frac{\overline{B}_{\text{f}}\overline{A}_{\text{f}}\cos\lambda_{\text{f}}}{\overline{B}_{\text{a}}\overline{A}_{\text{a}}\cos\lambda_{\text{a}}} = \frac{p_{\text{f}}}{p_{\text{a}}} \tag{3-102}$$

式中，λ_{f} 和 λ_{a} 分别表示励磁绕组和电枢绕组的功率因数角。

值得注意的是，由于绕组电压的相位未知，这里的 λ_{f} 和 λ_{a} 与 φ_{f} 和 φ_{a} 并无直接的联系。

无刷双馈磁阻电机的转矩密度表达式最终可以简单表示为

$$TRV_{\text{BDFRM}} = \frac{\pi}{\sqrt{2}}\left(\frac{p_{\text{f}}+p_{\text{a}}}{p_{\text{f}}}\right)\overline{B}_{\text{f}}\overline{A}_{\text{f}}\cos\lambda_{\text{f}} = \frac{\pi}{\sqrt{2}}\left(\frac{p_{\text{f}}+p_{\text{a}}}{p_{\text{a}}}\right)\overline{B}_{\text{a}}\overline{A}_{\text{a}}\cos\lambda_{\text{a}} \tag{3-103}$$

3.5.6　无刷双馈感应电机

类似地，参照如图 3-20 所示的坐标系统，当 $\varGamma = 90°$，电机运行于最大转矩时，无刷双馈感应电机的单位有效转子体积对应的转矩密度为

$$TRV_{\text{BDFIM}} = \frac{T_{\text{avg\_BDFIM}}}{\pi r_g^2 l_{\text{stk}}} = \frac{\pi}{\sqrt{2}}(\overline{B}_{\text{f}}\overline{A}_{\text{f}}\cos\lambda_{\text{f}} + \overline{B}_{\text{a}}\overline{A}_{\text{a}}\cos\lambda_{\text{a}}) \tag{3-104}$$

忽略转子短路绕组的电阻时，两套绕组之间的电磁负荷约束为

$$\frac{\overline{B}_{\text{f}}\overline{A}_{\text{f}}\cos\lambda_{\text{f}}}{\overline{B}_{\text{a}}\overline{A}_{\text{a}}\cos\lambda_{\text{a}}} = \frac{p_{\text{f}}}{p_{\text{a}}} \tag{3-105}$$

所以，无刷双馈感应电机的转矩密度表达式为

$$TRV_{\text{BDFIM}} = \frac{T_{\text{avg\_BDFIM}}}{\pi r_g^2 l_{\text{stk}}} = \frac{\pi}{\sqrt{2}}\left(\frac{p_f + p_a}{p_f}\right)\overline{B}_f\overline{A}_f\cos\lambda_f$$

$$= \frac{\pi}{\sqrt{2}}\left(\frac{p_f + p_a}{p_a}\right)\overline{B}_a\overline{A}_a\cos\lambda_a \qquad (3\text{-}106)$$

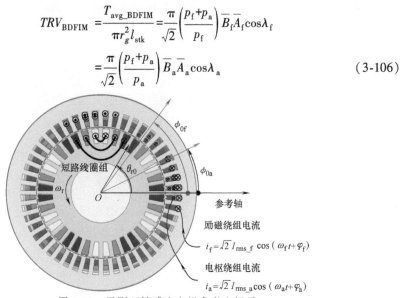

图 3-20 无刷双馈感应电机参考坐标系

3.5.7 磁通切换电机

与无刷双馈磁阻电机类似，磁通切换电机的励磁绕组与电枢绕组均置于定子侧。不同之处在于磁通切换电机的电枢绕组和与永磁体等效的励磁绕组均为分数槽集中绕组，空间谐波含量非常丰富，并且多种空间谐波对平均转矩有所贡献。

$$T_{\text{avg\_FSPM}} = \frac{1}{T}\int_0^T T_{\text{em\_FSPM}}(t)\,\mathrm{d}t$$

$$= \frac{1}{T}\int_0^T T_{\text{ff}}(t)\,\mathrm{d}t + \frac{1}{T}\int_0^T T_{\text{fa}}(t)\,\mathrm{d}t + \frac{1}{T}\int_0^T T_{\text{aa}}(t)\,\mathrm{d}t \qquad (3\text{-}107)$$

式中，第一项为调制后的励磁磁动势产生的齿槽转矩，其在一个时间周期内的平均值为零；第三项为调制后的电枢磁动势产生的齿槽转矩；第二项为调制后的励磁磁动势与调制后的电枢磁动势相互作用产生的电磁转矩。

参照图 3-21 所示的参考坐标系，可以进一步得到其表达式为[30]

$$T_{\text{avg\_FSPM}} = \frac{1}{T}\int_0^T T_{\text{fa}}(t)\,\mathrm{d}t$$

$$= \frac{\pi}{\sqrt{2}}(\pi r_g^2 l_{\text{stk}})\sum_n (\overline{B}_f^n\overline{A}_f^n\cos\lambda_f^n + \overline{B}_a^n\overline{A}_a^n\cos\lambda_a^n)\sin\Gamma \quad p_f^n + p_a^n = N_{\text{RT}} \qquad (3\text{-}108)$$

式中，N_{RT} 为转子凸极数；Γ 为转矩角，且 $\Gamma = p_f\phi_{0f} + (p_a\phi_{0a} + \varphi_a) - N_{\text{RT}}\theta_{r0}$。

类似地，当 $\Gamma = 90°$，电机按照最大转矩运行时，其单位有效转子体积对应的转矩密度为

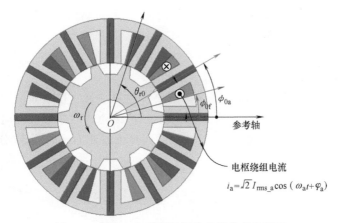

图 3-21　12/10 永磁磁通切换电机参考坐标系

$$TRV_{\mathrm{FSPM}} = \frac{T_{\mathrm{avg\_FSPM}}}{\pi r_g^2 l_{\mathrm{stk}}} = \frac{\pi}{\sqrt{2}} \sum_n \frac{N_{\mathrm{RT}}}{p_{\mathrm{f}}^n} \overline{B}_{\mathrm{f}}^n \overline{A}_{\mathrm{f}}^n \cos\lambda_{\mathrm{f}}^n$$

$$= \frac{\pi}{\sqrt{2}} \sum_n \frac{N_{\mathrm{RT}}}{p_{\mathrm{a}}^n} \overline{B}_{\mathrm{a}}^n \overline{A}_{\mathrm{a}}^n \cos\lambda_{\mathrm{a}}^n \qquad (3\text{-}109)$$

为了方便理解并验证转矩分解的正确性，此处给出基于有限元分析和麦克斯韦应力张量法对磁通切换电机三个转矩分量进行分解后的波形。

当电机空载（电枢绕组电流为零，仅永磁体阵列为磁动势源）时，电机中仅存在 $T_{\mathrm{ff}}(t)$ 的转矩分量。图 3-22 给出了电机空载情况下，一台三相 12/10 磁通切换电机的气隙磁通密度各主要谐波的幅值随转子位置的变化。可见，在空载情况下，由于凸极定子齿和凸极转子的存在，气隙磁通密度既包含径向分量，也包含切向分量。其中，径向分量对应磁负荷，切向分量对应线负荷。

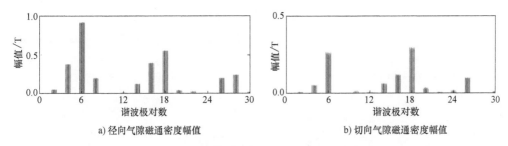

图 3-22　空载情况下，三相 12/10 磁通切换电机在转子转过一个完整电周期内的气隙磁通密度幅值（极对数 p 为 6，10±6，18，｜10±18｜，20±6 的气隙磁通密度谐波的幅值最大）

当气隙圆周表面光滑时，气隙磁通密度仅包含极对数为 $6(2l-1)$ 的径向分量，其中 $l=1$，2，3，…，且各次谐波的幅值和相位均与转子位置无关。当气隙圆周表面包含凸极磁阻时，气隙磁通密度出现切向分量，且由于凸极磁阻的调制作用，径向和

切向分量中除了包含极对数为 $6(2l-1)$ 的谐波外，还包含多种其他次的谐波分量，其中主要分量的谐波极对数为 $|10k\pm6(2l-1)|$，$k=1$，2。考虑到极对数大于 30 的谐波分量的幅值较小且 12/10 结构中不存在极对数为奇数的谐波分量，此处主要研究极对数为 30 以内的各偶次空间谐波的幅值和相位。

图 3-23 ~ 图 3-27 给出了幅值较大的主要次气隙磁通密度谐波的相位随转子位置的变化以及所产生的转矩。可见，极对数为 $6(2l-1)$ 的分量（径向和切向）的相位均不随转子位置变化（如图 3-24 所示的 6 对极谐波），即该谐波分量在空间上

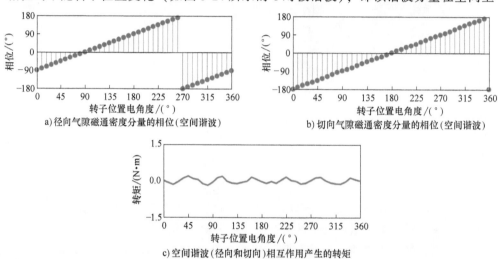

图 3-23　空载情况下，$p=4$ 时的气隙磁通密度谐波在转子转过一个完整电
周期内的相位和转矩分量的幅值变化

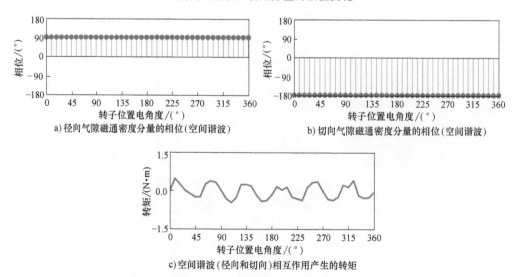

图 3-24　空载情况下，$p=6$ 时的气隙磁通密度谐波在转子转过一个完整电
周期内的相位和转矩分量的幅值变化

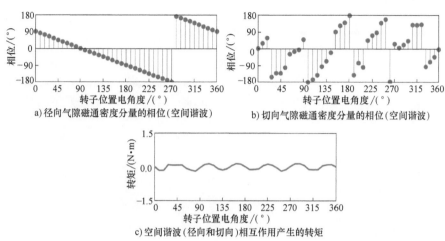

a) 径向气隙磁通密度分量的相位(空间谐波)　　b) 切向气隙磁通密度分量的相位(空间谐波)

c) 空间谐波(径向和切向)相互作用产生的转矩

图 3-25　空载情况下，$p=8$ 时的气隙磁通密度谐波在转子转过一个完整电周期内的相位和转矩分量的幅值变化

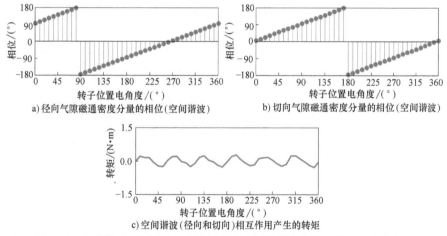

a) 径向气隙磁通密度分量的相位(空间谐波)　　b) 切向气隙磁通密度分量的相位(空间谐波)

c) 空间谐波(径向和切向)相互作用产生的转矩

图 3-26　空载情况下，$p=16$ 时的气隙磁通密度谐波在转子转过一个完整电周期内的相位和转矩分量的幅值变化

是静止的。而极对数为 $|10k\pm6(2l-1)|$ 的分量的相位随转子位置线性变化，即该谐波分量在气隙中是旋转的。其中，仅有极对数为 8 的谐波分量是反向旋转（顺时针）的，其余运动谐波分量均正向旋转（逆时针）。同时，从各次谐波产生的转矩波形中可以看出，各主要次气隙磁通密度谐波均对空载情况下的转矩（即永磁体引起的齿槽转矩）有所贡献。

当去掉永磁体，电枢绕组单独通电时，电机中仅存在 $T_{aa}(t)$ 的转矩分量。当气隙圆周表面光滑时，气隙磁通密度仅包含径向分量，且其极对数取决于绕组结构。在这里提到的三相 12/10 磁通切换电机的例子中，定子绕组为三相 12 槽 8 极的双层分数槽集中绕组，所以绕组谐波的极对数为 4，8，16，20，28，32 等。凸

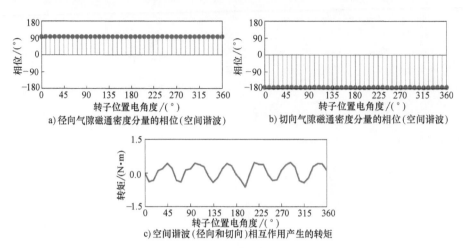

a) 径向气隙磁通密度分量的相位(空间谐波)　　b) 切向气隙磁通密度分量的相位(空间谐波)

c) 空间谐波(径向和切向)相互作用产生的转矩

图 3-27　空载情况下，$p = 18$ 时的气隙磁通密度谐波在转子转过一个完整电
周期内的相位和转矩分量的幅值变化

极定子齿和凸极转子的存在使得气隙中产生额外的谐波分量，其极对数主要为 2，4，6，8，14，16，18，20，24，28，如图 3-28 所示。与空载情形不同，在电枢绕组单独作用时，各次谐波的幅值随转子位置的变化均存在较大的脉动。其中，极对数为 2 和 14 的气隙磁通密度谐波在空间上是静止的，其他阶次的谐波分量均在气隙中旋转，而且这些谐波均对电枢绕组单独作用时的齿槽转矩有所贡献。图 3-29 ~图 3-32 给出了其中几个谐波的相位及转矩波形。

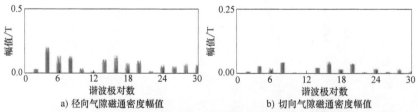

a) 径向气隙磁通密度幅值　　　　　b) 切向气隙磁通密度幅值

图 3-28　去掉永磁体，电枢绕组单独通电情况下，三相 12/10 磁通切换电机
在转子转过一个完整电周期内的气隙磁通密度幅值

（极对数 p 为 4，10 ± 4，8，10 ± 8，20，20 ± 4，20 ± 8 时的气隙磁通密度谐波的幅值最大）

当电机额定负载运行时，其气隙磁通密度径向和切向分量的幅值分布与空载时非常类似，如图 3-33 所示，原因为该例子中的三相 12/10 磁通切换电机采用钕铁硼永磁体，其建立的励磁磁动势远大于电枢绕组建立的电枢磁动势。气隙中包含多种气隙磁通密度谐波对，例如极对数为 6 和 | 6 ± 10 | 的谐波，极对数为 18 和 18 ±10 的谐波。其中，极对数为 6 和 18 的谐波在空间上是静止的，而其他极对数的谐波在气隙中旋转。图 3-34 ~图 3-37 给出了部分谐波的相位及转矩波形。各次谐波对总转矩的贡献如图 3-38 所示。

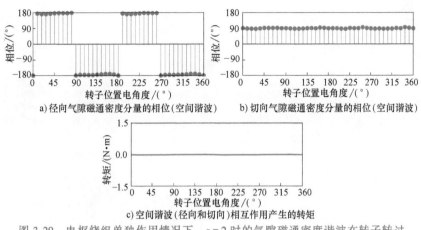

a) 径向气隙磁通密度分量的相位(空间谐波)　　b) 切向气隙磁通密度分量的相位(空间谐波)

c) 空间谐波(径向和切向)相互作用产生的转矩

图 3-29　电枢绕组单独作用情况下，$p=2$ 时的气隙磁通密度谐波在转子转过
一个完整电周期内的相位和转矩分量的幅值变化

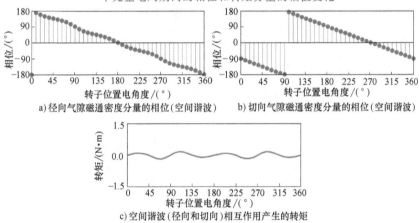

a) 径向气隙磁通密度分量的相位(空间谐波)　　b) 切向气隙磁通密度分量的相位(空间谐波)

c) 空间谐波(径向和切向)相互作用产生的转矩

图 3-30　去掉永磁体，电枢绕组单独通电情况下，$p=4$ 时的气隙磁通密度谐波
在转子转过一个完整电周期内的相位和转矩分量的幅值变化

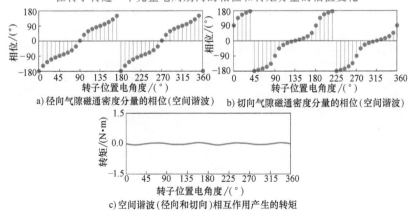

a) 径向气隙磁通密度分量的相位(空间谐波)　　b) 切向气隙磁通密度分量的相位(空间谐波)

c) 空间谐波(径向和切向)相互作用产生的转矩

图 3-31　去掉永磁体，电枢绕组单独通电情况下，$p=6$ 时的气隙磁通密度谐波
在转子转过一个完整电周期内的相位和转矩分量的幅值变化

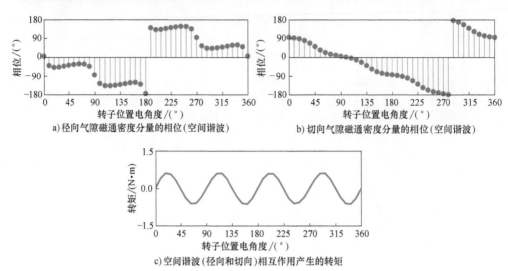

a)径向气隙磁通密度分量的相位(空间谐波)

b)切向气隙磁通密度分量的相位(空间谐波)

c)空间谐波(径向和切向)相互作用产生的转矩

图 3-32　去掉永磁体，电枢绕组单独通电情况下，$p = 16$ 时的气隙磁通密度谐波
在转子转过一个完整电周期内的相位和转矩分量的幅值变化

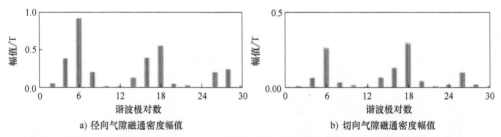

a) 径向气隙磁通密度幅值

b) 切向气隙磁通密度幅值

图 3-33　额定负载情况下，三相 12/10 磁通切换电机在转子转过一个完整电周期内的气隙
磁通密度幅值（极对数 $p = 6$，$\lvert 6 \pm 10 \rvert$，18，18 ± 10，20 ± 6 时的气隙磁通密度谐波的幅值最大）

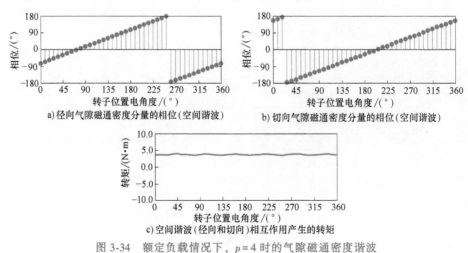

a)径向气隙磁通密度分量的相位(空间谐波)

b)切向气隙磁通密度分量的相位(空间谐波)

c)空间谐波(径向和切向)相互作用产生的转矩

图 3-34　额定负载情况下，$p = 4$ 时的气隙磁通密度谐波
在转子转过一个完整电周期内的相位和转矩分量的幅值变化

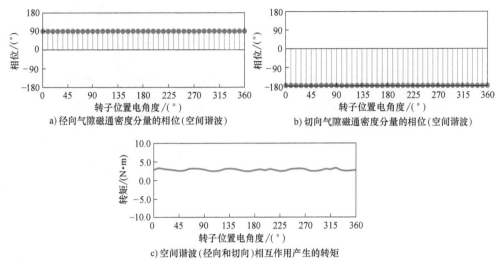

a) 径向气隙磁通密度分量的相位(空间谐波)　　b) 切向气隙磁通密度分量的相位(空间谐波)

c) 空间谐波(径向和切向)相互作用产生的转矩

图 3-35　额定负载情况下，$p=6$ 时的气隙磁通密度谐波在转子
转过一个完整电周期内的相位和转矩分量的幅值变化

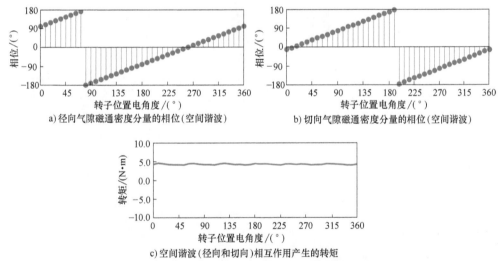

a) 径向气隙磁通密度分量的相位(空间谐波)　　b) 切向气隙磁通密度分量的相位(空间谐波)

c) 空间谐波(径向和切向)相互作用产生的转矩

图 3-36　额定负载情况下，$p=16$ 时的气隙磁通密度谐波在转子
转过一个完整电周期内的相位和转矩分量的幅值变化

　　将空载运行时的齿槽转矩 $T_{ff}(t)$、电枢绕组单独作用时的齿槽转矩 $T_{aa}(t)$ 和额定负载时的总电磁转矩绘制在一个坐标系下，可得图 3-39。其中，调制后的励磁磁动势与调制后的电枢磁动势相互作用产生的电磁转矩 $T_{fa}(t)$ 提供非零平均转矩，且其波形可以按照对转矩做出贡献的谐波极对数进一步细分。这里将 $T_{fa}(t)$ 分解为 $T_{fa}(PM)$ 和 $T_{fa}(AW)$。$T_{fa}(PM)$ 为未经凸极转子调制的永磁体阵列产生的谐波极对数（6，18，30，…）贡献的转矩之和，可以认为是永磁体阵列提供线负荷而

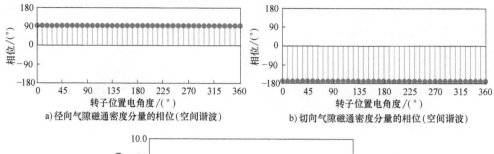

a) 径向气隙磁通密度分量的相位 (空间谐波)　　　b) 切向气隙磁通密度分量的相位 (空间谐波)

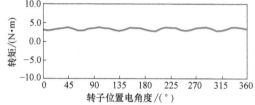

c) 空间谐波 (径向和切向) 相互作用产生的转矩

图 3-37　额定负载情况下，$p = 18$ 时的气隙磁通密度谐波在转子
转过一个完整电周期内的相位和转矩分量的幅值变化

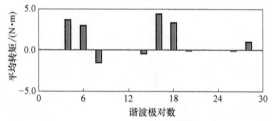

图 3-38　额定负载情况下，三相 12/10 磁通切换电机中各气隙磁通密度
谐波产生的转矩分量的平均值 (总转矩为 $12.8\mathrm{N \cdot m}$)

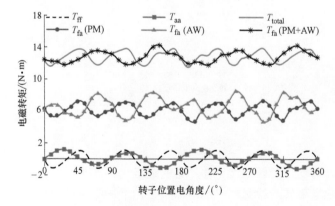

图 3-39　三相 12/10 磁通切换电机的转矩分解 (其中 T_{ff}, T_{aa} 和 T_{total} 均为有限元计算结果，
$T_{fa}(\mathrm{PM})$, $T_{fa}(\mathrm{AW})$ 和 $T_{fa}(\mathrm{PM+AW})$ 为基于一个完整电周期内的气隙磁通密度波形，
通过麦克斯韦应力张量法分解后的结果。也可以基于一个完整电周期内的气隙磁通密度数据
通过磁共能法求取 $T_{fa}(\mathrm{PM})$, $T_{fa}(\mathrm{AW})$ 和 $T_{fa}(\mathrm{PM+AW})$。两种方法计算的结果将非常接近。)

电枢绕组提供磁负荷产生的转矩。$T_{fa}(AW)$ 为未经凸极转子调制的电枢绕组产生的谐波极对数（4，8，16，20，…）贡献的转矩之和，可以认为是永磁体阵列提供磁负荷而电枢绕组提供线负荷产生的转矩。通过该转矩分解，可以证明电机中三种转矩分量的存在，与式（3-74）~式（3-77）相吻合。并且，$T_{fa}(PM)$ 和 $T_{fa}(AW)$ 的平均值相当，证明了磁通切换电机中的永磁体阵列和电枢绕组都兼具励磁绕组和电枢绕组的功能。

3.5.8　聚磁式场调制永磁电机（永磁游标电机）

在聚磁式场调制永磁电机中[31]，电枢绕组与励磁源分别置于定子和转子两侧，转矩表达式包含三个分量。其平均转矩为

$$T_{avg\_FCFMPM} = \frac{1}{T}\int_0^T T_{em\_FCFMPM}(t)\,\mathrm{d}t = \frac{1}{T}\int_0^T T_{ff}(t)\,\mathrm{d}t + \frac{1}{T}\int_0^T T_{fa}(t)\,\mathrm{d}t + \frac{1}{T}\int_0^T T_{aa}(t)\,\mathrm{d}t$$

$$(3\text{-}110)$$

等号右侧第一项为调制后的励磁磁动势产生的转矩，即永磁阵列与定转子齿槽之间相互作用产生的齿槽转矩，其在一个时间周期内平均值为零；第三项在一个时间周期内的平均值也为零。平均转矩由调制后的励磁磁动势与调制后的电枢磁动势之间的相互作用产生

$$\frac{1}{T}\int_0^T T_{fa}(t)\,\mathrm{d}t = \frac{1}{T}\int_0^T \left\{ \frac{\mu_0 r_g l_{stk}}{g} \frac{\partial}{\partial \Delta} \int_0^{2\pi} M[F_f(\phi,t)] M[F_a(\phi,t)]\,\mathrm{d}\phi \right\}\mathrm{d}t$$

$$= \frac{1}{T}\int_0^T r_g l_{stk} \frac{\partial}{\partial \Delta} \left\{ \int_0^{2\pi} \frac{\mu_0}{g} M[F_f(\phi,t)] M[F_a(\phi,t)]\,\mathrm{d}\phi \right\}\mathrm{d}t$$

$$= \frac{1}{T}\int_0^T r_g l_{stk} \frac{\partial}{\partial \Delta} \left\{ \int_0^{2\pi} B_f(\phi,t) M[F_a(\phi,t)]\,\mathrm{d}\phi \right\}\mathrm{d}t \qquad (3\text{-}111)$$

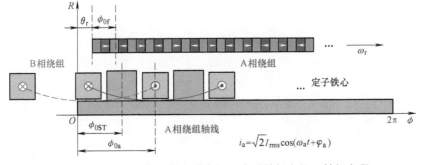

图 3-40　聚磁式场调制永磁电机（永磁游标电机）转矩方程
推导过程使用的参考坐标系统

为了使表达简洁起见，忽略源磁动势分布中的谐波分量，使用图 3-40 所示的坐标系统进行推导，其空载气隙磁通密度分布可以表示为[32]

$$B_f(\phi,t) = C_{p_f}\left(\frac{\pi}{2}\overline{B}_f\right)\cos\left[p_f\phi - p_f\omega_r t - p_f(\theta_{r0}+\phi_{0f})\right] +$$

$$C_{p_f,N_{ST}-p_f}\left(\frac{\pi}{2}\overline{B}_f\right)\cos\left[(-p_f+N_{ST})\phi + p_f\omega_r t - \Gamma + (\varphi_a - p_a\phi_{0a})\right] +$$

$$C_{p_f,N_{ST}+p_f}\left(\frac{\pi}{2}\overline{B}_f\right)\cos\left[(p_f+N_{ST})\phi - p_f\omega_r t - \Gamma + (\varphi_a - p_a\phi_{0a}) - 2p_f(\theta_{r0}+\phi_{0f})\right]$$

$$(3\text{-}112)$$

式中，C_{p_f}，$C_{p_f,N_{ST}-p_f}$ 和 $C_{p_f,N_{ST}+p_f}$ 为源励磁磁动势被定子凸极磁阻调制器调制后引入的磁场转换系数；$\overline{B}_f$ 为不考虑定子凸极的调制行为时的气隙磁负荷（平均值），为源励磁磁动势建立的正弦空载气隙磁通密度分布的幅值的 $2/\pi$ 倍；p_f 为转子永磁体阵列建立的源励磁磁动势的主极对数；ϕ 为静止坐标系下沿气隙圆周方向的机械位置角度；ϕ_{0f} 为转子上 N 极的初始位置角度；ϕ_{0a} 为 A 相电枢绕组轴线所在的机械位置角度；t 为时间；ω_r 为转子机械角速度；θ_{r0} 为转子初始位置角度；N_{ST} 为定子凸极（齿）个数；φ_a 为 A 相电枢绕组电流的初始相位，并且相绕组电流采用余弦形式；p_a 为电枢绕组的主极对数；Γ 为转矩角，其表达式为

$$\Gamma = (\varphi_a - p_a\phi_{0a} + N_{ST}\phi_{0ST} - p_f\theta_{r0} - p_f\phi_{0f}) - \pi \tag{3-113}$$

调制后的电枢磁动势为

$$M[F_a(\phi,t)] = C_{p_a}F_a\cos\left[p_a\phi + \omega_a t + (\varphi_a - p_a\phi_{0a})\right] +$$

$$C_{p_a,N_{ST}-p_a}F_a\cos\left[(-p_a+N_{ST})\phi - \omega_a t - \Gamma - p_f(\theta_{r0}+\phi_{0f})\right] +$$

$$C_{p_a,N_{ST}+p_a}F_a\cos\left[(p_a+N_{ST})\phi + \omega_a t - \Gamma + 2(\varphi_a - p_a\phi_{0a}) - p_f(\theta_{r0}+\phi_{0f})\right] \tag{3-114}$$

式中，C_{p_a}，$C_{p_a,N_{ST}-p_a}$ 和 $C_{p_a,N_{ST}+p_a}$ 为源电枢磁动势被定子凸极调制器调制后引入的磁场转换系数；$\overline{A}_a$ 为主极对数为 p_a 的基波所对应的线负荷（A/m），其表达式为

$$\overline{A}_a = \frac{2mN_{ph}k_{w1}I_{rms}}{2\pi r_g} \tag{3-115}$$

$\overline{A}_a$ 与主极对数为 p_a 的磁动势分布的幅值 F_a 之间的关系为

$$F_a = \left(\frac{m}{2}\right)\left(\frac{4}{\pi}\right)\frac{N_{ph}k_{w1}\sqrt{2}I_{rms}}{2p_a} = \frac{2\pi r_g\sqrt{2}\overline{A}_a}{2\pi p_a} = \frac{\sqrt{2}\,r_g\overline{A}_a}{p_a} \tag{3-116}$$

将式（3-114）用线负荷描述后，其表达式变为

$$M[F_a(\phi,t)] = \sqrt{2}\,r_g C_{p_a}\left(\frac{1}{p_a}\right)\overline{A}_a\cos\left[p_a\phi + \omega_a t + (\varphi_a - p_a\phi_{0a})\right] +$$

$$\sqrt{2}\,r_g\left(\frac{1}{p_a}\right)C_{p_a,N_{ST}-p_a}\overline{A}_a\cos\left[(-p_a+N_{ST})\phi - \omega_a t - \Gamma - p_f(\theta_{r0}+\phi_{0f})\right] +$$

$$\sqrt{2}\,r_g\left(\frac{1}{p_a}\right)C_{p_a,N_{ST}+p_a}\overline{A}_a\cos\left[(p_a+N_{ST})\phi + \omega_a t - \Gamma + 2(\varphi_a - p_a\phi_{0a}) - p_f(\theta_{r0}+\phi_{0f})\right]$$

$$(3\text{-}117)$$

在采用和调制的电机结构中，式（3-112）和式（3-117）满足如下转速和极对数约束：

$$\omega_a = p_f \omega_r \tag{3-118}$$

$$p_a + p_f = N_{ST} \tag{3-119}$$

依据三角函数的正交性，式（3-111）中包含两个非零项，其表达式分别为

$$\int_0^{2\pi} \left\{ C_{p_f}\left(\frac{\pi}{2}\overline{B}_f\right) \cos\left[p_f\phi - p_f\omega_r t - p_f(\theta_{r0} + \phi_{0f})\right]\left(\frac{1}{p_a}\right) \cdot \right.$$

$$\left. \sqrt{2}\, r_g C_{p_a, N_{ST}-p_a}\overline{A}_a \cos\left[(-p_a + N_{ST})\phi - \omega_a t - \Gamma - p_f(\theta_{r0} + \phi_{0f})\right] \right\} d\phi$$

$$= \sqrt{2}\, r_g\left(\frac{1}{p_a}\right) C_{p_f}\left(\frac{\pi}{2}\overline{B}_f\right) C_{p_a, N_{ST}-p_a}\overline{A}_a \cdot$$

$$\int_0^{2\pi} \cos\left[p_f\phi - p_f\omega_r t - p_f(\theta_{r0} + \phi_{0f})\right] \cos\left[p_f\phi - \omega_a t - \Gamma - p_f(\theta_{r0} + \phi_{0f})\right] d\phi$$

$$= \sqrt{2}\, r_g\left(\frac{1}{p_a}\right) C_{p_f}\left(\frac{\pi}{2}\overline{B}_f\right) C_{p_a, N_{ST}-p_a}\overline{A}_a \cdot$$

$$\left(\frac{1}{2}\right)\int_0^{2\pi} \left\{\cos\Gamma + \cos\left[2p_f\phi - 2p_f\omega_r t - 2p_f(\theta_{r0} + \phi_{0f}) - \Gamma\right]\right\} d\phi$$

$$= \sqrt{2}\,\pi r_g\left(\frac{1}{p_a}\right) C_{p_f}\left(\frac{\pi}{2}\overline{B}_f\right) C_{p_a, N_{ST}-p_a}\overline{A}_a \cos\Gamma \tag{3-120}$$

$$\int_0^{2\pi} \left\{ C_{p_f, N_{ST}-p_f}\left(\frac{\pi}{2}\overline{B}_f\right) \cos\left[(-p_f + N_{ST})\phi + p_f\omega_r t - \Gamma + (\varphi_a - p_a\phi_{0a})\right] \cdot \right.$$

$$\left. \sqrt{2}\, r_g C_{p_a}\left(\frac{1}{p_a}\right)\overline{A}_a \cos\left[p_a\phi + \omega_a t + (\varphi_a - p_a\phi_{0a})\right] \right\} d\phi$$

$$= \sqrt{2}\, r_g C_{p_f, N_{ST}-p_f}\left(\frac{1}{p_a}\right)\left(\frac{\pi}{2}\overline{B}_f\right) C_{p_a}\overline{A}_a \cdot$$

$$\int_0^{2\pi} \cos\left[p_a\phi + p_f\omega_r t - \Gamma + (\varphi_a - p_a\phi_{0a})\right] \cos\left[p_a\phi + \omega_a t + (\varphi_a - p_a\phi_{0a})\right] d\phi$$

$$= \sqrt{2}\, r_g C_{p_f, N_{ST}-p_f}\left(\frac{1}{p_a}\right)\left(\frac{\pi}{2}\overline{B}_f\right) C_{p_a}\overline{A}_a \cdot$$

$$\left(\frac{1}{2}\right)\int_0^{2\pi} \left\{\cos\Gamma + \cos\left[2p_a\phi + 2p_f\omega_r t - \gamma + 2(\varphi_a - p_a\phi_{0a})\right]\right\} d\phi$$

$$= \sqrt{2}\,\pi r_g C_{p_f, N_{ST}-p_f}\left(\frac{1}{p_a}\right)\left(\frac{\pi}{2}\overline{B}_f\right) C_{p_a}\overline{A}_a \cos\Gamma$$

$$= -\sqrt{2}\,\pi r_g C_{p_f, N_{ST}-p_f}\left(\frac{1}{p_a}\right)\left(\frac{\pi}{2}\overline{B}_f\right) C_{p_a}\overline{A}_a\Gamma \tag{3-121}$$

所以，总转矩为

$$\frac{1}{T}\int_0^T T_{\mathrm{af}}(t)\,\mathrm{d}t = \frac{1}{T}\int_0^T \frac{\partial}{\partial \Delta}\left[\sqrt{2}\,\pi r_g^2 l_{\mathrm{stk}}\left(\frac{1}{p_{\mathrm a}}\right)\left(C_{p_{\mathrm f}}C_{p_{\mathrm a},N_{\mathrm{ST}}-p_{\mathrm a}} - C_{p_{\mathrm f},N_{\mathrm{ST}}-p_{\mathrm f}}C_{p_{\mathrm a}}\right)\left(\frac{\pi}{2}\overline{B}_{\mathrm f}\right)\overline{A}_{\mathrm a}\cos\varGamma\right]\mathrm{d}t$$

$$= \frac{\mathrm{d}}{\mathrm{d}\theta_{\mathrm{r0}}}\left[\pi r_g^2 l_{\mathrm{stk}}\left(\frac{\pi}{\sqrt{2}}\right)\left(\frac{1}{p_{\mathrm a}}\right)\left(C_{p_{\mathrm f}}C_{p_{\mathrm a},N_{\mathrm{ST}}-p_{\mathrm a}} - C_{p_{\mathrm f},N_{\mathrm{ST}}-p_{\mathrm f}}C_{p_{\mathrm a}}\right)\overline{B}_{\mathrm f}\overline{A}_{\mathrm a}\cos\varGamma\right]$$

$$= \pi r_g^2 l_{\mathrm{stk}}\left(\frac{\pi}{\sqrt{2}}\right)\left(\frac{p_{\mathrm f}}{p_{\mathrm a}}\right)\left(C_{p_{\mathrm f}}C_{p_{\mathrm a},N_{\mathrm{ST}}-p_{\mathrm a}} - C_{p_{\mathrm f},N_{\mathrm{ST}}-p_{\mathrm f}}C_{p_{\mathrm a}}\right)\overline{B}_{\mathrm f}\overline{A}_{\mathrm a}\sin\varGamma \qquad (3\text{-}122)$$

在采用差调制的电机结构中，式（3-118）和式（3-119）满足的转速和极对数约束发生变化，其最终表达式可以按照式（3-120）~式（3-122）所示的步骤类似推导得到。

当 $\varGamma = 90°$，电机按照最大转矩运行时，$p_{\mathrm a} + p_{\mathrm f} = N_{\mathrm{ST}}$，其转矩密度为

$$TRV_{\mathrm{FCFMPM}} = \frac{T_{\mathrm{avg\_FCFMPM}}}{\pi r_g^2 l_{\mathrm{stk}}}$$

$$= \frac{\pi}{\sqrt{2}}\left(\frac{p_{\mathrm f}}{p_{\mathrm a}}\right)\left(C_{p_{\mathrm f}}\overline{B}_{\mathrm f}\right)\left(C_{p_{\mathrm a},N_{\mathrm{ST}}-p_{\mathrm a}}\overline{A}_{\mathrm a}\right) - \frac{\pi}{\sqrt{2}}\left(\frac{p_{\mathrm f}}{p_{\mathrm a}}\right)\left(C_{p_{\mathrm f},N_{\mathrm{ST}}-p_{\mathrm f}}\overline{B}_{\mathrm f}\right)\left(C_{p_{\mathrm a}}\overline{A}_{\mathrm a}\right) \qquad (3\text{-}123)$$

式（3-123）表示，此类电机的电磁转矩包含两个主要转矩分量，其幅值均受调制过程中引入的磁场转换系数影响。其中一个转矩分量由极对数为 $p_{\mathrm f}$ 的气隙磁通密度分布和线电流密度分布产生，另一个由极对数为 $p_{\mathrm a}$ 的气隙磁通密度分布和线电流密度分布产生。两个转矩分量均可以定义其对应的磁负荷和线负荷。两个主要转矩分量相互增强或削弱取决于 $p_{\mathrm f}$，$p_{\mathrm a}$ 和 N_{ST} 三者的配合。考虑源磁动势分布中的其他空间谐波后的平均转矩及转矩密度表达式可以按照如上流程推导得到。

上面从气隙磁场调制统一理论出发，对几种常见电机的转矩密度方程进行了推导。可以看到，包含多种有效磁通密度空间谐波分量的电机，其转矩为各有效磁通密度空间谐波分量与对应极对数线电流密度谐波分量作用产生的转矩的叠加，每一组磁通密度空间谐波与线电流密度空间谐波对应一个磁负荷和一个线负荷。

参 考 文 献

[1] 许实章. 交流电机的绕组理论 [M]. 北京：机械工业出版社，1985.

[2] LIPO T A. Analysis of synchronous machine [M]. 2nd ed. Boca Raton, USA：CRC Press, 2012.

[3] 谭建成. 永磁无刷直流电机技术 [M]. 北京：机械工业出版社，2011.

[4] PYRHONEN J, JOKINEN T, HRABOVCOVA V. Design of rotating electrical machines [M]. 2nd ed. New Jersey：John Wiley & Sons, 2014.

[5] HELLER B, HAMATA V. Harmonic field effects in induction machines [M]. Amsterdam, The Netherlands：Elsevier, 1977.

[6] CHEN J T, ZHU Z Q, IWASAKI S. A novel E-core switched-flux PM brushless AC machine [J]. IEEE Transactions on Industry Applications, 2011, 47 (3)：1273-1282.

[7] ERICKSON R W, MAKSIMOVIC D. Fundamentals of power electronics [M]. 2nd ed. New York: Kluwer Academic Publishers, 2004.

[8] SIMON-SEMPERE V. Spatial filtering: a tool for selective harmonics elimination in the design of permanent-magnet synchronous motors [J]. IEEE Transactions on Magnetics, 2012, 48 (6): 2056-2067.

[9] SIMON-SEMPERE V, BURGOS-PAYAN M, CERQUIDES-BUENO J R. Influence of manufacturing tolerances on the electromotive force in permanent-magnet motors [J]. IEEE Transactions on Magnetics, 2013, 49 (11): 5522-5532.

[10] HAN P, CHENG M. Synthesis of airgap magnetic field modulation phenomena in electric machines [C]. Proceedings of IEEE Energy Conversion Congress and Exposition (ECCE), 2019: 283-290.

[11] LANGSDORF A S. The current locus of the single-phase induction motor [J]. Proceedings of the AIEE, 2013, 28 (7): 731-742.

[12] CREEDY F. A sketch of the theory of the adjustable-speed, single-phase, shunt induction motor [J]. Proceedings of the AIEE, 1909, 28 (7): 831-866.

[13] EL-REFAIE A M, SHAH M R. Comparison of induction machine performance with distributed and fractional-slot concentrated windings [C]. Conference Record of IEEE IAS Annual Meeting, Edmonton, Canada, 2009: 1-8.

[14] SPARGO C M, MECROW B C, Widmer J D, et al. Application of fractional slot-concentrated windings to synchronous reluctance motors [J]. IEEE Transactions on Industry Applications, 2015, 51 (2): 1446-1455.

[15] BROADWAY A R W, BURBRIDGE L. Self-cascaded machine: a low speed motor or high frequency brushless alternator [J]. Proceedings of the IEE, 1970, 117 (7): 1277-1290.

[16] MORE D S, FERNANDES B G. Analysis of flux-reversal machine based on fictitious electrical gear [J]. IEEE Transactions on Energy Conversion, 2010, 25 (4): 940-947.

[17] WU Z Z, ZHU Z Q. Analysis of air-gap field modulation and magnetic gearing effects in switched flux permanent magnet machines [J]. IEEE Transactions on Magnetics, 2015, 51 (5): Article#: 8105012.

[18] TOBA A, LIPO T A. Novel dual-excitation permanent magnet vernier machine [C]. Conference Record of IEEE IAS Annual Meeting, Phoenix, AZ, 1999: 2539-2544.

[19] CHAITHONGSUK S, N-MOBARAKEH B, CARON J, et al. Optimal design of permanent magnet motors to improve field-weakening performances in variable speed drives [J]. IEEE Transactions on Industrial Electronics, 2012, 59 (6): 2484-2494.

[20] 周鹗, 顾仲圻. 新型磁阻电动机磁路分析和参数计算 [J]. 中国科学 (A辑), 1983, 26 (6): 571-580.

[21] HAN P, ZHANG J, CHENG M. Analytical analysis and performance characterization of brushless doubly-fed machines with multi-barrier rotors [J]. IEEE Transactions on Industry Applications, 2019, 55 (6): 5758-5767.

[22] XU W, ZHU J G, ZHANG Y, et. al. New axial laminated-structure flux-switching permanent magnet machine with 6/7 poles [J]. IEEE Transactions on Magnetics, 2011, 47 (10):

2823-2826.

[23] LOGAN T, LONG T, MCMAHON R A. The single-phase brushless doubly-fed machine as a generator for wind turbines [C]. Proceedings of International Electric Machines & Drives Conference, Niagara Falls, Canada, 2011: 795-800.

[24] PYRHONEN J, JOKINEN T, HRABOVCOVÁ V. Design of rotating electrical machines [M]. Hoboken, New Jersey: John Wiley & Sons, 2009.

[25] LIPO T A. Analysis of synchronous machines [M]. 2nd ed. Boca Raton, FL, USA: CRC Press, 2012.

[26] RAZIEE S M, MISIR O, PONICK B. Winding function approach for winding analysis [J]. IEEE Transactions on Magnetics, 2017, 53 (10): Article# 8203809.

[27] 吴大正. 信号与线性系统分析 [M]. 4 版. 北京: 高等教育出版社, 2005.

[28] 汤蕴璆. 电机学 [M]. 4 版. 北京: 机械工业出版社, 2011.

[29] HAN P, ZHANG J, CHENG M. Analytical analysis and performance characterization of brushless doubly fed machines with multibarrier rotors [J]. IEEE Transactions on Industry Applications, 2019, 55 (6): 5758-5767.

[30] CHENG M, HAN P, HUA W. General airgap field modulation theory for electrical machines [J]. IEEE Transactions on Industrial Electronics, 2017, 64 (8): 6063-6074.

[31] 李祥林. 基于磁齿轮原理的场调制永磁风力发电机及其控制系统研究 [D]. 南京: 东南大学, 2015.

[32] RALLABANDI V, HAN P, KESGIN M, et al. Axial-field vernier-type flux modulation machines for low-speed direct-drive applications [C]. Proceedings of IEEE Energy Conversion Congress and Expo (ECCE), Baltimore, MD, USA, 2019: 3123-3128.

第4章　磁场调制行为分析

4.1　概述

磁场调制行为在电机中普遍存在，而磁场调制行为与转矩成分关系较为复杂[1]。本章定义了同步调制与异步调制行为、同步转矩与异步转矩分量，并就其关键的差异分别进行对比、分析并举例阐明。对常见电机结构作用在转子上的转矩成分进行总结和归类，阐述了同步/异步调制行为与同步/异步转矩分量的辩证关系。基于上述理论分析及定义，对典型的磁场调制电机进行实例分析，并对凸极磁阻磁场调制电机的磁场调制行为及转矩特性进行统一描述等。基于对调制器调制算子数学特性的认知及调制器磁场调制行为本质的判断，总结分析了不同调制器的磁场调制行为，揭示了不同调制器之间的等效性及互换性等基本规律，探索了不同调制器之间复合调制的可能性，并定量分析对比不同调制器互换后电磁性能差异，为指导它们的搭配组合及参数优化，理解和揭示调制器演化形式与单独作用机理，电机系统的拓扑创新、性能分析、运行控制与综合设计奠定了理论基础。

4.2　电机内的磁场调制行为与转矩成分

无刷双馈电机转子包括短路线圈、凸极磁阻、多层磁障（径向及轴向叠片）等多种转子结构，是磁场调制电机重要一员，其本质是一类具有两个交流电气端口和一个公共机械端口的新型复合电机[2,3]。由于无刷双馈电机独特的复合特性，两个交流电气端口不同方式供电时可以运行在多种模式之下。对应不同的运行模式、转子结构，无刷双馈电机转矩成分可能截然不同，对应的磁场调制行为与转矩成分的关系更加复杂。而在特定的运行模式下，无刷双馈电机与绕线转子电励磁凸极同步电机具有一定的相似性，即从磁场调制的角度，传统电机与新型磁场调制电机存在一定的内在联系。文献 [1] 列举了常见凸极磁阻磁场调制电机的同步调制和异步调制行为，但并未对转矩成分进行进一步的定义和分析。本节旨在阐述典型电机中磁场调制行为与转矩成分的定义及辩证关系，即同步/异步调制行为均能够分别生成同步转矩分量，而异步调制行为可以生成异步转矩分量。

4.2.1　同步调制和异步调制行为

　　根据源磁动势与调制器的相对状态，可将磁场调制行为区分为同步调制（静态调制）与异步调制（动态调制）。若调制器与源磁动势存在相对运动，则为异步调制行为，常见有无刷双馈感应电机短路线圈、磁通反向永磁电机凸极转子的异步调制行为等，如图 4-1a 所示。若调制器与源磁动势保持相对静止，则为同步调制行为；常见有同步磁阻电机多层磁障转子、内嵌式永磁同步电机凸极转子的同步调制行为等，如图 4-1b 所示。两种磁场调制行为主要差异见表 4-1。

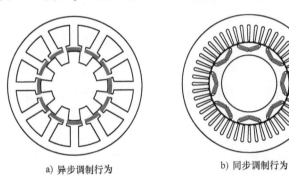

a) 异步调制行为　　　　　　　　　　b) 同步调制行为

图 4-1　常见的磁场调制行为

表 4-1　同步调制与异步调制之间的比较

参数或状态	调制类型	
	同步调制（静态调制）	异步调制（动态调制）
源磁动势与调制器相对状态	静止	运动
气隙磁场分布	规则	不规则
利用有效空间谐波数目	一种或无穷	有限，至少两种
励磁源和电枢配合	多为完全配合（极对数相同）	多为近极或远极配合（极对数不相等）
磁场利用率	高	一般偏低
功率因数	高	一般偏低
转矩密度	高	一般偏低
磁阻的作用	产生磁阻转矩	产生空间谐波
物理 dq 轴与功能 dq 轴的一致性	一致	不一致

　　根据表 4-1 特性对比可知：

　　• 同步调制电机气隙磁场仅含一种有效谐波分量，多呈现规则的正弦或矩形分布；而异步调制电机气隙磁场包含大量谐波且谐波幅值较高，分布并不规则。

　　• 同步调制电机仅能利用主极对数为 p 的有效谐波，但部分整距或接近整距电枢绕组电机例外，如有刷直流电机，其位于定子的整距线圈具有很宽的频谱范围，允许矩形波源励磁磁动势被调制后产生的几乎所有谐波分量通过，可理解为利用无穷多种谐波。

● 以定子永磁电机为代表的新型异步磁场调制电机，可利用有限的有效空间谐波，且以极对数为 p 和 $N_{RT}-p$ 或 $N_{RT}+p$ 两种谐波为主。

● 磁场调制电机实质是牺牲了部分基波的幅值，而生成多种额外谐波分量，其中部分为能产生平均转矩的有效分量，但同样存在多种无效谐波分量，其基波磁场利用率一般较低；而传统电机除基波磁场外其余谐波磁场含量较低，其基波磁场利用率较高。

4.2.2 同步转矩和异步转矩分量

电机学中还经常涉及同步转矩和异步转矩的概念。同步转矩与异步转矩分量的定义仅取决于建立该转矩分量的磁场来源及电机转速状态。若某转矩分量由同一磁场来源建立，且转子与励磁源作相对运动，即转子转速与该磁场同步速不相等，则这一转矩为异步转矩。异步转矩分量生成机理如图 4-2a 所示，图中仅有一套定子绕组建立励磁磁场，其磁感应强度为 B_f，以同步机械角速度 ω_{syn} 旋转；B_f' 为转子绕组感应磁场的磁感应强度，即为源励磁磁场 B_f 经转子绕组调制后的磁场，其机械角转速为 ω_r。常见异步转矩分量有笼型感应电机的主转矩和定转子高次谐波磁场产生的异步附加转矩，无刷双馈感应电机简单异步、双馈同步模式下异步转矩分量等。若某转矩分量由两个独立来源的极对数相同的磁场相互作用建立，且转子转速与两个磁场源的等效同步速相等，则该转矩为同步转矩。同步转矩分量生成机理如图 4-2b 所示，其中励磁磁场和电枢磁场为两个独立来源的磁场，其磁感应强度分别为 B_{f1}、B_{f2}，机械角速度分别为 ω_{f1} 和 ω_{f2}，$M[B_{f1}]$、$M[B_{f2}]$ 分别为调制励磁磁场、调制电枢磁场，其转速为 ω_{syn}，ω_r 为电机机械角速度且等于同步机械角速度 ω_{syn}，T_e 为同步转矩分量。常见同步转矩分量有内嵌式永磁同步电机主转矩，磁通切换永磁电机等磁场调制电机主转矩，无刷双馈感应电机双馈同步模式下的同步转矩分量等。

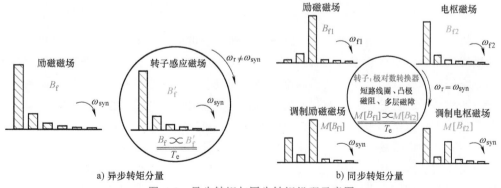

a) 异步转矩分量　　　　　　　　b) 同步转矩分量

图 4-2　异步转矩与同步转矩机理示意图

4.3 磁场调制行为及转矩成分的关系

基于 4.2 节对磁场调制行为和转矩分量的分析及定义，本节从气隙磁场调制机理角度对典型传统电机和新型结构电机进行定性分析。并以无刷双馈感应电机为例研究其可能的运行模式、存在条件及转矩成分构成，指出单馈同步模式下无刷双馈感应电机与绕线转子电励磁凸极同步电机的异同。定性分析多层磁障与短路线圈复合转子无刷双馈电机拓扑结构和辅助短路线圈在磁场调制行为中的作用，定量给出该电机调制算子进而讨论复合转子对磁场耦合能力等方面可能带来的有益影响。最后，总结了磁通切换永磁电机与无刷双馈电机的相似性，并统一归纳凸极磁阻磁场调制电机的磁场调制行为及转矩特性。

4.3.1 常见电机拓扑的磁场调制描述

本部分中 N_{ST} 和 N_{RT} 分别表示定子和转子极数，p_f 和 p_a 分别表示励磁磁场和电枢磁场的主极对数，ω_f 和 ω_m 分别表示源励磁磁动势的电角频率和转子机械角速度。极对数前的正号和负号用于区别磁场分量的旋转方向。

1. 直流电机

直流电机本质上为一台带有机械换向器的交流电机。典型的直流电机如图 4-3 所示，同时给出的还有直流电机中的定子凸极磁阻磁场调制行为。

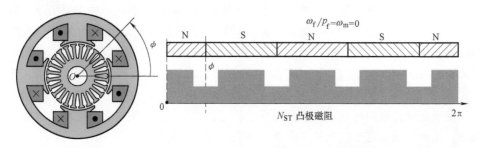

图 4-3 直流电机和直流电机中定子凸极的同步调制行为

直流电机的定子通常采用凸极结构，方便绕制可以产生矩形源励磁磁动势的单相励磁绕组。定子调制器为凸极磁阻。由于源励磁磁动势与定子凸极之间相对静止，它们之间的调制方式为同步调制或静态调制。定子同步调制后的源励磁磁动势进一步被转子凸极进行异步调制，但由于转子槽开口小，几乎不会对气隙磁动势的分布造成不可忽略的影响，因此在多数情况下，可以不考虑转子凸极的磁场调制作用，而将转子的磁场调制作用看作单位调制。转子上的电枢绕组是由一系列整距或接近整距的线圈串联后构成，整距线圈具有很宽的频谱，允许调制过的矩形波源励磁磁动势包含的所有谐波分量通过，所以每个线圈中将匝链三角波形状的磁链，并产生矩形波形状的感应电动势。

2. 绕线转子电励磁凸极同步电机

绕线转子电励磁凸极同步电机通常具有带极靴的凸极转子和直流励磁绕组，如图 4-4 所示。直流励磁绕组在气隙上建立矩形波形状的源励磁磁动势分布，该磁动势分布进一步被转子凸极进行同步调制后产生正弦形状的调制励磁磁动势分布。由于定子开槽小，对正弦分布的调制励磁磁动势异步调制行为可以忽略不计，故可以视为单位调制。定子上的电枢绕组通常为多相重叠绕组，只允许特定极对数的谐波磁场分量通过。为了最大化磁链和电动势，电枢绕组的主极对数应当与调制过的励磁磁动势的主极对数相等。

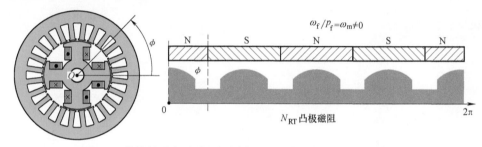

图 4-4　绕线转子电励磁凸极同步电机和凸极转子的同步调制行为

3. 绕线转子电励磁隐极同步电机和绕线转子双馈感应电机

绕线转子电励磁隐极同步电机的转子上没有明显的凸极，而是做成小开槽结构用于放置正弦分布单相励磁绕组。如图 4-5a 所示的绕线转子电励磁隐极同步电机，其定子上的电枢绕组为多相重叠绕组，只允许极对数 $p_f = 1$ 的空间谐波分量通过。

绕线转子双馈感应电机，有时也被称为交流励磁同步电机。它与绕线转子电励磁隐极同步电机结构基本相同，只是将单相分布直流励磁绕组换成多相分布交流励磁绕组，如图 4-5b 所示。两者的差别在于，单相分布直流励磁绕组建立的磁动势是正弦分布而且静止的，而多相分布交流励磁绕组建立的磁动势是正弦分布且旋转的。两种电机的定转子槽口很小，其磁场调制作用可以忽略不计，磁场调制行为都可以视为单位调制。

4. 笼型感应电机和无刷双馈感应电机

笼型感应电机与无刷双馈感应电机存在许多共同特点，如图 4-6a 所示：

- 定子和转子都开小槽。
- 定子绕组均为正弦分布多相绕组。
- 转子上为短路线圈，即调制器为短路线圈。

多相分布式定子绕组建立的源励磁磁动势为正弦分布，并且沿气隙以 ω_f/p_f 的机械转速旋转。如果放置短路线圈的转子相对于源励磁磁动势异步旋转，线圈

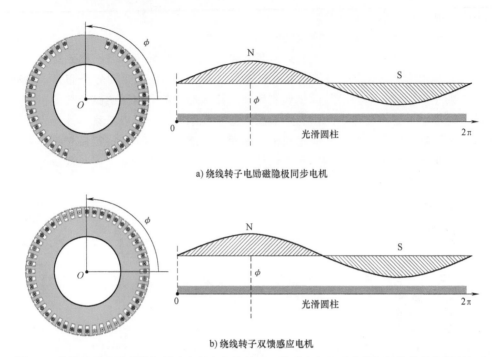

a) 绕线转子电励磁隐极同步电机

b) 绕线转子双馈感应电机

图 4-5　绕线转子电励磁隐极同步电机和绕线转子双馈感应电机及非凸极结构的单位调制行为

中将会感应产生交变电流并进一步在气隙上建立一个附加的磁动势分布。调制过的励磁磁动势是源励磁磁动势与附加励磁磁动势叠加后的结果。位于定子上的电枢绕组提取期望的空间谐波分量用于产生磁链和电动势。对于笼型感应电机而言，电枢绕组要提取的是极对数为 p_f 的基波分量，所以电枢绕组的主极对数与源励磁磁动势的极对数相等。同样，电枢磁动势的机械转速与源励磁磁动势的机械转速也相等。

而对于无刷双馈感应电机来说，电枢绕组仍要提取另一极对数的谐波分量，所以电枢绕组的极对数不同于源励磁磁动势的极对数，电枢绕组磁动势的机械转速也不同于源励磁磁动势。另外，与笼型感应电机类似，定子凸极的异步调制行为可以被忽略，可以视为单位调制，如图 4-6b 所示。

5. 同步磁阻和无刷双馈磁阻电机

如图 4-7 所示，同步磁阻电机和无刷双馈磁阻电机具有许多共同特点：

- 定子开小槽，定子凸极的磁场调制行为可以忽略，可看作单位调制。
- 定子绕组采用多相分布绕组。
- 转子结构可以采用凸极磁阻、轴向叠片和径向叠片多层磁障三种形式，而调制算子的形式与转子结构密切相关。

这里给出了径向叠片多层磁障转子形式的两种电机结构。多相分布定子绕组建立的源励磁磁动势呈正弦分布，并且沿气隙以机械转速 ω_f/p_f 进行旋转。如果转子

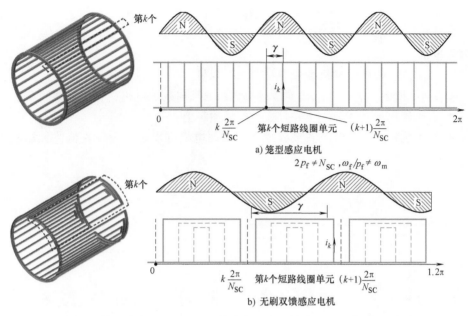

a) 笼型感应电机

$2p_f \neq N_{SC}$, $\omega_f/p_f \neq \omega_m$

b) 无刷双馈感应电机

图 4-6 笼型感应电机和无刷双馈感应电机及短路线圈的磁场调制行为

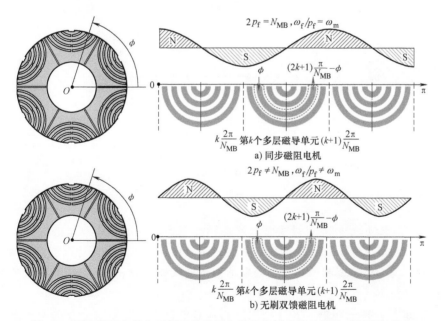

$2p_f = N_{MB}$, $\omega_f/p_f = \omega_m$

a) 同步磁阻电机

$2p_f \neq N_{MB}$, $\omega_f/p_f \neq \omega_m$

b) 无刷双馈磁阻电机

图 4-7 同步磁阻电机和无刷双馈磁阻电机及多层磁障转子的磁场调制行为

与源励磁磁动势同步旋转，那么源励磁磁动势将被径向叠片多层磁障转子同步调制以产生调制后的励磁磁动势分布。如果电枢绕组选择提取源励磁磁动势，那么电枢绕组磁动势的主极对数和机械转速应当与源励磁磁动势相等，这种情形对应同步磁阻电机。如果电枢绕组仍需从调制励磁磁动势中提取另外一种空间谐波，那么电枢绕组磁动势的极对数和机械转速将不再与源励磁磁动势相等，这种情形对应无刷双馈磁阻电机。

6. 表贴式永磁同步电机和磁通反向永磁电机

如图 4-8 所示，表贴式永磁同步电机与磁通反向永磁电机具有许多共同点：

- 永磁体出现在气隙中，并且在主磁通路径上。
- 定子绕组可以是分布式或集中式，因而电机可以采用无刷直流或无刷交流驱动模式。

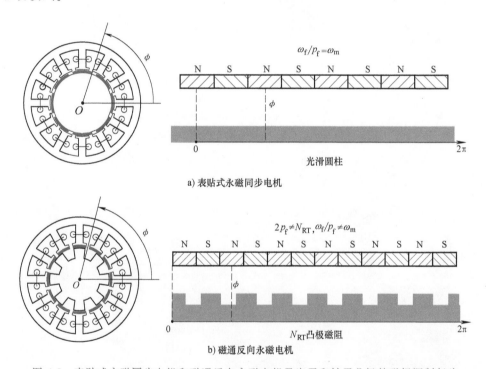

图 4-8 表贴式永磁同步电机和磁通反向永磁电机及定子和转子凸极的磁场调制行为

在如图 4-8a 所示的 4 对极表贴式永磁同步电机中，永磁体建立的源励磁磁动势沿气隙呈矩形波形状分布，然后被圆柱形转子和小开槽定子进行调制，且两次磁场调制行为均为单位调制。定子上的电枢绕组提取极对数 $p_f = 4$ 的基波分量来产生磁链和电动势。

而在如图 4-8b 所示的 6/8 极磁通反向永磁电机中，矩形波分布的源励磁磁动势被凸极定子同步调制后，进而被凸极转子进行异步调制，并产生极对数为 $N_{RT} \pm v p_f = 8 \pm 6v = +2/(+14)/(-4)/(+20)/(-16)/(+32) \cdots$（其中，$v \neq 3k$）的主磁场分量。位于定子上的主极对数 PPPN = 2 的电枢绕组主要用于提取极对数为 2，4，14，16，20，…行波磁场分量以产生磁链和电动势。

7. 内嵌式永磁同步电机和磁通切换永磁电机/双凸极永磁电机

如图 4-9 所示，内嵌式永磁同步电机和磁通切换永磁电机/双凸极永磁电机具有许多共同特点：

- 永磁体出现在主磁通路径上，但不在气隙中。
- 定子绕组可以为分布式或集中式，尽管在磁通切换永磁电机/双凸极永磁电机中通常采用集中绕组结构。

在如图 4-9a 所示的 4 对极内嵌式永磁同步电机中，永磁体建立的源励磁磁动势沿气隙呈矩形波形状分布，然后被凸极转子同步调制形成正弦形状的励磁磁动势分布，进而被小开槽定子异步调制且定子磁场调制行为可以视作单位调制。定子上的电枢绕组提取极对数 $p_f = 4$ 的基波分量用来产生磁链和电动势。

而在如图 4-9b 所示的 12/10 极磁通切换永磁电机/双凸极永磁电机中，矩形波形状的源励磁磁动势分布首先被定子凸极进行同步调制产生极对数为 $(2t-1)p_f$（其中 t 为任意正整数）的主磁动势分量，然后被转子凸极异步调制并产生极对数为 $N_{RT} \pm (2t-1)p_f = 10 \pm (2t-1)6 = +4/(+16)/(-8)/(+28)/(-20)/(+40)\cdots$ 的磁场分量。位于定子上的主极对数 PPPN = 4 的电枢绕组提取极对数为 4，8，16，20，28，…的行波磁场分量来产生磁链和电动势。

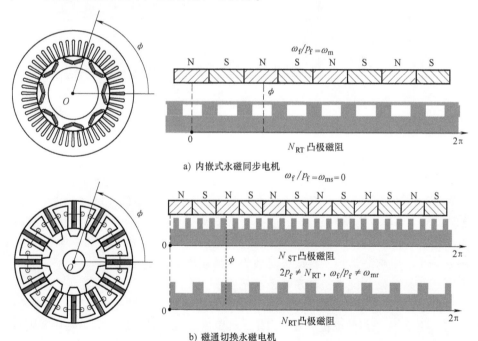

a) 内嵌式永磁同步电机

b) 磁通切换永磁电机

图 4-9　内嵌式永磁同步电机和磁通切换永磁电机及定转子凸极的磁场调制行为

8. 开关磁阻电机和游标电机

如图 4-10 所示，开关磁阻电机具有双凸极结构和非重叠形式的定子绕组，并且理想供电电流为矩形脉冲。与标准交流电机不同的是，开关磁阻电机的源励磁磁动势是步进而非连续的。源励磁磁动势被简单定子凸极进行同步调制产生离散分布的调制磁动势分布，进而由简单转子凸极完成异步调制行为。

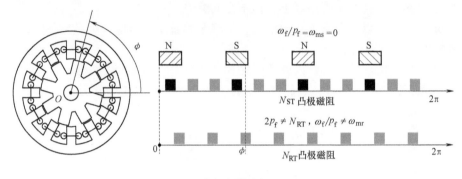

a) 开关磁阻电机

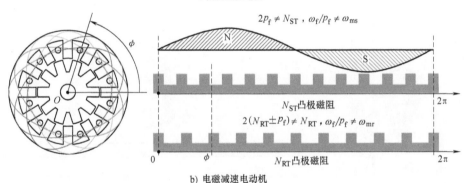

b) 电磁减速电动机

图 4-10   开关磁阻电机和电磁减速电动机及定子和转子凸极的磁场调制行为

如果用分布绕组代替集中绕组，并且采用多相对称交流供电方式，那么开关磁阻电机就变成了早期的电磁减速电动机[4]。$N_{ST}=12$ 的简单定子凸极首先对正弦分布的源励磁磁动势进行异步调制产生极对数为 $N_{ST}\pm p_f=12\pm1=+11/(+13)$ 的磁动势分量。$N_{RT}=10$ 的简单转子凸极进一步异步调制主磁动势分量以产生极对数为 $N_{RT}\pm(N_{ST}\pm p_f)=10\pm11/(13)=-1/(+21)/(-3)/(+23)$ 的磁场分量。最后主极对数 PPPN = 1 的电枢绕组用于提取极对数为 1 的主磁场分量。

9. 磁齿轮、磁齿轮电机和游标永磁电机

与电机用来产生转矩或电功率不同，磁齿轮用于转矩和转速传输。在磁齿轮中，如图 4-11a 所示为磁齿轮电机的外磁齿轮。气隙中插入由导磁块和非导磁块间隔排列构成的调磁环。调磁环两侧的永磁阵列产生矩形波源磁动势，进而被调磁环调制。

磁齿轮电机为磁齿轮与永磁同步电机的集成，如图 4-11a 所示。拥有 $N_{Fe}=25$ 个凸极的调磁环对源励磁磁动势进行异步调制产生极对数为 $N_{Fe}\pm p_{fo}=25\pm22=+3/(+47)$ 的主磁场分量，该主磁场分量然后被主极对数 PPPN = 3 的单相非重叠绕组

（内永磁电机电枢绕组）提取用来产生磁链。将小开槽内定子的磁场调制作用忽略，则内永磁同步电机内发生的磁场调制行为只有单位调制。

在如图 4-11b 所示的游标永磁电机中，内定子上的 $N_{ST}=24$ 个凸极对源励磁磁动势进行类似的异步调制行为，并产生极对数为 $N_{ST}\pm p_f=24\pm27=(-3)/(+51)$ 的主磁场分量，内定子上主极对数 PPPN = 3 的电枢绕组提取相同主极对数的磁场分量用于产生磁链及电动势。

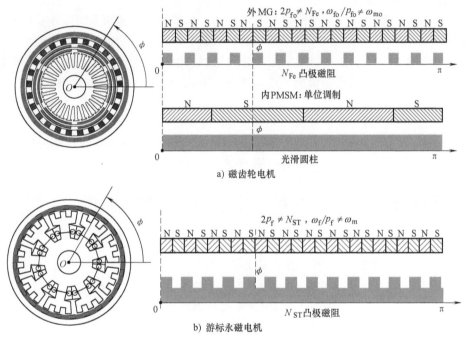

图 4-11　磁齿轮电机和游标永磁电机及定转子凸极的磁场调制行为

4.3.2　常见电机结构转矩成分解析

传统电机可能利用同步调制行为或异步调制行为，其物理 dq 轴与功能 dq 轴保持一致，即定转子极对数配合为完全配合，亦即定转子极对数相等。在永磁转子中，物理 dq 轴定义为磁极所在的轴线和相邻磁极之间的轴线，而在凸极转子中，物理 dq 轴对应转子磁阻取得最小值和最大值的轴线位置。另一方面，功能 dq 轴对应绕组电感取得最大值和最小值时绕组轴线所在的转子位置。例如磁通切换永磁电机中，当某一相绕组的电感为最大或最小值时，转子凸极并不正对着该相绕组的轴线，而是略微转过一个机械角度。将常见电机的转矩成分归类见表 4-2。以绕线转子电励磁凸极同步电机为例，按照传统电机学定义，其转矩应包含与转子励磁磁链相关的转矩分量和由转子 dq 轴磁阻不等产生的磁阻转矩分量。但值得注意的是，传统电机中凸极的存在仅生成磁阻转矩，并非改变气隙磁导从而产生额外有效谐波以提升平均转矩，即由磁阻调制出的谐波分量无效；故而气隙磁场中建立主转矩的磁场分量仅与励磁磁场或电枢磁场主极对数有关，即可利用的有效磁场谐波分量为一种，因此绕线转子电励磁凸极同步电机中与转子励磁磁链相关的转矩及磁阻转矩属于一种同步转矩分量。再以双凸极永磁电机为例，其励磁和电枢磁场极对数并不相等，转子运行在励磁和电枢磁场的等效同步速下，凸极转子异步调制产生额外有效谐波，故气隙磁场中建立主转矩的磁场分量与励磁磁场和电枢磁场主极对数均相关，因此双凸极永磁电机的主转矩包含两种同步转矩分量。

新型磁场调制电机主要利用异步调制行为，即依靠异步调制出的额外有效谐波以提升其平均转矩。由于励磁和电枢磁场极对数不相同，源励磁、电枢磁动势的电角频率并不相同，因此必须满足转子转速与励磁、电枢磁场等效同步速相同，即转子转速在某一条件时，新型调制类电机能够建立励磁、电枢磁场电角频率的联系，从而发挥"磁场调制效应"。另一方面，由于气隙磁场调制现象的普遍性，无论是传统电机还是新型磁场调制电机，其同步速的定义应以调制后的磁场转速为准，如图 4-2b 所示。由表 4-2 可知，转矩成分的性质（异步转矩还是同步转矩分量）主要取决于电机结构中是否存在短路线圈调制器。具体分析如下：

表 4-2 常见电机的转矩成分定性解析

电机种类			转矩成分性质	主要利用的转矩成分含量
直流电机(静态调制,同步调制)			同步分量	1
感应电机(动态调制,异步调制)			异步分量	1
同步电机	电励磁	凸极/隐极(静止调制,同步调制)	同步分量	1
		同步磁阻(静止调制,同步调制)	同步分量	1
	永磁励磁	表贴式/内嵌式(静止调制,同步调制)	同步分量	1
磁场调制电机	凸极电机	磁通切换永磁电机(动态调制,异步调制)	同步分量	2
		磁通反向永磁电机(动态调制,异步调制)	同步分量	2
		双凸极永磁电机(动态调制,异步调制)	同步分量	2
		游标永磁电机(动态调制,异步调制)	同步分量	2
		变磁通磁阻电机(动态调制,异步调制)	同步分量	2
	无刷双馈电机	无刷双馈感应电机(动态调制,异步调制)	同步分量 异步分量	2 2
		无刷双馈磁阻电机 凸极磁阻(动态调制,异步调制)	同步分量	2
		无刷双馈磁阻电机 多层磁障(动态调制,异步调制)	同步分量	2
开关磁阻电机(动态调制,异步调制)			同步分量	1

注：表中仅列出影响平均转矩谐波构成的主磁场调制行为，且仅列出主转矩分量。

1. 同步调制影响同步转矩分量的生成

以图 4-1b 所示的内嵌式永磁同步电机为例，该电机包含永磁励磁磁场、定子电枢磁场两个独立的磁场源；小开口槽定子的凸极性可以忽略不计，其磁场调制行为可视作单位调制；励磁源与凸极转子保持相对静止，其磁场调制行为是同步调制；两套磁场保持相对静止且极对数相同，转子转速恒等于定子电枢绕组建立的旋转磁场同步速，故内嵌式永磁同步电机仅包含一个同步转矩分量。

2. 异步调制影响同步转矩分量的生成

以图 4-1a 所示的磁通反向永磁电机为例，定子凸极磁阻的同步调制行为仅改变静态矩形分布的源励磁磁场谐波幅值，而不影响其频谱分布[5]；另一方面，由于励磁磁场和电枢磁场极对数并不相等，则要求转子运行在两个磁场的等效同步速下，从而调制励磁磁场与调制电枢磁场能够相互作用产生平均电磁转矩。显然，磁通反向永磁电机转子凸极对表贴于定子的永磁励磁源为异步调制，且主电磁转矩满足同步转矩定义，故异步调制可以生成同步转矩分量。

3. 异步调制影响异步转矩分量的生成

参考图 4-2b，以传统笼型感应电机为例，它仅包含一个定子磁场源，其主电磁转矩是由定子基波旋转磁场 B_f 与由该磁场感应的转子电流所建立的转子基波磁场 B_f' 相互作用所产生，其本质是由同一磁场源建立而成。笼型感应电机中励磁磁场的建立和平均转矩的生成都依赖转子短路线圈中电阻的存在。B_f 与 B_f' 极对数相同，且无论转子实际转速是多少，B_f' 在空间相对于定子的转速总等于 B_f 同步转速，因而两者能够互相作用产生平均转矩。笼型感应电机转子相对于定子绕组建立的磁场做相对运动，即转子转速与定子旋转磁场同步速不相等，其磁场调制行为属于异步调制，故笼型感应电机仅包含一个异步转矩分量。

4.3.3　实例分析——无刷双馈电机

1. 无刷双馈感应电机

由于无刷双馈电机独特的复合特性，它可以运行在多种不同的模式下，具体见表 4-3[6]。在级联异步模式下，两个电气端口中只有一个由交流供电，另一端口短路，因而只存在一个频率系统，且仅存在一套磁场源，故不会包含同步转矩分量。以功率绕组（Power Winding, PW）侧短接为例，控制绕组（Control Winding, CW）通入对称交流电，转子相对于 CW 建立的源磁动势作相对运动，将在转子短路线圈绕组感应生极对数与 CW 相同的磁场并与 CW 磁场相互作用产生异步转矩分量。类似地，PW 侧虽作短路处理，但会经转子短路线圈调制器耦合，感应生成极对数、频率与之相同的磁场，该磁场将在转子绕组感应磁场并与 PW 侧磁场相互作用产生另一异步转矩分量。因此，无刷双馈电机运行于级联异步模式下与传统异步电机运行原理类似，故部分文献称该状态为异步运行模式[7]。

再以双馈同步运行模式为例，PW 和 CW 分别通入电角频率为 ω_p 和 ω_c 的交流电，转子运行于 PW 和 CW 磁场等效同步速，使得 PW 和 CW 两个彼此独立的频率系统合并为一个单一频率的系统，即满足

$$\omega_\mathrm{p} \pm \omega_\mathrm{c} = (p_\mathrm{p} + p_\mathrm{c})\omega_\mathrm{r} \tag{4-1}$$

式中，ω_p，ω_c 分别为 PW、CW 旋转磁场电角频率；ω_r 为转子机械角速度；p_p，p_c 分别为 PW、CW 极对数。

表 4-3　无刷双馈感应电机的运行模式及转矩成分

运行模式	存在条件	转矩成分性质	转矩成分含量
简单异步模式	PW(CW)交流供电,CW(PW)开路	异步分量	1
级联异步模式	PW(CW)交流供电,CW(PW)短路	异步分量	2
单馈同步模式	PW(CW)交流供电,CW(PW)直流供电	同步分量 异步分量	2 2
双馈同步模式	PW 和 CW 均为交流供电,并且满足式(4-1)	同步分量 异步分量	2 2

在双馈同步运行模式下，无刷双馈电机转速定义如图 4-12 所示，两个电气端口均为交流供电，并且满足双馈同步运行约束条件式（4-1），即 PW、CW 频率系统合并为一个单频系统。由于转子相对于 PW 或 CW 建立的磁动势均作相对运动，故电磁转矩包含两个异步转矩分量，分别来自功率侧和控制侧，由 PW（CW）建立基波磁场和 PW（CW）感应到转子产生的基波磁场相互作用产生。另一方面，PW（CW）侧磁场经短路线圈转子调制器耦合后与 CW（PW）侧磁场极对数相同，且频率一致、保持相对静止，相互作用生成同步转矩分量。故在双馈同步模式下，无刷双馈感应电机包含两个同步转矩分量和两个异步转矩分量。

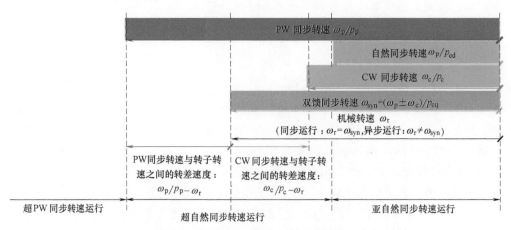

图 4-12　无刷双馈感应电机中的转速定义

不同无刷双馈电机性能上的差异主要表现为转子阻抗参数的差异。以绕线式无刷双馈感应电机为例，其电磁转矩可以表达为

$$T = \underbrace{T_{\text{pc}} + T_{\text{pp}}}_{T_{\text{p}}} + \underbrace{T_{\text{cp}} + T_{\text{cc}}}_{T_{\text{c}}} \tag{4-2}$$

式中，$T_{\text{pc(cp)}}$ 为 CW（PW）侧磁场与 PW（CW）侧磁场相互作用产生的同步转矩分量；$T_{\text{pp(cc)}}$ 为 PW（CW）励磁磁场和电枢磁场相互作用产生的异步转矩分量。且

$$T_{\text{pc}} = -\frac{3p_{\text{p}} |E_{\text{mp}}| |E_{\text{mc}}|}{\omega_{\text{p}}} \frac{}{|Z_{\text{lr}}|} \cos(\varphi_{\text{lr}} + \delta_{\text{pc}}) \tag{4-3}$$

$$T_{\text{pp}} = \frac{3p_{\text{p}} |E_{\text{mp}}|^2}{\omega_{\text{p}}} \frac{}{|Z_{\text{lr}}|} \cos\varphi = \frac{3p_{\text{p}} |E_{\text{mp}}|^2 R_{\text{r}}}{\omega_{\text{p}}} \frac{}{|Z_{\text{lr}}|^2 s_{\text{r}}} \tag{4-4}$$

$$T_{\text{cp}} = -\frac{3p_{\text{c}} |E_{\text{mp}}| |E_{\text{mc}}|}{\omega_{\text{p}}} \frac{}{|Z_{\text{lr}}|} \cos(\varphi_{\text{lr}} - \delta_{\text{pc}}) \tag{4-5}$$

$$T_{\text{cc}} = -\frac{3p_{\text{p}} |E_{\text{mc}}|^2}{\omega_{\text{p}}} \frac{}{|Z_{\text{lr}}|} \cos\varphi = -\frac{3p_{\text{p}} |E_{\text{mc}}|^2 R_{\text{r}}}{\omega_{\text{p}}} \frac{}{|Z_{\text{lr}}|^2 s_{\text{r}}} \tag{4-6}$$

式中，δ_{pc} 为 E_{mp} 和 E_{mc} 之间的相位差；$Z_{\text{lr}} = R_{\text{r}}/s_{\text{r}} + \text{j}\omega_{\text{p}}L_{\text{lr}} = Z_{\text{lr}} \angle \varphi_{\text{lr}}$。

式（4-2）~式（4-6）表明，在功率绕组和控制绕组端电压给定的条件下，忽略定子绕组电阻和漏电感的影响，转子漏抗与转矩峰值成反比[8]，转子漏抗与转子电阻的比值影响异步转矩分量与同步转矩分量之间的比例：转子漏抗与转子电阻的比值越大，转子漏抗角越接近 π/2，异步分量所占比例越小。极限情况下，短路线圈转子电阻为零，异步转矩分量将不出现在转矩表达式（4-2）中。

部分文献指出，单馈同步模式下无刷双馈感应电机与绕线转子电励磁凸极同步电机具有一定的相似性[9]，但却未能给出具体的讨论分析。本节可从磁场调制行为及转矩成分的角度分析两者的异同，从而能够更好理解传统电机与新型磁场调制电机的内在联系。单馈同步模式下无刷双馈感应电机与绕线转子电励磁凸极同步电机相似性主要体现在：

（1）磁场架构相同：两个电气端口中，一套由直流供电励磁，一套由交流供电提供电枢磁场。

（2）调磁方式类似：单馈同步模式下无刷双馈感应电机可以如绕线转子电励磁凸极同步电机施加励磁、调节功率因数，其可调量只有电流幅值，故一般只能对无功功率进行调节。

（3）同步转矩分量居主：无刷双馈感应电机与绕线转子电励磁凸极同步电机均由两套独立磁场源生成转矩，且转子转速运行于两套磁场源的等效同步速，满足生成同步转矩的条件。

无刷双馈感应电机与绕线转子电励磁凸极同步电机也存在差异性，体现在：

（1）无刷双馈感应电机可实现无刷化：无刷双馈感应电机通过磁场调制方式实现无刷，在单馈同步模式下转子运行于亚自然同步速，能够建立 PW 和 CW 磁场的单频关系。若无刷双馈感应电机运行于 PW 或 CW 磁场同步速，则不能正常起动

工作，这也说明无刷双馈感应电机为异步调制行为主导的磁场调制电机，与同步电机工作原理存在本质差异。

（2）磁场调制行为不同：绕线转子电励磁凸极同步电机转子调制器与直流励磁源建立的源磁动势相对静止，为同步调制行为，而无刷双馈感应电机短路线圈调制器为异步调制行为。

（3）转矩分量成分性质和含量不同：由表 4-2 知绕线转子电励磁凸极同步电机仅包含一个同步转矩分量，不包含异步转矩分量；而无刷双馈感应电机分别包含两个同步转矩和两个异步转矩分量。

2. 复合转子无刷双馈电机

在无刷双馈磁阻电机径向叠片转子铁心中加入磁障层，并在磁障式转子中添加辅助短路线圈，便构成了多层磁障和短路线圈调制器结合的复合转子无刷双馈电机[10]，其拓扑结构如图 4-13 所示。由于两个调制器与源励磁磁动势均存在相对运动，且短路线圈调制器发挥磁场调制作用的基础就是转子运行在异步速，故该复合转子无刷双馈电机的磁场调制行为属于异步调制。复合转子本质上旨在利用短路线圈和多层磁障的双重异步调制行为增强转子的磁场转换能力。

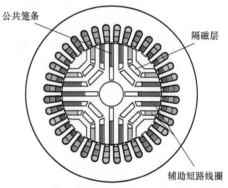

图 4-13　复合转子无刷双馈电机拓扑结构

公共笼条　隔磁层　辅助短路线圈

但由于磁障结构的限制，导致辅助短路线圈导条较细且槽深较浅，导条趋肤效应明显，使得短路线圈调制器磁场转换系数降低。假设源励磁磁动势为单位余弦

$$f(\phi,t) = \cos(p\phi - \omega t) \tag{4-7}$$

则多层磁障调制器对式（4-7）调制效果可表示为[11]

$$M(N_{\mathrm{MB}})[f(\phi,t)] = C_{p\_\mathrm{MB}}\cos(p\phi - \omega t) +$$

$$\sum_{l=1}^{\infty} C_{\mathrm{sum\_MB}}\cos[(lN_{\mathrm{MB}} - p)\phi + (\omega - lN_{\mathrm{MB}}\omega_{\mathrm{r}})t - l\pi] +$$

$$\sum_{l=1}^{\infty} C_{\mathrm{dif\_MB}}\cos[(lN_{\mathrm{MB}} + p)\phi + (\omega + lN_{\mathrm{MB}}\omega_{\mathrm{r}})t + l\pi] \tag{4-8}$$

式中，N_{MB} 为多层磁障等效极对数；C_{p_MB}，$C_{\mathrm{sum\_MB}}$ 和 $C_{\mathrm{dif\_MB}}$ 为多层磁障调制器对应谐波的磁场转换系数。

而理想短路线圈调制器对式（4-7）调制效果可表示为

$$M_{\mathrm{SC}}(N_{\mathrm{SC}},\gamma)[f(\phi,t)] = C_{p\_\mathrm{SC}}\cos(p\phi - \omega t) +$$

$$\sum_{l=1}^{\infty} C_{\mathrm{sum\_SC}}\cos[(lN_{\mathrm{SC}} - p)\phi + (\omega - lN_{\mathrm{SC}}\omega_{\mathrm{r}})t + l\pi] +$$

$$\sum_{l=1}^{\infty} C_{\mathrm{dif\_SC}}\cos[(lN_{\mathrm{SC}} + p)\phi - (\omega + lN_{\mathrm{SC}}\omega_{\mathrm{r}})t + l\pi] \tag{4-9}$$

式中，N_{SC} 和 γ 分别为短路线圈极对数和跨距；C_{p_SC}，C_{sum_SC} 和 C_{dif_SC} 为短路线圈调制器对应谐波的磁场转换系数。

由于复合转子中 N_{MB} 与 N_{SC} 相等，即多层磁障和短路线圈调制器产生的调制励磁磁动势频谱一致，在线性磁路的假设下满足空间叠加的条件。复合转子调制算子为多层磁障和短路线圈调制算子的线性叠加，即

$$M(N_{MB},N_{SC},\gamma)[f(\phi,t)]=M(N_{MB})[f(\phi,t)]+M(N_{SC},\gamma)[f(\phi,t)] \quad (4\text{-}10)$$

这与文献［10］中将复合转子多层磁障与短路线圈调制器导致的气隙磁导变化线性叠加的结论一致。因此复合转子本质上是利用多层磁障和短路线圈的双重异步调制行为，相比普通多层磁障转子无刷双馈磁阻电机增加了一套短路线圈调制器，从而能够提升相应的磁场转换系数，增强磁场耦合能力即改善磁场调制效果。

由式（4-9）和式（4-10）可知，若假定短路线圈调制器为理想超导线圈，即忽略短路线圈调制行为表达式的阻抗角，则 p 和 $lN_{MB}-p$ 次有效谐波幅值得到提升，相对应的磁场转换系数 C_p 和 C_{sum} 为两种调制器磁场转换系数的代数和，反映了磁场调制能力的增强。而无效谐波 $lN_{MB}+p$ 次幅值变化规律未知，取决于该复合转子无刷双馈电机转子极数与转速：如式（4-8）和式（4-9）第三项所示，由两个调制器产生的 $lN_{MB}+p$ 次谐波虽然极对数相同，但存在相位差：若相位差配合得当，则该次谐波在气隙中幅值较小，反之则可能引入幅值较高的无效谐波，给磁场调制效果带来不利影响。复合转子无刷双馈电机的磁场调制行为如图 4-14 所示，其频谱变化如图 4-15 所示。

结合多层磁障与短路线圈调制特征，且考虑到复合转子的本质，可总结其磁场调制规律如下：

● 复合转子能够有效提升磁场转换系数 C_p 和 C_{sum}，从而改善磁场调制效果。

● 复合转子调制器的磁场转换能力与极对数配合关系密切：在多层磁障/短路线圈等效极对数 N_{MB}/N_{SC} 相同的情况下，PW 与 CW 极对数越接近，磁场转换能力越强，PW 与 CW 之间经转子调制器形成的间接耦合关系越紧密。

● 在多层磁障/短路线圈等效极对数 N_{MB}/N_{SC} 相同的前提下，当 PW 与 CW 极对数相差 1 时，磁场转换能力最强，但实际中通常选择极对数相差为 2 的组合以避免不平衡磁拉力的不良影响。

● 复合转子无刷双馈电机的 PW 和 CW 极对数变化相同倍数并不会影响其磁场转换能力。

复合转子无刷双馈电机定子控制绕组自感可表示为[11]

$$L_{msc}^{AA}=\frac{\mu_0 r_g l_{stk}}{g}\int_0^{2\pi}M[W_{scA}(\phi)]W_{scA}(\phi)\mathrm{d}\phi=C_p L_{msc} \quad (4\text{-}11)$$

式中，$M[W(\phi)]$ 和 $W(\phi)$ 分别为调制绕组函数和源绕组函数；L_{msc} 为定子控制绕组自感常数量。

类似地，将式（4-11）中下标 c 改为 p 即可获得定子功率绕组自感表达式。

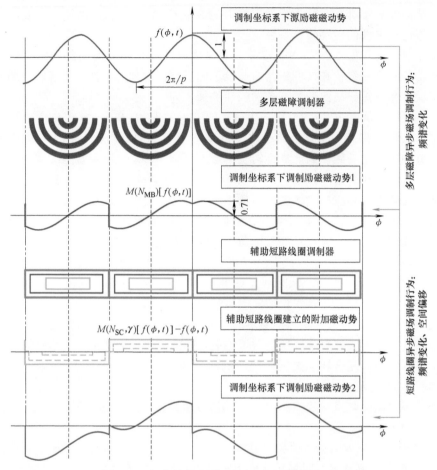

图 4-14 复合转子无刷双馈电机磁场调制行为

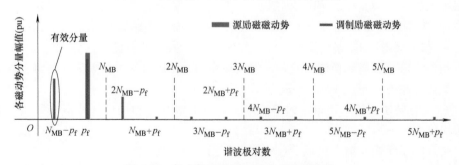

图 4-15 复合转子无刷双馈电机频谱变化

PW 与 CW 通过转子调制器的相间耦合系数可表示为

$$C_{crp}^{AA} = \frac{\mu_0 r_g l_{stk}}{g} \int_0^{2\pi} M[W_{scA}(\phi)] W_{spA}(\phi - p_p \theta_r) d\phi = C'_{crp} \sin[(p_p + p_c)\theta_r] \quad (4\text{-}12)$$

式中，θ_r 为转子机械位置角；C_{crp} 为耦合系数幅值。

复合转子无刷双馈电机转矩密度为

$$TRV_{BDFM}=\frac{\pi}{\sqrt{2}}\left(\frac{N_{MB}}{p_c}\right)M[\overline{B}_f]\overline{K}_f\cos\varphi_f \tag{4-13}$$

式中，$M[B]$ 和 K 分别为调制磁负荷和电负荷；φ_f 为调制磁负荷和电负荷之间夹角。

由于 PW 与 CW 之间的主自感、耦合系数分别受极对数为 p，$N_{MB}-p$ 对极磁场分量影响，磁场转换系数 C_p 和 C_{sum} 的提升能够增加定子绕组电感幅值及绕组的间接耦合，从而反映出磁场调制效果的改善。同样道理，有效气隙磁通密度幅值增大，相应调制磁负荷幅值提升，平均转矩也会增加，这与文献［12］给出的结论一致。

另一方面，异步转矩分量的建立需要“感应生成附加磁动势”，即要求转子中须存在闭合回路以产生感应电流，闭合回路的形式可以为短路线圈，也可以是绕线结构。换言之，在单馈同步、双馈同步模式下，多层磁障转子无刷双馈电机磁场调制行为虽为异步调制，但无法建立异步转矩分量，其电磁转矩仅包含两个同步转矩分量。而复合转子无刷双馈电机由于转子增加了短路线圈闭合回路，拥有了类似无刷双馈感应电机的转矩特性，故电磁转矩包含两个同步转矩分量和两个异步转矩分量。额外增加的异步转矩分量也能够说明复合转子无刷双馈电机转矩能力的提升。

3. 磁通切换永磁电机

磁通切换永磁电机可认为是无刷双馈电机的一种特殊情形，即单相绕组被能够产生相同磁动势分布的永磁体阵列所代替，此时无刷双馈电机等效为一台双凸极磁通切换永磁电机，其 CW 为单相集中绕组即永磁体阵列、PW 为分数槽集中绕组即电枢绕组，电机始终工作在自然同步转速。磁通切换永磁电机转矩生成机理如图 4-16 所示，其励磁、电枢磁场主极对数不相同，但转子转速与两个磁场的等效同步速相同，满足产生同步转矩的条件：其中调制电枢磁场中与源励磁磁动势极对数相同的磁场相互反应产生“基础”同步转矩分量 T_{e_p}，该分量与传统永磁同步电机利用励磁磁动势基波分量产生转矩机理相似；而调制励磁磁场中与

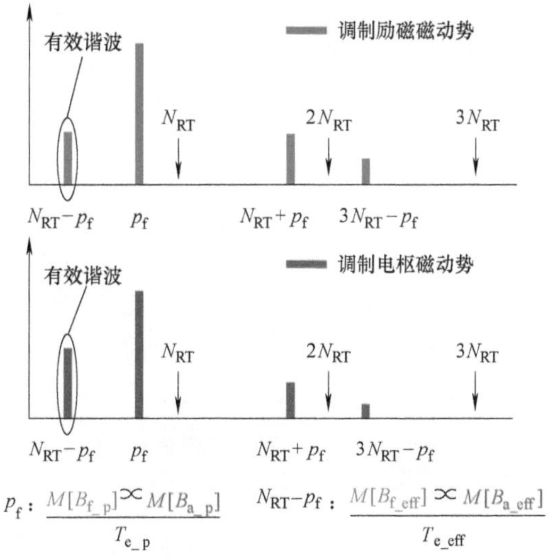

图 4-16　磁通切换永磁电机转矩生成机理

源电枢磁动势极对数相同的磁场相互反应产生额外的"有效"同步转矩分量 T_{e_eff}，且正是由于能够利用除基波外的有效谐波磁通密度，磁通切换永磁电机平均转矩才得以提升。

另外，以磁通切换永磁电机及磁通反向永磁电机为代表的凸极磁阻磁场调制电机的磁场调制行为和转矩成分可定性描述为

● 永磁体阵列建立理想方波的源励磁磁动势。

● 源励磁磁动势被定（转）子凸极同步调制，同步调制的作用使得基波幅值变为约原来的一半或直接影响源励磁磁动势频谱分布及谐波含量，且被定（转）子凸极调制后的励磁磁动势分布只包含一类谐波分量，即并不改变源励磁磁动势频谱分布，其极对数通常为永磁体阵列极对数的奇数倍。

● 随后励磁磁动势被转（定）子凸极异步调制，调制磁动势在等效气隙中产生一系列谐波，且包含三类谐波分量，其极对数分别为 vp，$vp + lN_{R(S)T}$ 和 $vp - lN_{R(S)T}$，其谐波幅值可以由三个磁场转换系数 C_p，C_{sum} 和 C_{dif} 进行表征。

● 电枢绕组会选择性地与有效磁场谐波分量反应产生感应电动势，当与感应电动势频率相同的对称电流通入电枢绕组时便产生稳定的电磁转矩。

● 由于凸极磁阻磁场调制电机同时存在同步调制、异步调制行为，但是其中同步调制行为仅仅改变源励磁磁动势的幅值，不影响气隙磁场频谱分布；另一方面，正是由于异步调制行为的存在，使得转子运行在励磁、电枢磁场等效同步速下，从而调制励磁磁场和调制电枢磁场能够相互作用产生电磁转矩。

4.4　不同调制器的磁场调制行为分析对比

4.4.1　凸极磁阻调制器磁场调制行为

凸极磁阻磁场调制电机最为普遍，且定子和转子凸极均为有效的磁动势调制器。其中，定子凸极通常同步调制源磁动势，即保持源磁动势谐波频谱分布不变，仅改变源磁动势谐波幅值大小，因此这部分凸极可经特殊设计达到增加机械强度、减小槽间漏磁、降低齿槽转矩等目的。而转子凸极通常异步调制源磁动势，不仅能够改变谐波幅值相对大小，还能改变调制磁动势谐波频谱分布。

首先假设凸极磁阻调制器为理想情形，即不考虑槽开口部分的磁动势分布，即将凸极槽深理想化为无穷大，其调制算子为

$$M(N_{ST},\varepsilon)\left[f(\phi)\right] = \begin{cases} f(\phi) & \phi \in C^S \\ 0 & \phi \in [0,2\pi] - C^S \end{cases} \quad (4\text{-}14)$$

$$M(N_{RT},\varepsilon)\left[f(\phi)\right] = \begin{cases} f(\phi) & \phi \in C^R \\ 0 & \phi \in [0,2\pi] - C^R \end{cases} \quad (4\text{-}15)$$

式中，C^S 和 C^R 分别为被定子凸极和转子凸极所占据的不连续区间，单位为机械角

弧度。

若考虑凸极槽深的影响，如图 4-17 所示，其调制算子为

$$M(N_{ST},\varepsilon_{ST})[f(\phi,t)] = \begin{cases} f(\phi,t) & \phi \in C^{S} \\ \kappa(o_s/t_{ds})f(\phi,t) & \phi \in [0,2\pi]-C^{S} \end{cases} \quad (4\text{-}16)$$

$$M(N_{RT},\varepsilon_{RT})[f(\phi,t)] = \begin{cases} f_{RT}(\phi^{\circ},t)f(\phi,t) & \phi \in C \\ 0 & \phi \in [0,2\pi]-C \end{cases} \quad (4\text{-}17)$$

式中

$$f_{RT}(\phi^{\circ},t) = \varepsilon_{RT} + \kappa(1-\varepsilon_{RT}) + \sum_{l=1}^{\infty} \frac{2(1-\kappa)}{\pi}\frac{\sin(l\varepsilon_{RT}\pi)}{l}\cos[lN_{RT}(\phi-\omega_r t)]$$

$$(4\text{-}18)$$

$$\kappa = \frac{t_{dr}-1.6\beta o_r}{2t_{dr}\left(\dfrac{s_{depr}}{t_{dr}}\right)} = \frac{t_{dr}-1.6\beta o_r}{2s_{depr}} \quad (4\text{-}19)$$

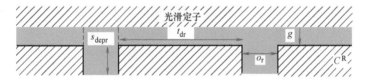

图 4-17　转子凸极示意图

κ 为 o_r、t_{dr} 及 s_{depr} 的函数，考虑了槽开口部分的磁动势分布及有限槽深对磁动势降落的影响。随着转子槽开口 o 的增加，径向气隙磁通密度在槽附近分布的幅值随之降低。而槽深 s_{dep} 同样对磁场调制效果产生深远影响，假设凸极比 $t_d/(t_d + o)$ 为 0.5，但槽深很浅，则凸极可近似为宽开口隐极转子，则此时凸极磁阻磁场调制效果并不理想。若槽深较浅，则对应 κ 函数幅值较高，异步磁场调制效果较弱；若槽深较深，可理想假设为 s_{dep} 无穷大，则 κ 函数为 0，如图 4-18 所示。通常我们在定性总结规律时，可忽略有限槽深对磁场调制效果的影响，即认为槽无穷深，如图 4-18 中的"理想表达"，以获得更清晰、简易的表达式。

为了更好地理解不同凸极磁阻调制器的磁场调制行为，下文以具体电机为例分析。以 12/10 极磁通切换永磁电机为例分析理想情形凸极磁阻调制器磁场调制行为，这里选用最常见的结构形式，即假设该电机定子齿宽、槽宽和永磁体宽度三者相等，则定子凸极占据的不连续区间为

$$C_{N_{ST}}^{FSPM} = \bigcup_{i=1}^{N_{ST}}\left\{\left[\left(i-\frac{7}{8}\right)\frac{2\pi}{N_{ST}},\left(i-\frac{5}{8}\right)\frac{2\pi}{N_{ST}}\right] \cup \left[\left(i-\frac{3}{8}\right)\frac{2\pi}{N_{ST}},\left(i-\frac{1}{8}\right)\frac{2\pi}{N_{ST}}\right]\right\}$$

$$(4\text{-}20)$$

永磁体阵列建立的源励磁磁动势分布为理想的方波。分析时可以参照上述无刷

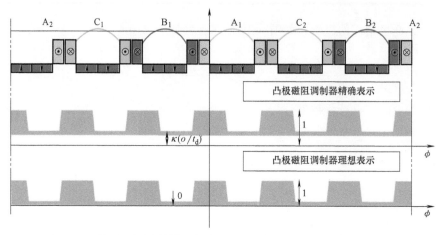

图 4-18   转子凸极调制器示意图（以 6/8 极磁通反向永磁电机为例）

双馈电机的理想假设，选择单位余弦磁动势作为输入求取响应，然后将单位方波磁动势分解为一系列余弦磁动势的和，每一个余弦磁动势的响应都可以依据单位余弦磁动势响应的形式直接写出，然后将所有输入磁动势的响应叠加便得到单位方波磁动势输入产生的响应。也可以直接将单位方波磁动势作为输入，求取响应。这里选择第二种方法，以幅值为 1 的单位方波磁动势为输入。单位方波磁动势的傅里叶级数形式表达式为

$$f(\phi,t) = \sum_{v=2k+1}^{\infty} \left(\frac{4}{\pi}\right) \left(\frac{1}{v}\right) \sin(vp\phi) \tag{4-21}$$

单位方波分布的源励磁磁动势被凸极磁阻定子调制后变为

$$M(N_{ST},0.5)[f(\phi,t)] = \sum_{v=2k+1}^{\infty} \left(\frac{4}{\pi}\right) \left(\frac{2}{v}\right) \sin\left(\frac{v\pi}{8}\right) \cos\left(\frac{2v\pi}{8}\right) \sin\left(\frac{4v\pi}{8}\right) \sin(vp\phi)$$

$$\tag{4-22}$$

定子凸极的磁场调制行为可以从源励磁磁动势与被定子凸极调制过的励磁磁动势谐波幅值的对比中看出，见表 4-4。可见，对于最常见的 12/10 极磁通切换永磁电机，定子凸极的同步调制作用使得基波幅值约变为原来的一半，但 3 次谐波和 5 次谐波的幅值都有明显增加。想要直观看到定子凸极单独对源励磁磁动势的调制作用，最直接的办法是将转子设置为光滑圆柱体然后采用二维静磁场有限元分析后查看气隙磁通密度的径向分量沿圆周的分布。如果不修改转子结构，可以计算不同转子位置下的气隙径向磁通密度波形，然后在同一坐标系下查看其包络线，通过转子的位置旋转消除转子凸极对磁动势的调制作用，仅保留定子凸极对源励磁磁动势的调制作用。如图 4-19 所示，从图中可以看出，一个完整圆周 0 到 2π 的区间内出现明显的 24 个矩形脉冲，正是定子 24 个凸极小齿的同步调制作用所致。

表 4-4 12/10 极磁通切换永磁电机被定子凸极调制前后源励磁磁动势谐波成分 $p=6$

谐波次数 v	极对数 vp	源励磁磁动势幅值	被定子凸极调制过的源励磁磁动势幅值
1	6	1.2732	0.6891
3	18	0.4244	0.5545
5	30	0.2546	0.3327
7	42	0.1819	0.0984
9	54	0.1415	0.0766
11	66	0.1157	0.1512
13	78	0.0979	0.1280
15	90	0.0849	0.0459
17	102	0.0749	0.0405

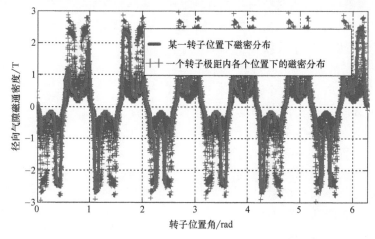

图 4-19 定子凸极对源励磁磁动势的调制作用：内嵌式永磁体

源励磁磁动势被定子凸极同步调制后进一步被转子凸极异步调制，变为

$$M(N_{\text{RT}},\varepsilon)\left\{M(N_{\text{ST}},0.5)[f(\phi,t)]\right\}$$

$$= \begin{cases} M(N_{\text{ST}},0.5)[f(\phi,t)] & \phi \in C_{N_{\text{ST}}}^{\text{FSPM}} \cap C_{N_{\text{RT}}}^{\text{FSPM}} \\ 0 & \phi \in [0,2\pi] - C_{N_{\text{ST}}}^{\text{FSPM}} \cap C_{N_{\text{RT}}}^{\text{FSPM}} \end{cases} \quad (4\text{-}23)$$

写成傅里叶级数的形式为

$$M(N_{\text{RT}},\varepsilon)\left\{M(N_{\text{ST}},0.5)[f(\phi,t)]\right\} = \left\{\varepsilon + \sum_{l=1}^{\infty}\left(\frac{2}{\pi}\right)\left[\frac{\sin(l\varepsilon\pi)}{l}\right]\cos[lN_{\text{RT}}(\phi-\omega t)]\right\} \cdot$$

$$\left[\sum_{v=2k+1}^{\infty}\left(\frac{4}{\pi}\right)\left(\frac{2}{v}\right)\sin\left(\frac{v\pi}{8}\right)\cos\left(\frac{2v\pi}{8}\right)\sin\left(\frac{4v\pi}{8}\right)\sin(vp\phi)\right]$$

$$= \sum_{v=2k+1}^{\infty}C_{vp,vp}\sin(vp\phi) + \sum_{l=1}^{\infty}\sum_{v=2k+1}^{\infty}C_{vp,vp-lN_{\text{RT}}}^{\text{sum}}\sin\left[(vp-lN_{\text{RT}})\phi + lN_{\text{RT}}\omega t\right] +$$

$$\sum_{l=1}^{\infty}\sum_{v=2k+1}^{\infty}C_{vp,vp+lN_{RT}}^{\text{dif}}\sin\left[\left(vp+lN_{RT}\right)\phi-lN_{RT}\omega t\right] \tag{4-24}$$

式中，三个磁场转换系数可表示为

$$C_{vp,vp}=\varepsilon\left(\frac{4}{\pi}\right)\left(\frac{2}{v}\right)\sin\left(\frac{v\pi}{8}\right)\cos\left(\frac{2v\pi}{8}\right)\sin\left(\frac{4v\pi}{8}\right) \tag{4-25}$$

$$C_{vp,vp-lN_{RT}}^{\text{sum}}=\left(\frac{1}{2}\right)\left(\frac{4}{\pi}\right)^2\left[\frac{\sin(l\varepsilon\pi)}{l}\right]\left(\frac{1}{v}\right)\sin\left(\frac{v\pi}{8}\right)\cos\left(\frac{2v\pi}{8}\right)\sin\left(\frac{4v\pi}{8}\right) \tag{4-26}$$

$$C_{vp,vp+lN_{RT}}^{\text{dif}}=\left(\frac{1}{2}\right)\left(\frac{4}{\pi}\right)^2\left[\frac{\sin(l\varepsilon\pi)}{l}\right]\left(\frac{1}{v}\right)\sin\left(\frac{v\pi}{8}\right)\cos\left(\frac{2v\pi}{8}\right)\sin\left(\frac{4v\pi}{8}\right) \tag{4-27}$$

式（4-22）表明，被定子凸极调制后的励磁磁动势分布只包含一类谐波分量，其极对数为永磁体阵列极对数的奇数倍。而式（4-24）表明，被定子凸极和转子凸极调制过的源磁动势分布包含三类谐波分量，其极对数分别为 vp，$vp+lN_{RT}$ 和 $vp-lN_{RT}$。其幅值可以由三个系数 $C_{vp,vp}$，$C_{vp,vp+lN_{RT}}^{\text{dif}}$ 和 $C_{vp,vp-lN_{RT}}^{\text{sum}}$ 进行描述。进一步分析可知，对于相同的 v 和 l，极对数为 $vp+lN_{RT}$ 和 $vp-lN_{RT}$ 的两个谐波分量对应的谐波系数相同，即具有相等的幅值，如图 4-20 所示，具体的调制过程如图 4-21 所示。定、转子凸极磁阻调制器对单位方波源励磁磁动势频谱的磁场调制作用如图 4-22 所示。图 4-22 中存在三个横坐标，分别为源磁动势为 p_f，$3p_f$ 及 $5p_f$ 时气隙中调制

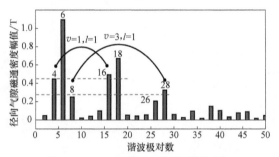

图 4-20 12/10 极磁通切换永磁电机
空载气隙磁通密度频谱

磁场谐波的极对数分布，可见 12/10 极磁通切换永磁电机气隙中包含丰富的谐波分量，且通过定子凸极同步调制后的磁动势仅包含奇数次谐波。

再以 6/8 极磁通反向永磁电机为例分析实际情形凸极磁阻调制器磁场调制行为，其表贴式永磁体阵列建立的单位方波源励磁磁动势的傅里叶级数形式为

$$F_{\text{PM}}(\phi,t)=\sum_{\substack{v=1\\v\neq3k}}^{\infty}\left(\frac{1}{v}\right)\left(\frac{3}{\pi}\right)\sin(vp_f\phi) \tag{4-28}$$

单位方波分布的源励磁磁动势被凸极磁阻定子同步调制后变为

$$M(N_{\text{ST}},\varepsilon_{\text{ST}})[F_{\text{PM}}(\phi,t)]=\begin{cases}F_{\text{PM}}(\phi,t) & \phi\in C^S\\0 & \phi\in[0,2\pi]-C^S\end{cases} \tag{4-29}$$

由表 4-5 可见，对于最常见 6/8 极磁通反向永磁电机，定子凸极的同步调制行为几乎不对谐波幅值产生影响，但消除了 3 次及其倍数次谐波（该磁通反向永磁电机定子凸极比 $\varepsilon_{\text{ST}}=2/3$）。说明同样是定子凸极的同步调制行为，但其作用效果

完全不同，主要受励磁源形式影响。凸极磁阻对表贴式永磁体（励磁源）的同步调制行为仅影响傅里叶分布形式及展开后的谐波含量，而对内嵌式永磁体（励磁源）却直接影响其各次幅值大小。从图 4-23 可以看出，一个完整圆周 $0 \sim 2\pi$ 区间内出现明显的 12 个矩形脉冲，正是 6 个定子凸极的同步调制行为所致，使得调制后的磁动势与永磁体建立的源磁动势分布几乎相同。

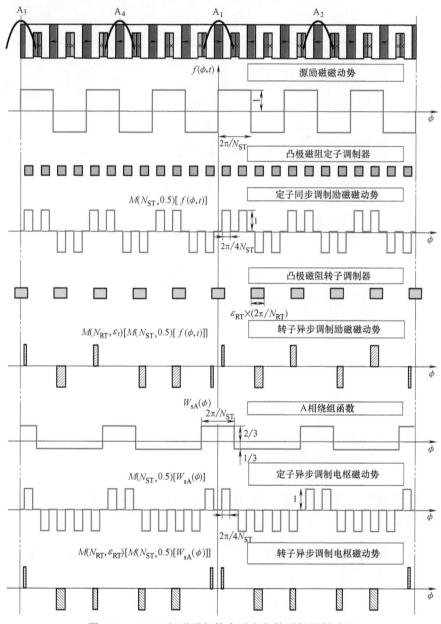

图 4-21　12/10 极磁通切换永磁电机的磁场调制过程

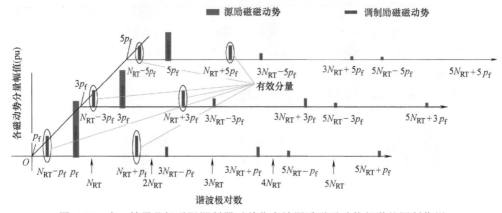

图 4-22　定、转子凸极磁阻调制器对单位方波源励磁磁动势频谱的调制作用

表 4-5　6/8 磁通反向永磁电机被定子凸极调制前后源励磁磁动势谐波成分 $p=6$

谐波次数 v	极对数 vp	源励磁磁动势幅值	被定子凸极调制过的源励磁磁动势幅值
1	6	1.0171	1.0187
2	12	0.4940	0.4913
4	24	0.2313	0.2312
5	30	0.1718	0.1712
7	42	0.1130	0.1128
8	48	0.0891	0.0893

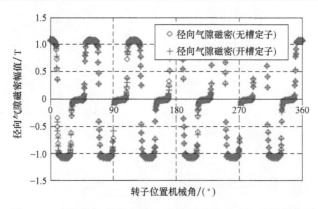

图 4-23　表贴式永磁体定子凸极对源励磁磁动势的调制作用

　　源励磁磁动势被定子凸极同步调制后进一步被转子凸极异步调制，并写成傅里叶级数的形式为

$$F_{\text{PM\_Mod}}(\phi, t) = \sum_{\substack{v=1 \\ v \neq 3k}}^{\infty} C_p \sin(vp_f\phi) + \sum_{l=1}^{\infty} \sum_{\substack{v=1 \\ v \neq 3k}}^{\infty} C_{\text{sum}} \sin[(vp_f - lN_{\text{RT}})\phi + lN_{\text{RT}}\omega_r t] +$$

$$\sum_{l=1}^{\infty} \sum_{\substack{v=1 \\ v \neq 3k}}^{\infty} C_{\text{dif}} \sin[(vp_f + lN_{\text{RT}})\phi - lN_{\text{RT}}\omega_r t] \qquad (4\text{-}30)$$

式中，三个磁场转换系数可表示为

$$C_p = C_{vp,vp} = \left(\frac{1}{v}\right)\left(\frac{3}{\pi}\right)\left[\varepsilon_{RT} + \kappa(1-\varepsilon_{RT})\right] \tag{4-31}$$

$$C_{sum} = C_{vp,vp-lN_{RT}} = \left(\frac{3}{v}\right)\left(\frac{1}{\pi}\right)^2 (1-\kappa)\frac{\sin(l\varepsilon_{RT}\pi)}{l} \tag{4-32}$$

$$C_{dif} = C_{vp,vp+lN_{RT}} = \left(\frac{3}{v}\right)\left(\frac{1}{\pi}\right)^2 (1-\kappa)\frac{\sin(l\varepsilon_{RT}\pi)}{l} \tag{4-33}$$

类似地，对于相同的 v 和 l，极对数为 $vp+lN_{RT}$ 和 $vp-lN_{RT}$ 的两个谐波分量对应的谐波系数相同，即具有相等的幅值，如图 4-24 所示。磁通反向永磁电机具体的调制过程如图 4-25 所示，定、转子凸极磁阻调制器对单位方波源励磁磁动势频谱的修改如图 4-26 所示。

表 4-6 给出了等效极对数不大于 10 的以和调制、差调制方式工作的凸极磁

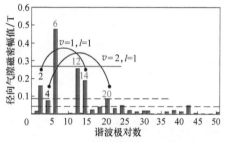

图 4-24 6/8 极磁通反向永磁电机
空载气隙磁通密度频谱

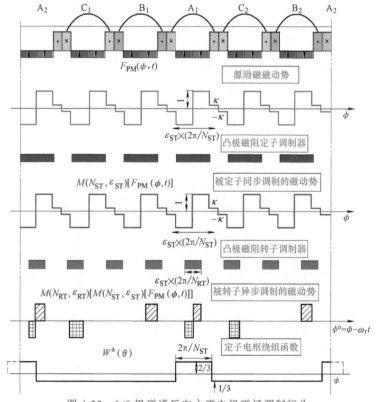

图 4-25 6/8 极磁通反向永磁电机磁场调制行为

阻调制器磁场转换系数对比，表中数值依据式（4-25）～式（4-33）计算得到。根据表中数据，结合上述实例分析可得如下结论：

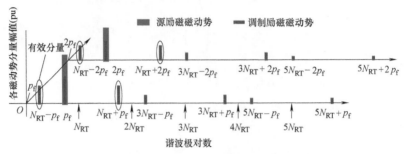

图 4-26　定、转子凸极磁阻调制器对单位方波源
励磁磁动势频谱的修改

表 4-6　以和调制、差调制工作方式的凸极磁阻调制器磁场转换系数对比

N_{RT}	p	$N_{RT}-p$	$N_{RT}+p$	凸极磁阻（考虑槽深）			凸极磁阻（槽深无穷大）		
				C_{pp}	C_{sum}	C_{dif}	C_{pp}	C_{sum}	C_{dif}
3	1	2	4	0.626	0.210	0.210	0.477	0.304	0.304
4	1	3	5	0.626	0.210	0.210	0.477	0.304	0.304
5	1	4	6	0.626	0.210	0.210	0.477	0.304	0.304
5	2	3	7	0.626	0.210	0.210	0.477	0.304	0.304
6	1	5	7	0.626	0.210	0.210	0.477	0.304	0.304
6	2	4	8	0.626	0.210	0.210	0.477	0.304	0.304
7	1	6	8	0.626	0.210	0.210	0.477	0.304	0.304
7	2	5	9	0.626	0.210	0.210	0.477	0.304	0.304
7	3	4	10	0.626	0.210	0.210	0.477	0.304	0.304
8	1	7	9	0.626	0.210	0.210	0.477	0.304	0.304
8	2	6	10	0.626	0.210	0.210	0.477	0.304	0.304
8	3	5	11	0.626	0.210	0.210	0.477	0.304	0.304
9	1	8	10	0.626	0.210	0.210	0.477	0.304	0.304
9	2	7	11	0.626	0.210	0.210	0.477	0.304	0.304
9	3	6	12	0.626	0.210	0.210	0.477	0.304	0.304
9	4	5	13	0.626	0.210	0.210	0.477	0.304	0.304
10	1	9	11	0.626	0.210	0.210	0.477	0.304	0.304
10	2	8	12	0.626	0.210	0.210	0.477	0.304	0.304
10	3	7	13	0.626	0.210	0.210	0.477	0.304	0.304
10	4	6	14	0.626	0.210	0.210	0.477	0.304	0.304

- 凸极磁阻调制器的磁场调制能力主要受极弧系数和槽深等拓扑参数的影响，与极对数配合无关。在凸极磁阻等效极对数 N_{RT} 与源励磁磁场极对数 p 相差较大的应用场合，如自减速电机或磁齿轮及其复合电机等，凸极磁阻调制器非常适合。

- 异步调制行为中如果仅考虑基波调制作用，凸极极弧系数取约 0.5 时磁场转换能力最强；另外，增加凸极槽深会提升磁场转换系数 C_{sum} 和 C_{dif} 的幅值，但会降低 C_p 的幅值；当假设槽深无穷大时，凸极磁阻形式与径向叠片多层磁障调制器结构类似。

- 被定子凸极和转子凸极调制过的源磁动势分布包含三类谐波分量，其极对数分别为 vp，$vp+lN_{RT}$ 和 $vp-lN_{RT}$。对于相同的 v 和 l，极对数为 $vp-lN_{RT}$ 和 $vp+lN_{RT}$ 的两个谐波分量对应的谐波磁场转换系数相同，即 C_{sum} 和 C_{dif} 具有相等的幅值。

- 在定子永磁型凸极磁阻电机中，vp 对极谐波由永磁体产生，从而在气隙内保持静止，且由于调制电枢磁场同样包含静止的 vp 对极谐波，故它能够贡献有效转矩。$vp+lN_{RT}$ 和 $vp-lN_{RT}$ 对极谐波在空间旋转，$vp+lN_{RT}$ 次谐波恒正向旋转，$vp-lN_{RT}$ 次谐波旋转方向取决于 lN_{RT} 与 vp 的相对大小（若 lN_{RT} 小于 vp 则为反向旋转）。

- 凸极磁阻磁场调制行为中仅异步调制行为可改变源励磁磁动势的幅值和频谱分布，被称为主调制行为。

- 定子永磁型凸极磁阻电机具备多谐波特性，即可利用多种有效谐波贡献主转矩。而转子永磁型凸极磁阻电机与传统同步电机类似，仅主极对数的基波贡献主要转矩分量。

值得注意的是在无刷双馈电机中，p 对极磁场被调制后产生的一系列谐波中只有 $p-N_{RT}$ 或 $p+N_{RT}$ 谐波能够产生有效转矩，所以磁场转换系数与调制系数是等价的。由于采用单位余弦磁动势作为输入信号，磁场转换系数 C_{sum}（和调制配合）或 C_{dif}（差调制配合）即对应无刷双馈电机凸极磁阻调制算子的调制系数。如果 p 对极磁场被调制后产生的一系列谐波中有多种谐波能够产生有效转矩，如本节分析的磁通切换永磁电机和磁通反向永磁电机，那么调制系数的分子中将包含所有这些有效谐波，与磁场转换系数不再一致。

4.4.2　多层磁障调制器磁场调制行为

多层磁障通常会被等效为凸极磁阻以方便理解，但在磁场调制行为方面与凸极磁阻有很大不同。多层磁障调制器通过充分利用不同位置处磁位的差别来改变气隙磁动势的分布，典型例子是同步磁阻电机、无刷双馈磁阻电机的磁各向异性转子结构和磁通切换永磁电机中的轴向叠片转子结构；而凸极磁阻在磁导率为无穷大的假设条件下为一等标量磁位体，其调制磁动势为傅里叶形式源磁动势直接与调制器傅里叶表达式相乘。多层磁障包含轴向叠片和径向叠片两种结构，其中径向叠片多层磁障转子是对磁各向异性转子结构的简化，同时能够有效抑制铁心中的涡流损耗。多层磁障调制器对单位余弦励磁磁动势的调制效果可表示为

$$M(N_{\mathrm{MB}})[\cos(p\phi - \omega t)] = C_p\cos(p\phi - \omega t) \ +$$

$$\sum_{k=lN_{\mathrm{MB}}-p}^{\infty} C_{\mathrm{sum}}\cos\left[k\phi + \omega t - (k+p)\frac{\pi}{N_{\mathrm{MB}}}\right] +$$

$$\sum_{k=lN_{\mathrm{MB}}+p}^{\infty} C_{\mathrm{dif}}\cos\left[k\phi + \omega t + (k-p)\frac{\pi}{N_{\mathrm{MB}}}\right] \qquad (4\text{-}34)$$

式中，三个磁场转换系数分别为

$$C_p = \frac{1}{2}\left[1-\frac{\sin\left(\dfrac{2p\pi}{N_{\mathrm{MB}}}\right)}{\dfrac{2p\pi}{N_{\mathrm{MB}}}}\right] \qquad (4\text{-}35)$$

$$C_{\mathrm{sum}} = \frac{-\sin\left[\dfrac{(lN_{\mathrm{MB}}-2p)\pi}{N_{\mathrm{MB}}}\right]}{2\dfrac{(lN_{\mathrm{MB}}-2p)\pi}{N_{\mathrm{MB}}}} \qquad l=1,2,\cdots \qquad (4\text{-}36)$$

$$C_{\mathrm{dif}} = \frac{-\sin\left[\dfrac{(lN_{\mathrm{MB}}+2p)\pi}{N_{\mathrm{MB}}}\right]}{2\dfrac{(lN_{\mathrm{MB}}+2p)\pi}{N_{\mathrm{MB}}}} \qquad l=1,2,\cdots \qquad (4\text{-}37)$$

式（4-34）表明，多层磁障调制器对单位余弦磁动势调制后产生三类磁动势谐波分量，其极对数分别为 p，$lN_{\mathrm{MB}}-p$ 和 $lN_{\mathrm{MB}}+p$。三者的幅值可以用三个磁场转换系数 $C_{p,p}$，$C_{p,k}^{\mathrm{sum}}$ 和 $C_{p,k}^{\mathrm{dif}}$ 来表征，其详细的磁场调制过程如图 4-27 所示，对应的幅度谱变化如图 4-28 所示。

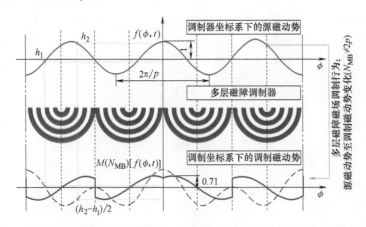

图 4-27　多层磁障调制器对单位余弦磁动势源励磁磁动势的磁场调制过程

以 3/1 对极多层磁障转子无刷双馈电机为例，基于有限元计算 $l\leqslant 5$ 时各次磁场转换系数，见表 4-7。可以看出，多层磁障调制器调制单位余弦磁动势后产生的谐波含量少于凸极磁阻调制器，只包含几次幅值较大的低次谐波，通过合理选取极对数配合，还可以进一步降低无效空间谐波的含量。且多层磁障转子无刷双馈电机也适合采用近极配合，即功率绕组与控制绕组极对数越接近，磁场转换系数值高或磁场调制能力越强。

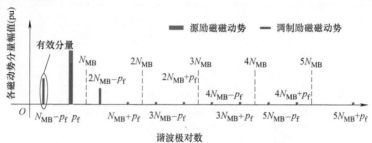

图 4-28　多层磁障调制器对单位余弦磁动势源励磁磁动势频谱的修改

表 4-7　3/1 对极多层磁障转子式无刷双馈电机各次磁场转换系数 ($l \leqslant 5$)

N_{MB}	p	l	$C_{p,p}$	$C_{p,k}^{sum}$	$C_{p,k}^{dif}$
4	3	1	0.606	0.318	0.064
		2		0.318	0.045
		3		0.106	0.035
		4		0.064	0.029
		5		0.045	0.024

表 4-8 给出了等效极对数不大于 10 的以和调制、差调制方式工作的多层磁障调制器磁场转换系数对比，表中数值依据式（4-35）~式（4-37）计算得到。根据表中数据，结合上述实例分析可得如下结论：

• 多层磁障调制器的磁场转换能力与极对数配合关系密切：若基于和调制确定磁场极对数关系，多层磁障等效极对数 N_{MB} 相同时，p 对极和 $N_{MB}-p$ 对极越接近，磁场转换能力越强，两套磁场之间通过转子形成的间接耦合关系越紧密；类似地，若基于差调制确定磁场极对数关系，多层磁障等效极对数 N_{MB} 相同时，p 对极和 N_{MB} 对极越接近，磁场转换能力越强。

• 表中差调制磁场转换系数 C_{dif} 较低，故差调制极对数配合时多层磁障调制器的磁场调制能力较弱；满足和调制极对数配合时，在多层磁障等效极对数 N_{MB} 相同的前提下，p 对极和 $N_{MB}-p$ 对极相差 1 时，磁场转换能力最强，多层磁障的磁场转换系数接近 0.5。但实际中，令极对数相差 1 会产生不平衡磁拉力，所以退而求其次，常选择极对数 p 和 $N_{MB}-p$ 相差为 2 的组合。此处需要注意的是，磁场调制电机极对数满足和调制或差调制特定关系时能够建立励磁、电枢磁场的单一频率等效关系，而传统电机极数为极对数的两倍以实现磁阻最小原理便于磁力线对称分布。

表 4-8 以和调制、差调制工作方式的多层磁障结构磁场转换系数对比

N_{MB}	$p(p_c)$	$N_{MB}-p(p_p)$	$N_{MB}+p(p_p)$	多层磁障			
				C_{pc}	C_{pp}	C_{sum}	C_{dif}
3	1	2	4	0.293	0.603	0.413	0.083
4	1	3	5	0.182	0.606	0.318	0.106
5	1	4	6	0.122	0.595	0.252	0.108
5	2	3	7	0.383	0.578	0.468	0.052
6	1	5	7	0.087	0.583	0.207	0.103
6	2	4	8	0.293	0.603	0.413	0.083
7	1	6	8	0.064	0.573	0.174	0.097
7	2	5	9	0.228	0.609	0.362	0.099
7	3	4	10	0.419	0.560	0.483	0.037
8	1	7	9	0.050	0.564	0.150	0.090
8	2	6	10	0.182	0.606	0.318	0.106
8	3	5	11	0.350	0.590	0.450	0.064
9	1	8	10	0.040	0.558	0.132	0.084
9	2	7	11	0.147	0.601	0.282	0.109
9	3	6	12	0.293	0.603	0.413	0.083
9	4	5	13	0.439	0.549	0.490	0.029
10	1	9	11	0.032	0.552	0.117	0.078
10	2	8	12	0.122	0.595	0.252	0.108
10	3	7	13	0.248	0.608	0.378	0.095
10	4	6	14	0.383	0.578	0.468	0.052

- N_{MB} 对极和 p 对极磁场极对数变化相同倍数并不会影响多层磁障磁场转换能力。

- 被多层磁障调制过的磁动势分布包含三类谐波分量，其极对数分别为 p，$lN_{MB}-p$ 和 $lN_{MB}+p$。其中仅 $lN_{MB}-p$ 对极（和调制）或 $lN_{MB}+p$ 对极（差调制）为额外有效谐波，则异步调制多层磁障电机理论上可利用磁场有效谐波比定子永磁型凸极磁阻磁场调制电机低，后者可利用 $lN_{RT}-vp$ 对极（和调制）或 $lN_{RT}+vp$ 对极（差调制）磁场分量。

- 多层磁障径向叠片磁各向异性转子是对轴向叠片磁各向异性转子结构的简化，两者的磁场调制行为类似，但径向叠片能够有效地抑制涡流损耗。

- 虽然多层磁障与凸极磁阻均是改变气隙磁导分布从而调制源磁动势，但两者的磁场调制行为及相关表达式存在明显差异，主要体现在方向性上，即多层磁障通过充分利用不同位置处磁位的差别来改变气隙磁动势的分布，而凸极磁阻在磁导率为无穷大的假设条件下为一等标量磁位体。

4.4.3 短路线圈调制器磁场调制行为

短路线圈调制器是一种基于动态分布的源磁动势与调制器之间的转差率，在线圈中感应产生电流的无源装置。它会产生对称的多相交流电流，然后建立相应的附加磁动势，因此调制后的磁动势为源磁动势和由短路线圈感应产生的附加磁动势之和。短路线圈调制器通常包含等距分布的笼型短路线圈，以及以嵌套环及其串联型、混联型等为代表的改进型短路线圈。笼型短路线圈多用于笼型感应电机，而改进型短路线圈多用于无刷双馈感应电机等新型磁场调制电机，用于增加励磁磁场与电枢磁场的间接耦合从而提升磁场转换能力。

1. 笼型短路线圈磁场调制行为

笼型短路线圈磁场调制行为如图 4-29 所示，根据第 3 章式（3-13）定义，其调制算子可描述为

$$M(N_{SC}, \gamma)[f(\phi, t)] = f(\phi, t) + \sum_{j=1}^{N_{SC}} W_j i_j \qquad \phi \in [0, 2\pi] \qquad (4-38)$$

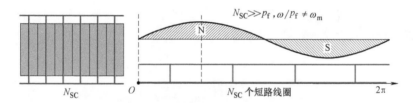

图 4-29 笼型短路线圈的磁场调制行为

短路线圈的存在将改变磁动势沿气隙的分布，进而影响气隙磁感应强度分布。某一时刻定子绕组中流入对称交流电流，建立磁动势，在这个过程中，短路线圈中感应产生电流，建立相应的附加磁动势分布以阻碍源磁动势的建立。但由于短路线圈中均有一定阻抗，在源磁动势建立的过程中，短路线圈中产生的电流最终在电阻上产生热能耗散，导致稳态时短路线圈中并无电流，所以短路线圈只对运动磁动势产生影响。

笼型短路线圈等效为 N_{SC} 个单独的短路回路的串联，在推导过程中需要考虑笼型转子短路回路的电阻和漏电感。将调制后的磁动势以傅里叶级数形式重写为

$$M_{SC}(N_{SC}, \gamma)[f(\phi, t)] = C_p \cos(p\phi - \omega_s t - \varphi) -$$

$$\sum_{k=lN_{SC}-p}^{\infty} C_{sum} \sin\left[k\phi + \omega_s t + (p+k)\frac{\pi}{N_{SC}} - \varphi\right] +$$

$$\sum_{k=lN_{SC}+p}^{\infty} C_{dif} \sin\left[k\phi - \omega_s t + (k-p)\frac{\pi}{N_{SC}} + \varphi\right] \qquad (4-39)$$

式中，三个磁场转换系数可表示为

$$C_p = 1 - 2\pi N_{SC} \frac{\omega_s}{\sqrt{R^2 + (\omega_s L)^2}} \frac{\mu_0 r_g l_{stk}}{g} \left(\frac{\gamma}{N_{SC}}\right)^2 \left[\frac{\sin\left(\gamma \frac{p\pi}{N_{SC}}\right)}{\gamma \frac{p\pi}{N_{SC}}}\right]^2 \tag{4-40}$$

$$C_{sum} = 2\pi N_{SC} \frac{\omega_s}{\sqrt{R^2 + (\omega_s L)^2}} \frac{\mu_0 r_g l_{stk}}{g} \left(\frac{\gamma}{N_{SC}}\right)^2 \frac{\sin\left(\gamma \frac{p\pi}{N_{SC}}\right)}{\gamma \frac{p\pi}{N_{SC}}} \frac{\sin\left(\gamma \frac{k\pi}{N_{SC}}\right)}{\gamma \frac{k\pi}{N_{SC}}} \quad k = lN_{SC} - p \tag{4-41}$$

$$C_{dif} = 2\pi N_{SC} \frac{\omega_s}{\sqrt{R^2 + (\omega_s L)^2}} \frac{\mu_0 r_g l_{stk}}{g} \left(\frac{\gamma}{N_{SC}}\right)^2 \frac{\sin\left(\gamma \frac{p\pi}{N_{SC}}\right)}{\gamma \frac{p\pi}{N_{SC}}} \frac{\sin\left(\gamma \frac{k\pi}{N_{SC}}\right)}{\gamma \frac{k\pi}{N_{SC}}} \quad k = lN_{SC} + p \tag{4-42}$$

式中，下标 sum 表示和调制，dif 表示差调制。

根据理想化的假设，即忽略笼型转子短路回路的电阻和漏电感，短路线圈为理想调制器。则磁场转换系数可化简为

$$C_p\big|_{ideal} = 1 - \gamma \left[\frac{\sin\left(\gamma \frac{p\pi}{N_{SC}}\right)}{\gamma \frac{p\pi}{N_{SC}}}\right]^2 \tag{4-43}$$

$$C_{sum}\big|_{ideal} = \gamma \frac{\sin\left(\gamma \frac{p\pi}{N_{SC}}\right)}{\gamma \frac{p\pi}{N_{SC}}} \frac{\sin\left(\gamma \frac{k\pi}{N_{SC}}\right)}{\gamma \frac{k\pi}{N_{SC}}} \quad k = lN_{SC} - p \tag{4-44}$$

$$C_{dif}\big|_{ideal} = \gamma \frac{\sin\left(\gamma \frac{p\pi}{N_{SC}}\right)}{\gamma \frac{p\pi}{N_{SC}}} \frac{\sin\left(\gamma \frac{k\pi}{N_{SC}}\right)}{\gamma \frac{k\pi}{N_{SC}}} \quad k = lN_{SC} + p \tag{4-45}$$

调制磁动势中将存在三个不同的谐波分量，其极对数为 p、$lN_{SC}-p$ 和 $lN_{SC}+p$，其磁场调制能力可以通过相应的磁场转换系数来表征。从调制器固定的参考系观察时，源主对极谐波与差调制谐波正向旋转，和调制谐波反向旋转。由于 C_{p_IM} 近似 1.0，即 p_f 对极的磁场谐波幅值近似保持不变，而和调制与差调制产生的谐波幅值则与 p，N_{SC} 和 γ 有关。此外，与具有改进型短路线圈的无刷双馈电机不同，笼型感应电机的 γ 始终等于 1，并且 $N_{SC} \gg p$，因此 C_{sum_IM} 和 C_{dif_IM} 很小，即短路线圈调制产生的和调制与差调制谐波含量非常小，可以忽略。也就是说，具有 p 对极的

谐波分量在传统笼型感应电机中起主要作用且气隙中调制磁场分布较为规则、对称，此时笼型短路线圈虽为异步调制，但并不改变气隙调制磁场主极对数，从效果上看为异步调制行为被选择性抑制，可视作异步调制改进型短路线圈的一种特殊情形。

2. 嵌套环型短路线圈磁场调制行为

图 2-95 给出了不同结构嵌套环转子绕组展开图，图 4-30 所示是其中常见的嵌套环型短路线圈结构，图 4-30a 为带单个公共端环的嵌套环型短路线圈，图 4-30b 为无公共端环的"隔离"嵌套环型短路线圈，而图 4-30c 为带公共端环及公共笼条的嵌套环型短路线圈。其中，带公共笼条的嵌套环型短路线圈磁场调制效果较好，且异步启动性能佳；相同情况下，带公共笼条与无公共笼条短路线圈磁场调制效果强弱仅与短路线圈跨距分布有关。另一方面，在忽略端部电流影响时，是否带有公共端环对短路线圈磁场调制效果无影响，仅仅是加工难度的区别，带公共端环短路线圈端部结构更简洁，加工简便。在忽略趋肤效应的情况下，除公共笼条外绕组匝数对短路线圈的磁场耦合、磁场调制效果没有影响。

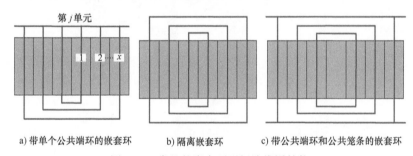

a) 带单个公共端环的嵌套环　　b) 隔离嵌套环　　c) 带公共端环和公共笼条的嵌套环

图 4-30　常见的嵌套环型短路线圈结构

假设源磁动势分布为 $f(\phi,t)$，短路线圈调制源磁动势过程中将产生对称多相交流电流，进而建立相应的附加磁动势分布，调制后的磁动势分布为源磁动势与附加磁动势相加的结果。式（4-38）为等距分布笼型短路线圈（短路线圈层数 $S=1$）的调制算子，当同心嵌套短路线圈层数 $S>1$ 时，如图 4-30 所示，则嵌套环型短路线圈调制算子为式（4-38）的线性叠加

$$M(N_{SC},\gamma_x)\left[f(\phi,t)\right]=f(\phi,t)+\sum_{j=1}^{N_{SC}}\sum_{x=1}^{S}W_{jx}i_{jx},\phi\in\left[0,2\pi\right] \qquad (4\text{-}46)$$

为了简化分析，首先研究嵌套环层数为 $S=1$ 的情形，即先假设转子绕组包含 N_{SC} 个独立的嵌套短路线圈单元，编号依次为 1，2，…，N_{SC}，线圈跨距为 γ_x，嵌套环可从效果上视作 S 层笼型短路线圈的叠加。单层短路线圈属于绕组分类中的单相不对称绕组，即通入直流电流后建立的磁动势正负半周不对称。假设第 j 单元（$j=1$，2，…，N_{SC}）内第 x 环（$x=1$，2，…，S，环数编号由内向外）的线圈跨距为 γ_x，则单个短路线圈的绕组函数如图 4-31 所示，可表示为

$$W_{jx}(\phi) = \begin{cases} \dfrac{1-\gamma_x\left(\dfrac{2\pi}{N_{SC}}\right)}{2\pi}\phi \in \left[-\gamma_x\left(\dfrac{\pi}{N_{SC}}\right),\gamma_x\left(\dfrac{\pi}{N_{SC}}\right)\right] \\[4mm] \dfrac{-\gamma_x\left(\dfrac{2\pi}{N_{SC}}\right)}{2\pi}\phi \in \left[0,2\pi\right]-\left[-\gamma_x\left(\dfrac{\pi}{N_{SC}}\right),\gamma_x\left(\dfrac{\pi}{N_{SC}}\right)\right] \end{cases} \qquad (4\text{-}47)$$

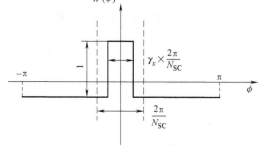

图 4-31 单层短距线圈绕组函数

对图 4-31 波形进行偶延拓，可将单个短路线圈绕组函数重写为傅里叶级数形式

$$W_{jx}(\phi) = \sum_{n=1}^{\infty} \frac{2}{\pi}\frac{1}{n}\sin\left(\gamma_x\frac{n\pi}{N_{SC}}\right)\cos(n\phi) = \sum_{n=1}^{\infty}\frac{2\gamma_x}{N_{SC}}\left[\frac{\sin\left(\gamma_x\dfrac{n\pi}{N_{SC}}\right)}{\gamma_x\dfrac{n\pi}{N_{SC}}}\right]\cos(n\phi)$$

$$(4\text{-}48)$$

则嵌套环型短路线圈对源励磁磁动势的调制可以表达为

$$M_{SC}(N_{SC},\gamma)[f(\phi,t)] = C_p\cos(p\phi - \omega_s t - \varphi) -$$

$$\sum_{k=lN_{SC}-p}^{\infty} C_{sum}\sin\left[k\phi + \omega_s t + (p+k)\frac{\pi}{N_{SC}} - \varphi\right] +$$

$$\sum_{k=lN_{SC}+p}^{\infty} C_{dif}\sin\left[k\phi - \omega_s t + (k-p)\frac{\pi}{N_{SC}} + \varphi\right] \qquad (4\text{-}49)$$

式中，三个磁场转换系数可表示为

$$C_p = 1 - \sum_{x=1}^{S} 2\pi N_{SC}\frac{\omega_s}{\sqrt{R_x^2 + (\omega_s L_x)^2}}\frac{\mu_0 r_g l_{stk}}{g}\left(\frac{\gamma_x}{N_{SC}}\right)^2\left[\frac{\sin\left(\gamma_x\dfrac{p\pi}{N_{SC}}\right)}{\gamma_x\dfrac{p\pi}{N_{SC}}}\right]^2 \qquad (4\text{-}50)$$

$$C_{sum} = \sum_{x=1}^{S} 2\pi N_{SC}\frac{\omega_s}{\sqrt{R_x^2 + (\omega_s L_x)^2}}\frac{\mu_0 r_g l_{stk}}{g}\left(\frac{\gamma_x}{N_{SC}}\right)^2 \cdot$$

$$\frac{\sin\left(\gamma_x \dfrac{p\pi}{N_{SC}}\right)}{\gamma_x \dfrac{p\pi}{N_{SC}}} \frac{\sin\left(\gamma_x \dfrac{k\pi}{N_{SC}}\right)}{\gamma_x \dfrac{k\pi}{N_{SC}}} \qquad k = lN_{SC} - p \qquad (4\text{-}51)$$

$$C_{dif} = \sum_{x=1}^{S} 2\pi N_{SC} \frac{\omega_s}{\sqrt{R_x^2 + (\omega_s L_x)^2}} \frac{\mu_0 r_g l_{stk}}{g}\left(\frac{\gamma_x}{N_{SC}}\right)^2 \cdot$$

$$\frac{\sin\left(\gamma_x \dfrac{p\pi}{N_{SC}}\right)}{\gamma_x \dfrac{p\pi}{N_{SC}}} \frac{\sin\left(\gamma_x \dfrac{k\pi}{N_{SC}}\right)}{\gamma_x \dfrac{k\pi}{N_{SC}}} \qquad k = lN_{SC} + p \qquad (4\text{-}52)$$

根据之前理想化的假设，即忽略转子电阻和漏电感，短路线圈为理想调制器，则磁场转换系数可化简为

$$C_p\big|_{ideal} = 1 - \sum_{x=1}^{S} \gamma_x \left[\frac{\sin\left(\gamma_x \dfrac{p\pi}{N_{SC}}\right)}{\gamma_x \dfrac{p\pi}{N_{SC}}}\right]^2 \qquad (4\text{-}53)$$

$$C_{sum}\big|_{ideal} = \sum_{x=1}^{S} \gamma_x \frac{\sin\left(\gamma_x \dfrac{p\pi}{N_{SC}}\right)}{\gamma_x \dfrac{p\pi}{N_{SC}}} \frac{\sin\left(\gamma_x \dfrac{k\pi}{N_{SC}}\right)}{\gamma_x \dfrac{k\pi}{N_{SC}}} \qquad k = lN_{SC} - p \qquad (4\text{-}54)$$

$$C_{dif}\big|_{ideal} = \sum_{x=1}^{S} \gamma_x \frac{\sin\left(\gamma_x \dfrac{p\pi}{N_{SC}}\right)}{\gamma_x \dfrac{p\pi}{N_{SC}}} \frac{\sin\left(\gamma_x \dfrac{k\pi}{N_{SC}}\right)}{\gamma_x \dfrac{k\pi}{N_{SC}}} \qquad k = lN_{SC} + p \qquad (4\text{-}55)$$

由式（4-49）可知，按照正弦规律分布的源励磁磁动势被 N_{SC} 个均匀分布的嵌套短路线圈调制后包含三类谐波成分，极对数分别为 p，$lN_{SC}+p$ 和 $lN_{SC}-p$。极对数为 p 的谐波成分由源励磁磁动势建立，其幅值与源励磁磁动势相关。后两类为短路线圈调制产生，其幅值与短路线圈等效极对数 N_{SC}、源磁动势极对数 p 和短路线圈跨距 γ_x 三者有关，可以分别用磁场转换系数 C_{sum} 和 C_{dif} 来表征。以 3/1 对极双层嵌套环型短路线圈无刷双馈感应电机为例，转子短路线圈等效极对数 $N_{SC}=4$，依据式（4-51）和式（4-52）计算当 $l \leqslant 5$ 时的磁场转换系数，见表4-9。

当 N_{SC} 接近 p 时，嵌套环型短路线圈调制产生的两类谐波含量比较高，其中又以 $l=1$ 的两种谐波（极对数分别为 $N_{SC}+p$ 和 $N_{SC}-p$）幅值最大，当控制绕组设计为 $N_{SC}-p$ 对极时，相应的电机即成为无刷双馈感应电机。而且对于确定的短路线圈极对数 N_{SC}，功率绕组与控制绕组极对数越接近，磁场转换系数的取值越大，即无刷双馈感应电机适合选用功率绕组与控制绕组近极配合，其磁场调制行为如

图 4-32 所示，对应的频谱变化如图 4-33 所示。

表 4-9 双层嵌套环转子 3/1 对极无刷双馈感应电机磁场转换系数 （$l \leqslant 5$）

N_{SC}	p	l	$C_{p,p}$	$C_{p,k}^{sum}$	$C_{p,k}^{dif}$
4	3	1	~1.0	0.270	0.039
		2		0.054	0.025
		3		0.030	0.018
		4		0.021	0.014
		5		0.016	0.012

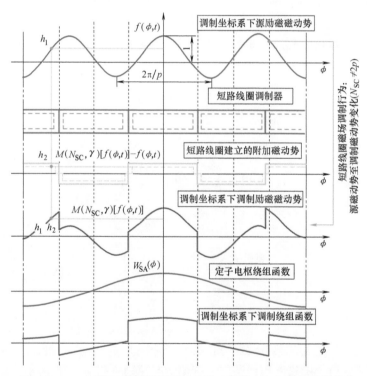

图 4-32 3/1 对极双层嵌套环转子无刷双馈感应电机磁场调制行为

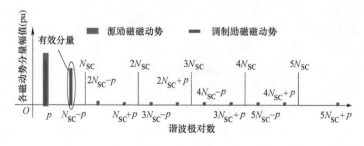

图 4-33 双层嵌套环转子对单位余弦磁动势源励磁磁动势频谱修改

由于嵌套环型短路线圈磁场转换系数 C_{sum} 从效果上讲为 S 层同心嵌套环的叠加，使得磁场转换系数和磁场耦合能力提升，从而改善了磁场调制效果。且该结构与传统均匀分布笼型短路线圈相比，能够有效降低转子漏抗，利于降低励磁电流，提升功率因数，抑制转子无用谐波磁场对铁心饱和的影响，提升抗干扰能力，改善电机起动性能等。

3. 串联环型、混联环型短路线圈磁场调制行为

常见的联环型短路线圈如图 2-95d 所示，每个串联环单元相当于若干个短路线圈依次错开一个槽距角 α 形成分布效应，而各个串联环内感应电流相等，则短路线圈调制算子形式与式（4-38）类似，但各个串联环的绕组函数和感应电流发生变化为

$$M(N_{\text{SC}},\gamma_{\text{c}})[f(\phi,t)] = f(\phi,t) + \sum_{j=1}^{N_{\text{SC}}} W_j i_j \qquad \phi \in [0,2\pi] \qquad (4\text{-}56)$$

混联环型短路线圈相当于 C 个串联环单元线性叠加形成每个混联环单元，如图 4-34 所示，各个串联环内感应电流相等，但不同串联环内电流又不一致，则短路线圈调制算子与式（4-46）类似，但此时叠加次数不再是嵌套环层数 S，而是串联环数 C

$$M(N_{\text{SC}},\gamma_{\text{cn}})[f(\phi,t)] = f(\phi,t) + \sum_{j=1}^{N_{\text{SC}}} \sum_{n=1}^{C} W_{jn} i_{jn} \qquad \phi \in [0,2\pi] \qquad (4\text{-}57)$$

由于串联环中每个串联环单元可简化为若干个跨距为 $\gamma_{\text{c}}(\gamma_{\text{c}}<\gamma)$ 的短路线圈依次错开一个槽距角 α 形成分布效应。因此一个串联环型短路线圈单元的绕组函数可以由单环的绕组函数进行平移叠加，如图 4-35 所示，假设有 N_{SC} 个转子单元，每单元包含 q 个线圈平移后串联短路，则一个串联短路线圈的绕组函数为

$$W_j(\phi) = \sum_{n=1}^{\infty} \frac{2}{\pi} \frac{1}{n} \sin\left(\gamma_{\text{c}} \frac{n\pi}{N_{\text{SC}}}\right) \sum_{h=-\frac{q-1}{2}}^{\frac{q-1}{2}} \cos[n(\phi - h\alpha)]$$

$$= \sum_{n=1}^{\infty} \frac{2}{\pi} \frac{1}{n} \sin\left(\gamma_{\text{c}} \frac{n\pi}{N_{\text{SC}}}\right) \frac{\cos\left(qn\frac{\alpha}{2}\right)}{q\cos\left(n\frac{\alpha}{2}\right)} \cos(n\phi) \qquad q \text{ 为奇数}$$

$$(4\text{-}58)$$

则串联型短路线圈对源励磁磁动势的磁场转换系数可表示为

$$C_p = 1 - 2\pi N_{\text{SC}} k_{dn} \frac{\omega_s}{\sqrt{R^2 + (\omega_s L)^2}} \frac{\mu_0 r_g l_{\text{stk}}}{g} \left(\frac{\gamma_{\text{c}}}{N_{\text{SC}}}\right)^2 \left[\frac{\sin\left(\gamma_{\text{c}} \frac{p\pi}{N_{\text{SC}}}\right)}{\gamma_{\text{c}} \frac{p\pi}{N_{\text{SC}}}}\right]^2 \qquad (4\text{-}59)$$

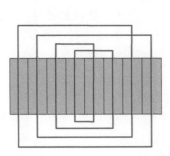

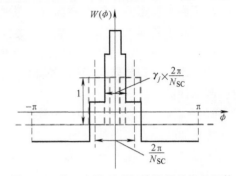

图 4-34 常见的串并混联环型短路线圈结构　　图 4-35 单一串联环型短路线圈的绕组函数

$$C_{\text{sum}} = 2\pi N_{\text{SC}} k_{dn} \frac{\omega_s}{\sqrt{R^2 + (\omega_s L)^2}} \frac{\mu_0 r_g l_{\text{stk}}}{g} \left(\frac{\gamma_c}{N_{\text{SC}}}\right)^2 \cdot$$

$$\frac{\sin\left(\gamma_c \dfrac{p\pi}{N_{\text{SC}}}\right)}{\gamma_c \dfrac{p\pi}{N_{\text{SC}}}} \frac{\sin\left(\gamma_c \dfrac{k\pi}{N_{\text{SC}}}\right)}{\gamma_c \dfrac{k\pi}{N_{\text{SC}}}} \qquad k = l N_{\text{SC}} - p \qquad (4\text{-}60)$$

$$C_{\text{dif}} = 2\pi N_{\text{SC}} k_{dn} \frac{\omega_s}{\sqrt{R^2 + (\omega_s L)^2}} \frac{\mu_0 r_g l_{\text{stk}}}{g} \left(\frac{\gamma_c}{N_{\text{SC}}}\right)^2 \cdot$$

$$\frac{\sin\left(\gamma_c \dfrac{p\pi}{N_{\text{SC}}}\right)}{\gamma_c \dfrac{p\pi}{N_{\text{SC}}}} \frac{\sin\left(\gamma_c \dfrac{k\pi}{N_{\text{SC}}}\right)}{\gamma_c \dfrac{k\pi}{N_{\text{SC}}}} \qquad k = l N_{\text{SC}} + p \qquad (4\text{-}61)$$

$$k_{dn} = \frac{\cos\left(qn\dfrac{\alpha}{2}\right)}{q\cos\left(n\dfrac{\alpha}{2}\right)} \qquad (4\text{-}62)$$

串联环可以等效为笼型短路线圈延长导条后串联形成，它的有效跨距比笼型短路线圈有所减小，但却增加了内层短路线圈的感应电流，使得整个短路线圈电流分布更加均匀。相比嵌套环型短路线圈，串联环同一单元内各个短路线圈回路电流相等，使磁场转换系数 C_{sum} 和 C_{dif} 提升，即通过提升短路线圈的短路电流从而改善其磁场转换效率。但磁场调制能力主要依赖靠近公共笼条的外层短路线圈（跨距 γ_x 大），当外层短路线圈较大的电流被迫流过中间跨距较小的短路线圈时，内层短路线圈对转子磁场调制效果改善并不明显，却相当于是转子回路等效长度增加、等效电阻提升。反映到磁场中则为无效次谐波幅值较高，不利于磁场调制效果的改善。

混联环的绕组函数可表示为串联环绕组函数的线性叠加为

$$
W_{jn}(\phi) = \sum_{n=1}^{C} \sum_{v=1}^{\infty} \frac{2}{\pi} \frac{1}{v} \sin\left(\gamma_c \frac{v\pi}{N_{SC}}\right) \sum_{h=-\frac{q-1}{2}}^{\frac{q-1}{2}} \cos\left[v(\phi - h\alpha)\right]
$$

$$
= \sum_{n=1}^{C} \sum_{v=1}^{\infty} \frac{2}{\pi} \frac{1}{v} \sin\left(\gamma_c \frac{v\pi}{N_{SC}}\right) \frac{\cos\left(qv\frac{\alpha}{2}\right)}{q\cos\left(v\frac{\alpha}{2}\right)} \cos(v\phi) \quad q \text{ 为奇数} \tag{4-63}
$$

则混联型短路线圈对源励磁磁动势的磁场转换系数可表示为

$$
C_p = 1 - \sum_{n=1}^{C} 2\pi N_{SC} k_{dv} \frac{\omega_s}{\sqrt{R_n^2 + (\omega_s L_n)^2}} \frac{\mu_0 r_g l_{stk}}{g} \left(\frac{\gamma_{cn}}{N_{SC}}\right)^2 \left[\frac{\sin\left(\gamma_{cn}\frac{p\pi}{N_{SC}}\right)}{\gamma_{cn}\frac{p\pi}{N_{SC}}}\right]^2
$$

$$\tag{4-64}$$

$$
C_{sum} = \sum_{n=1}^{C} 2\pi N_{SC} k_{dv} \frac{\omega_s}{\sqrt{R_n^2 + (\omega_s L_n)^2}} \frac{\mu_0 r_g l_{stk}}{g} \left(\frac{\gamma_{cn}}{N_{SC}}\right)^2 \cdot
$$

$$
\frac{\sin\left(\gamma_{cn}\frac{p\pi}{N_{SC}}\right)}{\gamma_{cn}\frac{p\pi}{N_{SC}}} \frac{\sin\left(\gamma_{cn}\frac{k\pi}{N_{SC}}\right)}{\gamma_{cn}\frac{k\pi}{N_{SC}}} \quad k = lN_{SC} - p \tag{4-65}
$$

$$
C_{dif} = \sum_{n=1}^{C} 2\pi N_{SC} k_{dv} \frac{\omega_s}{\sqrt{R_n^2 + (\omega_s L_n)^2}} \frac{\mu_0 r_g l_{stk}}{g} \left(\frac{\gamma_{cn}}{N_{SC}}\right)^2 \cdot
$$

$$
\frac{\sin\left(\gamma_{cn}\frac{p\pi}{N_{SC}}\right)}{\gamma_{cn}\frac{p\pi}{N_{SC}}} \frac{\sin\left(\gamma_{cn}\frac{k\pi}{N_{SC}}\right)}{\gamma_{cn}\frac{k\pi}{N_{SC}}} \quad k = lN_{SC} + p \tag{4-66}
$$

$$
k_{dv} = \frac{\cos\left(qv\frac{\alpha}{2}\right)}{q\cos\left(v\frac{\alpha}{2}\right)} \tag{4-67}
$$

混联环型短路线圈相当于串联型的多层嵌套，能够综合串联环型和嵌套环型短路线圈的优势，既能够提升磁场转换效率，使得转子磁动势趋于正弦分布，降低高次无效谐波幅值，又能保持短路线圈电流分布均匀，还能够避免较大转子感应电流被迫流经短路线圈内层引发的不良影响。相比串联环型短路线圈，混联环型短路线圈同一单元内各个串联环短路线圈回路电流相等，从而能够提升磁场转换系数 C_{sum} 和 C_{dif}，且规避了较大电流流过跨距小的环内问题，磁场调制效果相较于串联环有所提升。

4. 等距环型短路线圈磁场调制行为

当短路线圈为图 2-95e 所示的等距环时，相当于简化串联的情形，只不过其跨距可设计为最大跨距 γ_e（最大跨距接近极距的一半）而非串联环跨距 γ_c。则等距环型短路线圈调制算子与式（4-56）类似，但各个串联环的绕组函数和感应电流发生变化为

$$M(N_{\text{SC}}, \gamma_e)[f(\phi, t)] = f(\phi, t) + \sum_{j=1}^{N_{\text{SC}}} W_j i_j \qquad \phi \in [0, 2\pi] \qquad (4\text{-}68)$$

等距环型和串联环型主要区别体现在各单元短路线圈的绕组函数和短路电流上：对于等距环型而言，各层叠加的短路线圈跨距一致且为最大跨距 γ_e；对应的各单元短路线圈中的短路电流一致，仅与最大跨距 γ_e 相关。其绕组函数可表示为

$$W_j(\phi) = \sum_{n=1}^{\infty} \frac{2}{\pi} \frac{1}{n} \sin\left(\gamma_e \frac{n\pi}{N_{\text{SC}}}\right) \sum_{h=-\frac{q-1}{2}}^{\frac{q-1}{2}} \cos[n(\phi - h\alpha)]$$

$$= \sum_{n=1}^{\infty} \frac{2}{\pi} \frac{1}{n} \sin\left(\gamma_e \frac{n\pi}{N_{\text{SC}}}\right) \frac{\cos\left(qn\dfrac{\alpha}{2}\right)}{q\cos\left(n\dfrac{\alpha}{2}\right)} \cos(n\phi) \qquad q \text{ 为奇数} \qquad (4\text{-}69)$$

相似地，等距环型短路线圈对源励磁磁动势的磁场转换系数可表示为

$$C_p = 1 - 2\pi N_{\text{SC}} k_{dv} \frac{\omega_s}{\sqrt{R^2 + (\omega_s L)^2}} \frac{\mu_0 r_g l_{\text{stk}}}{g} \left(\frac{\gamma_e}{N_{\text{SC}}}\right)^2 \left[\frac{\sin\left(\gamma_e \dfrac{p\pi}{N_{\text{SC}}}\right)}{\gamma_e \dfrac{p\pi}{N_{\text{SC}}}}\right]^2 \qquad (4\text{-}70)$$

$$C_{\text{sum}} = 2\pi N_{\text{SC}} k_{dv} \frac{\omega_s}{\sqrt{R^2 + (\omega_s L)^2}} \frac{\mu_0 r_g l_{\text{stk}}}{g} \left(\frac{\gamma_e}{N_{\text{SC}}}\right)^2 \frac{\sin\left(\gamma_e \dfrac{p\pi}{N_{\text{SC}}}\right)}{\gamma_e \dfrac{p\pi}{N_{\text{SC}}}} \frac{\sin\left(\gamma_e \dfrac{k\pi}{N_{\text{SC}}}\right)}{\gamma_e \dfrac{k\pi}{N_{\text{SC}}}} \qquad k = lN_{\text{SC}} - p$$

$$(4\text{-}71)$$

$$C_{\mathrm{dif}} = 2\pi N_{\mathrm{SC}} k_{\mathrm{dv}} \frac{\omega_s}{\sqrt{R^2 + (\omega_s L)^2}} \frac{\mu_0 r_g l_{\mathrm{stk}}}{g} \left(\frac{\gamma_e}{N_{\mathrm{SC}}}\right)^2 \cdot$$

$$\frac{\sin\left(\gamma_e \dfrac{p\pi}{N_{\mathrm{SC}}}\right)}{\gamma_e \dfrac{p\pi}{N_{\mathrm{SC}}}} \frac{\sin\left(\gamma_e \dfrac{k\pi}{N_{\mathrm{SC}}}\right)}{\gamma_e \dfrac{k\pi}{N_{\mathrm{SC}}}} \qquad k = lN_{\mathrm{SC}} + p \qquad (4\text{-}72)$$

$$k_{\mathrm{dv}} = \frac{\cos\left(qv\dfrac{\alpha}{2}\right)}{q\cos\left(v\dfrac{\alpha}{2}\right)} \qquad\qquad (4\text{-}73)$$

等距环型短路线圈从效果上等效为各层短路线圈跨距一致的简化串联环，使得同一单元内各个短路线圈回路电流、跨距均相等，克服了串联环型短路线圈中较大转子感应电流被迫流经短路线圈内环的问题，但同时也牺牲了一定的跨距值，使得调制磁动势中有效次谐波幅值较低而某些无效次谐波幅值较高。另外，等距环型短路线圈与串联环型、混联环型短路线圈的设计初衷均为提升非最外环短路线圈的短路电流或者跨距从而提高磁场转换系数 C_{sum} 和 C_{dif}，故能有效改善磁场调制能力。

表 4-10 中列出了不同结构短路线圈的磁场转换系数，根据表中数据，结合上述实例分析可得如下结论：

- 笼型短路线圈调制器的磁场耦合系数（磁场转换系数）较小，可以采用嵌套环、等距环等多层短路线圈结构增加磁场耦合系数。

- 短路线圈的磁场转换能力与极对数配合关系密切：若基于和调制确定磁场极对数关系，短路线圈等效极对数 N_{SC} 相同时，p 对极和 $N_{\mathrm{SC}}-p$ 对极越接近，磁场转换能力越强，两套磁场之间通过转子形成的间接耦合关系越紧密；类似地，若基于差调制确定磁场极对数关系，短路线圈等效极对数 N_{SC} 相同时，p 对极和 N_{SC} 对极越接近，磁场转换能力越强。

- 短路线圈原极对数 p 调制磁场幅值近似不变，即磁场转换系数 C_p 在理想超导短路线圈条件下约为 1。

- 差调制磁场转换系数 C_{dif} 较低，故差调制极对数配合时短路线圈调制器的磁场调制能力较弱；满足和调制极对数配合时，若短路线圈等效极对数 N_{SC} 相同，p 对极和 $N_{\mathrm{SC}}-p$ 对极相差 1 时，磁场转换能力最强。但实际中，令极对数相差 1 会产生不平衡磁拉力，所以退而求其次，选择 p 对极和 $N_{\mathrm{SC}}-p$ 对极相差为 2 的组合。

- N_{SC} 对极和 p 对极磁场极对数变化相同倍数并不会影响短路线圈磁场转换能力。

表 4-10　以和调制、差调制工作方式的各个短路线圈结构磁场转换系数对比

N_{SC}	p	$N_{SC}-p$	$N_{SC}+p$	C_p	笼型		嵌套环		串联环		混联环		等距环	
					C_{sum}	C_{dif}	C_{sum}	C_{dif}	C_{sum}	C_{dif}	C_{sum}	C_{dif}	C_{sum}	C_{dif}
3	1	2	4		0.342	0.171	0.731	0.044	0.325	0.194	0.438	0.046	0.347	0.174
4	1	3	5		0.270	0.162	0.639	0.000	0.317	0.216	0.405	0.110	0.336	0.202
5	1	4	6		0.219	0.146	0.573	0.038	0.310	0.229	0.379	0.153	0.327	0.218
5	2	3	7		0.382	0.164	0.781	0.176	0.329	0.176	0.456	0.004	0.353	0.151
6	1	5	7		0.182	0.130	0.525	0.069	0.306	0.237	0.360	0.184	0.321	0.229
6	2	4	8		0.342	0.171	0.731	0.044	0.325	0.194	0.438	0.046	0.347	0.174
7	1	6	8		0.156	0.117	0.490	0.094	0.302	0.243	0.346	0.207	0.316	0.237
7	2	5	9		0.303	0.169	0.682	0.022	0.321	0.207	0.420	0.081	0.341	0.190
7	3	4	10		0.393	0.157	0.795	0.067	0.330	0.168	0.461	0.011	0.355	0.142
8	1	7	9	~1.0	0.136	0.106	0.463	0.113	0.299	0.248	0.335	0.224	0.312	0.243
8	2	6	10		0.270	0.162	0.639	0.000	0.317	0.216	0.405	0.110	0.336	0.202
8	3	5	11		0.369	0.168	0.765	0.057	0.328	0.183	0.451	0.019	0.351	0.160
9	1	8	10		0.120	0.096	0.442	0.129	0.297	0.251	0.326	0.238	0.309	0.247
9	2	7	11		0.242	0.154	0.603	0.020	0.313	0.223	0.391	0.133	0.331	0.211
9	3	6	12		0.342	0.171	0.731	0.044	0.325	0.194	0.438	0.046	0.347	0.174
9	4	5	13		0.398	0.153	0.801	0.068	0.331	0.164	0.464	0.019	0.355	0.137
10	1	9	11		0.108	0.088	0.425	0.142	0.295	0.253	0.319	0.249	0.306	0.250
10	2	8	12		0.219	0.146	0.573	0.038	0.310	0.229	0.379	0.153	0.327	0.218
10	3	7	13		0.316	0.170	0.697	0.030	0.322	0.203	0.426	0.070	0.343	0.185
10	4	6	14		0.382	0.164	0.781	0.063	0.329	0.176	0.456	0.004	0.353	0.151

4.5　不同调制器的等效性及互换性

4.5.1　不同调制器等效性和互换性分析

1. 不同调制器的等效性：均可异步调制

本节分析的磁场调制行为指的是影响磁场频谱分布、幅值大小的主调制行为，因为转矩成分构成仅与发挥主导作用的磁场调制行为有关。某些电机可能同时存在同步调制、异步调制行为，但是其中同步调制行为仅仅改变源励磁磁动势的幅值，而不影响调制励磁磁动势气隙磁场的频谱分布（如 6/8 极磁通反向永磁电机的定子同步调制行为），故可以暂不考虑。

由于凸极磁阻、多层磁障及短路线圈三种调制器都可应用于异步调制，从而具

备异步调制行为的共性特征，如调制后的磁动势均包含三种谐波，三种谐波幅值大小即磁场调制能力的强弱可由对应的磁场转换系数反映，且在调制器等效极对数 $N_{RT/MB/SC}$ 相等情形下，三种谐波极对数相同；气隙调制磁场分布不规则，可利用至少两种有限次有效空间谐波，励磁源与电枢配合多为近极或远极配合（极对数不相等）；物理 dq 轴与功能 dq 轴并不一致等。

2. 不同调制器的差异性

三种调制器的磁场调制行为也存在差异性，主要体现在：

（1）磁场调制行为/磁场调制原理的差异性：

1）短路线圈不能对静止的恒定磁通产生磁场调制作用。换言之，短路线圈无法调制直流或静止分布的源磁动势，仅能对旋转分布的源磁动势进行调制，因此要求短路线圈调制器与源磁动势之间存在转速差，即短路线圈仅能作用于异步调制。

2）凸极磁阻对变化和恒定磁通均可产生磁场调制作用，既可以进行同步调制，也可进行异步调制。

3）多层磁障通常会被等效为磁阻凸极以方便理解，且与凸极磁阻类似，多层磁障对静止、旋转分布的源磁动势均能产生磁场调制作用，故可以用于同步调制和异步调制。但在磁场调制行为方面与凸极磁阻有很大不同。在多层磁障中，主要是利用不同位置处磁位的差别来改变气隙磁动势的分布，磁动势分布存在明确的方向性。

（2）磁场转换系数与极对数配合的关系：

1）短路线圈与多层磁障的磁场转换能力与极对数配合关系密切。短路线圈/多层磁障等效极对数 $N_{SC/MB}$ 相同时，气隙调制磁场中 p 对极和 $N_{SC/MB}-p(N_{SC/MB}+p)$ 对极谐波幅值最高，此时可基于和（差）调制确定磁场极对数关系，从而获得最强的磁场转换或耦合能力。

2）凸极磁阻的磁场转换能力主要受极弧系数和槽深等拓扑参数影响，与极对数配合无关。在凸极磁阻等效极对数 N_{RT} 与 p 对极相差较大的应用场合，如自减速电机和磁齿轮，凸极磁阻调制器非常适合。

（3）和调制与差调制的差异

1）凸极磁阻对于相同的 v 和 l，极对数为 $vp+lN_{RT}$ 和 $vp-lN_{RT}$ 的两种谐波分量具有相等的幅值，即磁场转换系数 C_{sum} 与 C_{dif} 相等，然而 $vp+lN_{RT}$ 和 $vp-lN_{RT}$ 等高次无效谐波幅值下降缓慢。

2）短路线圈与多层磁障调制器的磁场转换系数 C_{sum} 远高于 C_{dif}，其调制单位余弦磁动势后产生的谐波含量少于凸极磁阻调制器，只包含几次幅值较大的低次谐波，通过合理选取极对数配合，还可以进一步降低空间无效谐波的含量。

和调制与差调制磁场的差异，导致三种调制器的使用场合存在不同：

• 短路线圈与多层磁障差调制磁场转换系数较低，而和调制磁场转换系数较高，故和调制极对数配合时磁场调制效果较好。另外，由于这两类调制器谐波幅值降低较快，故理论上高次无效谐波抑制能力比凸极磁阻磁场调制电机高。

● 凸极磁阻不仅适用和调制，还适用于差调制极对数配合，其磁场转换能力并未降低，但由于和调制、差调制配合的"齿轮比"定义不同，对电枢绕组关系的约束也不相同，因此需要具体情况具体分析。此外，由于定子永磁型电机具备多谐波特性，即可利用多种有效谐波，贡献转矩的谐波有多个，因此该类电机特别适合凸极磁阻调制器。

（4）谐波含量不同：

1）凸极磁阻有效次谐波极对数为 vp，$vp+lN_{\mathrm{RT}}$ 或 $vp-lN_{\mathrm{RT}}$。

2）短路线圈与多层磁障真正有效次谐波极对数为 p，$p+lN_{\mathrm{MB(SC)}}$ 或 $p-lN_{\mathrm{MB(SC)}}$。

气隙中包含的主谐波含量不同，将导致：

● 凸极磁阻适用定子永磁型这类多谐波特性的电机，此时利用额外有效次谐波能够明显改善电机转矩输出特性，但高幅值无效谐波也会带来额外损耗、振动、噪声等不良影响。

● 短路线圈与多层磁障调制器理论上可利用的额外有效谐波比凸极磁阻磁场调制电机少。

（5）凸极磁阻与多层磁障原理的差异：

多层磁障与凸极磁阻调制原理类似，均是直接改变气隙磁导分布从而调制源励磁磁动势，且均能对源磁动势同步调制和异步调制。但两者的磁场调制行为及相关表达式存在明显差异，主要体现在方向性上，多层磁障中通过充分利用径向叠片不同位置处磁位的差别来改变气隙磁动势的分布，而凸极磁阻在磁导率为无穷大的假设条件下为一等标量磁位体。两者可以直接互换，但工作原理和调制表达式存在明显差异。这一点从磁场转换系数的推导过程也能清楚看出，凸极磁阻的分布仅影响傅里叶展开的形式及对应的调制表达式，该表达式可以与源磁动势的傅里叶展开直接相乘从而得到调制磁动势。而多层磁障可视作无穷磁导层的叠加，它在求解调制磁动势表达式时需要对角度积分并叠加，故两者表达式并不一致。

3. 调制器互换、组合的规律性总结

凸极磁阻与多层磁障调制器的磁场调制原理、磁场调制行为类似，但与短路线圈调制器存在明显差异，总结见表4-11。三种调制器的磁场调制行为、可调制的源磁动势不同，直接决定了三者之间是否可以替代或组合。只有当调制器的磁场调制行为和源磁动势特性相同时，调制器之间才可以彼此互换组合，见表4-12。

表 4-11 不同调制器之间磁场调制行为的差异

调制器类型	磁场调制行为	可调制的源磁动势
短路线圈	异步调制	运动
凸极磁阻	同步调制、异步调制	运动、静止
多层磁障	同步调制、异步调制	运动、静止

表 4-12　调制器的互换性、组合性规律总结

磁场调制行为	源磁动势	互换性	组合性	实例分析
同步调制	静止	凸极磁阻 /多层磁障	凸极磁阻 & 多层磁障	内嵌式永磁同步电机
同步调制	运动			同步磁阻电机
异步调制	静止			磁通切换永磁电机
异步调制	运动	凸极磁阻/多层磁障 /短路线圈	凸极磁阻 & 多层磁障 & 短路线圈	无刷双馈电机

4.5.2　不同调制器互换及组合实例分析

若源磁动势旋转且被转子调制器异步调制，则转子调制器可以在凸极磁阻、轴向叠片多层磁障和径向叠片多层磁障之间任意互换。以无刷双馈磁阻电机为例，不同电机拓扑结构可由直接互换不同调制器获得，如图 4-36 所示。类似地，将上述磁阻调制器替换为短路线圈调制器即可得到如图 4-37 所示的无刷双馈感应电机。直接替换调制器获得的无刷双馈电机各项电磁性能特征彼此相似，但由于其拓扑结构的差异通常称之为"磁阻"或"感应"电机。另外，研究分析表明，无刷双馈磁阻电机中轴向叠片各向异性转子的磁场转换能力最强，径向叠片各向异性转子次之，凸极磁阻转子最弱。径向叠片多层磁障磁场转换能力在 p_p 对极绕组激励时尤为明显，这是由于多层磁障磁场转换系数 C_{pp} 要高于凸极磁阻调制器。另一方面，轴向叠片多层磁障中会感生大量涡流从而产生涡流损耗，且加工难度最大，因而径向叠片多层磁障更适合无刷双馈磁阻电机的转子结构。

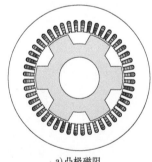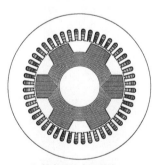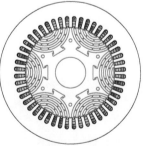

a)凸极磁阻　　　　　　b)轴向叠片多层磁障　　　　　　c)径向叠片多层磁障

图 4-36　无刷双馈磁阻电机的凸极转子类型

同样地，若源磁动势旋转且被转子调制器异步调制，则转子调制器可以在凸极磁阻、多层磁障和短路线圈之间任意组合。以图 4-13 所示的复合转子为例，由于多层磁障和短路线圈调制器与旋转源励磁磁动势均存在相对运动，且短路线圈调制器发挥磁场调制作用的基础就是转子运行在异步速，故复合转子无刷双馈磁阻电机的磁场调制行为属于异步调制。复合转子本质上旨在利用短路线圈和多层磁障的双

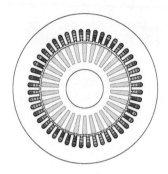
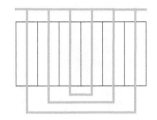

图 4-37　无刷双馈感应电机的改进型短路线圈转子类型

重异步调制增强转子的磁场耦合能力。多层磁障结构通过预先限定磁力线路径的方式对非均匀分布的源磁动势进行调制，即通过充分利用不同位置处磁位的差别来改变气隙磁动势的分布；而辅助短路线圈依靠感应转子电流产生的附加磁动势对定子绕组建立的磁动势进行调制，能够提升有效次谐波幅值。但由于多层磁障结构的限制，导致辅助短路线圈导条较细且槽深较浅，导条趋肤效应明显，使得短路线圈调制器磁场转换系数降低，不利于改善复合转子磁场调制效果。上述原理同样适用于凸极磁阻与短路线圈组合的无刷双馈感应电机，如图 4-38 所示。由于凸极转子和短路线圈带来的双重异步调制特性，该电机可以视作无刷双馈感应电机，也可以视作无刷双馈磁阻电机。

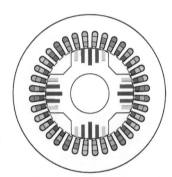

图 4-38　凸极磁阻+短路线圈
无刷双馈电机

　　总之，凸极磁阻和多层磁障调制器由于其磁场调制行为和调制特性相似，故可以任意互换组合。但短路线圈调制器的磁场调制特性存在明显差异，仅能应用于异步调制场合且仅能调制旋转分布的源磁动势。

4.5.3　不同调制器互换的性能对比

　　本节依据二维瞬态场有限元分析，定量对比了四种无刷双馈电机结构：凸极磁阻（Salient Pole Reluctance，SPR）、多层磁障径向叠片（Flux Barrier Radial Lamination，FBRL）、多层磁障轴向叠片（Flux Barrier Axial Lamination，FBAL）、短路线圈（Short Circuited Coils，SCC），基于 4.4 小节理论描述对比分析了其气隙磁通密度分布、耦合特性、电感特性、转矩性能等电磁特性。四种无刷双馈电机拓扑及磁力线分布如图 4-39 所示。

1. 空载气隙磁通密度分布：CW 激励，PW 开路
　　当 CW 激励且电流有效值为 2.5A、PW 开路，即运行在简单异步模式时，根

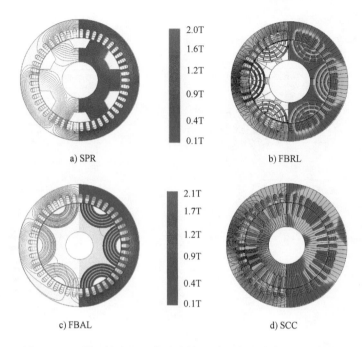

a) SPR

b) FBRL

c) FBAL

d) SCC

图 4-39　无刷双馈电机空载磁力线及磁通密度分布（CW 激励）

据图 4-40 和图 4-41 波形及频谱分布可知，无刷双馈电机径向空载气隙磁通密度沿气隙圆周呈偶对称分布，而在凸极槽口区域幅值存在跌落。几种无刷双馈电机空载气隙径向磁通密度分量均包含 $2(p_c)$、$4(N_{RT/MB/SC} - p_c)$、$8(N_{RT/MB/SC} + p_c)$ 对极三种谐波，凸极磁阻调制器满足 C_{sum} 和 C_{dif} 的等效规律，即 $4(N_{MB/SC} - p_c)$、$8(N_{MB/SC} + p_c)$ 对极谐波幅值相等，但高次谐波幅值降低缓慢，气隙谐波丰富。多层磁障和短路线圈调制器 $4(N_{MB/SC} - p_c)$、$8(N_{MB/SC} + p_c)$ 对极谐波幅值不相等，但两种调制器对高次谐波抑制效果较强，短路线圈最强而多层磁障次之，还可以通过合理选取极对数配合，进一步降低无效空间谐波的含量。相比 FBRL，FBAL 2 对极谐波幅值偏低，这是由于转子铁心中涡流损耗未能得到有效的阻隔，使得有效磁通密度幅值降低；虽然 2 对极谐波较低，但由 FGSAL 调制出的 4 对极谐波幅值更高，即磁场转换能力相较 FBRL 更高。另一方面，FBAL 高次谐波抑制能力更强，气隙磁通密度 2 对极与 4 对极磁场谐波叠加后与磁通密度原波形更符合。

2. 耦合特性分析

分别激励 CW、PW，电压源相有效值为 200V，频率 50Hz，对应 PW、CW 接无穷大电阻等效开路，并测量 PW、CW 侧感应相电压有效值，获得图 4-42 所示波形。根据图 4-42 数值可知，无刷双馈电机耦合特性在自然同步速 500r/min 时接近于零，且 CW 激励或 PW 激励时零点仅存在一个。无刷双馈电机耦合特性也可通过 PW、CW 侧耦合系数 C'_{pc} 获得，耦合系数能够反映 PW、CW 经过 SPR/SCC/FB 转子调制后的间接电磁耦合。与和调制磁场转换系数 C_{sum} 类似，高耦合系数 C'_{pc} 表征该调制器对励磁（电枢）磁场与电枢（励磁）磁场的高电磁耦合能力。

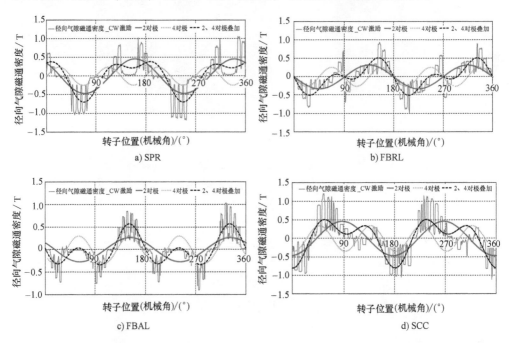

图 4-40 空载气隙径向磁通密度波形分布（CW 激励）

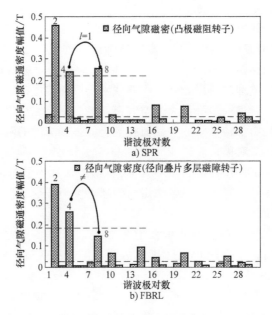

图 4-41 空载气隙径向磁通密度频谱分布（CW 激励）

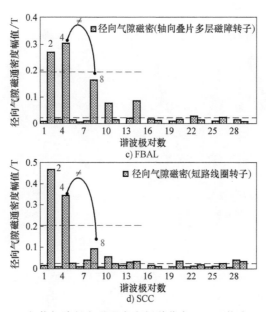

c) FBAL

d) SCC

图 4-41 空载气隙径向磁通密度频谱分布（CW 激励）（续）

由图 4-43 所示为 PW 与 CW 的耦合系数波形，由图可知：FBAL 多层磁障 PW 与 CW 耦合系数最大，凸极磁阻和短路线圈调制器次之，FBRL 多层磁障 PW 与 CW 耦合系数最小。相比之下 FBRL，FBAL 的 PW、CW 耦合性能更强，从而转矩性能得到提升，而且 FBAL 磁场转换能力或磁场调制能力比 FBRL 更强。另外，几种调制器的 PW 与 CW 耦合系数为交流量，其周期性等于转子调制器等效极对数 6（$N_{RT/SC/MB} = 6$）。

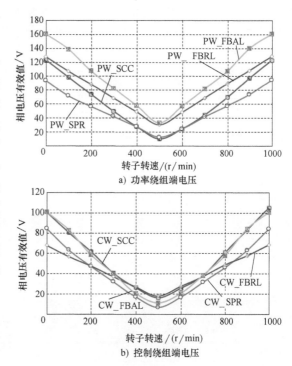

a) 功率绕组端电压

b) 控制绕组端电压

图 4-42 电压控制模式耦合特性（相电压有效值）

3. 电感特性分析

图 4-44 所示为无刷双馈电机的电感特性波形。由图可知，凸极磁阻、多层磁障、短路线圈无刷双馈电机的 PW、CW 自感均为恒定值，而 PW 相间互感及 CW 相间互感约为其各绕组主自感的一半。由

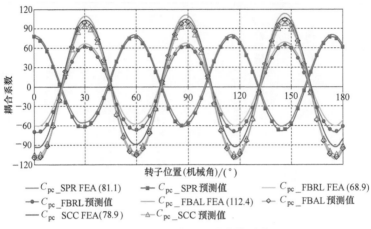

图 4-43 PW 与 CW 的耦合系数

图 4-44 中电感幅值可知：轴向叠片多层磁障 PW 自感最大，短路线圈与多层磁障次之，凸极磁阻最低；短路线圈 CW 自感最大，轴向叠片多层磁障次之，凸极磁阻再次之，多层磁障最低；各调制器 PW 相间互感及 CW 相间互感分别与上述规律一致。另外，PW 自感、CW 自感，以及 PW 与 CW 耦合系数的幅值也分别反映了磁场转换系数 $C_{pp(pc)}$ 和 C_{sum} 的相对大小即磁场转换能力的高低，轴向叠片磁场转换能力最强，而嵌套环型短路线圈对和调制极对数谐波磁场转换系数 C_{sum} 同样最大，反映到转矩特性中为同样条件下无刷双馈感应电机转矩值比多层磁障和凸极磁阻无刷双馈磁阻电机高。

除此之外，四种典型调制器电机的 PW 自感、CW 自感、PW 与 CW 耦合系数比值与磁场转换系数 $C_{p(pc)}$ 和 C_{sum} 的比值吻合，见表 4-13，因此可通过磁场转换系数直接反映电感特性及耦合特性。需注意的是，表 4-13 中磁场转换系数比值须令 C_{sum} 乘以 1 与漏磁系数 σ 的差，这是由于和调制的两种极对数谐波须经转子异步调制，而转子结构中的导磁条、隔磁层、短路线圈等的存在必然带来漏磁的问题，故可以提出漏磁系数 σ 以反映各调制器对漏磁的抑制能力问题。换句话说，漏磁系数 σ 反映了调制器结构对磁场转换能力强弱的影响，漏磁系数 σ 越低磁场调制能力越强，定性分析时可令漏磁系数 $\sigma = 0$。

表 4-13 电感特性、耦合特性与磁场转换系数对应关系

调制器类型	电感特性		耦合系数	比值	磁场转换系数			漏磁系数	比值
	L_{cc}	L_{pp}	C'_{pc}		C_{pc}	C_{pp}	C_{sum}	σ	
凸极磁阻	162.682	153.341	81.118	1/0.943/0.499	0.477	0.477	0.304	0.2	1/1/0.510
多层磁障	98.888	213.702	68.975	1/2.161/0.698	0.293	0.603	0.413	0.5	1/2.058/0.705
轴向叠片	160.281	317.312	112.397	1/1.987/0.700	0.293	0.603	0.413	0.5	1/2.058/0.705
短路线圈	218.120	232.399	78.870	1/1.065/0.362	1	1	0.731	0.5	1/1/0.366

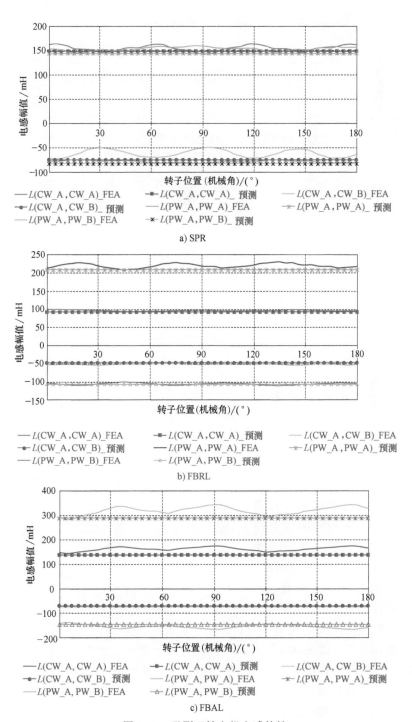

a) SPR

b) FBRL

c) FBAL

图 4-44 无刷双馈电机电感特性

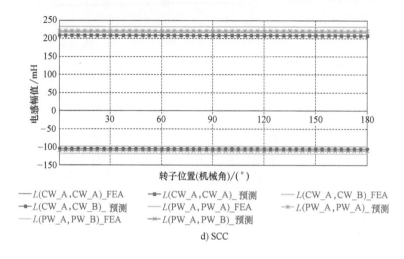

d) SCC

图 4-44 无刷双馈电机电感特性 （续）

4. 平均电磁转矩特性分析

给 CW 励磁且电流有效值为 0.5～10A 变化，PW 接 50Ω 电阻负载，无刷双馈电机工作于简单异步模式下，其平均转矩与 CW 电流有效值的关系如图 4-45 所示。无刷双馈电机转矩特性均近似二次曲线，与传统笼型感应电机特性类似。有限元仿真和理论计算值比较吻合，相电流有效值较小时误差较小，随着电流提升误差增大。短路线圈无刷双馈感应电机相较普通无刷双馈磁阻电机（凸极磁阻、径向叠片）转矩值较大，但其饱和点来得较早，可能是转子硅钢片面积设计较小，且转子漏磁等因素使得转子铁心更易饱和。多层磁障无刷双馈磁阻电机转矩幅值次之，且饱和点来得更晚，这是由于多

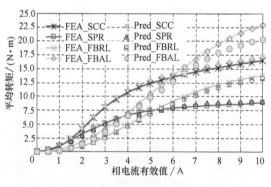

图 4-45 平均转矩随电流有效值变化特性

层磁障调制行为中高次谐波幅值较低、转子铁心不易饱和且没有转子损耗，该电机可以通过提升相电流幅值来增加转矩输出，但此时必须考虑转矩脉动、漏磁等因素。轴向叠片多层磁障无刷双馈磁阻电机转矩幅值最大，约为径向叠片的 1.5 倍，可从耦合特性及电感幅值中总结出类似的结论，且其饱和特性与径向叠片磁阻电机类似，说明两者磁场调制行为相同。凸极磁阻无刷双馈电机转矩幅值最低，其磁场转换能力比多层磁障较弱。

参 考 文 献

[1]　CHENG M, WEN H, HAN P, et al. Analysis of airgap field modulation principle of simple sali-ent poles [J]. IEEE Transactions on Industrial Electronics, 2019, 66 (4): 2628-2638.

[2]　程明, 韩鹏, 魏新迟. 无刷双馈风力发电机的设计、分析与控制 [J]. 电工技术学报, 2016, 31 (19): 37-53.

[3]　CHENG M, HAN P, HUA W. General airgap field modulation theory for electrical machines [J]. IEEE Transactions on Industrial Electronics, 2017, 64 (8): 6063-6074.

[4]　励鹤鸣, 励庆孚. 电磁减速式电动机 [M]. 北京: 机械工业出版社, 1982.

[5]　程明, 文宏辉, 曾煜, 等. 电机气隙磁场调制行为及其转矩分析 [J]. 电工技术学报, 2020, 35 (5): 921-930.

[6]　HAN P, CHENG M, WEI X, et al. Modeling and performance analysis of a dual-stator brush-less doubly-fed induction machine based on spiral vector theory [J]. IEEE Transactions on In-dustrial Application, 2016, 52 (2): 1380-1389.

[7]　张凤阁, 王凤翔, 王正. 不同转子结构无刷双馈电机稳态运行特性的对比实验研究 [J]. 中国电机工程学报, 2002, 22 (4): 52-55.

[8]　韩鹏. 双定子无刷双馈电机设计与驱动控制 [D]. 南京: 东南大学, 2017.

[9]　于思洋. 兆瓦级复合转子无刷双馈风力发电机分析与设计方法研究 [D]. 沈阳: 沈阳工业大学, 2018.

[10]　ZHANG F, WANG H, JIA G, et al. Effects of design parameters on performance of brushless electrically excited synchronous reluctance generator [J]. IEEE Transactions on Industrial Elec-tronics, 2018, 65 (11): 9179-9189.

[11]　WEN H, CHENG M, JIANG Y, et al. Analysis of airgap field modulation principle of flux guides [J]. IEEE Transactions on Industry Application, 2020, 56 (5): 4758-4768.

[12]　ZHANG F, YU S, WANG Y, et al. Design and performance comparisons of brushless doubly fed generators with different rotor structures [J]. IEEE Transactions on Industrial Electronics, 2019, 66 (1): 631-640.

第5章 基于磁场调制理论的电机性能分析与计算

5.1 概述

第3章建立了电机气隙磁场调制理论，介绍了磁场调制现象的发现和本书作者对磁场调制原理的理解，并在部分电机中初步印证了该理论对电机运行所起到的关键性作用；基于磁场调制理论，定性地分析了常见电机的运行原理和基本特点，并进一步证明了不仅狭义的磁场调制电机遵循磁场调制原理，而且传统的有刷直流电机、感应电机和同步电机等均遵守磁场调制原理，为电机工作原理的理解提供了一个全新的视角。第4章就电机中普遍存在的磁场调制行为，定义了同步调制与异步调制行为、同步转矩与异步转矩分量，并就其关键的差异分别进行对比、分析；对典型电机的转矩成分进行总结和归类，阐述了同步/异步调制行为与同步/异步转矩分量的辩证关系；并结合电机实例分析不同调制器的磁场调制行为，揭示了不同调制器之间的等效性及互换性等基本规律，探索了不同调制器之间复合调制的可能性。本章将应用电机气隙磁场调制统一理论[1]，对典型电机的性能进行定性分析，并对气隙磁场分布、电感特性、转矩特性等电磁参数和特性进行定量计算。

5.2 无刷双馈电机

长期以来，无刷双馈电机一直被认为是有刷双馈电机的理想取代品，特别在风力发电等低速应用中更具应用潜力[2-6]。目前，国内外学者已经提出了多种不同的无刷双馈电机结构，例如级联双馈感应电机[7]，具有嵌套环[3-6]或多相绕线转子的无刷双馈感应电机[8]，无刷双馈磁阻电机[6]，复合转子无刷双馈电机[9]和基于旋转变压器的无刷双馈感应电机[10]等。无刷双馈电机转子包括短路线圈、凸极磁阻、多层磁障（径向叠片及轴向叠片）等。级联双馈感应电机、无刷双馈感应电机和无刷双馈磁阻电机是无刷双馈电机的三种典型类型，从气隙磁场调制统一理论的角度来看，级联双馈感应电机为单位调制，无刷双馈感应电机为短路线圈调制，无刷双馈磁阻电机（凸极磁阻转子和多层磁障转子）正好对应凸极磁阻调制和多层磁障调制。因此，本节首先利用电机气隙磁场调制统一理论对三种主要无刷双馈电机的气隙磁场分布和电感特性进行分析。与传统单馈电机不同，无刷双馈电机是一类具有两个交流电气端口（功率绕组和控制绕组）和一个机械端口（转轴）的电机。两套定子绕组通过转子进行间接耦合，在转子旋转过程中完成机电能量转换。

5.2.1 无刷双馈电机的定子绕组

通常无刷双馈电机的功率绕组和控制绕组都设计为多相对称分布绕组（每极每相槽数 $q>1$，可以为分数槽或整数槽）。其中每一相绕组均由若干单个整距线圈平移后串联构成，对应的相绕组的绕组函数均可由单个整距线圈的绕组函数平移叠加后得到，所以首先研究单个整距线圈的绕组函数。

假设某一单相整距绕组有 p 对极，每极每相串联匝数为 N_t，如图5-1所示，其绕组函数为

$$W(\phi) = \frac{4}{\pi} \frac{N_t}{2} \sum_{\nu=2k+1}^{\infty} \frac{1}{\nu} \sin(\nu p \phi) \qquad k = 0, 1, 2, \cdots, \infty \tag{5-1}$$

整数槽双层短距绕组，可以看作上下两层单相整距绕组（每极每相绕组匝数变为 $N_t/2$）错开短距角 β（机械角度）后叠加所得，如图5-2所示，即

$$W(\phi) = \frac{1}{2} \left\{ \frac{4}{\pi} \frac{N_t}{2} \sum_{\nu=2k+1}^{\infty} \frac{1}{\nu} \sin\left[\nu p\left(\phi - \frac{\beta}{2}\right)\right] + \frac{4}{\pi} \frac{N_t}{2} \sum_{\nu=2k+1}^{\infty} \frac{1}{\nu} \sin\left[\nu p\left(\phi + \frac{\beta}{2}\right)\right] \right\}$$

$$= \frac{4}{\pi} \frac{N_t}{2} \sum_{\nu=2k+1}^{\infty} \frac{1}{\nu} \sin(\nu p \phi) \cos\left(\frac{\nu p \beta}{2}\right) \qquad k = 0, 1, 2, \cdots, \infty \tag{5-2}$$

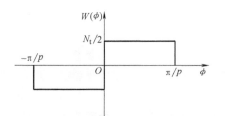

图5-1 单个整距线圈的绕组函数

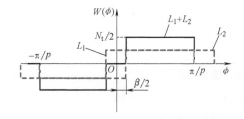

图5-2 单个双层短距线圈的绕组函数

整数槽双层短距分布绕组可以看作由 q 个双层短距绕组错开 q 个槽（q 为每极每相槽数，槽距角为 α 电角度）叠加而成，如图5-3所示，其对应的绕组函数可表示为

$$W(\phi) = \frac{4}{\pi} \frac{N_t}{2} \sum_{\nu=2k+1}^{\infty} \frac{1}{\nu} \sum_{h=-\frac{q-1}{2}}^{\frac{q-1}{2}} \sin\left[\nu p(\phi - h\alpha)\right] \cos\left(\frac{\nu p \beta}{2}\right)$$

$$= \frac{4}{\pi}\frac{N_t}{2}\sum_{\nu=2k+1}^{\infty}\frac{1}{v}\cos\left(\frac{vp\beta}{2}\right)\frac{1}{q}\sum_{h=-\frac{q-1}{2}}^{\frac{q-1}{2}}\sin[vp(\phi-h\alpha)] \qquad (5\text{-}3)$$

化简后可得

$$W(\phi) = \frac{4}{\pi}\frac{N_t}{2}\sum_{\nu=2k+1}^{\infty}\frac{1}{v}\cos\left(\frac{vp\beta}{2}\right)\frac{\sin\left(qvp\dfrac{\alpha}{2}\right)}{q\sin\left(vp\dfrac{\alpha}{2}\right)}\sin(vp\phi)$$

$$= \frac{4}{\pi}\frac{N_t}{2}\sum_{\nu=2k+1}^{\infty}S_{vp}\sin(vp\phi) \qquad q\ 为奇数 \qquad (5\text{-}4)$$

可见，电机绕组函数为以空间位置角 ϕ 为变量的一系列三角函数的无穷级数，其傅里叶级数各项系数与绕组系数之间的关系为

$$S_{vp}=\frac{1}{v}k_{p\_vp}k_{d\_vp} \quad v=2k+1 \qquad (5\text{-}5)$$

式中，节距系数、分布系数以及绕组系数分别为

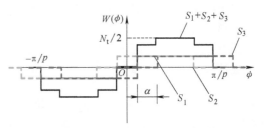

图 5-3 双层短距分布绕组一相绕组的绕组函数

$$k_{p\_vp}=\cos\left(\frac{vp\beta}{2}\right) \qquad v=2k+1 \qquad (5\text{-}6)$$

$$k_{d\_vp}=\frac{\sin\left(qvp\dfrac{\alpha}{2}\right)}{q\sin\left(vp\dfrac{\alpha}{2}\right)} \qquad v=2k+1 \qquad (5\text{-}7)$$

$$k_{w\_vp}=k_{d\_vp}k_{d\_vp} \qquad v=2k+1 \qquad (5\text{-}8)$$

这一特点将会在调制后的绕组函数中得到充分利用，因为可以将复杂绕组函数分解为一系列三角函数的和，求出单个三角函数调制后的结果，然后使用叠加定理即可求得复杂绕组函数的磁场调制结果。

对于三相整数槽分布绕组来说，3 次和 3 的倍数次谐波将在三相磁动势合成中被抵消，所以单相绕组的绕组函数傅里叶级数中 3 次和 3 的倍数次谐波不起作用，可以不予关注。则基波（$k=0$）具有最大的幅值，最靠近基波的 5 次谐波幅值小于基波的 1/5，是起主要作用的谐波分量。所以，绝大多数情况下可以忽略谐波的影响，只考虑多相整数槽分布绕组产生的基波，即

$$W(\phi)=\frac{4}{\pi}\frac{N_t}{2}k_{w\_p}\sin(p\phi)+R_p \qquad (5\text{-}9)$$

式中，余项 R_p 为

$$R_p = \frac{4}{\pi}\frac{N_t}{2}\sum_{\nu=2k+1}^{\infty} S_{vp}\sin(vp\phi) \qquad k=1,2,\cdots,\infty \tag{5-10}$$

下文中，仅在考虑谐波影响时使用带余项的绕组函数，其余情况均使用忽略余项的绕组函数表达式。无刷双馈电机的功率绕组和控制绕组均为多相分布绕组，若忽略各次谐波，则控制绕组的绕组函数为（以三相为例）

$$\begin{cases} W_{scU}(\phi)=\frac{4}{\pi}\left(\frac{N_{ph\_sc}k_{w1\_sc}}{2p_c}\right)\sin(p_c\phi) \\[2mm] W_{scV}(\phi)=\frac{4}{\pi}\left(\frac{N_{ph\_sc}k_{w1\_sc}}{2p_c}\right)\sin\left(p_c\phi-\frac{2\pi}{3}\right) \\[2mm] W_{scW}(\phi)=\frac{4}{\pi}\left(\frac{N_{ph\_sc}k_{w1\_sc}}{2p_c}\right)\sin\left(p_c\phi+\frac{2\pi}{3}\right) \end{cases} \tag{5-11}$$

功率绕组的绕组函数形式与式（5-11）相同，只需将下标 c 换成 p 即可。控制绕组通入三相对称单位交流励磁电流后所建立的源磁动势为

$$\begin{aligned} F_f^c &= W_{scU}(\phi)\sin(\omega t)+W_{scV}(\phi)\sin\left(\omega t-\frac{2\pi}{3}\right)+W_{scW}(\phi)\sin\left(\omega t+\frac{2\pi}{3}\right) \\ &= \frac{4}{\pi}\left(\frac{N_{ph\_sc}k_{w1\_sc}}{2p_c}\right)\left(\frac{3}{2}\right)\cos(p_c\phi-\omega t) \end{aligned} \tag{5-12}$$

式（5-12）表明，三相合成磁动势为一行波，幅值为单相磁动势幅值的 3/2 倍。在本章后面的分析中，为了方便不同无刷双馈电机之间的比较，源励磁磁动势统一采用幅值为 1 的单位余弦函数，即

$$f(\phi,t)=\cos(p\phi-\omega t) \tag{5-13}$$

5.2.2　无刷双馈电机的气隙磁场分布及电感特性

1. 级联双馈感应电机

（1）气隙磁场分布

由于定、转子均为表面开槽结构，调制算子采用式（3-25）的形式。但由于均为小开口槽，可以忽略开槽的影响，按照单位调制进行分析。调制后的单位余弦函数为

$$M[f(\phi,t)]=\cos(p_c\phi-\omega t) \tag{5-14}$$

进一步可得控制电机空载气隙磁场分布为

$$B_f=\frac{\mu_0}{g}\cos(p_c\phi-\omega t) \tag{5-15}$$

即任一时刻，级联双馈感应电机控制电机的气隙磁场按余弦规律分布。类似地，将

式（5-14）和式（5-15）中的下标 c 替换为 p 便可以得到功率电机的气隙磁场也按照余弦规律分布。

（2）电感特性分析

级联双馈感应电机中的电感包含功率绕组相主自感和相间互感、控制绕组相主自感和相间互感、功率绕组与功率侧转子绕组之间的互感、控制绕组与控制侧转子绕组之间的互感，如图 5-4 所示。其中，下标 U，V，W 分别代表定子绕组 U，V，W 相，而下标 u，v，w 分别代表转子绕组 u，v，w 相。s 和 r 分别代表定子和转子，p 和 c 分别代表功率端和控制端。

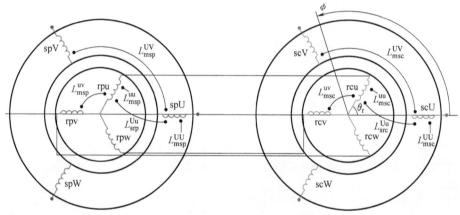

图 5-4   级联双馈感应电机中的电感

控制绕组 U 相主自感为

$$
\begin{aligned}
L_{\mathrm{msc\_CDFIM}}^{\mathrm{UU}} &= \frac{\mu_0 r_g l_{\mathrm{stk}}}{g} \int_0^{2\pi} M\big[\,W_{\mathrm{scU}}(\phi)\,\big] W_{\mathrm{scU}}(\phi)\,\mathrm{d}\phi \\
&= \frac{\mu_0 r_g l_{\mathrm{stk}}}{g} \int_0^{2\pi} \left[\frac{4}{\pi}\left(\frac{N_{\mathrm{ph\_sc}} k_{\mathrm{w1\_sc}}}{2p_\mathrm{c}}\right)\sin(\phi)\right]^2 \mathrm{d}\phi \\
&= \frac{\mu_0 \pi r_g l_{\mathrm{stk}}}{g} \left[\frac{4}{\pi}\left(\frac{N_{\mathrm{ph\_sc}} k_{\mathrm{w1\_sc}}}{2p_\mathrm{c}}\right)\right]^2 = L_{\mathrm{msc}}
\end{aligned}
\tag{5-16}
$$

同理可得 V 相和 W 相主自感与 U 相主自感相同。

控制绕组 U 相与 V 相之间的互感为

$$
\begin{aligned}
L_{\mathrm{msc\_CDFIM}}^{\mathrm{UV}} &= \frac{\mu_0 r_g l_{\mathrm{stk}}}{g} \int_0^{2\pi} M\big[\,W_{\mathrm{scU}}(\phi)\,\big] W_{\mathrm{scV}}(\phi)\,\mathrm{d}\phi \\
&= \frac{\mu_0 r_g l_{\mathrm{stk}}}{g} \int_0^{2\pi} \left[\frac{4}{\pi}\left(\frac{N_{\mathrm{ph\_sc}} k_{\mathrm{w1\_sc}}}{2p_\mathrm{c}}\right)\sin(\phi)\right] \cdot \left[\frac{4}{\pi}\left(\frac{N_{\mathrm{ph\_sc}} k_{\mathrm{w1\_sc}}}{2p_\mathrm{c}}\right)\sin\left(\phi - \frac{2\pi}{3}\right)\right] \mathrm{d}\phi
\end{aligned}
$$

$$= \left(-\frac{1}{2}\right)\frac{\mu_0 \pi r_g l_{stk}}{g}\left[\frac{4}{\pi}\left(\frac{N_{ph\_sc}k_{w1\_sc}}{2p_c}\right)\right]^2 = \left(-\frac{1}{2}\right)L_{msc} \tag{5-17}$$

同理可得 V 相与 W 相之间的互感、W 相与 U 相之间的互感与 UV 两相之间的互感相同。

控制侧转子绕组 u 相主自感为

$$L_{mrc\_CDFIM}^{uu} = \frac{\mu_0 r_g l_{stk}}{g}\int_0^{2\pi} M[W_{rcu}(\phi)]W_{rcu}(\phi)\,\mathrm{d}\phi$$

$$= \frac{\mu_0 r_g l_{stk}}{g}\int_0^{2\pi}\left[\frac{4}{\pi}\left(\frac{N_{ph\_sc}k_{w1\_sc}}{2p_c}\right)\sin(\phi)\right]^2\mathrm{d}\phi$$

$$= \frac{\mu_0 \pi r_g l_{stk}}{g}\left[\frac{4}{\pi}\left(\frac{N_{ph\_sc}k_{w1\_sc}}{2p_c}\right)\right]^2 = L_{mrc} \tag{5-18}$$

同理可得 v 相和 w 相主自感与 u 相主自感相同。

控制侧转子绕组 u 相与 v 相之间的互感为

$$L_{mrc\_CDFIM}^{uv} = \frac{\mu_0 r_g l_{stk}}{g}\int_0^{2\pi} M[W_{rcu}(\phi)]W_{rcv}(\phi)\,\mathrm{d}\phi$$

$$= \frac{\mu_0 r_g l_{stk}}{g}\int_0^{2\pi}\left[\frac{4}{\pi}\left(\frac{N_{ph\_rc}k_{w1\_rc}}{2p_c}\right)\sin(\phi)\right]\left[\frac{4}{\pi}\left(\frac{N_{ph\_rc}k_{w1\_rc}}{2p_c}\right)\sin\left(\phi-\frac{2\pi}{3}\right)\right]\mathrm{d}\phi$$

$$= \left(-\frac{1}{2}\right)\frac{\mu_0 \pi r_g l_{stk}}{g}\left[\frac{4}{\pi}\left(\frac{N_{ph\_rc}k_{w1\_rc}}{2p_c}\right)\right]^2 = \left(-\frac{1}{2}\right)L_{mrc} \tag{5-19}$$

同理可得 v 相与 w 相之间的互感、w 相与 u 相之间的互感与 uv 两相之间的互感相同。

控制绕组与控制侧转子绕组之间的互感为

$$L_{src\_CDFIM}^{Uu} = \frac{\mu_0 r_g l_{stk}}{g}\int_0^{2\pi} M[W_{scU}(\phi)]W_{rcu}(\phi-p_c\theta_r)\,\mathrm{d}\phi$$

$$= \frac{\mu_0 r_g l_{stk}}{g}\int_0^{2\pi}\left[\frac{4}{\pi}\left(\frac{N_{ph\_sc}k_{w1\_sc}}{2p_c}\right)\sin(\phi)\right]\left[\frac{4}{\pi}\left(\frac{N_{ph\_rc}k_{w1\_rc}}{2p_c}\right)\sin(\phi-p_c\theta_r)\right]\mathrm{d}\phi$$

$$= \frac{\mu_0 \pi r_g l_{stk}}{g}\left[\frac{4}{\pi}\left(\frac{N_{ph\_sc}k_{w1\_sc}}{2p_c}\right)\right]\left[\frac{4}{\pi}\left(\frac{N_{ph\_rc}k_{w1\_rc}}{2p_c}\right)\right]\cos(p_c\theta_r) = L_{src}\cos(p_c\theta_r)$$

$$\tag{5-20}$$

同理，可得任意定子相绕组与任意转子相绕组之间的互感。功率电机定、转子绕组各相主自感和相间互感，以及定、转子之间的相间互感也可以用相同的方法计算得到。将式（5-16）~式（5-20）中的下标 c 替换为 p 便得到功率电机的主电感矩阵。式（5-16）~式（5-20）与参考文献［11］中给出的结果相同。值得注意的是，上述电感计算值为不饱和电感，当考虑饱和影响时，需乘以饱和系数进行修正。

2. 无刷双馈感应电机

（1）气隙磁场分布

无刷双馈感应电机多采用嵌套环型短路线圈完成对源磁动势的磁场调制功能，其调制算子为式（4-46）所示的形式。为了简化分析，研究嵌套环层数为 $S=1$ 的情形。首先假设转子绕组包含 N_{SC} 个独立的嵌套环短路线圈单元，编号依次为 1，2，…，N_{SC}，线圈跨距为 γ。多层嵌套环从效果上为多个单层嵌套环的叠加。调制后磁动势的傅里叶级数表示如式（4-39）所示，三个磁场转换系数分别如式（4-40）~式（4-42）所示。单层嵌套环型短路线圈的磁场调制过程与图 4-31 类似，仅需将双层嵌套环改为单层嵌套环即可，对应的源励磁磁动势频谱变化如图 4-32 所示。

按照余弦规律分布的源励磁磁动势被 N_{SC} 个均匀分布的短路线圈调制后包含三类谐波成分，极对数分别为 p，$lN_{SC}-p$ 和 $lN_{SC}+p$。极对数为 p 的谐波成分由源励磁磁动势建立，其幅值与源励磁磁动势相关。后两类谐波成分为短路线圈调制产生，其幅值与短路线圈数目 N_{SC}，极对数 p 和线圈跨距 γ 三者有关，可以分别用两个磁场转换系数 C_{sum} 和 C_{dif} 来表征。当 N_{SC} 接近 p 时，调制产生的两类谐波含量比较高，其中又以 $l=1$ 的两种谐波（极对数分别为 $N_{SC}-p$ 和 $N_{SC}+p$）幅值最大。当控制绕组设计为 $N_{SC}-p$ 或 $N_{SC}+p$ 对极时，相应的电机即成为无刷双馈感应电机。而且对于确定的短路线圈单元数 N_{SC}，功率绕组与控制绕组极对数越接近，磁场转换系数越大，即无刷双馈感应电机适合选用近极配合。

（2）电感特性分析

对无刷双馈感应电机来说，功率绕组主自感和相间互感、控制绕组主自感和相间互感的计算方法与结果与级联双馈感应电机的一致，其电感特性如图 5-5 所示。差异主要出现在与嵌套环转子绕组相关的电感计算中，包括各环主自感和互感，各环与功率绕组和控制绕组的互感。嵌套环转子绕组存在多种可能的绕组结构形式，这里分别以嵌套环转子绕组和串联环转子绕组为例进行分析，其他转子绕组可按照相同方法进行分析。假设多层嵌套

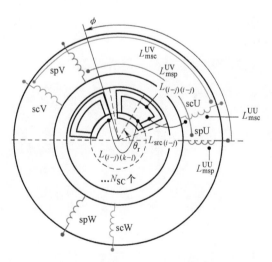

图 5-5　无刷双馈感应电机中的电感

环结构每个单元由 S 个同心环嵌套构成，则转子绕组本身的电感包含两类：同一单元内部环的主自感和环间互感，不同单元间的环间互感。单个短路线圈属于第 2 章给出的绕组分类中的单相不对称绕组，即通入直流电流后建立的磁动势正负半周不对称，所以首先要分析单个短路线圈的绕组函数。

单层嵌套环为单层短距线圈，其绕组函数如图 4-31 所示，可表示为式 (4-47)，其傅里叶级数形式如式 (4-48) 所示。需要注意的是，式 (4-47) 和式 (4-48) 为单层短路线圈绕组函数的两种不同表达形式，在电感计算过程中可根据需要选择合适的表达式以简化推导。第 i 单元内第 j 环与第 k 单元内第 l 环之间的电感为

$$
L_{(i-j)(k-l)} = \frac{\mu_0 r_g l_{\text{stk}}}{g} \int_0^{2\pi} W_j^i(\phi) W_l^k(\phi)\, \mathrm{d}\phi
$$

$$
= \frac{\mu_0 \pi r_g l_{\text{stk}}}{g} \sum_{n=1}^{\infty} \left(\frac{2\gamma_j}{N_{\text{SC}}} \right) \left[\frac{\sin\left(\gamma_j \dfrac{n\pi}{N_{\text{SC}}} \right)}{\left(\gamma_j \dfrac{n\pi}{N_{\text{SC}}} \right)} \right] \left(\frac{2\gamma_l}{N_{\text{SC}}} \right) \left[\frac{\sin\left(\gamma_l \dfrac{n\pi}{N_{\text{SC}}} \right)}{\left(\gamma_l \dfrac{n\pi}{N_{\text{SC}}} \right)} \right] \cos n \left[(k-i)\frac{2\pi}{N_{\text{SC}}} \right]
$$

$$(5\text{-}21)$$

式 (5-21) 的化简依赖于两个环跨距的相对大小。令 k 和 l 分别与 i 和 j 相等，可得第 i 单元内第 j 环单个短路线圈主自感为

$$
L_{\text{loop}(j,j)} = \frac{\mu_0 r_g l_{\text{stk}}}{g} \int_0^{2\pi} W_{ij}^2(\phi)\, \mathrm{d}\phi
$$

$$
= \frac{\mu_0 r_g l_{\text{stk}}}{g} \left\{ \int_{-\gamma_j\left(\frac{\pi}{N_{\text{SC}}}\right)}^{\gamma_j\left(\frac{\pi}{N_{\text{SC}}}\right)} \left[1 - \frac{\gamma_j\left(\dfrac{2\pi}{N_{\text{SC}}}\right)}{2\pi} \right]^2 \mathrm{d}\phi + \int_{-\pi+\gamma_j\left(\frac{\pi}{N_{\text{SC}}}\right)}^{\pi-\gamma_j\left(\frac{\pi}{N_{\text{SC}}}\right)} \left[\frac{-\gamma_j\left(\dfrac{2\pi}{N_{\text{SC}}}\right)}{2\pi} \right]^2 \mathrm{d}\phi \right\}
$$

$$
= \frac{\mu_0 r_g l_{\text{stk}}}{g} \left[\gamma_j\left(\frac{2\pi}{N_{\text{SC}}} \right) \right] \left[1 - \gamma_j\left(\frac{1}{N_{\text{SC}}} \right) \right] \tag{5-22}
$$

同一嵌套层内任意两个短路线圈的互感为

$$
L_{\text{loops}(j-j)} = \frac{\mu_0 r_g l_{\text{stk}}}{g} \int_0^{2\pi} W_{ij}(\phi) W_{ij}\left(\phi - h\frac{2\pi}{N_{\text{SC}}} \right) \mathrm{d}\phi
$$

$$= \frac{\mu_0 r_g l_{stk}}{g} \left\{ 2\int_{-\gamma_j\left(\frac{\pi}{N_{SC}}\right)}^{\gamma_j\left(\frac{\pi}{N_{SC}}\right)} \left[1 - \frac{\gamma_j\left(\frac{2\pi}{N_{SC}}\right)}{2\pi}\right]\left[-\gamma_j\frac{\left(\frac{2\pi}{N_{SC}}\right)}{2\pi}\right]\mathrm{d}\phi + \int_{-\pi+2\gamma_j\left(\frac{\pi}{N_{SC}}\right)}^{\pi-2\gamma_j\left(\frac{\pi}{N_{SC}}\right)} \left[-\gamma_j\frac{\left(\frac{2\pi}{N_{SC}}\right)}{2\pi}\right]^2 \mathrm{d}\phi \right\}$$

$$= \frac{\mu_0 r_g l_{stk}}{g} \left\{ \left[\frac{\gamma_j\left(\frac{2\pi}{N_{SC}}\right)}{2\pi}\right]\left[-\gamma_j\left(\frac{2\pi}{N_{SC}}\right)\right] \right\} \quad h \text{ 为正整数,且 } h \in [1,2,\cdots,N_{SC}] \quad (5\text{-}23)$$

控制绕组与转子第 i 单元第 j 环之间的互感为

$$L_{src(j)} = \frac{\mu_0 r_g l_{stk}}{g} \int_0^{2\pi} W_{scU}(\phi) W_j^i(\phi) \mathrm{d}\phi$$

$$= \frac{\mu_0 r_g l_{stk}}{g} \int_0^{2\pi} \frac{4}{\pi}\left(\frac{N_{ph\_sc} k_{w1\_sc}}{2p_c}\right) \sin(p_c\phi) \sum_{n=1}^{\infty} \left(\frac{2\gamma_j}{N_{SC}}\right) \left[\frac{\sin\left(\gamma_j\frac{n\pi}{N_{SC}}\right)}{\left(\gamma_j\frac{n\pi}{N_{SC}}\right)}\right] \cdot$$

$$\cos n\left[\phi - (i-1)\frac{2\pi}{N_{SC}} - \theta_r\right]\mathrm{d}\phi$$

$$= \frac{\mu_0 \pi r_g l_{stk}}{g} \frac{4}{\pi}\left(\frac{N_{ph\_sc} k_{w1\_sc}}{2p_c}\right)\left(1 - \frac{\gamma_j}{N_{SC}}\right)\sin\left(p_c\left[(i-1)\frac{2\pi}{N_{SC}} + \theta_r\right]\right) \quad (5\text{-}24)$$

串联环转子绕组中每个串联环单元相当于若干个短路线圈依次错开一个槽距角形成分布效应。因此一个串联环转子绕组单元的绕组函数可以由单环的绕组函数进行平移叠加,如图 4-35 所示。

串联环转子绕组可以看成由多个单环绕组依次错开一个槽距角 α 然后叠加得到,以 N_{SC} 个转子单元,每单元包含 q 个线圈平移后串联短路,则一个串联短路环对应的绕组函数如式(4-58)所示。串联环型短路线圈的绕组函数同样为包含连续整数次谐波的无穷级数,所以功能与单个短路线圈类似,可以用相同的方法求得任意两个串联环之间的互感为常数,单个串联环与定子绕组之间的互感为随转子位置按照正弦规律变化的交变量。其他可行的转子绕组形式,如多相双层绕组(等匝或不等匝),与串联环短路线圈转子绕组类似,当已知绕组排布后可以按照相同的方式分析。式(5-21)~式(5-24)与文献 [3] 给出的分析结论一致,不同之处在于本章所采用的方法可以直接得到各电感参数的解析表达式,并且从解析表达式中直观看出电感值与电机拓扑参数之间对应关系,而无需借助有限元数值计算。

3. 凸极磁阻转子无刷双馈电机

无刷双馈磁阻电机的转子结构形式分为三种:凸极磁阻转子、径向叠片多层磁障转子和轴向叠片多层磁障转子。凸极磁阻转子采用凸极结构改变气隙磁动势的分布，而轴向叠片多层磁障转子采用磁障结构改变气隙磁动势的分布，从而实现转子铁心磁各向异性。径向叠片多层磁障转子是对轴向叠片磁各向异性转子结构的简化，同时有效地抑制了转子铁心中的涡流损耗。所以本小节仅分析凸极磁阻转子和径向叠片多层磁障转子无刷双馈磁阻电机。

（1）气隙磁场分布

对于凸极磁阻转子，转子调制算子具有式（3-25）所示的形式。考虑定子侧为小开口槽结构，可认为定子一侧均匀即视作单位调制，仅考虑转子侧凸极磁阻的作用。只考虑转子侧开槽时的反气函数 $g_r^{-1}(\phi, \theta_r)$ 在转子凸极部分的取值为 $1/g$，在转子槽部分的取值为 0，则其中转子凸极所占据的不连续区间 C^R 可表示为

$$C^R = \bigcup_{i=1}^{N_{SP}} \left[(i-1) \times \frac{2\pi}{N_{SP}} + (1-\varepsilon)\frac{\pi}{N_{SP}}, (i-1) \times \frac{2\pi}{N_{SP}} + (1+\varepsilon)\frac{\pi}{N_{SP}} \right] \quad \varepsilon \in (0,1) \tag{5-25}$$

式中，N_{SP} 为转子凸极磁阻个数；ε 为转子凸极磁阻的极弧系数，即转子齿顶宽度与转子齿距的比值。

转子调制算子作用于单位余弦源励磁磁动势的结果为

$$M(N_{SP},\varepsilon)\left[\cos(p\phi-\omega_s t)\right] = \begin{cases} \cos(p\phi-\omega_s t) & \phi \in C^R \\ 0 & \phi \in [0,2\pi]-C^R \end{cases} \tag{5-26}$$

将其展开成傅里叶级数的形式，可得

$$M(N_{SP},\varepsilon)\left[\cos(p\phi-\omega_s t)\right] = C_{p,p}\cos(p\phi-\omega_s t) +$$
$$\sum_{k=lN_{SP}-p}^{\infty} C_{p,k}^{sum}\cos\left[k\phi+\omega_s t+\frac{(p+k)\pi}{N_{SP}}\right] +$$
$$\sum_{k=lN_{SP}+p}^{\infty} C_{p,k}^{dif}\cos\left[k\phi-\omega_s t+\frac{(k-p)\pi}{N_{SP}}\right] \quad l \in Z^+ \tag{5-27}$$

式中，三个磁场转换系数分别为

$$C_{p,p} = \varepsilon \tag{5-28}$$

$$C_{p,k}^{sum} = \frac{1}{\pi}\left[\frac{\sin(\varepsilon l\pi)}{l}\right] \quad l=1,2,\cdots,\infty \tag{5-29}$$

$$C_{p,k}^{dif} = \frac{1}{\pi}\left[\frac{\sin(\varepsilon l\pi)}{l}\right] \quad l=1,2,\cdots,\infty \tag{5-30}$$

式（5-27）表明，单位余弦源励磁磁动势被凸极磁阻转子调制以后，产生的磁动势谐波分量分为三类，其极对数分别为 p、$lN_{SP}-p$ 和 $lN_{SP}+p$，其幅值可以用三个磁场转换系数 C_p、C_{sum} 和 C_{dif} 进行表征。完整的调制过程如图 5-6 所示。与无刷双馈感应电机不同，凸极磁阻转子无刷双馈电机的磁场转换系数与极对数配合无关，

主要受转子凸极极弧系数 ε 的影响。如果仅仅考虑基波调制，则 $\varepsilon = 0.5$ 时磁场转换系数最大，这与文献 [12] 中通过有限元分析所得结论一致。以 3/1 对极凸极磁阻转子无刷双馈电机为例，转子凸极个数 $N_{SP} = 4$，取 $\varepsilon = 0.5$，可得各低次（$l \leqslant 5$）谐波系数的取值，对应的源励磁磁动势频谱变化如图 5-7 所示。由图 5-7 可以看出，无刷双馈磁阻电机中的源励磁磁动势经过凸极磁阻调制后只有小部分空间谐波（约为源励磁磁动势幅值的 $1/\pi$）匝链定子绕组参与机电能量转换，因而磁场利用率偏低。

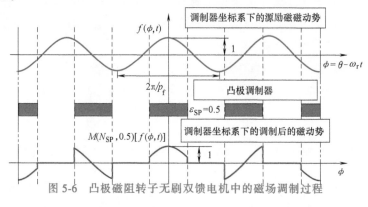

图 5-6　凸极磁阻转子无刷双馈电机中的磁场调制过程

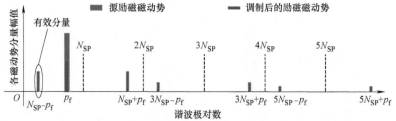

图 5-7　凸极磁阻转子对单位余弦源励磁磁动势频谱的修改

（2）电感特性分析

无刷双馈磁阻电机中功率绕组和控制绕组均为多相分布绕组，流过多相对称交流电流后建立的磁动势以基波为主，若忽略各次谐波，则功率绕组和控制绕组基波绕组函数与级联双馈感应电机一致。凸极磁阻转子无刷双馈磁阻电机中的电感包括功率绕组相主自感和相间互感、控制绕组相主自感和相间互感，如图 5-8 所示。

经转子凸极磁阻调制后的控制绕组 U 相绕组函数为

$$M\left(N_{SP}, \varepsilon\right)\left[W_{scU}(\phi)\right]$$

$$= \begin{cases} W_{scU}(\phi) & \phi \in \bigcup_{i=1}^{N_{SP}} \left[(i-1) \times \dfrac{2\pi}{N_{SP}} + (1-\varepsilon)\dfrac{\pi}{N_{SP}}, (i-1) \times \dfrac{2\pi}{N_{SP}} + (1+\varepsilon)\dfrac{\pi}{N_{SP}}\right] \\[4mm] 0 & \phi \in [0, 2\pi] - \bigcup_{i=1}^{N_{SP}} \left[(i-1) \times \dfrac{2\pi}{N_{SP}} + (1-\varepsilon)\dfrac{\pi}{N_{SP}}, (i-1) \times \dfrac{2\pi}{N_{SP}} + (1+\varepsilon)\dfrac{\pi}{N_{SP}}\right] \end{cases}$$

$$(5\text{-}31)$$

写成傅里叶级数的形式为

$$M(N_{SP},\ \varepsilon)\left[W_{scU}(\phi)\right]$$

$$= \frac{4}{\pi}\left(\frac{N_c^s k_{w1}^s}{2p_c}\right)\left\{C_{p_c,\ p_c}\cos(p_c\phi - \omega_s t) + \sum_{k=lN_{SP}-p_c}^{\infty} C_{p_c,\ k}^{sum}\cos\left[k\phi + \omega_s t + (p_c + k)\frac{\pi}{N_{SP}}\right] + \right.$$

$$\left. \sum_{k=lN_{SP}+p_c}^{\infty} C_{p_c,\ k}^{dif}\cos\left[k\phi - \omega_s t + (k - p_c)\frac{\pi}{N_{SP}}\right]\right\} \qquad l \in Z^+ \qquad (5\text{-}32)$$

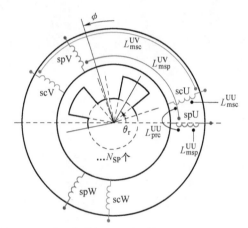

图 5-8 凸极磁阻转子无刷双馈磁阻电机中的电感

控制绕组 U 相主自感为

$$L_{msc}^{UU} = \frac{\mu_0 r_g l_{stk}}{g}\int_0^{2\pi} M\left[W_{scU}(\phi)\right]W_{scU}(\phi)\,\mathrm{d}\phi$$

$$= \frac{\mu_0 r_g l_{stk}}{g}\int_0^{2\pi}\left\{\frac{4}{\pi}\left(\frac{N_{ph\_sc}k_{w1\_sc}}{2p_c}\right)C_{p_c,p_c}\sin(\phi + p_c\theta_r)\right\}\frac{4}{\pi}\left(\frac{N_{ph\_sc}k_{w1\_sc}}{2p_c}\right)\sin(\phi + p_c\theta_r)\,\mathrm{d}\theta$$

$$= C_{p_c,p_c\_SP}\frac{\mu_0\pi r_g l_{stk}}{g}\left[\frac{4}{\pi}\left(\frac{N_{ph\_sc}k_{w1\_sc}}{2p_c}\right)\right]^2 \qquad (5\text{-}33)$$

式中

$$C_{p_c,p_c\_SP} = \varepsilon \qquad (5\text{-}34)$$

式中将下标 c 用 p 代替即得到功率绕组 U 相主自感表达式。

4. 径向叠片多层磁障转子无刷双馈电机

（1）气隙磁场分布

对于多层磁障转子，其调制算子形式如式（3-28）。多层磁障调制器对单位余弦励磁磁动势的磁场调制效果如式（4-34）所示，三个磁场转换系数分别如式（4-35）~式（4-37）所示。多层磁障转子对单位余弦励磁磁动势调制后产生三类磁动势谐波分量，其极对数分别为 p、$lN_{MB}-p$ 和 $lN_{MB}+p$。三者的幅值可以用三个磁场转换系数 C_p、C_{sum} 和 C_{dif} 来表征。与嵌套环短路线圈转子无刷双馈感应电机类似，多层磁障转子无刷双馈磁阻电机也适合采用近极配合，即功率绕组与控制绕组极对数越接近，磁场转换系数值越大。该结论与文献［13，14］有限元分析所得结论一致。以 3/1 对极多层磁障转子无刷双馈磁阻电机为例，详细的磁场调制过程如图 4-27 所示，对应的频谱变化如图 4-28 所示。可以看出，多层磁障调制器调制单位余弦励磁磁动势后产生的谐波含量低于凸极磁阻调制器，只包含几次幅值较大的低次谐波，通过合理选取极对数配合，还可以进一步降低无效空间谐波的含量。

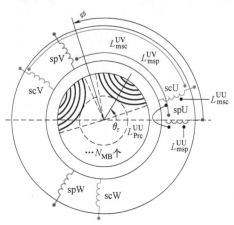

（2）电感特性分析

多层磁障转子无刷双馈磁阻电机中的电感与凸极磁阻转子无刷双馈磁阻电机中的电感种类相同，如图 5-9 所示。类似地，控制绕组 U 相绕组函数被多层磁障转子调制后变为

图 5-9 多层磁障转子无刷双馈磁阻电机中的电感

$$M(N_{MB})[N_{scU}(\phi)]$$

$$= \frac{4}{\pi}\left(\frac{N_{ph\_sc}k_{w1\_sc}}{2p_c}\right)\left(\frac{1}{2}\right)\sum\left[\sin(p_c\phi+p_c\theta_r)-\sin\left((2i+1)\frac{2\pi}{N_{SC}}-(p_c\phi+p_c\theta_r)\right)\right]$$

$$= \frac{4}{\pi}\left(\frac{N_{ph\_sc}k_{w1\_sc}}{2p_c}\right)\times\left\{C_{p_c,p_c}\cos(p_c\phi-p_c\theta_r)-\right.$$

$$\sum_{k=lN_{MB}-p_c}^{\infty}C_{p_c,k}^{sum}\cos\left[k\phi-p_c\theta_r-\left(\frac{p_c+k}{2}\right)\frac{2\pi}{N_{MB}}\right]+$$

$$\left.\sum_{k=lN_{MB}+p_c}^{\infty}C_{p_c,k}^{dif}\cos\left[k\phi-p_c\theta_r-\left(\frac{p_c-k}{2}\right)\frac{2\pi}{N_{MB}}\right]\right\} \tag{5-35}$$

控制绕组 U 相主自感为

$$L_{\mathrm{msc}}^{\mathrm{UU}} = \frac{\mu_0 r_g l_{\mathrm{stk}}}{g} \int_0^{2\pi} M\left[W_{\mathrm{scU}}(\phi)\right] W_{\mathrm{scU}}(\phi)\,\mathrm{d}\phi$$

$$= \frac{\mu_0 r_g l_{\mathrm{stk}}}{g} \int_0^{2\pi} \frac{4}{\pi}\left(\frac{N_{\mathrm{ph\_sc}} k_{\mathrm{w1\_sc}}}{2 p_c}\right) C_{p_c, p_c\_\mathrm{MB}} \sin(p_c\phi + p_c\theta_r)$$

$$\frac{4}{\pi}\left(\frac{N_{\mathrm{ph\_sc}} k_{\mathrm{w1\_sc}}}{2 p_c}\right) \sin(p_c\phi + p_c\theta_r)\,\mathrm{d}\phi$$

$$= C_{p_c, p_c\_\mathrm{MB}} \frac{\mu_0 \pi r_g l_{\mathrm{stk}}}{g}\left[\frac{4}{\pi}\left(\frac{N_{\mathrm{ph\_sc}} k_{\mathrm{w1\_sc}}}{2 p_c}\right)\right]^2 \qquad (5\text{-}36)$$

式中

$$C_{p_c, p_c\_\mathrm{MB}} = \left(\frac{1}{2}\right) \times \left[1 - \frac{\sin\left(p_c \dfrac{2\pi}{N_{\mathrm{MB}}}\right)}{\left(p_c \dfrac{2\pi}{N_{\mathrm{MB}}}\right)}\right] \qquad (5\text{-}37)$$

式（5-37）中将下标 c 用 p 代替即得到功率绕组 U 相主自感表达式。

5.2.3　4/2 对极无刷双馈磁阻电机的定量分析

本节以一台 4/2 对极径向叠片多层磁障转子无刷双馈磁阻电机为例，推导气隙磁场分布的解析解，对电机的主要电磁参数进行定量分析计算。

1. 4/2 对极无刷双馈磁阻电机结构

如图 5-10 所示为所研究的无刷双馈磁阻电机截面图，该电机具有两套三相定子绕组，极对数分别为 $p_1 = 2$，$p_2 = 4$，并分别称为定子绕组 1（SW1）和定子绕组 2（SW2）。该电机的定子具有 45 个槽，因此两套定子绕组均为分数槽分布绕组，每极每相槽数 $q > 1$，且 q 为分数。转子包含六个相同的导磁模块，固定在不锈钢支架（非导磁隔断）上，样机如图 5-11 所示，关键设计参数见表 5-1。

定子绕组函数波形和相应的频谱分析如图 5-12 所示，可见由 SW1 和 SW2 建立的磁动势波形为阶梯形，除

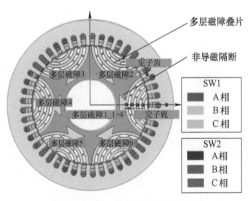

图 5-10　4/2 对极无刷双馈磁阻
电机截面示意图

了基波分量外，同时存在部分低阶绕组谐波分量。因此，多层磁障转子对基波和其

他主要谐波都有磁场调制作用。将源磁动势波形分解为一系列谐波,通过引入多层磁障调制算子并对分解后的谐波进行调制,然后再将调制结果进行合并,这一分析方法可以大大简化复杂磁场调制现象的分析。本节仅对磁动势基波进行考察,并以此分析该无刷双馈磁阻电机平均转矩的产生机理。而其他无效谐波成分则可以用相似的方法进行分析,并以此研究相应的转矩脉动。

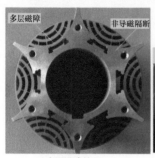

a) 多层磁障转子   b) 定子绕组

图 5-11 4/2 对极无刷双馈磁阻电机样机

表 5-1 4/2 对极无刷双馈磁阻电机样机主要设计参数

参　数	数　值	绕组	参　数	数　值
定子外径 R_{s_out}/mm	91	SW1	极对数 p_c	2
定子内径 R_{s_in}/mm	65		跨距	10
气隙长度 g/mm	0.35		每相串联匝数	255
有效轴长 l_{stk}/mm	90		绕组因数	0.9606
转子等效极对数 N_{MB}	6	SW2	极对数 p_p	4
定子槽数 N_{slot}	45		跨距	5
多层磁障导磁层数 N_{duct}	4		每相串联匝数	510
转子基速 n_s/(r/min)	1000		绕组因数	0.9406

2. 磁场调制行为

由于假设硅钢叠片的磁导率为无穷大,磁力线将被完全限制在导磁层内,并相互并联分布。考虑包裹一个完整导磁层的一个任意闭合面 Θ,如图 5-13 所示,基于高斯定理可得

$$\begin{cases} \int_0^{l_{stk}} \int_G r_g \left[\mu_0 \dfrac{F(\phi,t)}{g(\phi)} \right] \mathrm{d}\phi \mathrm{d}l = 0 \quad r_g \in (R_r, R_s) \\ G = (\phi_0 - \Delta\phi, \phi_0 + \Delta\phi) \cup (\phi - \Delta\phi, \phi + \Delta\phi) \\ \phi_0 = (2i + 1) \times \dfrac{2\pi}{N_{MB}} - \phi \qquad i = 0, 1, \cdots, N_{MB} - 1 \end{cases} \quad (5\text{-}38)$$

式中,$F(\phi,t)$ 和 $g(\phi)$ 分别是源磁动势分布函数和气隙分布函数;$\Delta\phi$ 是单个导

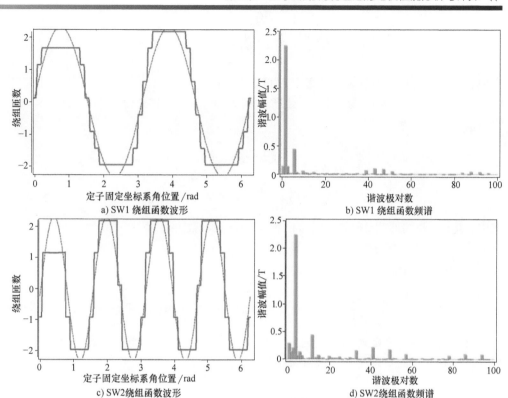

a) SW1 绕组函数波形

b) SW1 绕组函数频谱

c) SW2绕组函数波形

d) SW2绕组函数频谱

图 5-12 定子绕组的绕组函数

磁层宽度的一半。

当 $\Delta\phi \to 0$ 时，上式可简化为

$$\frac{F(\phi,t)}{g(\phi)} + \frac{F(\phi_0,t)}{g(\phi_0)} = 0 \tag{5-39}$$

$$F(\phi,t) = \int_{\phi_0}^{\phi} A(x,t)\,\mathrm{d}x + F(\phi_0,t) \tag{5-40}$$

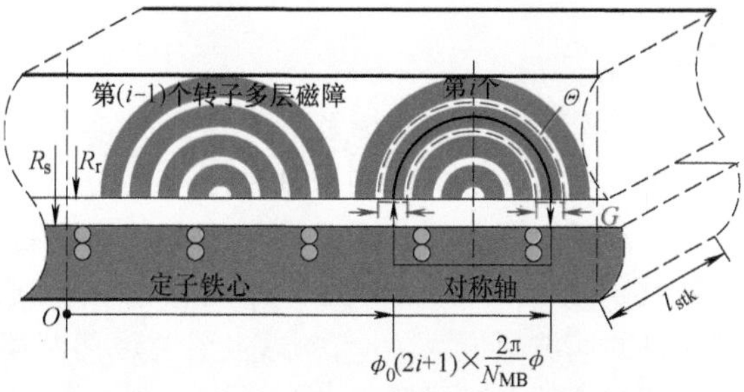

图 5-13 多层磁障调制器结构

式中，$A(\phi,t)$ 是沿气隙圆周的线电流密度。

将式 (5-38) 和式 (5-39) 代入式 (5-40) 可得

$$F(\phi,t) = \left\{ \left[1 + \frac{g(\phi_0)}{g(\phi)} \right]^{-1} \int_{\phi_0}^{\phi} A(x,t)\,\mathrm{d}x \right\} i(t)$$

$$= \left[1 + \frac{g(\phi_0)}{g(\phi)} \right]^{-1} \left\{ \left[n(\phi) - \overline{n(\phi)} \right] - \left[n(\phi_0) - \overline{n(\phi)} \right] \right\} i(t)$$

$$= \left[1 + \frac{g(\phi_0)}{g(\phi)} \right]^{-1} \left[W(\phi) - W(\phi_0) \right] i(t) \tag{5-41}$$

式中，$\overline{n(\phi)}$ 是匝数函数 $n(\phi)$ 的平均值。

为描述多层磁障调制器对源磁动势的调制行为，定义调制算子数学模型 $M(N_{\mathrm{MB}})[\,\cdot\,]$ 为

$$M(N_{\mathrm{MB}})[f(\phi)] = \left[1 + \frac{g(\phi_0)}{g(\phi)} \right]^{-1} \left[f(\phi) - f(\phi_0) \right]$$

$$\phi \in \left(i \times \frac{2\pi}{N_{\mathrm{MB}}}, (i+1) \times \frac{2\pi}{N_{\mathrm{MB}}} \right), i = 0, 1, 2, \cdots, N_{\mathrm{MB}} - 1 \tag{5-42}$$

式中，$f(\phi)$ 是周期为 2π 的机械角位置 ϕ 的任意函数。

考虑多层磁障转子影响的磁动势分布可表示为

$$F(\phi, t) = M(N_{\mathrm{MB}})[W(\phi) i(t)]$$

$$= \left[1 + \frac{g(\phi_0)}{g(\phi)} \right]^{-1} \left[W(\phi) - W(\phi_0) \right] i(t) = M(N_{\mathrm{MB}})[W(\phi)] i(t) \tag{5-43}$$

可见，经多层磁障调制后的磁动势可以表示为调制后的绕组函数和电流的乘积。考虑到气隙的不均匀性，调制算子可进一步表示为

$$M(N_{\mathrm{MB}})[f(\phi)] = \frac{1}{2} \left\{ f(\phi) - f\left[(2i+1) \times \frac{2\pi}{N_{\mathrm{MB}}} - \phi \right] \right\} \quad \phi \in \left(i \times \frac{2\pi}{N_{\mathrm{MB}}}, (i+1) \times \frac{2\pi}{N_{\mathrm{MB}}} \right)$$

$$\tag{5-44}$$

式中，ϕ 是磁场调制器坐标系下的角位置。

以多层磁障转子的无刷双馈磁阻电机为例，所谓磁场调制坐标系即随转子同步旋转的坐标系。因此，多层磁障转子的磁场调制行为可由调制算子进行表示。

假设 p_2 对极的 SW2 开路，p_1 对极的 SW1 通入三相对称交流电流后产生的合成磁动势的基波幅值为 F_1。考虑多层磁障调制器对由 SW1 建立的磁动势基波分量的磁场调制作用，通过替换式（4-34）~式（4-37）中相应的变量名，可得调制后的气隙磁动势为

$$M(N_{\mathrm{MB}})[F_1^{\mathrm{a}}(\phi, t)] = F_1 \left\{ C_{p_1, p_1} \cos(p_1 \phi - \omega_1 t - p_1 \phi_{01}) + \right.$$

$$\sum_{l=1}^{\infty} C_{p_1, lN_{\mathrm{MB}} - p_1} \cos\left[(lN_{\mathrm{MB}} - p_1)\phi - lN_{\mathrm{MB}}\theta_{\mathrm{r}0} + (\omega_1 - lN_{\mathrm{MB}}\omega_{\mathrm{r}})t + p_1 \phi_{01} + l\pi \right] +$$

$$\left. \sum_{l=1}^{\infty} C_{p_1, lN_{\mathrm{MB}} + p_1} \cos\left[(lN_{\mathrm{MB}} + p_1)\phi - lN_{\mathrm{MB}}\theta_{\mathrm{r}0} - (\omega_1 + lN_{\mathrm{MB}}\omega_{\mathrm{r}})t - p_1 \phi_{01} + l\pi \right] \right\}$$

$$\tag{5-45}$$

$$C_{p_1,p_1} = \left(\frac{1}{2}\right)\left[1 - \sin\left(p_1\frac{2\pi}{N_{MB}}\right)\Big/\left(p_1\frac{2\pi}{N_{MB}}\right)\right] \tag{5-46}$$

$$C_{p_1,lN_{MB}\pm p_1} = (1-\sigma_l)\left(-\frac{1}{2}\right)\sin\left[\frac{(lN_{MB}\pm 2p_1)\pi}{N_{MB}}\right]\Big/\left[\frac{(lN_{MB}\pm 2p_1)\pi}{N_{MB}}\right] \tag{5-47}$$

式中，$F_1^s(\phi,t)$ 是 SW1 建立的源磁动势；F_1 和 ω_1 分别为其幅值和角频率；ω_r 为转子机械角速度。

与第 4 章不同的是，为计及真实多层磁障转子中导磁层的宽度、导磁层和磁障层的宽度比等对磁场耦合能力的影响，式（5-47）中引入了漏磁系数 σ_1，理想情况下 $\sigma_l = 0$ 即忽略漏磁的影响。由式（5-47）可知，当特殊设计的 N_{MB} 个多层磁障的转子对由 SW1 产生的 p_1 对极磁动势进行调制后，气隙磁通密度中将含有三类谐波，相应的极对数分别为 p_1、$lN_{MB}-p_1$ 和 $lN_{MB}+p_1$，相应的幅值可分别基于 $C_{p1,p1}$、$C_{p_1,lN_{MB}-p_1}$ 和 $C_{p_1,lN_{MB}+p_1}$ 等三个磁场转换系数进行计算，而这些磁场转换系数与转子结构参数相关。基于以上公式，仅需要用 p_2 代替 p_1，就可以获得当 p_2 对极的 SW2 作用时调制后的气隙磁动势。该分析方法同样适用于凸极磁阻转子无刷双馈磁阻电机，仅需要根据转子结构计算相应的磁场转换系数即可。

由于上述多谐波磁场特点，无刷双馈磁阻电机的磁场分布与常规交流电机之间存在较大差别，如图 5-14 所示为 SW1 激励、SW2 开路，不同时刻的磁场分布情况。图 5-15 给出了相应的气隙磁通密度波形和谐波分析结果，可见谐波磁场极对数与上文理论分析一致。

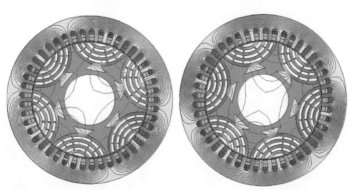

a) t_0 时刻　　　　　　　　　　　　　b) t_1 时刻

图 5-14　SW1 激励，SW2 开路，t_0、t_1 不同时刻的磁场分布

SW1 和 SW2 共同激励时的无刷双馈磁阻电机气隙磁场可由两套绕组单独作用时磁场的叠加计算获得，如图 5-16 为某一时刻无刷双馈磁阻电机磁场分布，相应的气隙磁通密度和谐波分析如图 5-17 所示。基于麦克斯韦应力张量法，可以将稳态转矩进行分解，如图 5-18 所示，可见，转矩中存在明显的转矩脉动，由 p_1 对极

谐波磁场产生的转矩分量约为由 p_2 对极谐波磁场产生转矩分量的一半。

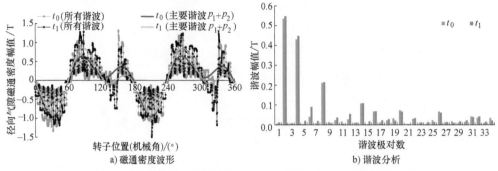

a) 磁通密度波形　　　　　　b) 谐波分析

图 5-15　SW1 激励，SW2 开路，t_0、t_1 不同时刻的气隙磁通密度

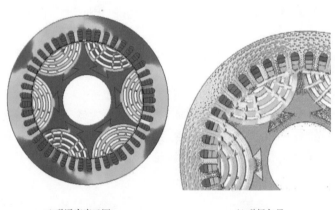

a) 磁通密度云图　　　　　　b) 磁场矢量

图 5-16　SW1 和 SW2 均激励时无刷双馈磁阻电机磁通密度分布

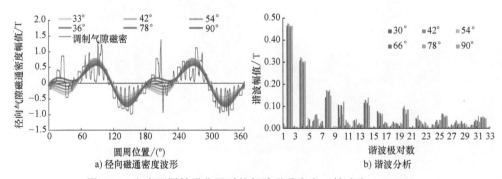

a) 径向磁通密度波形　　　　　　b) 谐波分析

图 5-17　六个不同转子位置时的气隙磁通密度（转速为 650r/min，
SW1 电流频率为 15Hz，SW2 接电阻负载）

　　此外，本节还通过对图 5-15 所示的电机铁心典型位置磁通密度的计算，得出以下结论：

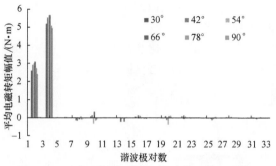

图 5-18　六个不同转子位置时的转矩谐波分析

● 转子导磁模块中的磁通密度随时间变化，其变化频率即电机的转差频率 $|\omega_1 - p_1\omega_r| = |\omega_2 - p_2\omega_r|$，如图 5-19a 所示。

● 两个相邻的转子导磁模块中同一相对位置的导磁层磁通密度波形之间存在一个固定的相位差，如图 5-19b 所示。

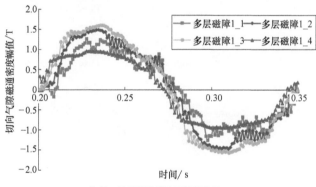

a) 同一转子导磁模块不同导磁层

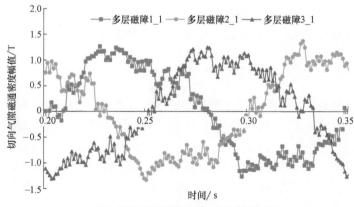

b) 不同转子导磁模块中同一相对位置导磁层

图 5-19　转子导磁层中的磁通密度波形

• 定子铁心中的磁通密度同样随时间变化，但其变化频率为两套绕组各自产生磁场的变化频率的最小公倍数。

• 定子轭部和齿部分别为旋转磁化和交变磁化，如图 5-20a 所示。

• 定子齿部和轭部均出现了最小磁滞回线，如图 5-20b 和图 5-20c 所示。

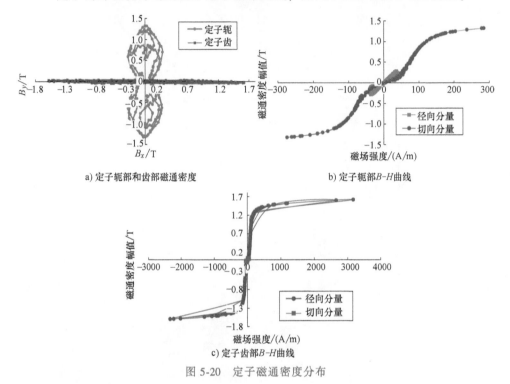

a) 定子轭部和齿部磁通密度   b) 定子轭部B-H曲线

c) 定子齿部B-H曲线

图 5-20　定子磁通密度分布

3. 交叉耦合

交叉耦合定义为 SW1 和 SW2 两套绕组分别产生的磁场在转子作用下的磁耦合。从电路角度，可将无刷双馈磁阻电机视为一套依赖于转子位置的动态耦合电感，并引入耦合系数这一概念，以表征电机交叉耦合的能力

$$CF = \frac{|C_{p_1,p_2}|}{\sqrt{C_{p_1,p_1} C_{p_2,p_2}}} \tag{5-48}$$

值得一提的是，耦合系数与无刷双馈磁阻电机功率因数密切相关，而具有不同极对数的磁动势之间的磁场转换系数与电机转矩输出能力相关，两者需要加以区分。

具有不同极槽配比的无刷双馈磁阻电机的耦合系数和转换系数见表 5-2 ~ 表 5-5。以从 p_1 对极磁动势转换为 p_2 对极磁动势为例，差调制的耦合系数和磁场转换系数通常小于和调制，因此当采用多层磁障转子时，和调制槽极配合结构更具优势。和调制中两套绕组的极对数通常非常接近，而差调制的情况则正好相反。除

表 5-2　多层磁障转子的磁场转换系数（和调制）

N_{MB}	p_1	$p_2 = N_{MB} - p_1$	$C_{p1, p1}$	$C_{p2, p2}$	$C_{p1, p2}$	耦合系数
3	1	2	0.293	0.603	0.414	0.983
4	1	3	0.182	0.606	0.318	0.959
5	1	4	0.122	0.595	0.252	0.938
5	2	3	0.383	0.578	0.468	0.994
6	1	5	0.087	0.583	0.207	0.921
6	2	4	0.293	0.603	0.414	0.983
7	1	6	0.064	0.573	0.174	0.907
7	2	5	0.228	0.609	0.362	0.971
7	3	4	0.419	0.560	0.483	0.997
8	1	7	0.050	0.564	0.150	0.895
8	2	6	0.182	0.606	0.318	0.959
8	3	5	0.350	0.590	0.450	0.991

表 5-3　多层磁障转子的磁场转换系数和耦合系数（差调制）

N_{MB}	p_1	$p_2 = N_{MB} + p_1$	$C_{p1, p1}$	$C_{p2, p2}$	$C_{p1, p2}$	耦合系数
1	1	2	0.5	0.5	0	0
2	1	3	0.5	0.5	0	0
3	1	4	0.293	0.448	0.083	0.228
3	2	5	0.603	0.541	0.059	0.103
4	1	5	0.182	0.436	0.106	0.377
4	2	6	0.5	0.5	0	0
4	3	7	0.606	0.545	0.064	0.111
5	1	6	0.122	0.437	0.108	0.469
5	2	7	0.383	0.467	0.052	0.123
5	3	8	0.578	0.529	0.043	0.077
5	4	9	0.595	0.542	0.058	0.103
6	1	7	0.087	0.441	0.103	0.529
6	2	8	0.293	0.448	0.083	0.228
6	3	9	0.5	0.5	0	0
6	4	10	0.603	0.541	0.059	0.103
6	5	11	0.583	0.538	0.052	0.092
7	1	8	0.064	0.446	0.097	0.571
7	2	9	0.228	0.440	0.098	0.312
7	3	10	0.419	0.476	0.037	0.083
7	4	11	0.560	0.522	0.032	0.060
7	5	12	0.609	0.545	0.064	0.111
7	6	13	0.573	0.534	0.046	0.083
8	1	9	0.050	0.450	0.090	0.601
8	2	10	0.182	0.436	0.106	0.377
8	3	11	0.350	0.459	0.064	0.160
8	4	12	0.5	0.5	0	0
8	5	13	0.590	0.535	0.050	0.089
8	6	14	0.606	0.545	0.064	0.111
8	7	15	0.564	0.530	0.041	0.075

表 5-4 多层磁障转子的磁场转换系数和耦合系数（$p_1+p_2=2N_{MB}$ 特殊和调制）

N_{MB}	p_1	$p_2=2N_{MB}-p_1$	$C_{p1,p1}$	$C_{p2,p2}$	$C_{p1,p2}$	耦合系数
3	1	5	0.293	0.541	0.103	0.259
4	1	7	0.182	0.545	0.106	0.337
5	1	9	0.122	0.542	0.095	0.369
5	2	8	0.383	0.529	0.078	0.173
6	1	11	0.087	0.538	0.083	0.383
6	2	10	0.293	0.541	0.103	0.259
7	1	13	0.064	0.534	0.073	0.391
7	2	12	0.228	0.545	0.109	0.308
7	3	11	0.419	0.522	0.060	0.129
8	1	15	0.050	0.530	0.064	0.396
8	2	14	0.182	0.545	0.106	0.337
8	3	13	0.350	0.535	0.090	0.208

表 5-5 凸极磁阻转子的磁场转换系数和耦合系数（和调制和差调制）

N_{SP}	p_1	$p_2=N_{SP}\pm p_1$	$C_{p1,p1}$	$C_{p2,p2}$	$C_{p1,p2}$	耦合系数
4	1	5/3	0.500	0.500	0.318	0.636
5	2	7/3	0.500	0.500	0.318	0.636
6	1	7/5	0.500	0.500	0.318	0.636
6	2	8/4	0.500	0.500	0.318	0.636
8	1	9/7	0.500	0.500	0.318	0.636
8	2	10/6	0.500	0.500	0.318	0.636
8	3	11/5	0.500	0.500	0.318	0.636

了符合 $p_1+p_2=N_{MB}$ 和 $|p_1-p_2|=N_{MB}$ 规律的常规和调制和差调制以外，表中还给出了另一种符合 $p_1+p_2=2N_{MB}$ 规律的特殊和调制分析结果，因为在某些情况下，这种特殊和调制的磁场转换系数比常规差调制大。此外，凸极磁阻转子无刷双馈磁阻电机极槽配比选择方法与多层磁障转子无刷双馈磁阻电机的不同，因为不同极槽配比时凸极磁阻转子的和调制磁场转换系数和差调制磁场转换系数相等。因此，当无刷双馈电机控制和功率绕组极对数相差较大时，凸极磁阻转子更具优势。

4. 转矩生成机理

定子磁动势解析式给出了合成定子磁动势与转子之间的磁场相互作用，进而分析无刷双馈磁阻电机的转矩生成机理。由于转子结构的复杂性原因，该内容的相关研究相对较少。在转子坐标系下，当电机运行于双馈同步模式时，由两套绕组共同建立的定子合成磁动势可表示为

$$F_1^r(\phi,t)+F_2^r(\phi,t)$$

$$=\sqrt{F_1^2+F_2^2+2F_1F_2\cos(\alpha+\beta)}\,\cos\left\{(\omega_1-p_1\omega_r)\,t+\left(\frac{\alpha-\beta}{2}\right)-\vartheta\right\} \quad (5\text{-}49)$$

$$\vartheta=\arctan2\left[(F_1+F_2)\cos\left(\frac{\alpha+\beta}{2}\right),-(F_1-F_2)\sin\left(\frac{\alpha+\beta}{2}\right)\right] \quad (5\text{-}50)$$

$$\alpha=(\varphi_1+p_1\theta_{01})-p_1(\phi+\theta_{r0}) \quad (5\text{-}51)$$

$$\beta=(\varphi_2+p_2\theta_{02})-p_2(\phi+\theta_{r0}) \quad (5\text{-}52)$$

式中，磁动势的上标 r 表示该变量在转子坐标系下；φ_1 和 φ_2 分别为 SW1 和 SW2 的初始相位；θ_{01} 和 θ_{02} 分别为 SW1 和 SW2 绕组 A 相线圈中心线位置；θ_{r0} 为转子初始位置。

可见，定子合成磁动势与位置相关，且其周期为 $2\pi/(p_1+p_2)$。虽然定子铁心连续，并采用了分布式绕组结构，但定子磁动势被分成了 (p_1+p_2) 个独立的且沿圆周方向具有相同宽度的部分，因此，转子可以被设计和加工为 (p_1+p_2) 个重复模块。事实上，当转子转速为 $(\omega_1+\omega_2)/(p_1+p_2)$，且以转子视角进行观察时，SW1 和 SW2 两套定子绕组建立的合成磁动势近似为具有 (p_1+p_2) 个波节的驻波，其脉振频率为 $|\omega_1-p_1\omega_r|$，而这正是同步磁阻电机和多层磁障转子无刷双馈磁阻电机的运行原理的差别所在。

无刷双馈磁阻电机转矩可表示为

$$T_{em}=3(p_1+p_2)L_{1r2}\,|I_{s1}|\,|I_{s2}|\sin(\theta_{syn}) \quad (5\text{-}53)$$

式中，θ_{syn} 是同步角，它取决于两套绕组中电流的相角、两套绕组的中心线位置和转子初始位置；L_{1r2} 为两套绕组之间的耦合系数幅值；I_{s1} 和 I_{s2} 分别为两套绕组中电流有效值。

图 5-21 给出了转子为理想圆柱和多层磁障结构时，具有 6 极和 2 极两套分布绕组的无刷双馈磁阻电机和 4 极同步磁阻电机的磁场分布。可见理想圆柱转子时，无刷双馈磁阻电机磁场呈 4 极分布，如图 5-21a 所示，在任意转子位置，仅有部分相邻磁力线具有相同的极性，且其极性沿转子圆周方向可表示为 "NN-SN-SS-NS"，而同步磁阻电机中的磁场极性则为 "NN-SS-NN-SS"，两者完全不同。一旦多层磁障转子作用时，转子中的磁力线将被约束在导磁层内，但定子中的磁场分布却保持不变，故而，气隙附近的磁力线将随之发生弯曲，由此产生相应的转矩并驱动转子转动。

根据最短磁通路径/最小磁阻原理，每一个转子导磁模块范围内沿气隙的磁动势变化均有拖动相邻多层磁障向相应位置运动的趋势，并由此产生电磁转矩。当某一个定子绕组磁动势过小或为零时，合成磁动势的驻波特性将会显著降低，从而使合成磁动势极对数退化为 p_1 或 p_2，并无法实现定子磁动势和多层磁障转子之间的同步旋转。

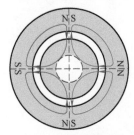
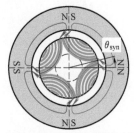

a) 理想圆柱转子时,无刷双馈磁阻电机6极和
2极定子绕组产生的合成磁动势

b) 多层磁障转子作用时,无刷双馈磁阻电机6极和
2极定子绕组产生的合成磁动势

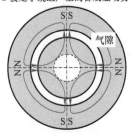
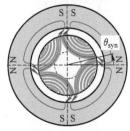

c) 理想圆柱转子时,同步磁阻电机4极
定子绕组产生的磁动势

d) 多层磁障转子作用时,同步磁阻电机4极定子
绕组产生的磁动势

图 5-21　多层磁障转子无刷双馈磁阻电机和同步磁阻电机的转矩生成机理

5. 电路参数计算

基于上文建立的模型可以解析计算无刷双馈磁阻电机电感参数,从而不仅可以在电机设计初期获取较为精确的基于电机尺寸的参数估计,而且可以在电机优化阶段为调整电感参数提供理论指导,以满足设计需求。多层磁障转子无刷双馈磁阻电机内的主要电感如图 5-9 所示。结合传统绕组函数理论,每相绕组自感(比如 A 相)和两套绕组之间的耦合系数可表示为

$$L_{\mathrm{ms1}}^{\mathrm{AA}} = C_{p_1,p_1} k_{\mathrm{sat}} \frac{\mu_0 \pi r_g l_{\mathrm{stk}}}{g} \left[\frac{4}{\pi} \left(\frac{N_{\mathrm{ph\_s1}} k_{\mathrm{w1\_s1}}}{2p_1} \right) \right]^2 \tag{5-54}$$

$$L_{\mathrm{ms2}}^{\mathrm{AA}} = C_{p_2,p_2} k_{\mathrm{sat}} \frac{\mu_0 \pi r_g l_{\mathrm{stk}}}{g} \left[\frac{4}{\pi} \left(\frac{N_{\mathrm{ph\_s2}} k_{\mathrm{w1\_s2}}}{2p_2} \right) \right]^2 \tag{5-55}$$

$$L_{\mathrm{1r2}}^{\mathrm{AA}} = C_{p_1,p_2} k_{\mathrm{sat}} \frac{\mu_0 \pi r_g l_{\mathrm{stk}}}{g} \left[\left(\frac{4}{\pi} \right)^2 \left(\frac{N_{\mathrm{ph\_s1}} k_{\mathrm{w1\_s1}}}{2p_1} \right) \left(\frac{N_{\mathrm{ph\_s2}} k_{\mathrm{w1\_s2}}}{2p_2} \right) \right] \cos(p_1 \phi_{01} + p_2 \phi_{02} - N_{\mathrm{MB}} \theta_{\mathrm{r}})$$

$$\tag{5-56}$$

式中,$N_{\mathrm{ph\_s}}$ 和 $k_{\mathrm{w1\_s}}$ 分别为每相绕组串联匝数和基波绕组系数。

可见,受多层磁障转子的调制作用,无刷双馈磁阻电机内两套绕组 SW1 和 SW2 的自感分别减小为 C_{p_1,p_1} 倍和 C_{p_2,p_2} 倍,两者之间的耦合系数则减少为 C_{p_1,p_2} 倍。忽略铁心饱和时,电路参数解析计算结果见表 5-6。

表 5-6　电路参数解析计算结果（忽略铁心饱和）

SW1 和 SW2 电阻/Ω(25℃)	5.06,7.66
SW1/SW2 的每相主自感/mH	86.3,177.7
SW1/SW2 每相漏感/mH	8.1,27.1
SW1 和 SW2 之间耦合系数的峰值	60.85
转子漏磁系数 σ₁	0.5

6. 无刷双馈磁阻电机的运行及实验验证

由于无刷双馈磁阻电机具有两个交流电气端口，因此可以运行于单绕组或双绕组供电方式，如图 5-22 所示。图 5-22a 中，仅 SW1 一套绕组连接到三相功率变换器，SW2 则直接与电网或三相负载相连；图 5-22b 中无刷双馈磁阻电机的两套绕组均与可控功率变换器相连。系统结构上的区别将对转矩生成机理和电机功率尺寸确定形成显著影响，两者的比较见表 5-7。在有限元仿真中，保持 SW1 绕组的总磁动势相同，基于单功率变换器的运行方式通常要求通过功率变换器与电网相连的 SW1 的功率因数恒定或在较窄的范围内可调（比如 $0.85 \sim 1.0$），导致当无刷双馈磁阻电机同步角等于 90°（不考虑饱和）或略大于 90°（考虑饱和）时，无法采用每安培最大转矩控制，进而降低了电机的转矩密度。

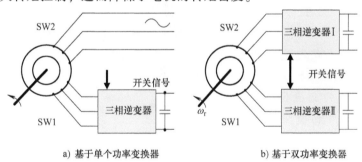

a) 基于单个功率变换器　　　　　b) 基于双功率变换器

图 5-22　无刷双馈磁阻电机系统结构

为证明理论分析的正确性，对一台 1.5kW、最大转速 4000r/min 的无刷双馈磁阻电机进行实验测试。本节采用了一种相对简单的电感测试方法，步骤如下：

● 采用外部固定装置将转子固定于某一已知位置。

● 将三相绕组 SW1 的 B、C 两相并联后与 A 相串联，形成单相结构，并与单相交流电压源相连，从而在 A 相绕组轴线位置产生脉振磁场。

● 三相绕组 SW2 也以同样的方式连接，然后保持开路状态。

● 当 SW1 中有电流流过时，记录两套绕组的端电压，就可以计算出自感和互感。

当采用电压控制方式时，电机的交叉耦合特性测试结果如图 5-23 所示，在自然同步速 500r/min 时接近于零，且 SW1 激励或 SW2 激励时仅存在一个零点，所

表 5-7　基于单功率变换器和双功率变换器运行的无刷双馈磁阻电机比较

参数		数值	
		单功率变速器运行	双功率变换器运行
SW1	有功功率/W	309.2	1368.5
	功率因数	1.0	0.56
	额定电压/V	50	162.7
	额定电流/A	5	5
	线负荷/(A/m)	18,000	18,000
	频率/Hz	15	50
SW2	有功功率/W	−371.5	1073.8
	功率因数	0.412	0.79
	额定电压/V	79.5	181.4
	额定电流/A	1.59	2.5
	线负荷/(A/m)	11,500	18,000
	频率/Hz	50	50
	铜损/W	468.75	558.3
	转速/(r/min)	650	1,000
	电磁转矩/(N·m)	−8.0	18.0
	铁损/W	12.5	20
	效率	0.436	0.763
	转矩/转子体积/(kN·m/m³)	18.0	63.2
	体积转矩密度/(kN·m/m³)	8.66	30.4
	质量转矩密度/(N·m/kg)	0.38	1.34

测得的相电压有效值与理论推导结果接近。控制绕组与功率绕组之间的耦合系数为交流量，其平均值为零，随转子位置变化而变化，且一个转子周期内变化 6 次（多层磁障等效极对数 $N_{MB}=6$）。当测试电流较小，即铁心未饱和时测得的电感特性如图 5-24 所示。测试结果表明，两套绕组的自感和互感之间的比值满足 $L_{ms1}/L_{ms2}/L_{1r2}$ = 0.104/0.229/0.075 = 1/2.202/0.721。考虑到导磁层之间导磁桥作用，取漏磁系数 σ_1 = 0.5，因此可以得到 $C_{p_1,p_1}/C_{p_2,p_2}/C_{p_1,p_2}$ = 0.293/0.603/(0.413/2) = 1/2.058/0.705，该比值与实测电感之间的比值基本吻合。另外，

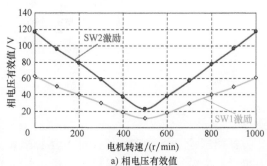

a) 相电压有效值

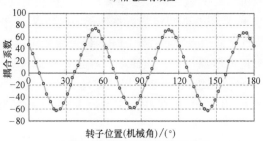

b) 耦合系数(实验测得耦合系数(73.9))

图 5-23　实验测得耦合特性曲线

该无刷双馈磁阻电机的定子主自感近似为与转子位置无关的常数，这与传统多层磁障转子同步磁阻电机的电感特性不同，在同步磁阻电机中，定子主自感可分解为与转子位置无关的常数和与转子位置密切相关的交变量。实验测得的转矩特性近似二次曲线分布如图 5-25 所示，由于加工、测量误差、理想情形等原因与有限元仿真结果存在一定的误差，但整体较为吻合。

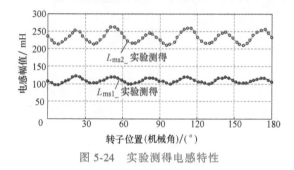

图 5-24　实验测得电感特性　　　　　图 5-25　实验测得转矩特性

5.3　6/8 极磁通反向永磁电机

具有凸极结构的电机是整个电机家族中数量最为庞大的类别之一，而凸极磁阻又是三种磁场调制器中最为普遍的一种。常见的凸极磁阻结构（定子凸极或转子凸极）电机包括磁通切换永磁电机、磁通反向永磁电机、永磁游标电机、开关磁阻电机、内置式永磁同步电机、磁齿轮复合电机等。目前，对凸极磁阻转子电机气隙磁通密度分布的研究主要采用有限元分析[14,15]、非线性自适应集总参数磁路模型[16-18] 和线性子域模型[19] 等方法，这些方法难以揭示电机内在电磁物理过程和基本工作原理。近年来，不断有学者尝试对凸极磁阻转子磁场调制电机的运行原理和性能进行比较研究，文献［20］和文献［21］基于简单"磁动势—磁导"模型研究了转矩产生机理，但仅考虑了气隙磁场的谐波阶次和转速，并未考虑电机电磁性能和拓扑结构之间的关系；文献［22］总结了磁通反向永磁电机和永磁游标电机等电机结构和性能特征，并进一步推导了转矩和功率因数表达式；文献［23］分析了从传统电机拓扑向新型磁场调制电机结构转化的过程，并对这些电机进行了定量对比，试图找出不同类型的磁场调制电机的优缺点。然而，由于缺乏适当的理论推导过程及数学表达式，这些文献均未能对凸极磁阻磁场调制作用进行定量描述。本节通过对 6/8 极磁通反向永磁电机的分析，验证了气隙磁场调制统一理论的有效性。进一步讨论了槽开口宽度和气隙长度对磁场调制效果的影响，并研究了有限开槽深度和饱和现象对铁心磁动势降落的影响；建立了电机电磁性能和拓扑参数之间的直接关系，为电机的初始设计和后期优化提供理论指导。

凸极磁阻基于磁阻的交替变化实现对任意源磁动势分布的磁场调制行为，如

图 5-26 所示。其中 C^S 和 C^R 分别是定子凸极和转子凸极在圆周表面占据的不连续区间。传统的绕组函数理论利用基于高斯定理和安培定律得到的附加方程对磁场方程进行求解。

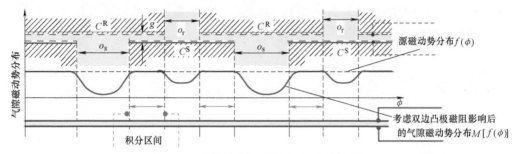

图 5-26 定转子凸极磁阻的磁场调制原理

$$\int_0^{l_{stk}} \int_C r_g \left[\mu_0 F(\phi,t)\ g^{-1}(\phi) \right] \mathrm{d}\phi \mathrm{d}l = 0 \qquad r_g \in \left[R_{r\_out}, R_{s\_in} \right] \qquad (5\text{-}57)$$

$$\int_C F(\phi,t)\ g^{-1}(\phi) \mathrm{d}\phi = \int_C n(\phi) i(t) g^{-1}(\phi) \mathrm{d}\phi + \int_C F(\phi_0,t)\ g^{-1}(\phi)\ \mathrm{d}\phi$$

$$(5\text{-}58)$$

式中，C 是不连续区间 C^S 和 C^R 的交集；ϕ 是调制器固定参考系中沿圆周的机械角；μ_0 是真空磁导率；l_{stk} 是电机有效轴向叠长；r_g 是气隙半径；R_{s_in} 和 R_{r_out} 是定子内半径和转子外半径；$n(\phi)$ 是匝数函数；$g^{-1}(\phi)$ 是反气隙函数；$F(\phi, t)$ 是磁动势分布函数；$i(t)$ 表示积分范围内的绕组电流总和。

将式（4-14）和式（4-15）凸极磁阻调制算子代入，可以将式（5-57）和式（5-58）改写为

$$\int_0^{l_{stk}} \int_0^{2\pi} r_g \left[\mu_0 M[F(\phi,t)] g^{-1}(\phi) \right] \mathrm{d}\phi \mathrm{d}l = 0 \qquad r_g \in \left[R_{r\_out}, R_{s\_in} \right] \quad (5\text{-}59)$$

$$\int_0^{2\pi} M[F(\phi,t)] g^{-1}(\phi) \mathrm{d}\phi = \int_0^{2\pi} M[n(\phi)] i(t) g^{-1}(\phi) \mathrm{d}\phi + \int_0^{2\pi} M[F(\phi_0,t)]\ g^{-1}(\phi) \mathrm{d}\phi$$

$$(5\text{-}60)$$

由此可以得到调制后的绕组函数为

$$M[W(\phi)] = \left[M[n(\phi)] - \frac{1}{2\pi} \int_0^{2\pi} M[n(\phi)] \mathrm{d}\phi \right] \qquad (5\text{-}61)$$

基于调制后的绕组函数，凸极磁阻的调制算子可表示为

$$M[F(\phi,t)] = \left[M[n(\phi)] - \frac{\displaystyle\int_0^{2\pi} g^{-1}(\phi) M[n(\phi)] \mathrm{d}\phi}{\displaystyle\int_0^{2\pi} g^{-1}(\phi) \mathrm{d}\phi} \right] i(t) \qquad (5\text{-}62)$$

可见，经凸极磁阻调制后的磁动势可以表示为调制后的绕组函数和电流的乘

积。因此，凸极磁阻的磁场调制行为可由调制算子进行表示。

5.3.1　结构参数对磁场调制效果的影响

1. 开槽深度

通过引入可变气隙函数分析定转子铁心开槽对气隙磁动势分布的影响。对具有开槽定子和平滑转子的单边凸极电机而言，其定子凸极开槽对磁动势分布影响如图 5-27 所示。当源磁动势分布恒定时，气隙中的磁动势分布将随位置 ϕ 发生变化。定义气隙函数为 $g(\phi)$，因此位置为 ϕ 处的气隙长度差可表示为

$$\Delta(\phi) = g(\phi) - g \tag{5-63}$$

式中，g 表示气隙长度，通常为常值。

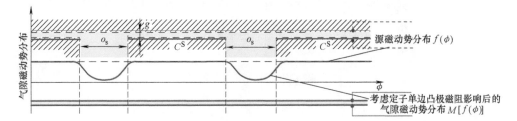

图 5-27　定子凸极对气隙磁动势分布的影响

如果定子和转子都开槽，即电机为如图 5-26 所示的双边凸极结构。若定子和转子坐标具有相同原点且气隙两侧均匀开槽，则点 ϕ 处的气隙为

$$g(\phi, \theta_r) = g + \Delta_s(\phi, \theta_r) + \Delta_r(\phi, \theta_r) = \frac{1}{g_s^{-1}(\phi, \theta_r)} + \frac{1}{g_r^{-1}(\phi, \theta_r)} - g \tag{5-64}$$

式中，函数 $\Delta_{s(r)}(\phi, \theta_r)$ 分别表示由于定子（转子）开槽所引起的气隙长度增量；$g_s^{-1}(\phi, \theta_r)$ 为假设气隙转子一侧均匀，只考虑定子侧开槽时的反气隙函数；$g_r^{-1}(\phi, \theta_r)$ 类似，为假设定子一侧均匀，只考虑转子侧开槽时的反气隙函数。

反气隙函数的具体表达式与槽口宽度和齿距有关，是关于定子或转子齿距周期性分布的。假设定子有 N_{ST} 个齿并且坐标原点位于定子齿中心轴上，则 $g^{-1}(\phi, \theta_r)$ 可以表示为傅里叶级数，以 $g_s^{-1}(\phi, \theta_r)$ 为例[24]

$$g_s^{-1}(\phi, \theta_r) = \begin{cases} \dfrac{1}{g}\left[1 - \beta - \beta\cos\left(\dfrac{\pi}{0.8\phi_0}\phi\right)\right] = a_0 - \displaystyle\sum_{v=1}^{\infty} a_v\cos(vN_{ST}\phi) & 0 \leq \phi \leq 0.8\phi_0 \\ \dfrac{1}{g} & 0.8\phi_0 \leq \phi \leq 0.5\phi_d \end{cases}$$

$$\tag{5-65}$$

式中，ϕ_d 为定子完整极距所占的机械角度，即 $\phi_d = 2\pi/N_{ST} = t_{ds}/R_{s\_in}$；$\phi_0$ 为定子开槽所占的机械角度；a_0 和 a_v 是傅里叶级数表达形式中基波和高次谐波的系数，

且分别表示为

$$a_0 = \frac{2R_{s\_in}}{t_d} \int_0^{0.5\phi_d} g_s^{-1}(\phi, \theta_r) d\phi$$

$$= \frac{2R_{s\_in}}{t_d} \left\{ \int_0^{0.8\phi_0} \frac{1}{g} \left[1 - \beta - \beta\cos\left(\frac{\pi}{0.8\phi_0}\phi\right) \right] d\phi + \int_{0.8\phi_0}^{0.5\phi_d} \frac{1}{g} d\phi \right\}$$

$$= \frac{2R_{s\_in}}{t_d g} \left(\frac{1}{2} \frac{2t_d}{2R_{s\_in}} - 0.8\beta \frac{2o}{2R_{s\_in}} \right) = \frac{(t_d - 1.6\beta o)}{t_d g} \tag{5-66}$$

$$a_1 = \frac{2R_{s\_in}}{t_d} \int_0^{0.5\phi_d} g_s^{-1}(\phi, \theta_r) \cos(N_{ST}\phi) d\phi$$

$$= \frac{\beta}{g} \frac{1}{\pi} \left(-1 - \frac{1}{2} \left(-\frac{1.6\varepsilon}{(1+1.6\varepsilon)} - \frac{1.6\varepsilon}{(1.6\varepsilon - 1)} \right) \right) \sin(1.6\varepsilon\pi)$$

$$= \frac{\beta}{g} \frac{4}{\pi} \left[0.5 + \frac{\varepsilon^2}{0.78 - 2\varepsilon^2} \right] \sin(1.6\pi\varepsilon) = \frac{\beta}{g} FC_1(\varepsilon) \tag{5-67}$$

$$a_v = \frac{\beta}{g} FC_v \left(\frac{o}{t_d} \right) = \frac{\beta}{g} FC_v(\varepsilon) \tag{5-68}$$

式中，$\varepsilon = o/t_d$；β 是 ε 的函数，并且随着开槽宽度的增大而略有增加，可以表示为

$$\beta = \frac{1}{2} - \frac{1}{2} \left[1 + \left(\frac{o}{2g} \right)^2 \right]^{-\frac{1}{2}} = \frac{1}{2} - \frac{1}{2} \left[1 + \left(\varepsilon \frac{t_d}{2g} \right)^2 \right]^{-\frac{1}{2}} \tag{5-69}$$

函数 $FC_v(\varepsilon)$ 可进一步表示为

$$FC_v(\varepsilon) = \frac{4}{v\pi} \left[0.5 + \frac{(v\varepsilon)^2}{0.78125 - 2(v\varepsilon)^2} \right] \sin(1.6\pi v\varepsilon) \tag{5-70}$$

对于具有 N_{RT} 个凸极的转子，$g^{-1}(\phi)$ 可以得到类似的傅里叶级数结果。图 5-28 给出了不同 ε 的 $FC_v(\varepsilon)$ 值。$FC_v(\varepsilon)$ 在一定范围内随 ε 的增加而增加，从而引起气隙磁导各次谐波幅值的显著变化，并进一步影响气隙磁场谐波分布[12]，即影响凸极磁阻的磁场调制效果。由图 5-28 可以得出如下结论：

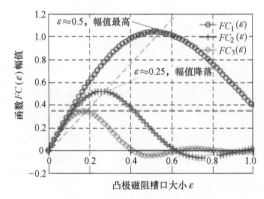

图 5-28 FC 随 ε 的变化规律

• 当 $\varepsilon > 0.25$ 时，随着 ε 的增大，$FC_2(\varepsilon)$ 减小，而 $FC_1(\varepsilon)$ 持续增大，$FC_2(\varepsilon) < FC_1(\varepsilon)$。

• 当 $v \geqslant 3$ 时，$FC_v(\varepsilon)$ 的幅值较小，因此可以忽略高次谐波。

• 当 $\varepsilon < 0.25$ 时，$FC_2(\varepsilon)$ 的幅值与 $FC_1(\varepsilon)$ 的幅值差异不大，因此不能被忽

略。而当 $\varepsilon \geqslant 0.25$ 时，$FC_2(\varepsilon)$ 幅值不断减小，且与 $FC_1(\varepsilon)$ 幅值的差异不断增加。换言之，气隙磁导函数的基波在 $\varepsilon < 0.25$ 时受到不可忽略的二次谐波的影响，且 $FC(\varepsilon)$ 的幅值较低，因此凸极磁阻的磁场调制效果可以忽略。

通常定义槽开口系数 $\varepsilon \geqslant 0.3$ 时的开槽为大开口槽结构[24]，具有大开口槽结构的转子或定子凸极对源磁动势有明显的磁场调制作用，进而影响源磁动势在空间的分布，磁通反向永磁电机和开关磁阻电机等正是利用大开口槽定转子凸极结构对源磁动势分布进行调制。另外，定义槽开口系数 $\varepsilon < 0.3$ 时为小开口槽结构，这种结构可以视为平滑的圆柱形即单位调制，例如传统绕线式感应电机定转子结构、多齿定子结构的磁通反向永磁电机和游标永磁电机等。在仅考虑气隙磁导函数的基波分量对某个磁动势分布函数的磁场调制作用时，$FC_1(\varepsilon)$ 在 $\varepsilon \approx 0.5$ 处取得最大值，即此时凸极磁阻的磁场调制效果最佳。

2. 气隙长度

值得注意的是，气隙长度对磁场调制效果同样具有明显的影响。当气隙长度较小时，气隙磁场主要垂直穿过气隙，即可以仅考虑磁场径向分量，其切向分量可以忽略。换言之，气隙中磁场强度沿气隙圆周方向的变化很小，因此可以基于上述的简单一维模型解析气隙内的磁场分布，以此直接考虑由凸极磁阻引起的磁动势降落和偏移。当气隙长度相对较大时，凸极磁阻的磁场调制行为仍然有效，但此时磁力线不会完全垂直地从气隙一侧穿出并到达另一侧。因此气隙长度较大时凸极磁阻的磁场调制效果将受到明显影响，需要基于式（5-74）所示的精确凸极磁阻调制磁动势表达才能获得准确的磁场分布，然后应用电机气隙磁场调制统一理论的分析方法解析感应电动势、平均转矩、电感特性、转矩脉动等性能指标。

5.3.2 磁场调制行为

在图 4-8b 所示的大开口槽 6/8 极磁通反向永磁电机中，磁化方向相反的永磁体表贴固定在定子凸极表面，并建立矩形分布的源磁动势。定子凸极调制器的同步调制行为几乎不对谐波幅值产生影响，但消除了 3 次及其倍数次谐波（该 6/8 极磁通反向永磁电机定子凸极极弧系数为 2/3）。转子凸极调制器对 p_f 对极的源磁动势进行异步调制，产生极对数为 p_f 和 $(lN_{RT} \pm p_f)$ 的谐波分量。单位方波分布的源励磁磁动势被凸极磁阻定子同步调制后再由转子凸极异步调制，可表示为

$$M(N_{RT}, \varepsilon_{RT})\{M(N_{ST}, \varepsilon_{ST})[F_{PM}(\phi, t)]\} = \begin{cases} f_{RT}(\phi, t)F_{PM}(\phi, t) & \phi \in C \\ 0 & \phi \in [0, 2\pi] - C \end{cases}$$

$$(5-71)$$

式中，$f_{RT}(\phi, t)$ 是转子凸极磁阻调制函数的傅里叶级数，即

$$f_{RT}(\phi, t) = \varepsilon_{RT} + \kappa(1 - \varepsilon_{RT}) + \sum_{l=1}^{\infty} \frac{2(1-\kappa)}{\pi} \frac{\sin(l\varepsilon_{RT}\pi)}{l} \cos[lN_{RT}(\phi - \omega_r t)]$$

$$(5-72)$$

式中，ω_r 是转子的机械角速度；κ 定义为

$$\kappa = \frac{t_{dr}-1.6\beta o_r}{2t_{dr}} = \frac{1}{2}-0.8\beta\varepsilon \qquad (5\text{-}73)$$

式中，κ 的值始终小于 0.5，并且与 ε 直接相关，随着 ε 的增加而减小；β 与式（5-69）相同。

由此，调制后的磁动势为永磁体建立的源励磁磁动势与转子凸极磁阻调制函数直接相乘，可以表示傅里叶级数为

$$F_{PM\_Mod}(\phi, t) = \sum_{\substack{v=1\\v\neq 3k}}^{\infty} C_p \sin(vp_f\phi) + \sum_{l=1}^{\infty}\sum_{\substack{v=1\\v\neq 3k}}^{\infty} C_{sum}\sin[(vp_f - lN_{RT})\phi + lN_{RT}\omega_r t] +$$

$$\sum_{l=1}^{\infty}\sum_{\substack{v=1\\v\neq 3k}}^{\infty} C_{dif}\sin[(vp_f + lN_{RT})\phi - lN_{RT}\omega_r t] \qquad (5\text{-}74)$$

式中，三个磁场转换系数可表示为

$$C_p = C_{vp,vp} = \left(\frac{1}{v}\right)\left(\frac{3}{\pi}\right)[\varepsilon_{RT}+\kappa(1-\varepsilon_{RT})] \qquad (5\text{-}75)$$

$$C_{sum} = C_{vp,vp-lN_{RT}} = \left(\frac{3}{v}\right)\left(\frac{1}{\pi}\right)^2(1-\kappa)\frac{\sin(l\varepsilon_{RT}\pi)}{l} \qquad (5\text{-}76)$$

$$C_{dif} = C_{vp,vp+lN_{RT}} = \left(\frac{3}{v}\right)\left(\frac{1}{\pi}\right)^2(1-\kappa)\frac{\sin(l\varepsilon_{RT}\pi)}{l} \qquad (5\text{-}77)$$

由式（5-75）~式（5-77）可以看出，引入函数 κ 可以相对精确地描述由于有限开槽深度而导致的铁心磁动势降落，即磁动势不仅分布在定子和转子凸极相重叠的区域，也分布在槽开口区域。然而，κ 值较小，本例中约为 0.28，仅影响磁场转换系数的相对幅值大小，而对调制磁场谐波的极对数及转速并无影响。κ 的存在使理论表达式变得相对复杂，难以从中简明直观地揭示电机的电磁特征和拓扑参数之间的关系。所以，为简化理论分析，通常可以忽略开槽深度的影响，即认为函数 $\kappa = 0$。

经过定子凸极同步调制后的磁动势中仅包含一种与永磁体极对数 p_f 有关的谐波分量，但经过定子和转子凸极双重调制后，磁动势中出现了极对数为 vp_f、$(vp_f + lN_{RT})$ 和 (vp_f-lN_{RT}) 的三个不同的谐波分量。其中，定子凸极磁阻对矩形波源磁动势起静态同步调制作用，该同步调制作用仅改变每个谐波分量的相对幅值，而不改变频谱位置，因此，可以基于定子凸极磁阻调制器的优化设计实现抑制漏磁、提高电机机械强度等目的。相比而言，转子凸极磁阻对定子凸极同步调制后的磁动势起异步调制作用，可改变调制磁动势各次谐波幅值并改变调制磁动势的频谱位置，从而产生极对数为 (vp_f+lN_{RT}) 和 (vp_f-lN_{RT}) 的谐波分量，这些谐波的相对幅值可以通过式（5-75）~式（5-77）给出的三个磁场转换系数来表征。另外，源磁动势的主极对数和转子极数的组合对电枢绕组布局有重要影响，但三个磁场转换系数

仅取决于拓扑参数，例如定子和转子的极弧系数 $\varepsilon_{S(R)T}$，与励磁、电枢磁场极对数配合并不相关。调制磁场的谐波总是成对出现，对于同一组 v 和 l，磁场转换系数 $C_{sum}=C_{dif}$，如图 4-24 所示。由图 4-24 可知，调制后的气隙磁通密度中主要包含 6 个主要的磁场谐波分量，这些磁场谐波分量可以分为 4 个谐波对，每对谐波的极对数之和或差均等于 8（转子极数 $N_{RT}=8$），分别为（6，2）、（6，14）、（12，-4）和（12，20），其中负号表示该极对数谐波分量旋转方向与电机旋转方向相反。磁通反向永磁电机的磁场调制能力可以基于磁场转换系数 C_{sum} 和 C_{dif} 计算获得，且空载和负载条件下的气隙磁通密度波形的频谱比较接近，仅在个别谐波分量的幅值上存在微小差异。上述三类谐波中，极对数为 vp_f 的谐波分量在空间保持静止，极对数为（$vp_f\pm lN_{RT}$）的两类谐波在空间旋转分布，其旋转方向仅取决于 lN_{RT} 和 vp_f 两者之差的正负，若 $lN_{RT}<vp_f$ 则为反向旋转。综上，该 6/8 极磁通反向永磁电机中的详细磁场调制过程如图 4-25 所示，定、转子凸极磁阻调制器对单位方波源励磁磁动势频谱的修改如图 4-26 所示。

气隙磁通密度频谱分布是电机电磁性能分析的基础，它与式（5-74）所示的调制后的磁动势保持一致的频域特性，可以表示为

$$B_g(\phi,t) = \sum_{v=1}^{\infty} A_p\sin(vp_f\phi) + \sum_{k=vp_f-lN_{RT}}^{\infty} A_{sum}\sin[k\phi-(k-vp_f)\omega_r t] +$$

$$\sum_{k=vp_f+lN_{RT}}^{\infty} A_{dif}\sin[k\phi-(k-vp_f)\omega_r t] \tag{5-78}$$

式中，$B_g(\phi,t)$ 是气隙磁通密度分布函数；A_p、A_{sum} 和 A_{dif} 分别为基于式（5-75）~式（5-77）磁场转换系数计算得到的极对数为 vp_f 和（$vp_f\pm lN_{RT}$）次磁通密度谐波的幅值。

需要强调的是，在定转子均为大开口槽的情形下，基于磁场转换系数 C_p、C_{sum} 和 C_{dif} 可以计算调制后的磁场谐波次数和转速，并获得较为精确的各次磁场谐波幅值，或直接借助有限元分析获得更为精准的幅值信息。此外，由于该 6/8 极磁通反向永磁电机的绕组对称，2 对极电枢绕组的两组线圈建立的磁动势几乎相同。因此，以 A 相绕组为例，可以根据绕组形式和绕组函数，将磁链直接表示为某组线圈磁链的两倍

$$\psi_{PM}^A = 2r_g l_{stk}k_{sat}N_a\int_0^{\frac{2\pi}{N_{ST}}}B_g(\phi,t)\,d\phi$$

$$= 2r_g l_{stk}k_{sat}N_a\sin(lN_{RT}\omega_r t)\left\{\sum_{\substack{l=1\\v=1,\ v\neq 3k}}^{\infty}\left(\frac{2A_{sum}}{vp_f-lN_{RT}}\right)\cdot\right.$$

$$\left. \sin\left[\left(vp_{\mathrm{f}} - lN_{\mathrm{RT}} \right) \frac{\pi}{N_{\mathrm{ST}}} \right] - \sum_{\substack{l=1 \\ v=1,\, v\neq 3k}}^{\infty} \left(\frac{2A_{\mathrm{dif}}}{vp_{\mathrm{f}} + lN_{\mathrm{RT}}} \right) \sin\left[\left(vp_{\mathrm{f}} + lN_{\mathrm{RT}} \right) \frac{\pi}{N_{\mathrm{ST}}} \right] \right\} \quad (5\text{-}79)$$

式中，N_{a} 是 A 相绕组的每相串联匝数；k_{sat} 为考虑铁心饱和导致的气隙磁动势降落的饱和系数，其定义为气隙磁动势降落与总磁动势之比，且 $k_{\mathrm{sat}} < 1$。

饱和会降低铁心的磁导率并增加铁心内的磁动势降落，因此可以通过引入饱和系数 k_{sat} 来表征铁心饱和并以此实现相对合理的参数计算。采用饱和系数进行折算时，假定在圆周方向上的磁通密度分布是均匀的，且忽略局部饱和的影响。

空载感应电动势可以通过对如式（5-79）的磁链对时间求导得到

$$e_{\mathrm{A}} = -\frac{\mathrm{d}\psi_{\mathrm{PM}}^{\mathrm{A}}}{\mathrm{d}t} = 2r_{g}l_{\mathrm{stk}}k_{\mathrm{sat}}N_{\mathrm{a}}\cos(lN_{\mathrm{RT}}\omega_{\mathrm{r}}t)\left\{ -\sum_{\substack{l=1 \\ v=1,\, v\neq 3k}}^{\infty} \left(\frac{2lN_{\mathrm{RT}}\omega_{\mathrm{r}}A_{\mathrm{sum}}}{vp_{\mathrm{f}} - lN_{\mathrm{RT}}} \right) \cdot \right.$$

$$\left. \sin\left[\left(vp_{\mathrm{f}} - lN_{\mathrm{RT}} \right) \frac{\pi}{N_{\mathrm{ST}}} \right] + \sum_{\substack{l=1 \\ v=1,\, v\neq 3k}}^{\infty} \left(\frac{2lN_{\mathrm{RT}}\omega_{\mathrm{r}}A_{\mathrm{dif}}}{vp_{\mathrm{f}} + lN_{\mathrm{RT}}} \right) \sin\left[\left(vp_{\mathrm{f}} + lN_{\mathrm{RT}} \right) \frac{\pi}{N_{\mathrm{ST}}} \right] \right\} \quad (5\text{-}80)$$

从式（5-80）可以看出，极对数为 $(vp_{\mathrm{f}} \pm lN_{\mathrm{RT}})$ 的两个磁场谐波分量均可以贡献有效的永磁磁链，并进而匝链分数槽集中绕组产生感应电动势。相比而言，凸极磁阻转子无刷双馈磁阻电机则仅能利用极对数为 $(lN_{\mathrm{RT}} \pm p_{\mathrm{f}})$ 中的一个，因此磁通反向永磁电机中场谐波的利用率理论上要高于凸极磁阻转子无刷双馈磁阻电机。基于式（5-78）~式（5-80）可以解析磁通反向永磁电机气隙场分布、绕组磁链、空载感应电动势等基本电磁特征，进而直观地得到电机电磁性能与电机拓扑参数之间的关系，为电机的初始设计和进一步优化提供理论指导。

5.3.3 实验验证

为了验证理论分析的正确性，本小节对一台如图 5-29 所示的 6/8 极磁通反向永磁电机样机进行二维有限元仿真和实验测试对比，对空载感应电动势、电磁转矩和齿槽转矩的性能参数进行了计算与分析。该电机的主要设计参数见表 5-8。

a) 定转子装配　　　　　　　　　b) 样机

图 5-29　6/8 极磁通反向永磁电机样机

表 5-8　6/8 极磁通反向永磁电机关键参数

参　　数	数　　值
外定子半径 R_{s_out}/mm	64
内定子半径/R_{s_in}/mm	35.2
气隙长度/g/mm	0.35
电机轴长/l_{stk}/mm	75
定子极数 N_{ST}	6
转子极数 N_{RT}	8
永磁体剩磁 B_r/T	1.26
相对磁导率 μ_r	1.2
永磁体厚度 h_m/mm	1.84
额定转速 n_s/(r/min)	1500
调制器	凸极磁阻

1. 反电动势分布

图 5-30 给出了转速为 1500r/min 时，基于式（5-80）理论计算得到的空载感应电动势波形和频谱分布，并与二维有限元分析结果和实测值进行了比较。可见，理论计算结果在幅度和频次上都与有限元或实验的验证结果接近。可以注意到，6/8 极磁通反向永磁电机的每相空载感应电动势波形为比较理想的正弦曲线，其主要包含偶次谐波，并且 4 对极谐波幅值最大。图 5-30b 给出的频谱分析进一步证明了理论解析解与有限元分析和实验结果之间的一致性。

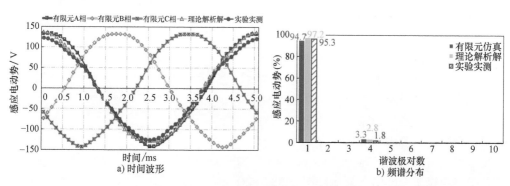

图 5-30　6/8 极磁通反向永磁电机空载感
应电动势分布

2. 平均电磁转矩

磁通反向永磁电机的永磁体和电枢绕组位于同一定子上，因此当所选的参考坐标系与凸极磁阻调制器相对固定时，调制后的励磁磁场与电枢磁场均与转子位置相关。基于第 3 章 3.5 节的统一转矩分析，该磁通反向永磁电机转矩密度可以表示为

$$TRV = \frac{\pi}{\sqrt{2}} \sum_v \frac{N_{RT}}{p_v} \overline{B^v} \overline{J^v} \cos\varphi^v \tag{5-81}$$

式中，p_v 表示气隙中有效磁场谐波分量的极对数；函数 $\cos\varphi^v$ 是 v 阶谐波（$\overline{B^v}$，$\overline{J^v}$）的功率因数；B^v 和 $\overline{J^v}$ 分别是 v 阶谐波的磁负荷和电负荷，且

$$\overline{B^v} = \frac{2B^v_{(amp)}}{\pi} \tag{5-82}$$

$$\overline{J^v} = \frac{2mN_a k_{wv} I_{(rms)}}{2\pi r_g} \tag{5-83}$$

式中，$B^v_{(amp)}$ 是 v 阶谐波的磁通密度幅值；m 是相数；k_{wv} 是考虑短距和分布系数的绕组系数；$I_{(rms)}$ 是相电枢电流的均方根值。

因此，电磁转矩可以进一步推导为

$$T_e = \frac{\pi^2 r_g^2 l_{stk} k_{sat}}{\sqrt{2}} \sum_v \frac{N_{RT}}{p_v} \overline{B^v} \ \overline{J^v} \cos\varphi^v \tag{5-84}$$

利用表 5-8 数据，可由式（5-84）计算出转矩，如图 5-31 所示。相比有限元的仿真结果和实验实测值，当相电流有效值较小时理论预测值与之基本吻合；但当相电流有效值增加时，受铁心饱和与测量误差等影响，三者之间的差异逐渐增加。由于二维有限元并未考虑永磁体的端部效应，因此其结果高于实测数据[25]，但三者总体较为吻合，验证了上述磁场调制理论解析方法的准确性。

3. 齿槽转矩

由于具有特殊的双凸极结构，磁通反向永磁电机相比传统转子永磁电机通常具有更加明显的齿槽转矩。齿槽转矩由调制励磁磁动势与调制励磁磁动势自身之间相互作用产生，该转矩分量对平均电磁转矩的贡献为零，只产生周期性转矩脉动，对电机的低速性能影响较大。对于磁通反向

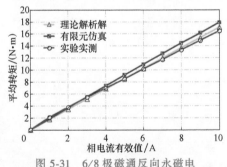

图 5-31　6/8 极磁通反向永磁电机的平均电磁转矩

永磁电机而言，齿槽转矩为仅永磁体激励、定子电枢绕组开路时，被定子凸极和转子凸极磁阻调制后的励磁磁动势产生的转矩分量，可以通过式（3-75）推导相对转子位置角 ϕ^o 的气隙储能来近似表示为

$$T_{cog}(t) = \frac{\partial W_m}{\partial \phi^o} \approx \frac{\partial W_{airgap}}{\partial \phi^o} = \frac{\partial}{\partial \phi^o}\left[\frac{1}{2\mu_0}\int_V B_g^2(\phi, t)\,dV\right]$$

$$= \frac{\partial}{\partial \phi^o}\left[\frac{(R_{s\_in}^2 - R_{r\_out}^2)l_{stk}}{2\mu_0}\int_0^{2\pi} B_g^2(\phi, t)\,d\phi\right]$$

$$= \frac{\pi(R_{\text{r\_out}}^2 - R_{\text{s\_in}}^2)N_{\text{RT}}l_{\text{stk}}}{2\mu_0} \sum_{\substack{n=1 \\ l\pm z = nN_{\text{L}}N_{\text{RT}}^{-1}}}^{\infty} (l\pm z)\sin(nN_{\text{L}}\omega_{\text{r}}t)(A_{vp_{\text{f}}-lN_{\text{RT}}}A_{vp_{\text{f}}-zN_{\text{RT}}} +$$

$$2A_{vp_{\text{f}}}A_{vp_{\text{f}}-lN_{\text{RT}}} + 2A_{vp_{\text{f}}-lN_{\text{RT}}}A_{vp_{\text{f}}+zN_{\text{RT}}}) \tag{5-85}$$

式中，W_{m} 是磁共能；W_{airgap} 是气隙储能，在空载情形下且忽略铁心饱和时两者近似相等；N_{L} 是 N_{ST} 和 N_{RT} 的最小公倍数；n 是正整数。

此外，定子极数和转子极数与 N_{L} 之间存在如下关系：

$$vN_{\text{ST}} = lN_{\text{RT}} = nLCM(N_{\text{ST}}, N_{\text{RT}}) = nN_{\text{L}} \tag{5-86}$$

可以看出，齿槽转矩波形的周期阶次与 N_{L} 有关（本节中 N_{L} 的取值为24），这与传统永磁电机中的结论一致。图 5-32 对比解析计算、二维有限元和实验实测的齿槽转矩波形，可见基于上述三种方法取得的齿槽转矩波形分布基本一致，且周期均为 $360°/15 = 24°$，与理论分析相吻合。此外，齿槽转矩的幅度取决于 ε_{ST}，ε_{RT} 和 N_{L}。较大的 N_{L} 将使得磁场谐波分量 A_p，A_{sum} 及 A_{dif} 的值会急剧下降，因此 N_{L} 越大，齿槽转矩幅值越小。因此，优化槽开口宽度和定子/转子槽极配合是抑制齿槽转矩的有效方法[26]。

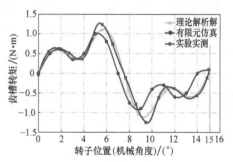

图 5-32　6/8 极磁通反向永磁电机齿槽转矩波形

综上所述，基于气隙磁场调制统一理论的解析方法，可以获得调制后磁动势频域信息、幅值信息与拓扑参数之间的直接关系，这为进一步的电机优化和拓扑创新提供了理论基础，并可以在不使用或者较少依赖有限元数值计算方法的情况下，对例如定子/转子槽极配合、绕组结构选择等相关问题展开初步分析和设计指导。

5.4　笼型感应电机及电励磁凸极同步电机的统一分析

感应电机和电励磁同步电机是最常见的交流电机，并且具有可靠性高、技术成熟、易于制造和驱动控制简单等优势。传统电机学理论通常基于等效电路来推导感应电机与转差率 s 相关的转矩方程表达式，可参见表 1-2，而电励磁同步电机的分析则通常基于相量图和功率角 δ 展开，从而导致完全不同的理论公式表达。20 世纪 30 年代，克朗（Kron）提出了一种通用的电机理论[27]，并且在阿德金斯（Adkins）等人提出的双轴理想电机模型基础上[28]，从机电能量的角度得到了进一步发展，根据适当的 dq 坐标转换可将多相电机变换等效为双轴理想电机模型。克朗提出的电机理论基于假设简化建模过程，建立了适用于所有交流电机的通用模型，并使用简化的理想模型来建立运动方程。这些工作为促进对感应电机和电励磁同步电机的特性研究和理论体系构建提供了十分便利的条件。

本节基于气隙场调制统一理论，对最传统的交流电机的电磁性能和磁场调制现象进行分析。基于气隙磁通密度分布、磁链、空载感应电动势、平均转矩和电感特性的理论表达式，系统地揭示电机性能与关键拓扑参数之间的直接关系，从而在不具体考虑感应电机和电励磁同步电机各自的运行原理和特殊结构的前提下，总结它们统一的磁场调制机制，且它们相互之间的差异仅表现在调制器类型以及调制行为的不同特性上。另外，为了简化参数计算，将感应电机和电励磁同步电机中的铁心饱和折算为铁心中恒定的磁动势降落，即当考虑饱和影响时，乘以饱和系数 k_{sat} 进行修正。表 5-9 中列出了算例感应电机和电励磁同步电机的主要设计参数。

表 5-9　笼型感应电机和电励磁凸极同步电机主要设计参数

参　　数	数值	
	笼型感应电机	电励磁凸极同步电机
定子槽数 N_{slot}	30	36
定子绕组极对数 p_f	1	2
每相匝数 N_{ph}	185	240
定子外径 R_{s_out}/mm	210	264
定子内径 R_{s_in}/mm	116	161.9
转子外径 R_{r_out}/mm	115	161
转子内径 R_{r_in}/mm	48	60
气隙长度 g/mm	1	0.9
电机轴长 l_{stk}/mm	125	50.8
同步转速 n_s/(r/min)	3000	1500

5.4.1　磁场调制行为

1. 笼型感应电机：短路线圈调制器

如图 5-33 所示，笼型感应电机利用式（3-24）给出的短路线圈调制算子完成源磁动势的磁场调制行为，位于定子上的电枢绕组提取某个特定极对数的空间谐波分量，以匝链定子绕组产生磁链和感应电动势。短路线圈从效果上等效为 N_{SC} 个单独的短路回路的叠加。在理论推导过程中，需要考虑转子短路线圈的电阻和漏感。将调制后的磁动势表示为傅里叶级数形式为

$$M(N_{SC}, \gamma)[f(\phi, t)] = C_{p\_IM}\cos(p_f\phi - \omega_s t - \varphi) + \sum_{k = lN_{SC} - p_f}^{\infty} C_{sum\_IM} \cdot$$

$$\cos\left[k\phi + \omega_s t + (p_f + k)\frac{\pi}{N_{SC}} - \varphi\right] + \sum_{k=lN_{SC}+p_f}^{\infty} C_{\text{dif\_IM}}\cos\left[k\phi - \omega_s t + (k - p_f)\frac{\pi}{N_{SC}} - \varphi\right]$$

$$(5\text{-}87)$$

式中，ω_s 是转子短路线圈的转差频率；下标 sum 和 dif 分别表示求和调制与差调制过程；C_{p_IM}、$C_{\text{sum\_IM}}$ 和 $C_{\text{dif\_IM}}$ 为分别描述不同极对数谐波分量之间相互作用的磁场转换系数，它们是调制器对源磁动势分布的映射，并将改变谐波分量的相对幅度或频谱的位置。

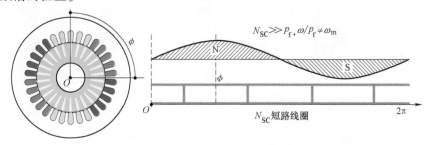

图 5-33　笼型感应电机短路线圈转子磁场调制行为

　　为简化理论分析难度，可忽略笼型转子短路回路的电阻和漏电感，短路线圈为理想调制器，则磁场转换系数可化简为式（4-43）~式（4-45）所示。

　　由励磁电流建立的源磁动势中仅包含一种与定子绕组极对数 p_f 有关的谐波，而调制后的磁动势分量中将存在三个不同的分量，即 p_f、（$lN_{SC} - p_f$）和（$lN_{SC} + p_f$），可以通过式（4-43）~式（4-45）给出的相应磁场转换系数来表征。从调制器固定的参考系观察时，三种极对数谐波均正向旋转。此外，具有 p_f 极对数的磁场谐波几乎保持不变，通过和调制与差调制产生的谐波幅值则与 p_f，N_{SC} 和 γ 以及每个短路回路的电阻和电感有关。此外，与具有短路线圈的无刷双馈感应电机不同，笼型感应电机的 γ 始终等于 1，并且 $N_{SC} \gg p_f$，因此 $C_{\text{sum\_IM}}$ 和 $C_{\text{dif\_IM}}$ 很小，可以忽略。换言之，具有 p_f 对极的谐波分量在笼型感应电机中起主要作用，并且在笼型感应电机中转子绕组的电阻不能忽略。详细的磁场调制过程如图 5-34a 所示，图 5-34b 中给出了相应的频谱变化。

2. 电励磁凸极同步电机：单边凸极磁阻调制器

　　类似地，电励磁凸极同步电机可以看作是单边凸极电机。这是由于其转子等效于凸极磁阻（$o_r/t_{dr} > 0.3$），以实现转子磁导的各向异性，如图 5-35 所示。但其定子则采用与传统感应电机一样的小开口槽定子，其对源磁动势的磁场调制作用可以忽略。基于式（3-25）中给出的凸极磁阻调制算子对源磁动势实现了具体的磁场调制行为，如图 5-36a 所示，图 5-36b 给出了相应的频谱变化。源磁动势由转子凸极以 ω/p_f 的速度进行同步调制，调制后的磁动势可以推导为

$$M(N_{RT}, \varepsilon_{RT})[f(\phi, t)] = C_{p\_SM}\cos(p_f\phi - \omega t) \qquad (5\text{-}88)$$

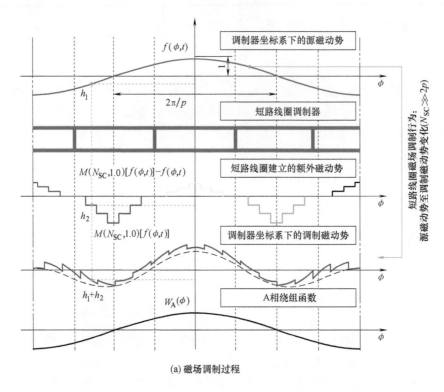

(a) 磁场调制过程

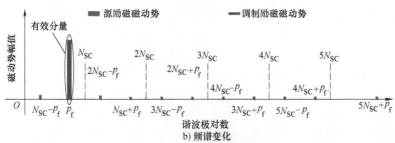

图 5-34 笼型感应电机中短路线圈调制器的调制原理（$\gamma = 1$，$N_{SC} = 26$，$p_f = 1$）

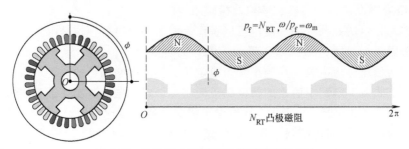

图 5-35 电励磁凸极同步电机磁场调制行为

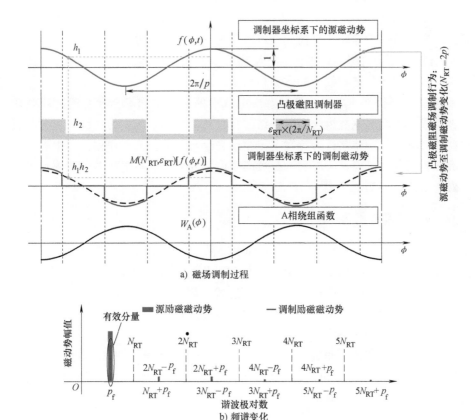

图 5-36 电励磁凸极同步电机中凸极磁阻调制器的磁场调制行为 ($\varepsilon_{RT}=0.5$，$p_f=2$)

式中，C_{p_SM} 是反映转子凸极磁阻同步调制行为的磁场转换系数，其取值与凸极的极靴表面设计密切相关，且为

$$C_{p\_SM} = \left(\varepsilon_{RT} - \frac{h_\sigma^2 \varepsilon_{RT}^2 \pi}{2N_{RT}}\right) + \kappa(1 - \varepsilon_{RT}) \tag{5-89}$$

式中，h_σ 反映了转子凸极磁阻边缘漏磁，且 $h_\sigma \ll 1$。

电励磁凸极同步电机的磁场转换系数 C_{p_SM} 与定转子槽极配合无关，仅受转子凸极极弧和极靴表面的形状的影响。

从上述磁场调制现象可以得到两种交流电机的一般性共同特征和差异：

• 传统的电励磁凸极同步电机和笼型感应电机中可能存在同步调制或异步调制行为，以电励磁凸极同步电机为例，其转子凸极磁阻的同步调制行为得到增强，定子小开口槽凸极的异步调制被选择性地抑制，可视作为单位调制；类似地，笼型感应电机的转子短路线圈的异步调制行为得到选择性增强。

• 在电励磁凸极同步电机和笼型感应电机中，只有具有原始极对数 p_f 的磁场谐波分量，即源磁场转换系数 C_p 对电机电磁特性起作用。

- 在笼型感应电机中，磁场转换系数 C_{sum_IM} 和 C_{dif_IM} 产生的谐波对应转子齿谐波，在合适选择定转子槽极配合后，齿谐波幅值较基波而言较小可以忽略。

- 与狭义磁场调制电机相比，电励磁凸极同步电机和笼型感应电机均具有规则的气隙磁通密度分布和较高的磁场利用率。

- 电励磁凸极同步电机和笼型感应电机中的调制器均不会改变调制后磁动势的主极对数，因此电枢绕组与励磁绕组的主极对数相同，唯一的区别体现在各自的调制器及对应的磁场调制行为特性上。相比完全利用异步调制作用而产生额外有效谐波的磁场调制电机而言，电励磁凸极同步电机和笼型感应电机是主要依赖于原极对数磁场谐波的特例。

5.4.2 电磁特性分析

本节对表 5-9 所示的笼型感应电机和电励磁凸极同步电机电磁特性进行了比较分析。在传统的电机理论中，笼型感应电机和电励磁凸极同步电机分别基于转差 s 和功角 δ 推导了感应电动势和转矩公式表达式，因此导致了两者之间的明显差异。本节将基于磁场调制原理给出两者统一的平均转矩表达式。

1. 气隙磁通密度分布

气隙磁通密度分布是研究磁链、感应电动势和电感特性的必要条件。基于式 (5-87) 和式 (5-88) 中给出的归一化调制后的磁动势分布，笼型感应电机和电励磁凸极同步电机的气隙磁通密度可以表示为

$$B_{g\_IM}(\phi,t) = A_{p\_IM}\cos(p_f\phi - \omega_s t) \tag{5-90}$$

式中，A_{p_IM} 是 p_f 极谐波分量的幅值，所有谐波项均已忽略。

$$B_{g\_SM}(\phi,t) = A_{p\_SM}\cos(p_f\phi - \omega t) \tag{5-91}$$

式中，A_{p_SM} 是极对数为 p_f 的磁通密度谐波幅值。

可见，传统笼型感应电机和电励磁凸极同步电机的气隙调制磁场中仅 p_f 对极的磁场分量有效。若忽略所有无效谐波，两种电机的调制后磁场表达式一致，仅 p_f 对极谐波分量幅值有所差异。

2. 磁链和电动势

通过对调制后的磁动势及绕组函数的乘积进行积分可以获得磁链。由于定子绕组的对称性，各分布绕组建立的源磁动势相同，因此笼型感应电机中 A 相磁链可推导为

$$\psi_{A\_IM} = \frac{\mu_0 r_g l_{stk} k_{sat}}{g} \int_0^{2\pi} M(N_{SC},\gamma)\left[f(\phi,t)\right] W_{sA}(\phi)\mathrm{d}\phi$$

$$= \frac{2\mu_0 r_g l_{stk} k_{sat}}{g} \frac{N_{ph}k_w}{p_f} C_{p\_IM}\sin(\omega_s t) \tag{5-92}$$

此时，感应电动势可表示为上式对时间的微分

$$e_{\text{A\_IM}} = -\frac{\mathrm{d}\psi_{\text{A\_IM}}}{\mathrm{d}t} = -\frac{2\mu_0 r_g l_{\text{stk}} k_{\text{sat}}}{g} \frac{\omega_s N_{\text{ph}} k_w}{p_f} C_{p\_\text{IM}} \cos(\omega_s t) \tag{5-93}$$

类似地，可得到电励磁凸极同步电机的 A 相感应电动势为

$$e_{\text{A\_SM}} = -\frac{\mathrm{d}\psi_{\text{A\_SM}}}{\mathrm{d}t} = -\frac{2\mu_0 r_g l_{\text{stk}} k_{\text{sat}} \omega N_{\text{ph}} k_w}{g} \frac{}{p_f} \{ C_{p\_\text{SM}} \cos(\omega t) + (2N_{\text{RT}}-1) C_{p\_\text{SM}} \cdot$$

$$\cos[(2N_{\text{RT}}-1)\omega t] \} \tag{5-94}$$

可见传统电励磁凸极同步电机中的感应电动势可以看作是基波和 3 次谐波的叠加（式中 $N_{\text{RT}}=2$）。如果忽略所有无效谐波，该表达式与笼型感应电机保持一致。

因此，上述两种电机感应电动势幅值可以统一表示为

$$E_A = |C_E||\text{Speed}||\text{Coil}||\text{Mod. Flux}|$$

$$= \left|\frac{2k_{\text{sat}}}{p_f}\right| |\omega| |N_{\text{ph}} k_w| \left| r_g l_{\text{stk}} C_p \frac{\mu_0 f(\phi,t)}{g} \right| \tag{5-95}$$

式中，C_E 是感应电动势计算中的归一化常数。

感应电动势的有效值可以看作是电机转速、绕组参数和调制后磁场强度的乘积，这与传统电机理论相一致。唯一的区别在于磁场调制行为引入了磁场转换系数 C_p。

3. 平均电磁转矩

笼型感应电机的电枢绕组和励磁绕组均位于定子，而电励磁凸极同步电机的电枢绕组和励磁绕组则分别放置在定子和转子上，从而导致两种电机转矩分解存在显著差异。

定义 T_{ff} 是由调制后的励磁磁动势 $M[F_f(\phi,t)]$ 和调制后的励磁磁动势 $M[F_f(\phi,t)]$ 相互作用产生的电磁转矩，T_{fa} 是由调制后的励磁磁动势 $M[F_f(\phi,t)]$ 和调制后的电枢磁动势 $M[F_a(\phi,t)]$ 相互作用产生的电磁转矩，T_{aa} 是由调制后的电枢磁动势 $M[F_a(\phi,t)]$ 单独相互作用产生。对于电励磁凸极同步电机，因为只有 $M[F_f(\phi,t)]$ 取决于转子位置，所以转矩分量 T_{aa} 为零。T_{ff} 是齿槽转矩，由调制后的励磁磁动势 $M[F_f(\phi,t)]$ 与自身之间的相互作用产生，该转矩分量在整个周期中的平均值为零。因此，忽略小开口槽的磁场调制效应，电励磁凸极同步电机的主要电磁转矩取决于 T_{fa}，即

$$T_{\text{avg\_SM}} = \frac{1}{T} \int_0^T T_{\text{fa}}(t) \, \mathrm{d}t$$

$$= \frac{1}{T} \int_0^T \left\{ \frac{\mu_0 r_g^2 l_{\text{stk}} k_{\text{sat}}}{g} \frac{\partial}{\partial \Delta} \int_0^{2\pi} M[F_f(\phi,t)] M[F_a(\phi,t)] \mathrm{d}\phi \right\} \mathrm{d}t$$

$$= (\pi r_g^2 l_{\text{stk}} k_{\text{sat}}) \sum_k \left(\frac{\pi}{\sqrt{2}} \overline{B}^k\right) \overline{K}_a^k \tag{5-96}$$

式中，$\overline{B}^k$ 和 $\overline{K}_a^k$ 分别是 k 次谐波的磁负荷和电负荷；$T_{\text{ff}}(t)$ 与电励磁凸极同步电机

中的定义相同，即为调制后的励磁磁动势单独作用产生的齿槽转矩，且在整个周期中的平均值为零。

因此，笼型感应电机的平均转矩同样由 T_{fa} 提供，即

$$T_{\text{avg\_IM}} = \frac{1}{T}\int_0^T T_{fa}(t)\,\mathrm{d}t = (\pi r_g^2 l_{stk} k_{sat})\left(\frac{\pi}{\sqrt{2}}\overline{B}\right)\overline{K}_a \tag{5-97}$$

当忽略谐波影响（$k=1$）且忽略磁负荷和电负荷之间的耦合时，式（5-97）与式（5-96）一致。因此，笼型感应电机和电励磁凸极同步电机的平均转矩可以统一简写为参数乘法

$$T_{\text{avg}} = |C_T| \times |\text{Vol.}|\,|\text{Mod. Mag.}|\,|\text{Ele.}|$$
$$= \left|\frac{\pi k_{sat}}{\sqrt{2}}\right|\,|\pi r_g^2 l_{stk}|\,|\overline{B}|\,|\overline{K}_a| \tag{5-98}$$

式中，C_T 是平均转矩计算中的归一化常数。

与感应电动势类似，平均转矩也可以视为有效体积、电负荷和调制磁负荷的乘积。因此，感应电动势和平均转矩的推导可以统一视为几个关键参数的乘积。

此外，转矩密度可以在特定约束条件下进行比较。例如，转矩密度可以在等效的磁负荷和电负荷下得出

$$\text{TRV} = \frac{P_{em}}{(0.5\pi r_g^2 l_{stk})\omega/p_f} = \frac{\pi}{\sqrt{2}}\overline{K}_a\overline{B}_a \tag{5-99}$$

式中，P_{em} 是单电气端口电机的电磁功率。

笼型感应电机用于建立气隙磁场的励磁电流全部由定子绕组提供，转子笼的电负荷通常为定子绕组的 $K_{\Phi\_IM}(K_{\Phi\_IM}<1)$ 倍。因此，笼型感应电机的转矩密度可以表示为

$$TRV_{\text{IM}} = \frac{\pi}{\sqrt{2}}\left(\frac{1}{1+K_{\Phi\_IM}}\right)\overline{K}_a\overline{B}_a \tag{5-100}$$

电励磁凸极同步电机的励磁磁场将由励磁绕组建立，而电枢绕组仅提供电负荷以产生稳定的转矩。在等效约束下，转矩密度与磁负荷与电负荷之比相关，而与电机转速和极对数无关，这一结论也适用于电励磁隐极同步电机。

$$TRV_{\text{SM}} = \frac{\pi}{\sqrt{2}}\left(\frac{1}{1+K_{\Phi\_SM}}\right)\overline{K}_a\overline{B}_a \tag{5-101}$$

4. 电感特性

笼型感应电机和电励磁凸极同步电机的电感可以表示为

$$L = \frac{\mu_0 r_g l_{stk} k_{sat}}{g}\int_0^{2\pi} M[W(\phi)]W(\phi)\,\mathrm{d}\phi \tag{5-102}$$

式中，$M[W(\phi)]$ 表示调制后的绕组函数。

定子绕组的电感特性可以由 5.2 节级联无刷双馈感应电机电感分析中的式

（5-16）和式（5-17）得到。为更好地体现定子绕组主自感与互感之间的关系，笼型感应电机定子绕组的电感矩阵可以表示为

$$
\boldsymbol{L}_{\mathrm{ms\,SCIM}} = \begin{bmatrix} L_{\mathrm{ms}} & -\dfrac{1}{2}L_{\mathrm{ms}} & -\dfrac{1}{2}L_{\mathrm{ms}} \\[2mm] -\dfrac{1}{2}L_{\mathrm{ms}} & L_{\mathrm{ms}} & -\dfrac{1}{2}L_{\mathrm{ms}} \\[2mm] -\dfrac{1}{2}L_{\mathrm{ms}} & -\dfrac{1}{2}L_{\mathrm{ms}} & L_{\mathrm{ms}} \end{bmatrix}
\tag{5-103}
$$

式中，L_{ms} 为自感和互感矩阵中的常数。

$$
L_{\mathrm{ms}} = \frac{\mu_0 \pi r_g l_{\mathrm{stk}} k_{\mathrm{sat}}}{g} \left[\frac{4}{\pi} \frac{N_{\mathrm{ph}} k_{\mathrm{w}}}{2 p_{\mathrm{f}}} \right]^2
\tag{5-104}
$$

但是对于电励磁凸极同步电机，其转子凸极结构必然会对电感特性产生影响。功能 dq 轴对应绕组电感取得最大值和最小值时绕组轴线所在的转子位置。例如，当 A 相定子绕组轴线分别与转子凸极的 d 和 q 轴重合时，A 相自感 L_{AA} 分别为最大值和最小值，A 相与 B 相之间的互感 L_{AB} 也是如此。换言之，当转子旋转 π 电角度时，定子电感波形将重复一个完整的周期。

A 相定子绕组和励磁绕组之间的互感可以表示为

$$
L_{\mathrm{msr}} = \frac{2\mu_0 \pi r_g l_{\mathrm{stk}} k_{\mathrm{sat}}}{g} C_{p\_\mathrm{SM}} \left[\frac{4}{\pi} \frac{N_{\mathrm{ph}} k_{\mathrm{w}}}{2 p_{\mathrm{f}}} \right] \left[\frac{N_{\mathrm{ph\_Field}}}{\pi} \right] \sin\left(\frac{\varepsilon_{\mathrm{RT}} \pi}{N_{\mathrm{RT}}} \right) \sin\left(N_{\mathrm{RT}} \theta_{\mathrm{r}} \right) = L_{\mathrm{msr}}^{\mathrm{af}} \sin\left(N_{\mathrm{RT}} \theta_{\mathrm{r}} \right)
$$

$$
\tag{5-105}
$$

式中，$N_{\mathrm{ph\_Field}}$ 是励磁绕组的匝数。

因此，电励磁凸极同步电机的定子电感为一个与转子位置无关的常数量叠加一个与转子位置相关的交流分量，该交流分量的基本周期等于转子凸极数 $2N_{\mathrm{RT}}$。L_{AA} 和 L_{AB} 之间的平均值和极性与笼型感应电机中的平均值和极性相同。不同的是，每个电周期内 L_{msr} 交变 N_{RT} 次。

5. 铁心饱和

铁心饱和度会显著影响电机的性能，因此正确考虑饱和度非常重要[29,30]。如上文所述，笼型感应电机和电励磁凸极同步电机分别基于异步调制和同步调制行为进行机电能量转换，但并不改变调制磁场的主极对数，即仅极对数 p_{f} 的磁场谐波起作用。以笼型感应电机为例，如图 5-37a 所示，磁通密度分布规则且 N 极与 S 极成对出现，将整个电机截面平均分为 $2p_{\mathrm{f}}$ 个部分。另外，如图 5-37b 所示，在一个时间周期内磁通密度的平均值沿气隙圆周均匀分布，因此从一个周期内的磁通密度平均值而言笼型感应电机和电励磁凸极同步电机中的饱和现象是均匀且规律的，其中局部饱和度与全局饱和度一致。因此可以通过饱和系数 k_{sat}，将饱和度视为气隙磁动势的恒定下降，以在理论推导过程中实现相对准确的参数计算。

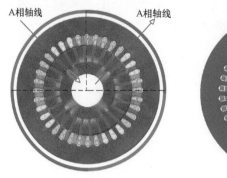 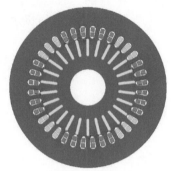

a) 某一时刻瞬时值   b) 一个周期内平均磁通密度分布

图 5-37   笼型感应电机磁通密度分布

5.4.3   实验验证

本节采用二维有限元对表 5-9 所示的笼型感应电机和电励磁凸极同步电机进行了仿真分析，以验证理论分析正确性。并对一台规格为 7.5kW、380V，2900r/min 的标准 Y2 系列铸铝转子感应电动机进行了实验测试，测试平台如图 5-38 所示。

图 5-38   测试平台

笼型感应电机和电励磁凸极同步电机的径向气隙磁通密度波形及相应的基波分量如图 5-39 所示。笼型感应电机的气隙磁通密度波形中存在明显的齿槽谐波。电励磁凸极同步电机的转子凸极极弧系数约为 0.5，且极靴未作特殊设计，调制后的气隙磁通密度波形呈现规则的方波形状，且叠加明显的定子齿谐波。将两个电机的气隙磁通密度傅里叶分解后得到的磁通密度幅值 A_{p_SM} 将用于其他参数的计算验证。

表 5-10 给出了基于上文提出的理论计算得到的感应电动势主要谐波成分结果，并与基于有限元和文献 [31] 给出的传统理论计算方法得到的结果进行了比较，可见三者的一致性较好。由于铁心磁通密度饱和的影响，笼型感应电机的感应电动势波形中存在 3 次谐波（约为基波值的 3.9%），这无法在理论计算中体现。对于电励磁凸极同步电机，基于式（5-93）计算得到的结果与有限元仿真结果的一致性

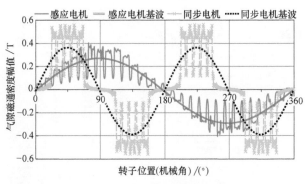

图 5-39　气隙磁通密度波形

较高，其百分比误差在可接受范围内。

表 5-10　笼型感应电机和电励磁凸极同步感应电动势计算结果与比较

		有限元仿真	传统电机学	理论推导
笼型感应电机	1st	219.2V	215.6V　**1.64%**	223.6V　**2.01%**
(I_{rms}=1A)	3rd	8.6V		
电励磁凸极同步电机	1st	111.5V	113.7V　**1.97%**	110.4V　**0.98%**
（空载情形）	3rd	21.2V		19.4V　**8.49%**

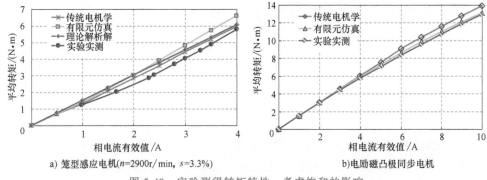

a) 笼型感应电机(n=2900r/min, s=3.3%)　　b)电励磁凸极同步电机

图 5-40　实验测得转矩特性：考虑饱和的影响

　　图 5-40 给出了笼型感应电机和电励磁凸极同步电机的转矩-电流曲线，可见本文提出的理论预测与有限元结果很好地吻合。图 5-41 给出了基于有限元方法、理论计算及实验实测得到的笼型感应电机和电励磁凸极同步电机的电感特性。可见，笼型感应电机定子绕组的自感和各相绕组间的互感都是与转子位置无关的常数。此外，由于理论计算时忽略了漏感，基于有限元和实验实测得到的 L_{AA} 数值上稍大于 L_{AB} 和 L_{AC} 的两倍。电励磁凸极同步电机定子和转子之间的互感为正弦波形，周期为 1，与式（5-105）一致。另一方面，受 dq 轴磁阻变化的影响电励磁凸极同步电

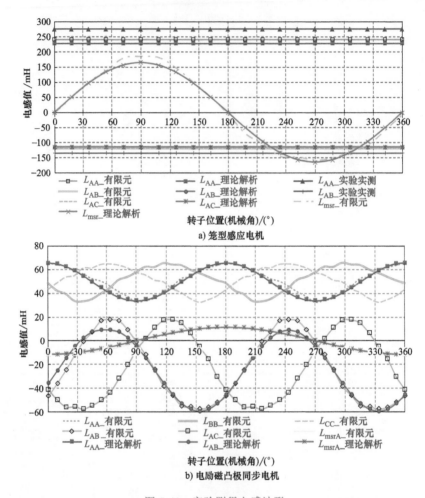

图 5-41 实验测得电感波形

机所有电感均可视作直流和交流分量的叠加。L_{AA} 和 L_{AB} 的周期都等于转子凸极 N_{RT} 的 2 倍，并且 L_{AA} 和 L_{AB} 存在与笼型感应电机中相似的定量关系，即 L_{AA} 数值略大于两倍的 L_{AB} 和 L_{AC}。此外，如式（5-105）所述，在一个电周期范围内，L_{msr} 为一个具有 N_{RT} 个周期的交变波形。

参 考 文 献

[1]   CHENG M, HAN P, HUA W. General airgap field modulation theory for electrical machines [J]. IEEE Transactions on Industrial Electronics, 2017, 64（8）: 6063-6074.

[2]   CHENG M, ZHU Y. The state of the art of wind energy conversion systems and technologies: a review [J]. Energy Conversion and Management, 2014, 88: 332-347.

［3］ ROBERTS P C. A study of brushless doubly-fed（induction）machines ［D］. Cambridge, University of Cambridge, 2005.

［4］ GUAN B. Design and control of a high-efficiency doubly-fed brushless machine for power generation applications ［D］. Columbus, OH: The Ohio State University, 2014.

［5］ STROUS T D. Brushless doubly-fed induction machines for wind turbine drive-train applications ［D］. Delft: Delft University of Technology, 2016.

［6］ DUKE A. Brushless doubly-fed reluctance machines for aerospace electrical power generation systems ［D］. Sheffield: The University of Sheffield, 2015.

［7］ HOPFENSPERGER B, ATKINSON D J, LAKIN R A. Steady state of the cascaded doubly-fed induction machine ［J］. European Transactions on Electrical Power, 2002, 12（6）: 427-437.

［8］ XIONG F, WANG X. Design of a low-harmonic-content wound rotor for the brushless doubly fed generator ［J］. IEEE Transactions on Energy Conversion, 2014, 29（1）: 158-168.

［9］ ZHANG F, JIA G, ZHAO Y, et al. Simulation and experimental analysis of a brushless electrically excited synchronous machine with hybrid rotor ［J］. IEEE Transactions on Magnetics, 2015, 51（12）: Article# 8115007.

［10］ RUVIARO M, RUNCOS F, SADOWSKI N, et al. Analysis and test results of a brushless doubly-fed induction machine with rotary transformer ［J］. IEEE Transactions on Industrial Electronics, 2012, 59（6）: 2670-2677.

［11］ 陈伯时. 电力拖动自动控制系统 ［M］. 3 版. 北京: 机械工业出版社, 2009.

［12］ SCHULZ E M, BETZ R E. Optimal rotor design for brushless doubly fed reluctance machines ［C］. IEEE Industry Applications Society Annual Meeting, Salt Lake City, 2003: 256-261.

［13］ 刘慧娟. 径向叠片磁障式转子双馈无刷电机的研究 ［D］. 北京: 北京交通大学, 2009.

［14］ ZHU X, XIANG Z, ZHANG C, et al. Co-reduction of torque ripple for outer rotor flux-switching PM motor using systematic multi-level design and control schemes ［J］. IEEE Transactions on Industrial Electronics, 2017, 64（2）: 1102-1112.

［15］ HUA W, ZHANG H, CHENG M, et al. An outer-rotor flux-switching permanent-magnet-machine with wedge-shape magnets for in-wheel light traction ［J］. IEEE Transactions on Industrial Electronics, 2017, 64（1）: 69-80.

［16］ ZHAMG G, HUA W, CHENG M. Nonlinear magnetic network models for flux-switching permanent magnet machines ［J］. SCIENCE CHINA Technological Sciences, 2016, 59（3）: 494-505.

［17］ ZHU Z Q, PANG Y, HOWE D, et al. Analysis of electromagnetic performance of flux-switching permanent-magnet machines by nonlinear adaptive lumped parameter magnetic circuit model ［J］. IEEE Transactions on Magnetics, 2005, 41（11）: 4277-4287.

［18］ CHENG M, CHAU K T, CHAN C C, et al. Nonlinear varying-network magnetic circuit analysis for doubly salient permanent magnet motors ［J］. IEEE Transactions on Magnetics, 2000, 36（1）: 339-348.

［19］ BOUGHRARA K, LUBIN T, IBTIOUEN R. General subdomain model for predicting magnetic field in internal and external rotor multiphase flux-switching machines topologies ［J］. IEEE Transactions on Magnetics, 2013, 49（10）: 5310-5325.

[20] MCFARLAND J D, JOHNS T M, EL-REFAIE A M. Analysis of the torque production mechanism for flux-switching permanent-magnet machines [J]. IEEE Transactions on Industry Applications, 2015, 51 (4): 3041-3049.

[21] WU Z Z, ZHU Z Q. Analysis of air-gap field modulation and magnetic gearing effects in switched flux permanent magnet machines [J]. IEEE Transactions on Magnetics, 2015, 51 (5): Article # 8105012.

[22] LI D, QU R, LI J. Topologies and analysis of flux-modulation machines [C]. IEEE Energy Conversion Congress and Exposition (ECCE), Montreal, Canada, 2015: 2153-2160.

[23] FU W N, LIU Y. A unified theory of flux-modulated electric machines [C]. International Symposium on Electrical Engineering (ISEE), Dalian, China, 2016: 1-13.

[24] HELLER B, HAMATE V. Magnetic conductance of the air gap with slotting Harmonic field effects in induction machines [M]. Amsterdam, The Netherlands: Elsevier, 1977: 60-67.

[25] HUA W, CHENG M. Static characteristics of doubly-salient brushless machines having magnets in the stator considering end-effects [J]. Electric Power Components and Systems, 2008, 36 (7): 754-770.

[26] ZHU L, JIANG S Z, ZHU Z Q, et al. Analytical methods for minimizing cogging torque in permanent-magnet machines [J]. IEEE Transactions on Magnetics, 2009, 45 (4): 2023-2031.

[27] KRON G. Equivalent circuit of electric machinery [M]. Hoboken, New Jersey: John Wiley & Sons, 1951.

[28] ADKINS B, HARLEY R G. The general theory of alternating current machines [M]. London: Chapman and Hall Ltd., 1975.

[29] TU X, DESSAINT L, CHAMPAGNE R. Transient modeling of squirrel cage induction machine considering air-gap flux saturation harmonics [J]. IEEE Transactions on Industrial Electronics, 2008, 55 (7): 2798-2809.

[30] HAMIDIFAR S, KAR N C. A novel approach to saturation characteristics modeling and its impact on synchronous machine transient stability analysis [J]. IEEE Transactions on Energy Conversion, 2012, 27 (1): 139-150.

[31] UMANS S D. Fitzgerald & kingsley's electric machinery [M]. 7th ed. New York: Mc Graw-Hill, 2014.

第6章 电机拓扑结构创新

6.1 创新方法

气隙磁场调制统一理论将电机抽象为三个基本要素，不仅有助于对电机的分析与计算，更能通过对电机三要素的不同变化，满足不同应用需求的电机拓扑结构创新，丰富电机领域研究内容，促进电机行业持续创新发展。基于对不同要素的变化，本章以一种典型的定子永磁型电机——磁通切换永磁电机的拓扑演变为例，介绍如何在气隙磁场调制统一理论指导下进行电机结构创新，然后给出了几种典型衍生结构的原理分析和实验研究，验证所提创新方法的有效性。

基于第 3 章所建立的气隙磁场调制理论，图 6-1 所示的传统 12/10 磁通切换永磁电机的工作原理可以表述如下：

第一步：位于定子上的永磁体建立沿气隙圆周呈矩形波分布的源励磁磁动势，其主极对数为 6。

第二步：该源励磁磁动势首先被定子齿的同步调制行为作用，然后随着转子的转动，被转子凸极的异步调制行为作用，最终形成分布于实际气隙上的励磁磁动势，其主极对数变为 4，进而产生气隙磁通密度分布。

第三步：定子齿上的主极对数为 4 的分数槽集中绕组利用自身的空间谐波频率选择特性提取有效的气隙磁通密度谐波分量（气隙磁场谐波分量）并在绕组中产生感应电动势。

第四步：当有交流电流流过定子绕组时，定子绕组建立源电枢磁动势，并与气隙上的励磁磁动势相互作用产生电磁转矩。

由该原理表述可知，磁通切换电机的性能仅取决于永磁体阵列（源励磁磁动势），定子齿、转子凸极（调制器）和定子绕组（滤波器）三者的级联。简单地改变三要素的具体形式或相对位置并不影响其工作原理，但由于永磁体的形状和大小、定子齿和转子凸极的形状、电枢绕组的排布及参数受铁心几何形状变化的影响，不同电机的实际性能存在较大差异。

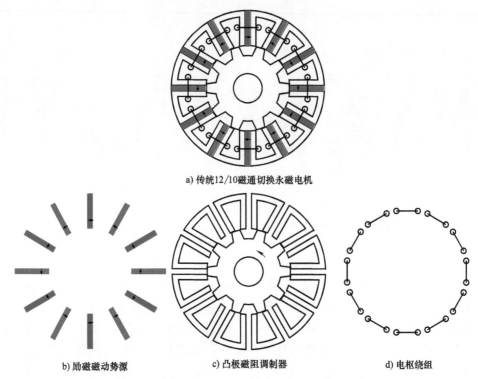

a) 传统12/10磁通切换永磁电机

b) 励磁磁动势源   c) 凸极磁阻调制器   d) 电枢绕组

图 6-1   传统 12/10 磁通切换永磁电机及其三要素

6.1.1   改变励磁源

将传统 12/10 极磁通切换永磁电机中的永磁阵列从定子齿内部转移到定子轭部中央[1]、齿顶部[2]或者仍保留在齿内部，但将永磁体围绕自身重心顺时针旋转90°[3]，便可得到三种原理可行的定子永磁型电机结构，如图 6-2 所示。其中，转子和电枢绕组的结构均保持不变，定子铁心的形状随永磁体的形状和位置做了相应

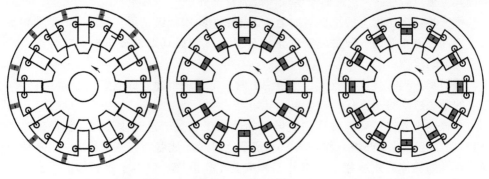

a) 永磁体于定子轭中央，周向充磁   b) 永磁体于定子齿顶，径向充磁   c) 永磁体于定子齿中央，径向充磁

图 6-2   通过改变源励磁磁动势衍生出的部分定子永磁型电机变种

调整。图 6-2a 即为双凸极永磁电机,详见 6.2 节和 6.3 节。如果将图 6-2b 所示电机的齿顶永磁体变宽并围绕电机圆心旋转半个定子齿距,便可得到磁通反向永磁电机,详见 6.4 节。

如果改变永磁体阵列位置的同时,其主极对数也发生变化,则调制器的凸极个数和/或电枢绕组的主极对数需做相应调整。图 6-3 给出了另外一个定子永磁型电机变种,其永磁体阵列和电枢绕组同时变化以满足第 3 章介绍的调制规律。

6.1.2 改变调制器

如果改变的是定子或转子调制器的结构,包括定子铁心齿数[4],定子槽口形状[5] 和定、转子的叠片形式[6],则可以得到另一类磁通切换电机的变种,如图 6-4 所示。

6.1.3 改变滤波器

如果用单层分数槽集中绕组替换双层分数槽集中绕组,同时保持励磁磁动势源和调制器结构不变,则可得到一种新的定子永磁型电机变种[7],如图 6-5a 所示。如果将双层分数槽集中绕组替换为单

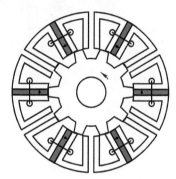

图 6-3 通过改变源励磁磁动势和相应的电枢绕组衍生出的定子永磁型电机

层整距分布绕组,同时相应调整转子上凸极的个数以满足调整规律,便产生了另外一种新的定子永磁型电机,文献 [8] 称之为整距绕组式磁通切换永磁电机,如图 6-5b 所示,详见 6.5 节。

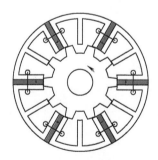

a) E 型定子铁心

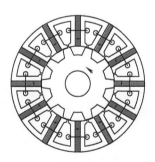

b) 半闭口槽定子铁心

c) 轴向叠片定转子铁心

图 6-4 通过改变调制器结构衍生出的其他定子永磁型电机变种

6.1.4 改变三要素的相对位置

如果将励磁磁动势源,即永磁体阵列,从定子转移到转子上,又可以得到一种新型永磁电机,如图 6-6a 所示,文献 [9] 称之为转子永磁型磁通切换电机,详见 6.6 节。该结构具有磁通切换永磁电机的运行特点,除了利用基波气隙磁场分量

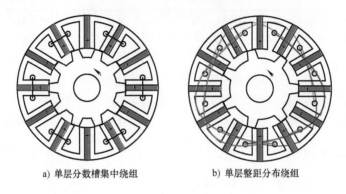

a) 单层分数槽集中绕组　　　　　b) 单层整距分布绕组

图 6-5　通过改变电枢绕组结构衍生出的其他定子永磁型电机变种

外，定子齿的异步调制作用产生的部分其他谐波分量也能够被用来产生平均电磁转矩。

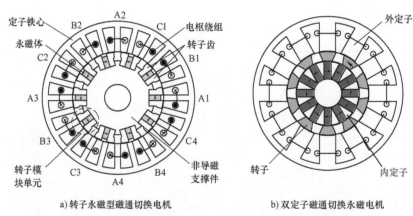

a) 转子永磁型磁通切换电机　　　　　b) 双定子磁通切换永磁电机

图 6-6　通过改变源励磁磁动势位置衍生出的新型磁通切换永磁电机

如果将位于定子的永磁体移至内定子，保持凸极转子、外定子和电枢绕组的基本形式不变，则成为所谓的分裂定子磁通切换永磁电机[10] 或双定子磁通切换电机，如图 6-6b 所示。

6.1.5　改变三要素的相对运动状态

如果让图 6-6b 中双定子电机的内定子旋转，则演变为双转子磁齿轮电机[11]，如图 6-7 所示，它的两个转子独立运转，转速可以不同，属于双机械端口电机[12]，详见 6.7 节。

在以上所有电机结构中，均可用励磁绕组替换全部或部分永磁体，进而得到电励磁或混合励磁式的新型电机结构[13]。例如，图 6-6b 所示的电机结构可以用超导励磁线圈替换内定子上的永磁体，得到双定子磁场调制超导励磁电机，实现静态密封[14]，详见 6.8 节。

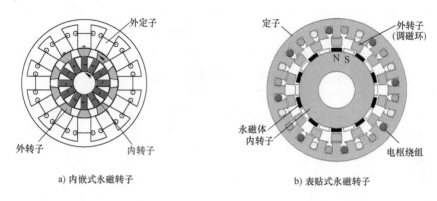

a) 内嵌式永磁转子   b) 表贴式永磁转子

图 6-7 通过改变三要素相对运动状态衍生出的双转子永磁电机

6.2 II 型铁心双凸极永磁电机

受到三相磁路不相同的影响，传统双凸极永磁电机（DSPM）电机通常存在永磁磁链正负半周期和相间不对称的问题，进而，当三相电枢绕组中通入理想梯形波电流时，该类电机的转矩脉动往往较大[15]，虽然可采用适当的控制策略[16,17] 有效降低转矩脉动，但这一方案将不可避免地增加额外的控制成本。所以，有学者提出了多种新型 DSPM 电机拓扑结构，以实现平衡和对称的电磁特性。文献 [18] 在揭示导致传统 DSPM 电机具有不平衡电磁特性原因的基础上，提出了两种分别具有相等和不等槽宽的电机设计方法，以避免传统 DSPM 电机中特定相绕组始终位于特定定子位置的问题，进而实现转矩脉动的有效降低[19]。基于不等槽宽设计方法，文献 [20] 提出了一种模块化互补式直线 DSPM 电机，其电机初级转子由两个模块组成，通过调节非导磁磁障宽度，将两个模块之间的距离设置为相差 180° 电角度，实现了两个初级模块之间电磁性能的互补，进而实现永磁磁链的平衡和定位力的抵消。基于可变磁通磁阻电机[21] 的拓扑结构和运行原理，文献 [1] 提出了一种名为偏置磁通永磁电机的三相 DSPM 电机，其定子上的每两块永磁体之间均间隔一个定子齿，因此实现每相磁路的一致，从而使得转矩输出平滑。通过改变 DSPM 电机定子结构，从改变磁场静态调制器入手，文献 [22] 提出了一种新型三相 II 型定子铁心 DSPM 电机（简称为 II-DSPM 电机），由于采用了特殊 II 型定子铁心，该电机的三相磁路平衡并实现了平滑的转矩输出。

6.2.1 电机结构与运行原理

1. 电机结构

如图 6-8 所示为传统三相 12/8 极 DSPM 电机，其定子铁心由四个 E 型铁心组成（简称为 E-DSPM 电机），两个 E 型铁心之间设有切向充磁的永磁体，相邻永磁体充磁方向相反，每个定子齿上绕制有集中绕组，可见，两块永磁体之间的定子齿数为 3，即与电机相数相等，且该 3 个定子齿依次属于 A 相、B 相和 C 相，构成了"A~B~C~-A~-B~-C"结构的电枢绕组链接方式，因此，该电机中永磁体与三相定子绕组之间的距离不相等，导致三相磁路不平衡。

图 6-9 为新型三相 12/7 极 Ⅱ-DSPM 电机，可见该电机的结构与传统 E-DSPM 电机十分相似，最明显的区别之处在于该电机采用了 Ⅱ 型的定子铁心，所以两个相邻永磁体之间的定子齿数变为 2，即与电机相数不相等。由于永磁体必须成对出现且每个 Ⅱ 型铁心具有两个齿，因此三相 Ⅱ-DSPM 电机至少应有 12 个定子齿，以构成单元电机；另一方面，与可变磁阻电机一样，Ⅱ-DSPM 电机的转子齿数可以为除绕组相数整数倍以外的任意正整

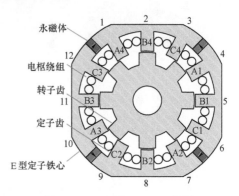

图 6-8　12/8 极 E-DSPM 电机

数[21]，所以对于具有 12 个定子齿的单元电机，其典型的转子齿数可以为 7、8、10、13 等，此处选择转子齿数为 7 进行讨论，以获取较高的对称空载感应电动势。由于采用 Ⅱ 型铁心，为得到 12 个定子槽，则需要 6 块永磁体，并将电机定子按圆周方向平均分为 6 部分（传统 12/8 极 E-DSPM 电机平均分为 4 部分）。如图 6-9 所示，两块永磁体之间的两个定子齿均属于同一相，并构成了"A~-A~B~-B~C~-C"结构的电枢绕组链接方式，这是实现各相电磁性能一致的关键。

2. 基于最小磁阻原理的运行原理分析

DSPM 电机有定子上的永磁体励磁，所以励磁磁场与电枢绕组相对静止。当转子旋转时，根据最小磁阻原理，励磁磁场将会随着变化的气隙磁导发生变化，进而实现电枢绕组中匝链的磁链发生变化，并产生感应电动势，当三相电枢绕组中通入合适的电流时，实现机电能量转换，所以，12/7 极 Ⅱ-DSPM 电机的运行原理，可以基于传统 DSPM 电机常用的最小磁阻原理进行解释。图 6-10 给出

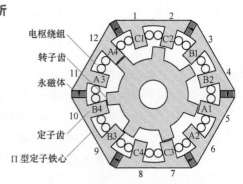

图 6-9　12/7 极 Ⅱ-DSPM 电机

了不同转子位置时的磁场分布，图 6-10a 中，第 5 和第 12 个定子齿与转子齿对齐，第 6 和第 11 个定子齿则与转子槽对齐，此时线圈 A1 和 A2 中匝链的永磁磁链分别达到最大和最小值，且两者所处位置的磁场方向均由定子朝转子向内。线圈 A3 和

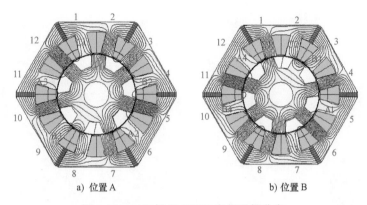

a) 位置A　　　　　　　　　　b) 位置B

图 6-10　12/7 极 Π-DSPM 电机磁场分布

A4 中匝链的永磁磁链同样分别达到最小值和最大值，但两者所处位置的磁场方向则由转子向定子朝外。当转子转过 1/2 齿距时，如图 6-10b 所示，线圈 A1 和 A4 中的磁链达到最小值，而线圈 A2 和 A3 匝链的磁链则为最大值，且四个线圈所处位置的磁场方向与图 6-10a 中的一样。可见，A 相的四个线圈匝链的磁链幅值会随着转子位置而发生变化，但方向则保持不变，即每个线圈中的磁链为单极性。当四个线圈按照 A1-A2+A3-A4 连成一相时，可以获得双极性的永磁磁链，如图 6-11a 所示，此外，12/7 极 Π-DSPM 电机具有正弦的永磁磁链和空载感应电动势，因此为减小转矩脉动，通常可采用无刷交流运行方式。相比而言，传统 E-DSPM 电机中，每个线圈和每相磁链都为单极性梯形波，如图 6-11b 所示，因此常采用无刷直流运行方式。

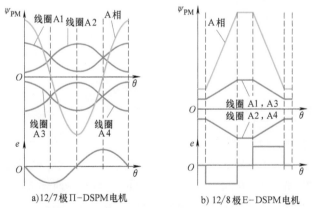

a)12/7 极 Π-DSPM 电机　　　b) 12/8 极 E-DSPM 电机

图 6-11　DSPM 电机磁链与感应电动势波形

3. 基于气隙磁场调制原理的运行原理分析

基于等效磁路法，DSPM 电机气隙中的永磁磁通密度等于电机气隙上的永磁磁动势与有效气隙磁导之间的乘积，即可以表示为

$$B_g = F_{\mathrm{PMg}}(\theta)\Lambda_{\mathrm{r}}(\theta)$$

$$= \frac{\Lambda_0}{2}\sum_{n=1}^{\infty} F_{\mathrm{PMg}n}\sin\left(\frac{nN_{\mathrm{ST}}}{2n_s}\theta\right) +$$

$$\sum_{n=1}^{\infty}\sum_{m=1}^{\infty}\frac{F_{\mathrm{PMg}n}\Lambda_{\mathrm{m}}}{2}\sin\left[\left(\frac{nN_{\mathrm{ST}}}{2n_s}+mN_{\mathrm{RT}}\right)\left(\theta - \frac{mN_{\mathrm{RT}}\theta_0 + mN_{\mathrm{r}}\omega_{\mathrm{r}}t}{\frac{nN_{\mathrm{ST}}}{2n_s}+mN_{\mathrm{RT}}}\right)\right] +$$

$$\sum_{n=1}^{\infty}\sum_{m=1}^{\infty}\frac{F_{\mathrm{PMg}n}\Lambda_{\mathrm{m}}}{2}\sin\left[\left(\frac{nN_{\mathrm{ST}}}{2n_s}-mN_{\mathrm{r}}\right)\left(\theta + \frac{mN_{\mathrm{r}}\theta_0 + mN_{\mathrm{RT}}\omega_{\mathrm{r}}t}{\frac{nN_{\mathrm{ST}}}{2n_s}-mN_{\mathrm{RT}}}\right)\right] \tag{6-1}$$

式中，$F_{\mathrm{PMg}}(\theta)$ 为电机有效气隙上的永磁磁动势降径向分量；$\Lambda_{\mathrm{r}}(\theta)$ 是有电机气隙和转子齿槽结构引起的单位面积内的有效气隙磁导；$\Lambda_0/2$ 单位面积内有效气隙磁导的直流分量；$F_{\mathrm{PMg}n}$ 和 Λ_{m} 为傅里叶级数的系数，并可采用文献 [23] 中的方法计算得到；N_{ST} 和 N_{RT} 分别为定子和转子齿数；n_{s} 是相邻两块永磁体之间的定子齿数；θ_0 和 ω_{r} 分别是转子的初始位置和机械转速；n 和 m 为正整数。

由式（6-1）可见，由于定子铁心和永磁体相对静止，12/7 极 Π-DSPM 电机气隙磁通密度中包含一系列静止的且极对数 $p_{\mathrm{fh}}=nN_{\mathrm{ST}}/(2n_{\mathrm{s}})=3n$ 的谐波分量；此外，受到转子齿对永磁磁场的调制作用，气隙磁场中还包含很多旋转谐波分量，其极对数 p_{fh} 包括 $nN_{\mathrm{ST}}/(2n_{\mathrm{s}})+mN_{\mathrm{RT}}=3n+7m$ 和 $|nN_{\mathrm{ST}}/(2n_{\mathrm{s}})-mN_{\mathrm{RT}}|=|3n-7m|$，因此，12/7 极 Π-DSPM 电机气隙磁通密度分量可按极对数分为四组，见表 6-1，各组谐波的旋转速度与初始相位也列于表中。

表 6-1　气隙磁通密度谐波分量的速度与初始相位

组别	极对数	旋转速度/(rad/s)	初始相位/(°)
1	$3n$	0	0
2	$3n+7m$	$7m\omega/p_{\mathrm{fh}}$	$7m\theta_0/p_{\mathrm{fh}}$
3	$3n-7m$	$-7m\omega/p_{\mathrm{fh}}$	$-7m\theta_0/p_{\mathrm{fh}}$
4	$-(3n-7m)$	$7m\omega/p_{\mathrm{fh}}$	$(-\pi+7m\theta_0)/p_{\mathrm{fh}}$

根据上述分析，表 6-1 第 1 组中所示的极对数为 $3n$ 的谐波分量与定子和电枢绕组保持静止，因此无法在电枢绕组中产生感应电动势，而第 2、3、4 组表示的谐波分量则由定子齿对永磁磁场的静态调制和转子齿的动态调制共同产生，并将随着转子旋转，因此可以在电枢绕组中产生感应电动势，当绕组中通入合适的电流时，将进一步产生机电能量转换。

为验证上述分析，采用有限元方法计算了 12/7 极 Π-DSPM 电机永磁磁通密度。

如图 6-12a 所示，每个定子齿范围内的永磁磁通密度呈单极性，且其幅值随着转子的转动而变化，当转子处于图 6-10 所示的位置 A 和位置 B 时，永磁磁通密度

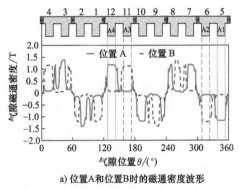

a) 位置A和位置B时的磁通密度波形

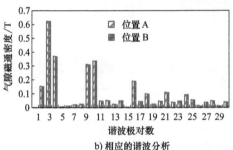

b) 相应的谐波分析

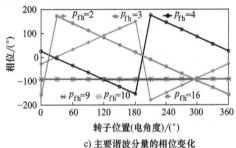

c) 主要谐波分量的相位变化

图 6-12 12/7 极 Π-DSPM 电机空载气隙磁通密度及分析

峰值分别出现在定子第 5 齿、第 12 齿和第 6 齿、第 11 齿的对应位置。图 6-12b 给出了永磁磁通密度谐波分析结果，可见每次谐波的幅值基本不随转子位置发生变化，更为重要的是，有一些谐波的幅值相对较高，例如 2 对极 ($n=3$, $m=1$, 第 3 组)，3 对极 ($n=1$, $m=0$, 第 1 组)，4 对极 ($n=1$, $m=1$, 第 4 组)，9 对极 ($n=3$, $m=0$, 第 1 组)，10 对极 ($n=1$, $m=1$, 第 2 组)，16 对极 ($n=3$, $m=1$, 第 2 组) 等，本书称这些幅值较高的谐波为主要谐波成分。上述 6 个主要谐波成分的相位随转子位置的变化如图 6-12c 所示。由于 3 对极谐波由永磁体直接产生，9 对极谐波则由定子齿对 3 对极永磁磁场的静态调制产生，因此这两个谐波的相位保持恒定。另外四个谐波分量则均由转子凸极对 3 对极和 9 对极谐波的动态调制产生，在转子旋转过一个齿距范围内，相位变化一个电周期，即该四个谐波的旋转电角速度与转子保持一致；另一方面，2 对极谐波的旋转方向与 4 对极、10 对极和 16 对极谐波相反，2 对极谐波与 4 对极谐波的相位保持以 x 轴对称，10 对极谐波、16 对极谐波与 4 对极谐波之间的相位差相同，为 180°，这些分析结果均与表 6-1 所示内容一致。

4. 电枢绕组连接

与传统 E-DSPM 电机一样，Π-DSPM 电机也采用单齿集中绕组形式，根据槽矢量图，各相绕组可以同向连接具有相似相位或反向连接相差约 180°相位的线圈元

件构成。为解释该电机的电枢绕组连接形式，可以根据上述各主要谐波成分的极对数计算出 Π-DSPM 电机的槽距角为

$$\alpha = \text{sign}(\omega_{\text{fh}}) \frac{2\pi}{N_s} p_{\text{fh}} \qquad (6\text{-}2)$$

式中，$\text{sign}(\omega_{\text{fh}})$ 和 ω_{fh} 分别为磁场谐波的旋转方向和旋转速度。

按式（6-2）计算出各次主要谐波成分对应的槽距角见表 6-2，当考虑谐波的旋转方向后，2 对极和 10 对极谐波对应的槽距角相等，为 -60°，因此电枢绕组可设计为 "A ~ B ~ C ~ -A ~ -B ~ -C" 连接方式；然而 4 对极谐波和 16 对极谐波的槽距角为 120°，因此电枢绕组又可设计为 "A ~ B ~ C ~ A ~ B ~ C" 连接方式，因此两者存在矛盾，即该电机的电枢绕组不能按照某一个主要谐波成分或者某一组谐波成分进行设计。

表 6-2　各次主要谐波成分对应的槽距角

极对数	槽距角	极对数	槽距角
2	$-\pi/3$	10	$5\pi/3$
4	$2\pi/3$	16	$2\pi/3$

为讨论 12/7 极 Π-DSPM 电机电枢绕组连接方式，由各主要谐波成分导致的每个定子线圈中匝链的永磁磁链 $\psi_{\text{coil\_fh}}$ 可以计算如下：

$$\psi_{\text{coil\_fh}}(t) = B_{\text{fh}j\text{max}} r_{\text{si}} l_{\text{a}} N_{\text{coil}} \int_{\theta_{\text{w1}}}^{\theta_{\text{w2}}} \cos\left[p_{\text{fh}j}\theta + \theta_{\text{fh}j}(t)\right] \mathrm{d}\theta \qquad (6\text{-}3)$$

式中，$B_{\text{fh}j\text{max}}$ 和 $\theta_{\text{fh}j}(t)$ 分别是 j 对极主要谐波成分的幅值和相位；r_{si} 是定子内半径；N_{coil} 是每个线圈的匝数；l_{a} 为电机叠长；θ_{w1} 和 θ_{w2} 是两条线圈边所处的机械位置。

本书中的 12/7 极 Π-DSPM 电机关键尺寸参数见表 6-3，作为对比，将文献 [24] 中的 12/8 极 E-DSPM 电机的参数也列于此表中。为实现较为公平的对比，两个电机的叠长和永磁体用量保持一致，而其他参数则基于参数对电机性能的影响决定。由于两种电机具有不同的磁路，Π-DSPM 电机定子轭部设计的比后者小得多，因此，前者具有相对较大的槽面积，从而在槽电流密度相对较小的情况下，获得较大的绕组安匝数。

表 6-3　12/7 极 Π-DSPM 电机关键尺寸参数

参　　数	数　　值	
	Π-DSPM	E-DSPM
定子内径/mm	76	75
转子外径/mm	75.1	74.1
转子内径/mm	24	
气隙长度/mm	0.45	
叠长/mm	75	
定子齿宽/mm	11.8	9.8
永磁体切向长度/mm	4	6

（续）

参　　数	数　　值	
	Π-DSPM	E-DSPM
永磁体径向长度/mm	18.5	
永磁体总体积/mm³	33300	
永磁体剩磁/T	0.98	
转子齿弧长/(°)	20.7	20
转子齿高/mm	11.55	9
每相绕组串联匝数	280	260
电流峰值/A	6	5.2
定子槽面积/mm²	266	206
槽电流密度/(A/mm²)	2.24	2.68

　　基于不同的主要谐波成分，可以计算出 12/7 极 Π-DSPM 电机各线圈永磁磁链，如图 6-13 所示，其中 T_i 表示第 i 个线圈。如图 6-13a 为各线圈匝链 2 对极谐波成分时的磁链波形，图 6-13b 为各线圈匝链 10 对极谐波成分时的磁链波形，图 6-13c 为各线圈匝链 2 对极和 10 对极谐波磁链之和。可见相邻两个线圈中的磁链相差 π/3，所以 T_i 中匝链的磁链与 T_{i+7} 中的完全一样，结果与表 6-2 一致。另一方面，由该两主要谐波成分产生的磁链同相位，因此，它们的合成磁链为两者的标量和。

表 6-4　12/7 极 Π-DSPM 电机绕组链接方式

	方式 I	方式 II	方式 III
A 相	$T_5+T_{11}-T_6-T_{12}$	$T_5+T_{11}+T_2+T_8$	$T_5+T_{11}+T_4+T_{10}$
B 相	$T_3+T_9-T_4-T_{10}$	$T_3+T_9+T_6+T_{12}$	$T_3+T_9+T_2+T_8$
C 相	$T_1+T_7-T_2-T_8$	$T_1+T_7+T_4+T_{10}$	$T_1+T_7+T_6+T_2$

　　另一方面，图 6-13d 为各线圈匝链 4 对极和 16 对极谐波成分时的磁链波形，可见相邻两个线圈中的磁链相差 2π/3，由该两主要谐波成分产生的磁链波形相差 180°，因此，它们的合成磁链同样也是两者的标量和。

　　然而，上述两类主要谐波，即 2 对极、10 对极与 4 对极、16 对极，在相邻两个线圈中产生的磁链相位差并不相同，因此由这四次主要谐波导致的总磁链，并不能直接由对应的四个磁链标量相加得到。幸运的是，两类谐波引起的磁链具有相同的频率和相序，因此可以通过计算四个分量的矢量和得到每个线圈总磁链。图 6-13e 所示为两类合成磁链的矢量图以及相应的合成规则，线圈 T_i 与 T_{i+7} 中的磁链仍然的一样，但是受到两类主要谐波引起的磁链幅值和相位的影响，相邻磁链矢量之间的相位差并不一致，例如线圈 T_1 和 T_6 中的磁链之间的相位差明显小于 T_1 和 T_4 之间的相位差。

　　根据各线圈中匝链的磁链矢量图，即可通过三种不同的绕组连接方式构成三相电枢绕组，见表 6-4。例如，A 相绕组可由 $T_5+T_{11}-T_6-T_{12}$、$T_5+T_{11}+T_2+T_8$ 或 $T_5+T_{11}+T_4+T_{10}$ 组成。为获取最高的功率输出，分别计算三种绕组连接方式时的磁链，

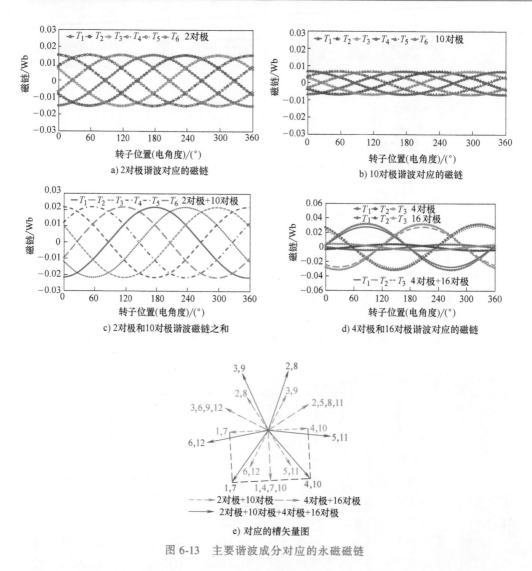

a) 2对极谐波对应的磁链

b) 10对极谐波对应的磁链

c) 2对极和10对极谐波磁链之和

d) 4对极和16对极谐波对应的磁链

e) 对应的槽矢量图

图 6-13　主要谐波成分对应的永磁磁链

如图 6-14 所示，不同连接方式时 A 相永磁磁链均正弦，$T_5+T_{11}-T_6-T_{12}$ 方式能实现最大磁链幅值。

6.2.2　性能分析与比较

为验证上述分析，本书基于气隙磁场调制方法和有限元方法计算和比较了 12/7 极 Ⅱ-DSPM 电机的电磁性能，必须指出的是，由于受到磁路方法对磁路简化的影响，由磁路法直接计算得到的

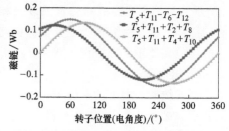

图 6-14　不同绕组连接方式时的磁链比较

3 对极和 9 对极谐波明显大于有限元法，而磁路法计算得到的 2 对极、4 对极、10 对极和 16 对极谐波则反而小于有限元法，所以基于气隙磁场调制方法计算得到的诸如空载感应电动势、永磁磁链及转矩均小于限元方法的计算结果。因此，本节采用基于有限元法计算磁通密度谐波幅值和相位的半解析法来计算和分析电机的性能。

图 6-15 为 A 相永磁磁链波形，其中 $\psi_{\_Semi\text{-}AFMT}$ 为采用半解析法计算得到的磁链，为采用式（6-3）计算得到的四个主要谐波分量的矢量和，$\psi_{\_FEA}$ 是采用有限元方法得到的磁链。可见，两个结果均非常接近，因此可以认为每相绕组匝链的总磁链主要由四个主要谐波分量产生，从而，基于这些主要谐波分量不仅可以计算和分析电机的其他性能，而且可以对其电枢绕组进行设计。

图 6-16 给出了空载感应电动势波形，其中 $E_{\_Semi\text{-}AFMT}$ 和 $E_{\_FEA}$ 分别为基于半解析法和有限元法得到的空载感应电动势，可见两者的结果十分接近，其微小差别主要由除上述四个主要谐波成分以外的谐波含量引起，误差很小。

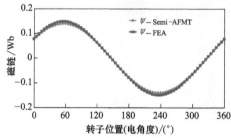

图 6-15　12/7 极 Π-DSPM 电机永磁磁链波形图

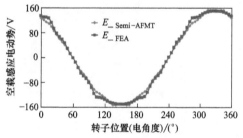

图 6-16　12/7 极 Π-DSPM 电机空载感应电动势波形（转速为 1500r/min）

图 6-17 为以 $i_d=0$ 控制方法通入额定三相电流时的输出转矩波形，其中 $T_{\_Semi\text{-}AFMT}$ 和 $T_{\_FEA}$ 分别为基于半解析法和有限元法得到的转矩，计算结果再次证明了该电机的平均转矩主要由上述四个主要谐波成分提供。此外，图 6-17 还给出了传统 12/8 极 E-DSPM 电机的转矩波形，该电机运行于 120° 电角度导通的 BLDC 模式。Π-DSPM 电机的平均转矩

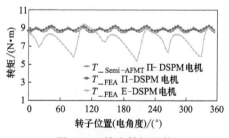

图 6-17　输出转矩比较

为 8.87N·m，在保持相同永磁体用量和相同叠长的情况下，比传统 E-DSPM 电机高 2.22N·m。更为重要的是，前者的转矩更为稳定，两种电机的转矩脉动分别为 6.27% 和 57%，可见因为 Π-DSPM 电机具有更加平衡的磁路和正弦的感应电动势，其转矩脉动得到了有效抑制。

6.2.3　样机与实验结果

图 6-18 为加工的 12/7 极 Π-DSPM 电机样机，为避免短路永磁磁场，样机采用铝制外壳固定电机定子的各个部件，电机的轴向两端采用两个 L 型支架支撑电机，以便将电机安装于实验平台。

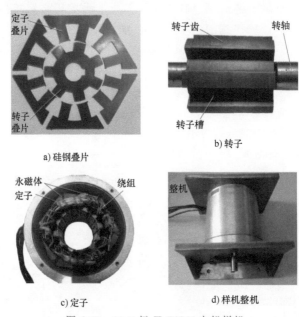

a) 硅钢叠片　　　　　　　　b) 转子

c) 定子　　　　　　　　d) 样机整机

图 6-18　12/7 极 Π-DSPM 电机样机

图 6-19a 所示为当电机转速为 1200r/min 时的实测空载感应电动势与有限元结果的对比，可见两者的波形趋势完全一致，幅值也非常接近，相应的谐波分析结果如图 6-19b 所示，其中实测空载感应电动势基波幅值为 123.4V，为有限元仿真结果 128.2V 的 96%。误差主要由于本书采用的二维有限元仿真忽略了端部效应以及加工精度等问题造成，此外实测波形与有限元波形均十分接近正弦波形，两者的谐波总含量分别为 8.9% 和 5.1%。

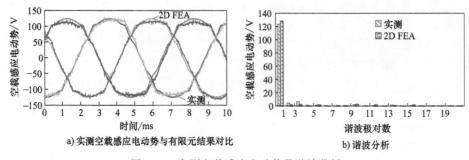

a) 实测空载感应电动势与有限元结果对比　　　　b) 谐波分析

图 6-19　实测空载感应电动势及谐波分析

为测试和评估该电机的转矩输出性能，搭建了如图 6-20 所示的实验平台，试验样机基于 L 型支架固定于实验台架上，由磁粉制动器提供负载转矩，采用 HBM 转矩传感器和光电编码器测试转矩和转子位置，并用 dSPACE

图 6-20 实验平台

实现相应的驱动控制策略。如图 6-21 所示为电机转速为 220r/min、负载转矩为 4N·m 时，测试的稳态转矩以及相应的电流波形，可见此时的电流幅值为 2.8A。根据有限元仿真结果，当电枢电流幅值为 2.8A 时，输出转矩为 4.14N·m，即实测转矩为仿真值的 96.6%。

为进一步验证 12/7 极 Π-DSPM 电机性能，对其动态性能进行了测试，图 6-22a 给出了当电机的负载转矩为 2N·m 保持恒定，速度给定依次从 100r/min 变化为 200r/min、300r/min 和 200r/min 时的转矩、电流和转速波形，可见，当转速发生变化时，其转矩输出基本保持不变，但由于电机的摩擦转矩会随着转速的上升而增大，因此电流幅值也随着转速的增加而略

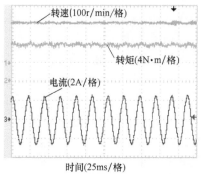

图 6-21 静态特性实测结果

有增加。图 6-22b 给出了保持转速为 400r/min 恒定，而负载转矩从 0N·m 依次变为 2N·m 和 4N·m 时的实测结果，可见当负载转矩突然增加时，电枢电流能快速

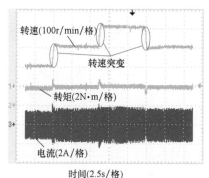

a) 负载转矩恒定，转速给定变化

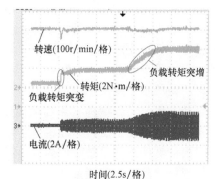

b) 转速恒定，负载转矩变化

图 6-22 动态性能实测波形

响应，表明系统具有较好的快速性；而当负载缓慢变化时，电流则线性缓慢变化，反映出系统的良好跟随性能。

6.3 定子永磁型旋转变压器

磁阻式旋转变压器（variable reluctance resolver）简称磁阻式旋变，是电机控制系统中位置传感器的理想选择。磁阻式旋变系统涵盖了增量编码器和霍尔传感器的功能，可以产生精确的位置信号并定位初始转子位置[25]。结构上，磁阻式旋变的转子仅是由硅钢片冲叠而成的铁心，具有结构简单、价格便宜、易于制造和安装、对振动和其他恶劣环境适应性强等优点，特别适合高速和超高速场合，已广泛用于电动汽车/混合动力汽车（EV/HEV）动力系统等领域。

为了减小电机尺寸，提高功率密度，汽车的电机转速不断提高，超高速电机是未来 EV/HEV 的有力解决方案。然而，超高速电机系统的发展还存在许多技术障碍，其中就包括超高速转子位置传感技术，现有的磁阻式旋变技术不能完美解决该问题。具体来说，磁阻式旋变需要高频信号激励（EXC），经过转子凸极调制生成输出信号（SIN/COS）以测量转子位置。为保证测量精度，激励信号频率必须远高于电机工作频率。例如，对一个 4 对极永磁同步电机（PMSM），如果旋变的激励信号频率为 10kHz，则电机转速应小于 20kr/min，否则，位置测量精度下降，无法支撑高品质的电机矢量控制，这被称为高频限制问题。提高激励信号频率可以解决该问题，但是解码系统的成本和风险都会增加。

另一方面，定子永磁电机技术近年来取得了长足的进步。定子永磁电机的永磁体和绕组都布置在定子上，而转子仅是由硅钢片冲叠而成的铁心。这一特点与磁阻式旋变类似，非常适合超高速应用。作为永磁电机，永磁体可以在绕组中感应出与转子位置同步的空载电动势（运动电动势），而无需任何高频信号注入。因此，高频限制问题就自然解决了。作为传感器应用，电机不需要很强的磁通密度，可采用铁氧体等廉价的永磁材料。值得注意的是，常规磁阻式旋变中也存在这种运动电动势，但是幅值太低，无法用于位置测量。

本节提出一种全新的概念，结合定子永磁电机与传统磁阻式旋变技术，两者相互补充，即所谓的定子永磁型磁阻式旋变[26]。图 6-23a 是这种新型旋变的原理示意图，在低转速区，高频激励信号在输出绕组 SIN/COS 中感应出高频变压器电动势，与传统磁阻式旋变的工作原理相同。随着转速升高，永磁体感应出的运动电动势增强，只要能够检测到足够幅值的电动势信号，解码系统就可停止高频激励信号注入，转而根据永磁电动势测量转子位置。图 6-23b 是信号逻辑示意图。

6.3.1 基本结构与工作原理

定子永磁型磁阻式旋变本质上是一种特殊的两相双凸极定子永磁电机，特点是

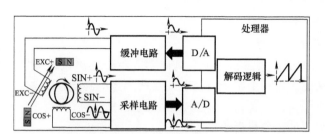

a) 原理示意图

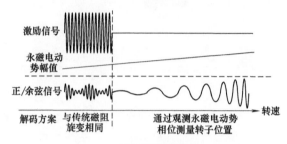

b) 信号逻辑示意图

图 6-23 新型定子永磁型磁阻式旋变[26]

其两相绕组输出电动势正交（或准正交）。

如图 6-24 所示是一个 16 槽/4 极的定子永磁型磁阻式旋变，其中定子上安装有 4 块铁氧体永磁体，构成四个磁极。每个转子凸极对应于一个永磁磁极，并跨过 4 个定子齿，对应 360°电角度。可见，每个定子齿相当于 1/4 个电周期。为了获得相位差 90°的两相正交电动势，SIN 和 COS 线圈在四个定子齿上间隔排列，第 1、3 齿上的线圈串联构成 SIN 绕组，第 2、4 齿上的线圈串联构成 COS 绕组。而励磁绕组则由 4 个定子齿上的线圈串联组成。

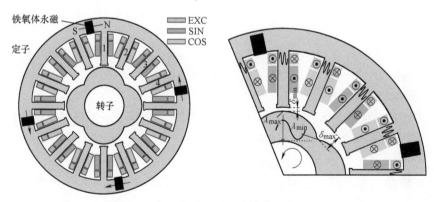

图 6-24 定子永磁型磁阻式旋变的典型配置

所有绕组和永磁体都安装在定子上。从原理上看，所提出的新型旋变是一台配备有励磁线圈的两相定子永磁电机，只需要少量廉价铁氧体即可实现位置传感功能，这符合低成本应用要求。

1. 励磁信号单独作用

参考图 6-24 中的放大图，在一个电周期内讨论感应电动势。首先考虑励磁信号单独作用的情况，设每个定子齿励磁线圈所产生的励磁磁动势为

$$f = F_{EXC}\sin(\omega_{EXC}t) \tag{6-4}$$

单个定子齿上的磁通可以表达为

$$\varphi_{sin1}(\theta_r,\theta_0,t) = \pm F_{EXC}\sin(\omega_{EXC}t)\left[\lambda_a\cos(\theta_0-\theta_r)+\lambda_b+\lambda_{La}\sin\left(\theta_0-\frac{\pi}{4}\right)+\lambda_{Lb}\right] \tag{6-5}$$

式中，$\lambda_a = \frac{\lambda_{max}-\lambda_{min}}{2}$，$\lambda_b = \frac{\lambda_{max}+\lambda_{min}}{2}$，$\lambda_{La} = \frac{\lambda_{Lmax}-\lambda_{Lmin}}{2}$，$\lambda_{Lb} = \frac{\lambda_{Lmax}+\lambda_{Lmin}}{2}$。$\lambda_{max}$ 和 λ_{min} 是主磁路气隙磁导的最大和最小值；λ_{Lmax} 和 λ_{Lmin} 是漏磁路磁导的最大和最小值；θ_r 是转子位置角，随着转子的运动而变化；θ_0 是定子齿的位置角（例如 1 号齿的位置为 0，3 号齿的位置为 π，以此类推），是静止的；F_{EXC} 是励磁磁动势幅值；ω_{EXC} 是励磁信号电角频率（通常为 10kHz）。

可对该旋变的 8 个 SIN 线圈定子齿（1，3，5…15）的磁通做类似推导，然后求和，进而得到 SIN 绕组的磁链为

$$\varphi_{sinHF}(t) = -8F_{EXC}\sin(\omega_{EXC}t)(\lambda_a\cos\theta_r-0.7\lambda_{La}) \tag{6-6}$$

上述磁链对时间求导，可得 SIN 绕组电动势为

$$E_{sinHF}(t) = -\frac{d\varphi_{sinHF}(t)}{dt} = 8F_{EXC}\lambda_a[\omega_{EXC}\cos(\omega_{EXC}t)$$
$$(\cos\theta_r-0.7\lambda_{La}/\lambda_a)-\omega_r\sin(\omega_{EXC}t)\sin\theta_r] \tag{6-7}$$

式中，$\omega_r = d\theta_r/(dt)$，是转子转速对应的电角频率。

考虑到低速时 $\omega_{EXC} \gg \omega_r$，式（6-7）中的第二项忽略不计，则式（6-7）可以简化为

$$E_{sinHF}(t) = E_{HF}\cos(\omega_{EXC}t)[\cos(\omega_r t)-\lambda_x] \tag{6-8}$$

式中，常数 λ_x 定义为 $\lambda_x = 0.7\lambda_{La}/\lambda_a$；常数 E_{HF} 定义为 $E_{HF} = 8F_{EXC}\lambda_a\omega_{EXC}$。

2. 永磁体单独作用

当高频励磁信号关闭，仅有定子永磁体作用时，根据定子永磁双凸极电机的工作原理[24]，可得空载永磁电动势如下：

$$E_{sinPM}(t) = E_{PM}\sin(\omega_r t) \tag{6-9}$$

式中，常数 E_{PM} 定义为 $E_{PM} = F_{PM}\lambda_a\omega_r$，其中 F_{PM} 是由永磁体激励所产生的磁动势幅值。

类似地，可得到 COS 绕组中的电励磁感应电动势和永磁感应电动势。

将电励磁感应电动势与永磁感应电动势叠加，可得 SIN/COS 绕组中的合成感应电动势为

$$\begin{cases} E_{\sin}(t) = E_{HF}\cos(\omega_{EXC}t)\left[\cos(\omega_r t)-\lambda_x\right]+E_{PM}\sin(\omega_r t) \\ E_{\cos}(t) = E_{HF}\cos(\omega_{EXC}t)\left[\sin(\omega_r t)-\lambda_x\right]+E_{PM}\cos(\omega_r t) \end{cases} \tag{6-10}$$

低速时，相对于电励磁变压器电动势，永磁感应电动势的幅值很小，可以忽略，其波形如图 6-25a 所示；高速时，关闭高频励磁信号，E_{HF} 为零，此时仅剩永磁感应电动势，其波形如图 6-25b 所示。

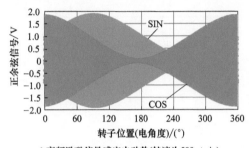

a) 高频励磁信号感应电动势(转速为500r/min)

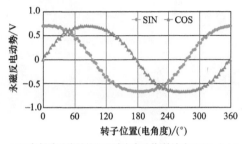

b)无高频励磁信号的永磁感应电动势(转速为10000r/min)

图 6-25　定子永磁型磁阻旋变感应电动势

图 6-26 是研制的 16 槽/4 极定子永磁型旋转变压器样机与其配套解码电路，解码电路框图如图 6-27 所示，图中，$E'_{\sin HF}$ 和 $E'_{\cos HF}$ 为解调后的电动势信号。当转速小于设定值（图中为 4500r/min）时，左右两侧的开关向上，$E'_{\sin HF}$ 和 $E'_{\cos HF}$ 起作用；当转速大于设定值时，两端开关向下，$E_{\sin PM}$ 和 $E_{\cos PM}$ 起作用，此时需要在所得转子位置角上加 90° 以补偿两种解算方法所产生的相位差。图 6-28 所示为不同转速下实测的电动

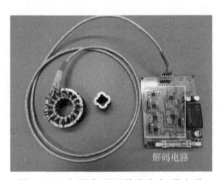

图 6-26　定子永磁型旋变与解码电路

势波形，以及基于电动势解码的转子位置信号。由图 6-28 可见，低速时，定子永磁型磁阻式旋变的位置信号与传统磁阻式旋变一致，但当转速升高到 10000r/min

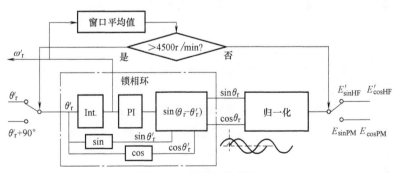

图 6-27　解码电路框图

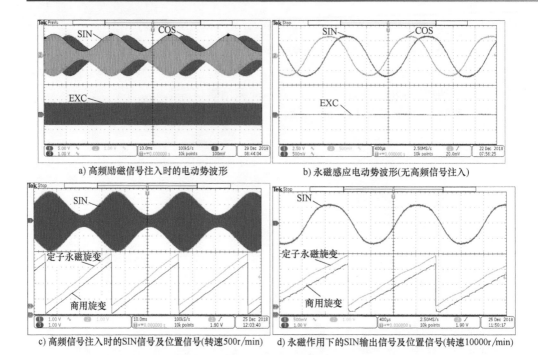

a) 高频励磁信号注入时的电动势波形　　　　b) 永磁感应电动势波形(无高频信号注入)

c) 高频信号注入时的SIN信号及位置信号(转速500r/min)　d) 永磁作用下的SIN输出信号及位置信号(转速10000r/min)

图 6-28　定子永磁型磁阻式旋变样机实测波形

时，传统磁阻式旋变的位置信号出现明显抖动，误差增大；而本节提出的定子永磁型磁阻式旋变的位置信号更为稳定可靠。上述结果验证了定子永磁型磁阻式旋变的效果和优势。

6.3.2　奇数极的问题与磁场调制解决方法

上述 16 槽/4 极永磁型旋变中，永磁磁极数与转子凸极数相同，转子运动中，凸极扫过一个永磁极跨过的区间，即生成一个电周期的感应电动势。然而，这个思路在奇数极转子的应用中受到限制。工业中，具有奇数个极对数的电机非常常见，这些具有奇数个极对数的电机一般需要配用奇数极旋变。

1. 基本问题

转子凸极容易设计成奇数极，然而定子永磁极必须成对出现，即永磁极数必为偶数。以一个 3 极旋变为例，如果按照上述设计方案，就会出现如图 6-29 所示的问题。

图 6-29 中，按照偶数极旋变的设计思路，每个凸极对应 4 个定子齿，并希望每个永磁极跨过这 4 个定子齿，然而红圈中第三块永磁体磁极是无法确定的，因此无法按照偶数极转子的方案来设计。为解决该问题，本书提出利用磁场调制原理来匹配定子永磁极数与转子凸极数的方法[27,28]。

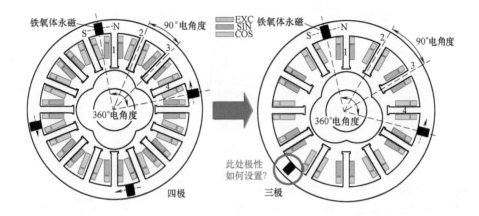

图 6-29 奇数极的问题

2. 磁场调制解决方案

图 6-30 所示是一个具有 3 个转子凸极的定子永磁型旋变。其定子上布置有两个永磁体，即两个永磁极（一对极）。参考电机学绕组理论，定子绕组设计成一个 8 槽/2 对极分数槽集中绕组形式。

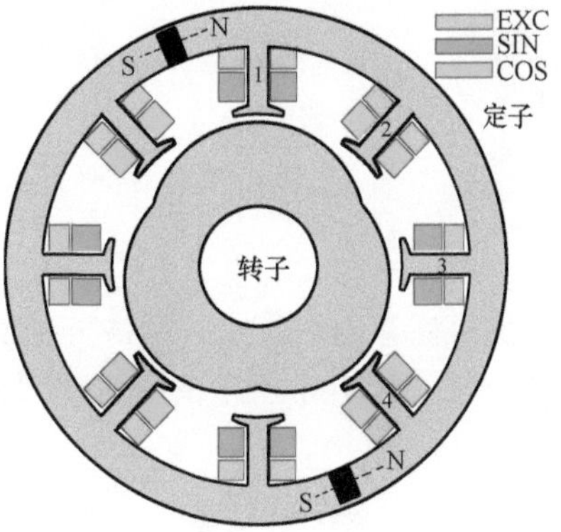

为简化起见，仅考虑高速情况下高频励磁信号关闭，输出绕组中只有永磁体感应出的两相运动电动势。以 SIN 信号为例，忽略漏磁，此时磁动势和气隙磁导分别为（为简化起见，这里只考虑基波分量）

图 6-30 定子永磁型磁阻式
旋变的奇数极方案

$$F_{\mathrm{PM}}(\theta_{0\mathrm{m}}) = F_{\mathrm{PM}}\sin(p_{\mathrm{PM}}\theta_{0\mathrm{m}}) \qquad (6\text{-}11)$$

$$\lambda(\theta_{0\mathrm{m}},\theta_{\mathrm{rm}}) = \frac{\lambda_{\max}-\lambda_{\min}}{2}\cos[p_{\mathrm{r}}(\theta_{0\mathrm{m}}-\theta_{\mathrm{rm}})] + \frac{\lambda_{\max}+\lambda_{\min}}{2} \qquad (6\text{-}12)$$

式中，$\theta_{0\mathrm{m}}$ 和 θ_{rm} 分别是定子齿的机械角位置和转子机械角位置。

系统中涉及不同极对数磁场，磁场调制效应的结果体现在磁链上，其数学形式如下：

$$\varphi_{\mathrm{PM}}(\theta_{0\mathrm{m}},\theta_{\mathrm{rm}}) = \frac{\lambda_{\max}-\lambda_{\min}}{2}F_{\mathrm{PM}}\cos[p_{\mathrm{r}}(\theta_{0\mathrm{m}}-\theta_{\mathrm{rm}})]\sin(p_{\mathrm{PM}}\theta_{0\mathrm{m}}) + \frac{\lambda_{\max}+\lambda_{\min}}{2}F_{\mathrm{PM}}\sin(p_{\mathrm{PM}}\theta_{0\mathrm{m}})$$

$$(6\text{-}13)$$

对磁链求导，即可获得运动电动势表达式为

$$E_{\mathrm{sinH}}(\theta_{0\mathrm{m}},\theta_{\mathrm{rm}}) = -\frac{\mathrm{d}\varphi_{\mathrm{PM}}(\theta_{0\mathrm{m}},\theta_{\mathrm{rm}})}{\mathrm{d}t}$$

$$= -F_{PM}\omega_{rm}p_r \frac{\lambda_{max}-\lambda_{min}}{2}\sin\left[p_r(\theta_{0m}-\theta_{rm})\right]\sin(p_{PM}\theta_{0m})$$

$$= -E_{PM}\cos\left[(p_r-p_{PM})\left(\theta_{0m}-\frac{p_r\omega_{rm}}{p_r-p_{PM}}t\right)\right]+E_{PM}\cos\left[(p_r+p_{PM})\left(\theta_0-\frac{p_r\omega_{rm}}{p_r+p_{PM}}t\right)\right]$$

$$(6\text{-}14)$$

式中，ω_{rm} 是转子机械角频率。

式（6-14）实际上描述了一个典型的磁场调制案例，即永磁磁动势受到转子凸极调制后，激发出了两个不同极对数的磁场：(p_r-p_{PM}) 与 (p_r+p_{PM})。考虑转子极数为 3（$p_r=3$），永磁极对数为 1（$p_{PM}=1$），因此当绕组选择为 2 对极时，绕组可感应出表达式（6-14）中的第一项。

低速情况的解释与上述讨论类似，只是用高频信号代替其中的永磁磁场即可，不再赘述。参考 16 槽/4 极旋变电动势的推导方式可以得到该 8 槽/3 极旋变电动势表达式为

$$\begin{cases} E_{sin}(t) = E_{EXC}\cos(\omega_{EXC}t)\cos\left(3\omega_r t-\frac{\pi}{4}\right)+E_{PM}\cos\left(3\omega_r t-\frac{\pi}{4}\right) \\ E_{cos}(t) = E_{EXC}\cos(\omega_{EXC}t)\cos(3\omega_r t)+E_{PM}\cos\left(3\omega_r t-\frac{\pi}{2}\right) \end{cases} \quad (6\text{-}15)$$

式中，$E_{EXC}=\sqrt{2}\omega_{EXC}F_{EXC}(\lambda_{max}-\lambda_{min})$，$E_{PM}=\sqrt{2}\omega_r p_r F_{PM}(\lambda_{max}-\lambda_{min})$。

值得注意的是，式（6-15）中的 SIN/COS 信号并非正交，即相位差并非 $\pi/2$，而是 $\pi/4$。图 6-31 所示的样机有限元计算结果验证了上述结论。

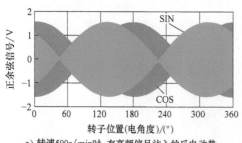

a) 转速500r/min时，有高频信号注入的反电动势

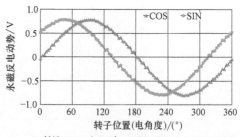

b) 转速10000r/min时，无高频信号注入的反电动势

图 6-31　有限元计算的不同转速下反电动势

图 6-32 是所研制的 8 槽/3 极定子永磁型旋转变压器样机，其配套解码系统硬件电路与图 6-27 相同，只是解码算法中需要经过简单数学变换，将 $\pi/4$ 相位差的 SIN/COS 电动势变换成正交电动势（即相位差 $\pi/2$）。图 6-33 所示是不同转速下实测的电动势波形，以及基于电动势解码的转子位置信号。可见，两者的结果基本一致。高速下，样机的位置信号与传统商用旋变相比有较大误差，这是由于测试平台在加工制造过程中存在缺陷，高速时定子永磁型旋变样机转子发生偏心所致。

图 6-32 8 槽/3 极定子永磁型旋转变压器样机

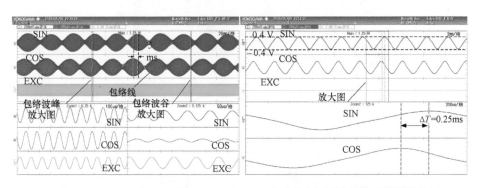

a) 高频励磁信号注入时的电动势波形   b) 永磁感应电动势波形(无高频信号注入)

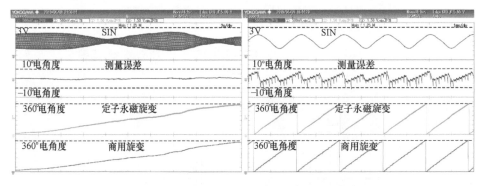

c) 高频信号注入时的SIN信号及位置信号(转速3r/min) d) 永磁作用下的SIN输出信号及位置信号(转速10000r/min)

图 6-33 8 槽/3 极定子永磁型旋转变压器实测波形

定子永磁型磁阻式旋变的概念可推广到直线位置测量领域,构成无接触式初级永磁直线型磁阻式旋转变压器,详见文献 [29]。

6.4 磁通反向永磁电机

磁通反向永磁 （Flux-Reversal Permanent Magnet，FRPM） 电机[30] 的基本拓扑结构如图 6-34 所示，两块反向充磁的永磁体安装在定子齿表面气隙侧。根据相邻两个定子齿上永磁体的充磁方式，FRPM 电机可以分为两种结构。对于图 6-34a，即充磁方式 1 而言，位于定子槽口两侧的永磁体充磁方向相反；而如图 6-34b 所示的充磁方式 2 中位于定子槽口两侧的永磁体充磁方向相同。不同的充磁方式会影响电机的电磁特性[31]。

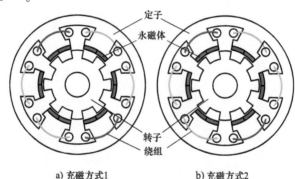

a) 充磁方式1　　　　　b) 充磁方式2

图 6-34　不同充磁方式的磁通反向永磁电机

6.4.1　基于磁场调制理论的空载感应电动势分析

本节基于磁动势-磁导模型，按照所提出的气隙磁场调制理论推导了 FRPM 电机空载感应电动势的解析模型，阐明了不同转子极数对空载感应电动势的影响规律。

由图 6-34 可知，FRPM 电机在采用不同充磁方式时的永磁磁动势分布如图 6-35 所示。

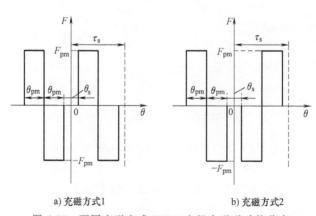

a) 充磁方式1　　　　　b) 充磁方式2

图 6-35　不同充磁方式 FRPM 电机永磁磁动势分布

由图 6-35a 可知，当 FRPM 电机采用充磁方式 1 时，其磁动势分布可写为

$$
F_1 = \begin{cases}
0 & 0 < \theta \leqslant \dfrac{\theta_{ST}}{2} \\[2ex]
F_{PM} & \dfrac{\theta_{ST}}{2} < \theta \leqslant \dfrac{\theta_{ST}}{2} + \theta_{PM} \\[2ex]
-F_{PM} & \dfrac{\theta_{ST}}{2} + \theta_{PM} < \theta \leqslant \tau_s - \dfrac{\theta_{ST}}{2} \\[2ex]
0 & \tau_s - \dfrac{\theta_{ST}}{2} < \theta \leqslant \tau_s
\end{cases}
\tag{6-16}
$$

也可以写成傅里叶级数的形式为

$$
F_1 = \sum_{n_1=1}^{\infty} F_{n_1} \sin n_1 N_{ST} \theta \quad n_1 = 1,2,3,\cdots
\tag{6-17}
$$

式中，$F_{n_1} = \dfrac{2F_{PM}}{n_1 \pi} [1 - \cos(n_1 N_s \theta_{PM})]$。

而根据图 6-35b 可知，当 FRPM 电机采用充磁方式 2 时，其磁动势分布可写为

$$
F_2 = \begin{cases}
0 & 0 < \theta \leqslant \dfrac{\theta_{ST}}{2} \\[2ex]
-F_{PM} & \dfrac{\theta_{ST}}{2} < \theta \leqslant \dfrac{\theta_{ST}}{2} + \theta_{PM} \\[2ex]
F_{PM} & \dfrac{\theta_{ST}}{2} + \theta_{PM} < \theta \leqslant \tau_s - \dfrac{\theta_{ST}}{2} \\[2ex]
0 & \tau_s - \dfrac{\theta_{ST}}{2} < \theta \leqslant \tau_s + \dfrac{\theta_{ST}}{2} \\[2ex]
F_{PM} & \tau_s + \dfrac{\theta_{ST}}{2} < \theta \leqslant \tau_s + \dfrac{\theta_{ST}}{2} + \theta_{PM} \\[2ex]
-F_{PM} & \tau_s + \dfrac{\theta_{ST}}{2} + \theta_{PM} < \theta \leqslant 2\tau_s - \dfrac{\theta_{ST}}{2} \\[2ex]
0 & 2\tau_s - \dfrac{\theta_{ST}}{2} < \theta \leqslant 2\tau_s
\end{cases}
\tag{6-18}
$$

也可以写成傅里叶级数的形式为

$$
F_2 = \sum_{n_2=1}^{\infty} F_{n_2} \cos \frac{n_2 N_{ST} \theta}{2} \qquad n_2 = 1,3,5,\cdots
\tag{6-19}
$$

式中，$F_{n_2} = \dfrac{4F_{PM}}{n_2 \pi} \sin\left(\dfrac{n_2 \pi}{2}\right) \left[1 - \cos\left(\dfrac{n_2 \pi}{2} - \dfrac{n_2 N_{ST} \theta_{ST}}{2}\right)\right]$。

由式（6-17）可以看到，充磁方式 1 的 FRPM 电机中既存在奇次谐波又存在偶

次谐波，然而由于在 FRPM 电机初始设计中 $\theta_{PM} = 2\pi/3N_s$，因此不存在 3 次、6 次、9 次等谐波。另一方面，由式（6-19）可以看到，充磁方式 2 的 FRPM 电机中只有奇数次的谐波磁动势存在。两者的磁动势谐波次数具体可概括为表 6-5。

表 6-5 不同充磁方式 FRPM 电机永磁磁动势谐波

谐波次数（充磁方式 1）	谐波次数（充磁方式 2）
$n_1 = 1, 2, 4, 5, \cdots, k, k \neq 3i (i = 1, 2, 3, \cdots)$	$n_2 = 1, 3, 5, 7, \cdots, 2k-1$

为了验证上述分析，以 6/8 极和 12/10 极两台 FRPM 电机为例进行进一步分析。图 6-36 为通过有限元计算得到的两台 FRPM 电机的磁动势谐波分布，显然图中数据与表 6-5 相符。充磁方式 1 电机中，基波磁动势占主导，而在充磁方式 2 电机中，基波和 3 次谐波磁动势都占有较大的比例。

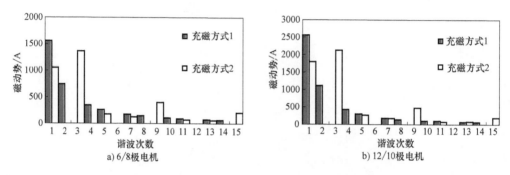

a) 6/8 极电机 b) 12/10 极电机

图 6-36 6/8 极和 12/10 极 FRPM 电机永磁磁动势分布

FRPM 电机气隙磁导分布如图 6-37 所示，其相应的数学表达式为

$$\Lambda(\theta, \alpha) = \begin{cases} \Lambda_2 & 0 < \theta \leq \dfrac{\tau_r - \theta_{RT}}{2} \\[2mm] \Lambda_1 & \dfrac{\tau_r - \theta_{RT}}{2} < \theta \leq \dfrac{\tau_r + \theta_{RT}}{2} \\[2mm] \Lambda_2 & \dfrac{\tau_r + \theta_{RT}}{2} < \theta \leq \dfrac{2\pi}{N_{RT}} \end{cases} \tag{6-20}$$

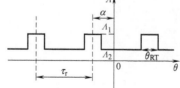

图 6-37 气隙磁导分布

式（6-20）可进一步写为傅里叶级数的形式

$$\Lambda(\theta,\alpha) = \Lambda_0 + \sum_{m=1}^{\infty} \Lambda_m \cos[mN_{RT}(\theta+\alpha)] \tag{6-21}$$

式中，$\Lambda_0 = \dfrac{N_{RT}}{2\pi}\theta_{RT}\Lambda_1$，$\Lambda_m = \dfrac{2\Lambda_1}{m\pi}\sin\left(\dfrac{mN_{RT}\theta_{RT}}{2}\right)$。

FRPM 电机的转子起磁场调制器作用，将图 6-36 中的各次谐波磁动势调制成另外次数的谐波，其调制过程如下：

空载气隙磁通密度可表示为

$$B(\theta,\alpha) = F\Lambda(\theta,\alpha) \tag{6-22}$$

将式（6-17）和式（6-21）代入式（6-22），可得到充磁方式 1FRPM 电机空载气隙磁通密度的表达式为

$$B_1(\theta,\alpha) = \sum_{n_1=1}^{\infty} \Lambda_0 F_{n_1} \sin n_1 N_{ST}\theta + \sum_{m_1}^{\infty}\sum_{n_1}^{\infty} \Lambda_{m_1} F_{n_1} \cos n_1 N_{ST}\theta \cos m_1 N_{RT}(\theta+\alpha) \tag{6-23}$$

式（6-23）也可以进一步写为

$$B_1(\theta,\alpha) = \sum_{n_1=1}^{\infty} \Lambda_0 F_{n_1} \sin n_1 N_{ST}\theta + \sum_{m_1}^{\infty}\sum_{n_1}^{\infty} \frac{\Lambda_{m_1} F_{n_1}}{2}\sin[(n_1 N_{ST} \pm m_1 N_{RT})\theta \pm m_1 N_{RT}\alpha] \tag{6-24}$$

同理，可将式（6-19）和式（6-21）代入式（6-22），可得到充磁方式 2FRPM 电机空载气隙磁通密度的表达式为

$$B_2(\theta,\alpha) = \sum_{n_2=1}^{\infty} \Lambda_0 F_{n_2}\cos\frac{n_2 N_{ST}\theta}{2} + \sum_{m_2}^{\infty}\sum_{n_2}^{\infty} \frac{\Lambda_{m_2} F_{n_2}}{2}\cos\left[\left(\frac{n_2 N_{ST} \pm 2m_2 N_{RT}}{2}\right)\theta \pm m_2 N_{RT}\alpha\right] \tag{6-25}$$

从式（6-24）和式（6-25）可以看到，无论何种充磁方式，FRPM 电机的空载气隙磁通密度中都含有大量的谐波，不同次数的谐波有不同的特点，具体概括见表6-6。然而，不是所有的谐波都对基波空载感应电动势有贡献，具体分析如下。

表 6-6　不同次数谐波磁通密度特点

充磁方式 1		充磁方式 2	
极对数	旋转速度	极对数	旋转速度
$n_1 N_{ST}$	0	$n_2 N_{ST}/2$	0
$n_1 N_{ST}+m_1 N_{RT}$	$m_1 N_{RT}\omega_r/(n_1 N_{ST}+m_1 N_{RT})$	$(n_2 N_{ST}+2m_2 N_{RT})/2$	$2m_2 N_{RT}\omega_r/(n_2 N_{ST}+2m_2 N_{RT})$
$\lvert n_1 N_{ST}-m_1 N_{RT}\rvert$	$m_1 N_{RT}\omega_r/(n_1 N_{ST}-m_1 N_{RT})$	$\lvert(n_2 N_{ST}-2m_2 N_{RT})/2\rvert$	$2m_2 N_{RT}\omega_r/(n_2 N_{ST}-2m_2 N_{RT})$

以 6/8 极和 12/10 极两台 FRPM 电机为例，由表 6-6 可知，由于转子的调制作用，当 6/8 极电机采用充磁方式 1 时，气隙磁通密度中只存在偶次谐波（$6n_1$ 或 $|6n_1 \pm 8m_1|$），而当电机采用充磁方式 2 时，气隙磁通密度中只存在奇次谐波（$3n_2$ 或 $|3n_2 \pm 8m_2|$）。在 12/10 极电机中，无论采用何种充磁方式，气隙磁通密度中只存在偶次谐波（$12n_1$、$|12n_1 \pm 10m_1|$、$6n_2$ 或 $|6n_2 \pm 10m_2|$）。图 6-38 为运用有限元计算得到的两台电机采用不同充磁方式时的气隙磁通密度及其谐波分布。显然，两台电机中谐波的分布规律与表 6-6 相一致。

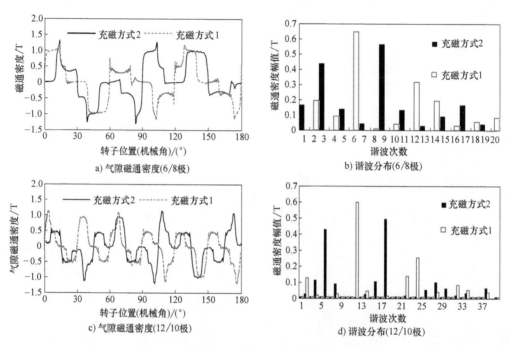

图 6-38　空载气隙磁通密度及其谐波分布

FRPM 电机的永磁磁链 ψ_{PM} 可表示为

$$\psi_{PM} = r_g L_a \int_0^{2\pi} k_w B(\theta, \alpha) W(\theta) \, \mathrm{d}\theta \tag{6-26}$$

式中，r_g 为气隙半径；$W(\theta)$ 为绕组函数，主要取决于绕组连接方式。

为了便于观察，图 6-39 为 6/8 极结构两种不同充磁方式时实际的绕组连接方式及其绕组函数，即绕组连接方式 1 中的每相绕组同向串联，而绕组连接方式 2 中的每相绕组反向串联。

当采用不同绕组连接方式时的绕组函数可表示为

绕组连接方式 1：$\quad W(\theta) = \sum_{j=1}^{\infty} \dfrac{2}{j\pi} \dfrac{N_w}{p} \sin(jp\theta) \qquad j = 1, 3, 5, \cdots \tag{6-27}$

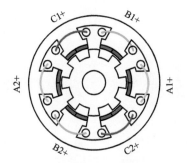

a) 绕组连接方式1(充磁方式1)

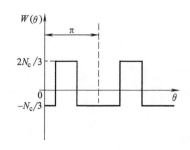

b) 绕组连接方式1的绕组函数，其中N_c为线圈匝数

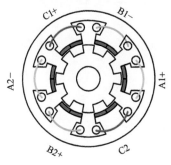

c) 绕组连接方式2(充磁方式2)

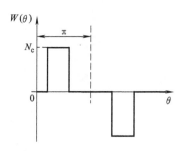

d) 绕组连接方式2的绕组函数，其中N_c为线圈匝数

图 6-39　6/8 极电机绕组排布

绕组连接方式 2：　$W(\theta) = \sum_{j=1}^{\infty} \frac{2}{j\pi} \frac{N_w}{p} \cos(jp\theta) \qquad j = 1,3,5,\cdots$ 　　　（6-28）

式中，p 为绕组极对数；N_w 为每相绕组串联匝数。

因此，对于任意一台 FRPM 电机，采用不同充磁方式时，其相应的绕组连接方式可根据式（6-24）~式（6-28）确定（只考虑基波），于是必须满足

$$\begin{cases} \left| n_1 N_{ST} \pm N_{RT} \right| = \left| jp \right| \\ \left| \dfrac{n_2 N_{ST} \pm 2N_{RT}}{2} \right| = \left| jp \right| \end{cases} \qquad （6\text{-}29）$$

否则式（6-26）恒为零。

因此，任意一台充磁方式 1 或 2 的 FRPM 电机可以采用上述两种不同的绕组连接方式，具体根据电机的极槽配合确定。一般而言，有四种可能的情况：①充磁方式 1，绕组链接方式 1；②充磁方式 2，绕组连接方式 1；③充磁方式 1，绕组连接方式 2；④充磁方式 2，绕组连接方式 2。电机的空载感应电动势为

$$e = -\frac{\mathrm{d}\psi}{\mathrm{d}t} \qquad （6\text{-}30）$$

（1）电机 a：充磁方式 1，绕组连接方式 1

将式（6-24）、式（6-26）和式（6-27）代入式（6-30），该电机的空载感应电动势为

$$
e_1 = \begin{cases} -\dfrac{r_g L_a N_w N_{RT} \omega_r}{n_1 N_{ST} + m_1 N_{RT}} \displaystyle\sum_{n_1=1}^{\infty} \sum_{m_1=1}^{\infty} k_{wm_1} F_{pmn_1} \Lambda_{m_1} \cos(m_1 N_{RT} \omega_r t) & n_1 N_{ST} + m_1 N_{RT} = j_1 p_1 \\[3mm] \dfrac{r_g L_a N_w N_{RT} \omega_r}{n_1 N_{ST} - m_1 N_{RT}} \displaystyle\sum_{n_1=1}^{\infty} \sum_{m_1=1}^{\infty} k_{wm_1} F_{pmn_1} \Lambda_{m_1} \cos(m_1 N_{RT} \omega_r t) & n_1 N_{ST} - m_1 N_{RT} = j_1 p_1 \\[3mm] 0 & \text{其他} \end{cases}
$$

(6-31)

（2）电机 b：充磁方式 2，绕组连接方式 1

将式（6-25）~式（6-27）代入式（6-30），该电机的空载感应电动势为

$$
e_2 = \begin{cases} \dfrac{2 r_g L_a N_w N_{RT} \omega_r}{n_2 N_{ST} \pm 2 m_2 N_{RT}} \displaystyle\sum_{n_2=1}^{\infty} \sum_{m_2=1}^{\infty} k_{wm_2} F_{pmn_2} \Lambda_{m_2} \sin(m_2 N_{RT} \omega_r t) & \dfrac{n_2 N_{ST} \pm 2 m_2 N_{RT}}{2} = j_2 p_2 \\[3mm] 0 & \text{其他} \end{cases}
$$

(6-32)

（3）电机 c：充磁方式 1，绕组连接方式 2

将式（6-24）、式（6-26）和式（6-28）代入式（6-30），该电机的空载感应电动势为

$$
e_3 = \begin{cases} \dfrac{r_g L_a N_w N_{RT} \omega_r}{n_3 N_{ST} \pm m_3 N_{RT}} \displaystyle\sum_{n_3=1}^{\infty} \sum_{m_3=1}^{\infty} k_{wm_3} F_{pmn_3} \Lambda_{m_3} \sin(m_3 N_{RT} \omega_r t) & n_3 N_{ST} \pm m_3 N_{RT} = j_3 p_3 \\[3mm] 0 & \text{其他} \end{cases}
$$

(6-33)

（4）电机 d：充磁方式 2，绕组连接方式 2

将式（6-25）、式（6-26）和式（6-28）代入式（6-30），该电机的空载感应电动势为

$$
e_4 = \begin{cases} \dfrac{2 r_g L_a N_w N_{RT} \omega_r}{n_4 N_{ST} + 2 m_4 N_{RT}} \displaystyle\sum_{n_4=1}^{\infty} \sum_{m_4=1}^{\infty} k_{wm_4} F_{pmn_4} \Lambda_{m_4} \cos(m_4 N_{RT} \omega_r t) & \dfrac{n_4 N_{ST} + 2 m_4 N_{RT}}{2} = j_4 p_4 \\[3mm] -\dfrac{2 r_g L_a N_w N_{RT} \omega_r}{n_4 N_{ST} - 2 m_4 N_{RT}} \displaystyle\sum_{n_4=1}^{\infty} \sum_{m_4=1}^{\infty} k_{wm_4} F_{pmn_4} \Lambda_{m_4} \cos(m_4 N_{RT} \omega_r t) & \dfrac{n_4 N_{ST} - m_4 N_{RT}}{2} = j_4 p_4 \\[3mm] 0 & \text{其他} \end{cases}
$$

(6-34)

从式（6-31）~式（6-34）可以看到，对于任意一台 FRPM 电机，其基波空载感应电动势幅值可统一表示为

$$E_1 = \frac{r_g L_a N_w N_{RT} \omega_r}{jp} \sum_{n=1}^{\infty} k_{w1} F_{pmn} \Lambda_1 \tag{6-35}$$

6.4.2　空载感应电动势及其谐波分布

从式（6-31）~式（6-34）中不难看出，不是所有满足表 6-6 的谐波磁通密度都对基波空载感应电动势有贡献，只有特定次数的谐波起作用。电枢绕组起磁场滤波作用，只选取特定次数的气隙磁通密度以产生基波空载感应电动势。而且不同的电机种类，谐波气隙磁通密度的选取规律不同，具体见表 6-7。

表 6-7　被选取的谐波气隙磁通密度

电机种类	电机 a	电机 b	电机 c	电机 d
被选取的谐波气隙磁通密度	$\|n_1 N_{ST} \pm m_1 N_{RT}\|$ 且 $\|n_1 N_{ST} \pm m_1 N_{RT}\| = j_1 p_1$	$(n_2 N_{ST} \pm 2m_2 N_{RT})/2$ 且 $\|(n_2 N_{ST} \pm 2m_2 N_{RT})/2\| = j_2 p_2$	$\|n_3 N_{ST} \pm m_3 N_{RT}\|$ 且 $\|n_3 N_{ST} \pm m_3 N_{RT}\| = j_3 p_3$	$(n_4 N_{ST} \pm 2m_4 N_{RT})/2$ 且 $\|(n_4 N_{ST} \pm 2m_4 N_{RT})/2\| = j_4 p_4$

仍然以 6/8 和 12/10 两台电机为例。由式（6-29）可知，当 6/8 极 FRPM 电机分别采用充磁方式 1 和 2 时，合适的绕组连接方式分别为 1 和 2；而当 12/10 极 FRPM 电机分别采用充磁方式 1 和 2 时，合适的绕组连接方式分别为 2 和 1。因此，通过表 6-7 可得到这两台电机中被选取的特定次数谐波气隙磁通密度，见表 6-8。表中用红色斜体下划线、蓝色斜体和绿色下划线标注的分别代表该谐波气隙磁通密度由基波磁动势、3 次谐波磁动势和更高次数的谐波磁动势产生。如在采用充磁方式 2 的 6/8 结构电机中，空载感应电动势的基波主要由 1 次、5 次、7 次、11 次、13 次、17 次和 19 次谐波气隙磁通密度贡献，且该 1 次和 5 次谐波，分别由 3 次和基波磁动势产生；而虽然其空载感应电动势的 2 次谐波也主要由上述谐波气隙磁通密度贡献，但是 1 次和 7 次却分别由更高次数和 3 次谐波磁动势产生。

表 6-8　对空载感应电动势有贡献的谐波气隙磁通密度

电机种类	空载感应电动势 1~5 次谐波（充磁方式 2）					空载感应电动势 1~5 次谐波（充磁方式 1）				
	1	2	3	4	5	1	2	3	4	5
6/8	*1*,*5*,7 11,13 17,19	*1*,5,7 11,13 17,19	*3*,9 *15*	*1*,*5*,7 11,13 17,19	*1*,5,7, 11,13, 17,19	*2*,*14*	*10*,14	6,*18*	*2*,10	*2*,10
幅值/V	239.9	3.4	12.9	2.1	4.4	124.0	1.2	0.8	1.3	2.3
12/10	*4*,20 *28*	—	12,36	—	*4*,20 28	*2*,14,*22* 34,38	—	6,18 30		*2*,10 26,38
幅值/V	54.5	0	0	0	2.9	105.2	0	0	0	8.1

由此表可得到以下结论：

1）由于电枢绕组的滤波作用，两台电机中的谐波气隙磁通密度与图 6-38 相比，被筛选掉很大一部分，最终剩余的列于表 6-8 中。

2）对于不同齿槽配合、不同充磁方式的电机，其滤波效果不一样。在 6/8 极电机中，采用充磁方式 1 时会被滤掉更多的谐波气隙磁通密度，因此，采用充磁方式 2 能获得更大的空载感应电动势；而对于 12/10 极电机则刚好相反。

3）在 12/10 极电机中，由于滤波作用，空载感应电动势中不存在偶次谐波，也就是说该电机具有绕组互补性；而在 6/8 极电机中，偶次谐波依然存在。

4）根据表 6-7，可以得到对空载感应电动势有贡献的永磁磁动势的谐波次数。然而当充磁方式以及绕组连接方式改变时，这些有贡献的永磁磁动势谐波次数也会随之改变。同样地，以 6/8 和 12/10 极电机为例，永磁磁动势的基波和 2 次、3 次、4 次、5 次谐波对各自基波空载感应电动势的影响不尽相同，如图 6-40 所示。

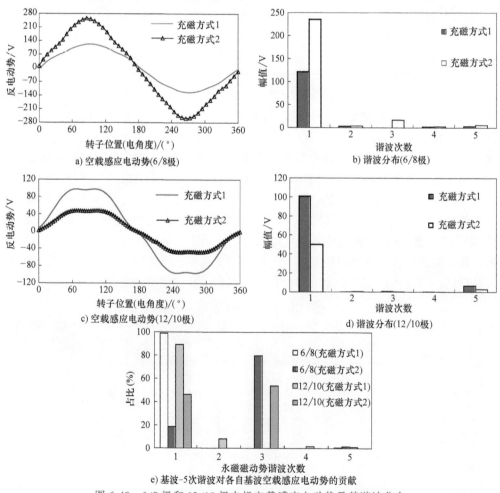

图 6-40 6/8 极和 12/10 极电机空载感应电动势及其谐波分布

显然，当 6/8 极电机在采用充磁方式 1 时，其空载感应电动势主要由永磁磁动势的基波贡献；而当采用充磁方式 2 时，其空载感应电动势主要由永磁磁动势的基波和 3 次谐波贡献。同理，在 12/10 电机中也可以得到类似的结论。

6.5　整距绕组磁通切换永磁电机

FSPM 电机的永磁体和绕组均位于电机定子，而其转子仅为具有凸极的铁心，因此相比于转子永磁型电机，FSPM 电机具有转子机械结构坚固和便于实施永磁体冷却等优点[32]，因此得到了国内外学者的广泛关注。文献［33］比较了具有不同定转子极对数的 FSPM 电机，表明 12/14 极 FSPM 电机综合性能最佳。为提高容错能力，文献［34］提出了一种具有 E 型定子铁心的 FSPM 电机，文献［35］则对多相 FSPM 电机进行了研究，以降低逆变器每相功率。通过优化与比较普通铁心、E 型铁心和 C 型定子铁心 FSPM 电机发现，在相同铜耗和仅采用 59% 的永磁用量情况下，12/13 极 C 型铁心 FSPM 直线电机具有高出传统 FSPM 直线电机 18.4% 的推力输出能力[36]。此外，为实现更宽的调速范围，文献［37］和［38］分别围绕电动汽车和风力发电应用背景对混合励磁 FSPM 电机和高温超导 FS 电机展开了研究。然而，虽然上述文献中电机拓扑结构和潜在应用背景各不相同，但均采用非重叠集中式绕组（Non-Overlapped Concentrated Winding，NCW）。通过改变电机三要素中的磁场调制器和滤波器（绕组），本节介绍一种具有整距绕组（Full-Pitched Winding，FW）的 12/7 极 FSPM（FW-FSPM）电机[39]。

6.5.1　电机结构与运行原理

图 6-41 所示为 12/7 极 FW-FSPM 电机拓扑结构图，可见其结构与传统 FSPM 电机类似，定子铁心由 12 个 U 型硅钢片组成，永磁体安装在相邻的 U 型铁心之间，永磁体切向充磁且相邻永磁体充磁方向相反，转子由设有 7 个凸极的铁心组成，与传统 FSPM 电机相比，最大的区别在于其采用了整距电枢绕组。

为讨论该电机的运行原理，建立了有限元模型，并得到其磁场分布，如图 6-42a 所示，当其中某个转子齿对齐 1 号定子齿时，A 相磁链达到正的最大值；当转子转过 1/2 齿距时，即转子槽对齐 1 号定子齿时，如图 6-42b 所示，A 相磁

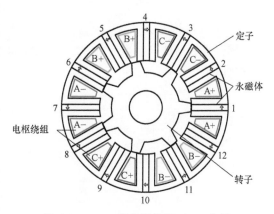

图 6-41　12/7 极整距绕组 FSPM 电机

链达到负的最大值,实现了 A 相磁链的变化。更为重要的是,图 6-42 所示的空载永磁场分布与 2 极永磁电机十分类似,所以其电枢绕组可以按照 2 极永磁电机进行绕制。

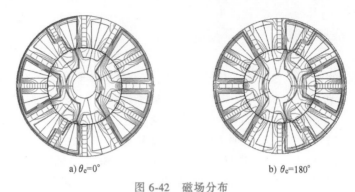

a) $\theta_e=0°$ b) $\theta_e=180°$

图 6-42 磁场分布

为进一步说明该电机的极对数及其电枢绕组绕制方式,基于有限元模型计算了其空载气隙磁通密度,并按照气隙磁场调制原理对其进行谐波分析[40,41]。

如图 6-43 所示为空载气隙磁通密度波形及其谐波分析,可见磁通密度中包含一系列谐波含量,其中极对数为 1、6、11、13、18 和 25 的谐波幅值较大。事实上,6 对极谐波为 6 对极永磁体直接产生,18 对极谐波则由 24 个定子铁心齿对 6 对极永磁磁场的静态调制产生,因此这两次谐波磁通密度始终与定子及电枢绕组保持相对静止。而 1 对极、11 对极、13 对极和 25 对极谐波则由转子齿对 6 和 18 对极静止谐波的动态调制产生,因此该四个谐波将随着转子的转动而转动,且其旋转电速度与转子一致,换言之,当转子转过一个齿距时,上述四个谐波将转过 360° 电角度,相应的机械转速与转子转速之间的关系可表示为

$$G_r = \frac{\omega_{fhm}}{\omega_{rm}} = \text{sign}(p_s - N_{RT}) \frac{N_{RT}}{|p_s \pm N_{RT}|} = \pm \frac{N_{RT}}{p_{fh}} \qquad (6\text{-}36)$$

式中,G_r 为磁齿轮变比;ω_{rm} 和 ω_{fhm} 分别是转子与气隙磁场谐波的机械转速;p_s 为静止气隙磁场谐波极对数,在 12/7 极 FSPM 电机中,$p_s=6$ 或 $p_s=18$;N_{RT} 为转子齿数;$\text{sign}(p_s - N_{RT})$ 和 p_{fh} 为旋转方向和气隙磁通密度旋转分量极对数,其中

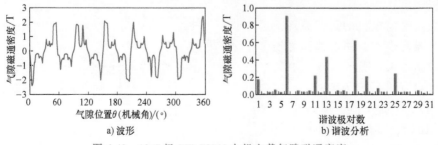

a) 波形   b) 谐波分析

图 6-43 12/7 极 FW-FSPM 电机空载气隙磁通密度

具有最小极对数的 1 对极谐波具有最大机械转速，为转子转速的 7 倍。

根据上述 4 个旋转气隙磁场谐波极对数，可以计算出相应的槽距角为

$$\alpha = 360°p_{\mathrm{fh}}/n_{\mathrm{ST}} \tag{6-37}$$

式中，n_{ST} 为定子齿数。

对于 12/7 极 FSPM 电机，$n_s = 12$，因此，1 对、11 对、13 对和 25 对极旋转谐波的槽距角 $\alpha = 30°$ 或者 330°。当考虑了上述四个旋转谐波的转向后，可以绘制相应的槽矢量图，如图 6-44 所示，可见，虽然上述谐波的极对数不同，但相应的槽距角和槽矢量图完全一致。按照该槽矢量图可知，12/7 极 FSPM 电机可采用整距绕组，当然也能采用传统的单齿集中绕组，但其绕组系数比整距绕组要小得多，因此当该电机采用整距绕组时，其转矩输出能力将得到有效提升。

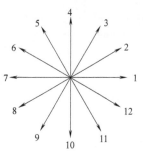

图 6-44 12/7 极 FW-FSPM 电机槽矢量图

6.5.2 关键尺寸参数设计

为改善电机性能，本节对 FW-FSPM 电机的一些关键尺寸参数进行设计，参数定义如图 6-45 所示。设计过程中，定子槽开口弧度 β_{ss}，定子铁心齿顶宽 β_{ST} 和永磁体气隙侧宽度 β_{PM} 均保持不变且均等于定子极距 $\beta_{\tau p}$ 的 1/4，即 $\beta_{ss}=\beta_{ST}=\beta_{PM}=\beta_{\tau p}/4$，此外，定子外径和电机叠长分别固定为 64mm 和 75mm。

首先定义 k_{ST} 为转子齿顶宽 β_{rt} 与 1/4 定子齿距之间的比值，即

$$k_{\mathrm{ST}}=\frac{\beta_{\mathrm{RT}}}{\beta_{\tau p}/4} \tag{6-38}$$

图 6-46 和图 6-47 所示分别为 12/7 极 FW-FSPM 电机空载感应电动势、定位力矩及转矩随 k_{ST} 的变化曲线，可见当 k_{ST} 分别为 2.4 和 2.2 时，空载感应电动势的基波分量（FA）和平均转矩分别达到最大值；而当 k_{ST} 分别为 2.0 和 2.4 时，转矩脉动（此处定义

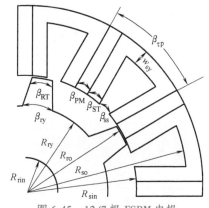

图 6-45 12/7 极 FSPM 电机关键尺寸参数定义

为转矩峰峰值）和定位力矩则分别达最小值，虽然此时的空载感应电动势总谐波含量比较高。综合考虑这些因素，折中选择 $k_{ST}=2.0$，以实现最小的转矩脉动和较大的转矩输出，与此同时，定位力矩和空载感应电动势的总谐波含量均在可接受范围之内。

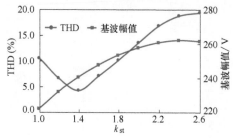

图 6-46　不同 k_{st} 时 FW-FSPM 空载感应电动势

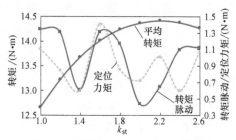

图 6-47　不同 k_{st} 时 FW-FSPM 转矩

其次，定义电机裂比为定子内半径与外半径之比为

$$k_{io} = R_{sin}/R_{so} \tag{6-39}$$

图 6-48 给出了定位力矩、转矩和转矩脉动随 k_{io} 的变化情况。值得指出的是，
电机槽面积将随着 k_{io} 的变化而变化，
为得到相对客观公正的结果，在 k_{io}
的变化过程中，始终保持电机槽满率
和铜耗不变，此外，电机设计过程中
保持 $\beta_{ss} = \beta_{st} = \beta_{PM}$ 不变，因此可以很
方便地计算出不同 k_{io} 时的定子槽面
积，并可由此得到某线径下电枢绕组
每相串联匝数和电流大小，见表 6-9。

由图 6-48 可见，当 $k_{io} = 0.54$ 时，
电机的平均转矩达到最大值，而转矩

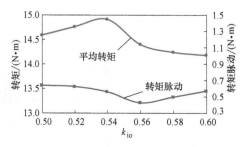

图 6-48　不同 k_{io} 时 FW-FSPM 转矩

脉动也在最小值附近。与此同时，表 6-9 还给出了不同 k_{io} 时的单位永磁转矩 T_{avg}/S_{PM}，可见，当 $k_{io} = 0.54$ 时，单位永磁转矩达到最大值。因此，选择 $k_{io} = 0.54$。

表 6-9　不同 k_{io} 时的关键参数

k_{io}	S_{slot} /mm²	S_{PM} /mm²	匝数 N	I_{RMS} /A	T_{avg} /(N·m)	T_{rip} /(N·m)	T_{rip}/T_{avg} (%)	T_{avg}/S_{PM} /(N·m/m²)
0.5	312.34	1608	332	3.51	14.58	0.636	4.36	9.07
0.52	293.37	1605	312	3.62	14.75	0.623	4.22	9.19
0.54	274.25	1597	292	3.74	**14.9**	0.559	3.74	**9.33**
0.56	257.26	1585	272	3.86	14.4	**0.425**	2.95	9.08
0.58	239.27	1567	252	4.01	14.24	0.494	3.47	9.09

再次定义转子齿根宽与定子极距之间的比例 k_{sy} 为

$$k_{sy} = \beta_{ry}/\beta_{\tau p} \tag{6-40}$$

图 6-49 给出了 12/7 极 FW-FSPM 电机定位力矩、转矩和转矩脉动随 k_{sy} 的变化情况，可见当 $k_{sy}=0.5$ 时，电机的输出转矩达到最大值，然而，电机定位力矩也同时达到最大值，在综合考虑各项指标后，最终选择 $k_{sy}=0.7$。

图 6-50 给出了电机转矩特性随转子齿高 h_{RT} 的变化曲线，可见电机的平均转矩随着转子齿高呈单调递增趋势，

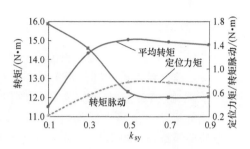

图 6-49 不同 k_{sy} 时 FW-FSPM 转矩

且当 $h_{RT}=9mm$ 时，递增的趋势逐渐趋缓。另外，$h_{RT}=9mm$ 时，转矩脉动和定位力矩也相对较小，综合考虑电机尺寸和转子齿机械强度等因素后，选择 $h_{RT}=9mm$。

由上述参数设计过程可见，FW-FSPM 电机的定位力矩对 k_{ST} 十分敏感，且 k_{io}，k_{sy} 和 h_{RT} 等参数也在设计过程中有了变化，因此有必要对电机各项性能随 k_{ST} 的变化进行重新计算与分析。当 k_{io}，k_{sy} 和 h_{RT} 为上述最终选定的参数时，图 6-51 重新计算了当 k_{ST} 在 $1.6\sim2.6$ 之间时，电机的定位力矩、转矩和转矩脉动随 k_{st} 的变化情况，可见 $k_{ST}=2.0$ 仍然是效果最佳的选择。

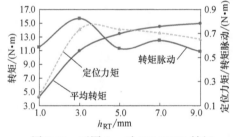

图 6-50 不同 h_{RT} 时 FW-FSPM 转矩

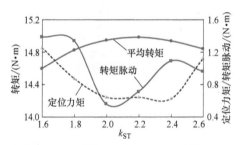

图 6-51 不同 k_{ST} 时 FW-FSPM 转矩

基于上述分析结果，得到 12/7 极 FW-FSPM 电机的最终尺寸参数，见表 6-10。

表 6-10 12/7 极 FW-FSPM 电机尺寸参数

参　　数	数值	参　　数	数值
定子轭部厚度 w_{sy}/mm	4.6	转子外半径 R_{ro}/mm	34.26
定子槽开口宽 β_{ss}/(°)	7.5	转子内半径 R_{rin}/mm	11
定子齿顶宽 β_{ST}/(°)	7.5	转子齿顶宽 β_{RT}/(°)	15
每个线圈匝数 N_{tpc}	73	转子齿根宽 β_{ry}/(°)	21
每相绕组串联线圈数 N_{scpp}	4	气隙长度 g/mm	0.3
永磁体气隙侧宽度 β_{PM}/(°)	7.5	额定电流 I_{RMS}/A	3.74

6.5.3 比较分析

通过对 12/7 极 FSPM 电机的空载气隙磁通密度谐波分析可知，具有不同极对数的主要谐波分量具有相同的槽矢量图，从而可以设计该电机的绕组链接方式。按照电机学理论，FSPM 电机中常用的单齿集中非重叠绕组（NCW）和整距绕组（FW）均能采用，但两者的绕组系数以及电机性能却相差甚远。为进一步验证本节采用的整距绕组的有效性，对采用两种不同绕组的 12/7 极 FSPM 电机进行了比较。必须指出的是，为实现较为公平的比较，采用不同绕组的两台电机均采用了相同参数设计。如图 6-52a 比较了不同绕组形式时的空载磁链波形，可见采用 FW 时，磁链峰值为 0.3Wb，是 NCW 电机的 3.2 倍。图 6-52b 比较了两台电机的输出转矩，可见两台电机的输出转矩平均值分别为 14.9N·m 和 4.38N·m，采用 FW 后，电机转矩为采用传统 NCW 时的 3.4 倍，与空载感应电动势的情况非常接近。

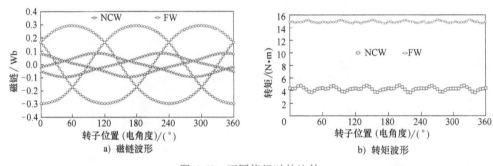

a) 磁链波形　　　　　　　　b) 转矩波形

图 6-52　不同绕组时的比较

由上述分析可知，采用气隙磁场调制原理对 FSPM 电机进行分析，不仅有助于从理论上解释该类电机的运行原理，而且可以在对气隙磁通密度谐波分析的基础上，采用传统电机学槽矢量图等经典理论对电机绕组进行设计，有效改善电机的各项性能。

6.6　转子永磁型磁通切换电机

传统定子永磁型磁通切换（Stator Permanent Magnet-Flux Switching，SPM-FS）电机具有转子结构简单、易于永磁体冷却、高转矩/功率密度、高效率等优势[42-44]。但其永磁体与电枢绕组共同安置于定子侧，在空间上构成竞争关系，限制了该类电机转矩密度和过载能力的进一步提高[9,45]，此外电枢绕组包裹永磁体的特殊结构也增加了永磁体的高温退磁风险[46]。本节从三要素中的源磁动势入手，将永磁体由定子侧移动至转子侧，形成了转子永磁型磁通切换（Rotor Perma-nent Magnet-Flux Switching，RPM-FS），有效释放了定子空间，并能缓和定子铁心饱和，提高电机转矩/功率密度。

6.6.1 电机结构及基本电磁特性

1. 电机结构

RPM-FS 电机转子与 SPM-FS 电机定子相似，均采用模块化设计。实际上，RPM-FS 电机结构由 SPM-FS 电机演变而来，如图 6-53 所示。将传统 12/10 极三相 SPM-FS 电机的永磁体由定子侧移至转子，与转子凸极齿共同构成转子模块单元，如图 6-53b 所示。10 个转子模块单元通过卡槽固定于非导磁支撑件上，构成转子整体。而原 SPM-FS 电机相邻的两定子 U 型铁心合并成一个整体，共同构成 RPM-FS 电机的 12 个电枢齿。电机的电枢绕组结构不变，依然采用集中绕组结构，绕置于合并后的电枢齿上，如图 6-53c 所示。由于永磁体由定子侧移置转子侧，进一步减小了 RPM-FS 电机的集中绕组端部长度，降低端部铜耗。此外，为了给永磁磁链提供回路，在转子旋转过程中实现"磁通切换"，相邻两电枢齿之间添加一个容错齿，至此，可以得到一台 24/10 极三相 RPM-FS 电机拓扑结构，如图 6-54 所示。

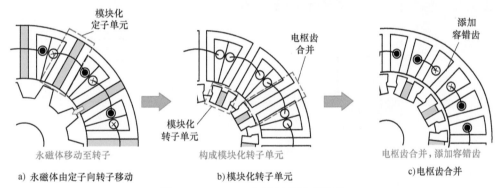

a) 永磁体由定子向转子移动　　　　b) 模块化转子单元　　　　c) 电枢齿合并

图 6-53　RPM-FS 电机拓扑演变过程

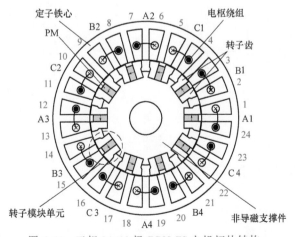

图 6-54　三相 24/10 极 RPM-FS 电机拓扑结构

由于容错齿的存在，相邻两个电枢线圈的磁路彼此隔离，因此，RPM-FS 电机相间互感几乎为零，有效提高了电机的容错能力。值得注意的是，RPM-FS 电机永磁体切向充磁，且 10 块永磁体充磁方向一致，这一结构特点既不同于传统 SPM-FS 电机，也区别于传统的转子永磁电机。

2. RPM-FS 电机磁通切换原理

RPM-FS 电机的磁通切换原理如图 6-55 所示。如图 6-55a 所示，当转子齿 R1 与电枢齿 A1 对齐时，定义 $\theta_r = 0°$，永磁体产生的永磁磁链由电枢齿 A1 穿出，经过气隙进入转子齿中，此时，电枢线圈 A1 中匝链的永磁磁链幅值为正向最大值。当转子位置逆时针旋转 9°，即 $\theta_r = 9°$ 时，如图 6-55b 所示，转子永磁体与定子齿 A1 正好相对，电枢线圈 A1 中匝链的有效磁通为 0。转子继续逆时针旋转 9°，即 $\theta_r = 18°$ 时，如图 6-55c 所示，RPM-FS 电机转子齿 R2 与电枢齿 A1 对齐，永磁体产生的永磁磁链由转子齿经过气隙，进入定子电枢齿中，并与电枢线圈 A1 匝链。此时，电枢绕组 A1 中的永磁磁链幅值为负向最大。当转子位置为 $\theta_r = 27°$ 时，如图 6-55d 所示，相邻转子模块之间的气隙，即转子模块气隙，恰好与定子电枢齿 A1 正对，电枢线圈 A1 中匝链的有效磁通为 0。

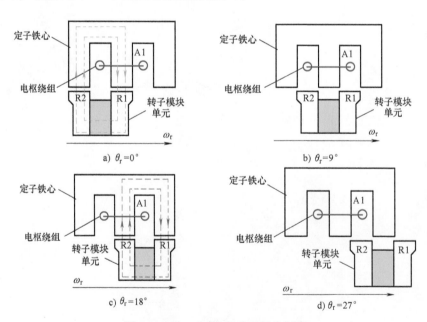

图 6-55   RPM-FS 电机磁通切换原理

24/10 极 RPM-FS 电机转子极对数为 10，当转子继续旋转 9° 位于 $\theta_r = 36°$ 时，电机磁路与 $\theta_r = 0°$ 时重合。随着转子的持续运转，电枢绕组中匝链的永磁磁链将随之不断切换方向和数量。在图 6-56 所示的一个电周期范围内，电枢线圈 A1 中匝链的永磁磁链由最大变到最小后再次变为最大，方向由穿出电枢绕组变到穿入电枢绕组后又变成穿出电枢绕组，极性由正到负再到正，即随着转子的旋转，永磁磁链的极性与幅值呈周期性变化。因此，RPM-FS 电机具有与 SPM-FS 电机相似的"磁通切换"运行原理。若忽略谐波的影响，RPM-FS 电机理想空载永磁磁链 ψ_{PM} 和感应电动势 e 均为理想正弦波。因此，依据转子位置，通入对应的三相对称正弦电流，就可以产生恒定的电磁转矩。

3. 绕组一致性与互补性

结合图 6-55 中的四个特殊位置分析 RPM-FS 绕组的一致性和互补性。图 6-57a 中转子位置 $\theta_r = 0°$，此时转子齿 R1 正对电枢齿 A1，假设永磁体顺时针充磁，永磁磁链由定子电枢齿 A1 进入转子齿 R1 中，因此在电枢线圈 A1 中匝链的永磁磁链正向最大。同时，转子齿 R3 与电枢齿 A2 也正对，此时，虽然永磁磁链由转子齿 R3 进入电枢齿 A2 中，但考虑电枢线圈 A2 的绕线方向与电枢线圈 A1 相反，A2 中匝链的永磁磁链也为正向最大，与电枢线圈 A1 保持一致。

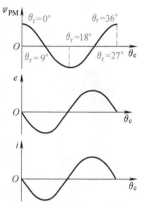

图 6-56　RPM-FS 电机每相永磁磁链、空载感应电动势与电枢电流理想波形

当 $\theta_r = 9°$ 时，电枢线圈 A1 与 A2 中匝链的永磁磁链均为 0，但两者相对转子的位置却完全不同。如图 6-57b 所示，电枢齿 A1 与转子永磁体正对，定义该特殊位置为"第一平衡位置"；而电枢齿 A2 却与转子模块间气隙正对，定义该转子特殊位置为"第二平衡位置"。由于永磁体磁导和转子模块间气隙磁导不同，且永磁体宽度与转子模块间气隙长度也不相等，导致在两个特殊平衡位置下的永磁磁路并不相同。

如图 6-57c 所示，当 $\theta_r = 18°$ 时，转子齿 R2 与电枢齿 A1 正对，转子齿 R4 与电枢齿 A2 正对，电枢线圈 A1 和 A2 中匝链的永磁磁链同时为负向最大。

最后，如图 6-57d 所示，当转子位置 $\theta_r = 27°$ 时，转子模块间气隙与电枢齿 A1 正对，处于"第二平衡位置"；而永磁体 PM2 与电枢齿 A2 重合，处于"第一平衡位置"。电枢线圈 A1 与 A2 中匝链的永磁磁链均为 0。

由上述分析可知，在一个电周期范围内，24/10 极 RPM-FS 电机的电枢线圈 A1 与 A2 中匝链的永磁磁链随转子位置的变化规律保持一致，即同时获得磁链正向最大值、零和负向最大值。因此，两个电枢线圈中永磁磁链的变化规律具有一致性。但是基于上述分析可知，在"第一平衡位置"与"第二平衡位置"下，电枢齿分别正对永磁体与转子模块间气隙，磁路并不相同，因此，电枢线圈 A1 与 A2 匝链的永磁磁链波形不能完全重合。对应上述四个转子特殊位置，电枢线圈 A1 与转子的相对位置依次为：正向正对→第一平衡位置→负向正对→第二平衡位置→正向正对；而电枢线圈 A2 与转子的相对位置依次为：正向正对→第二平衡位置→负向正

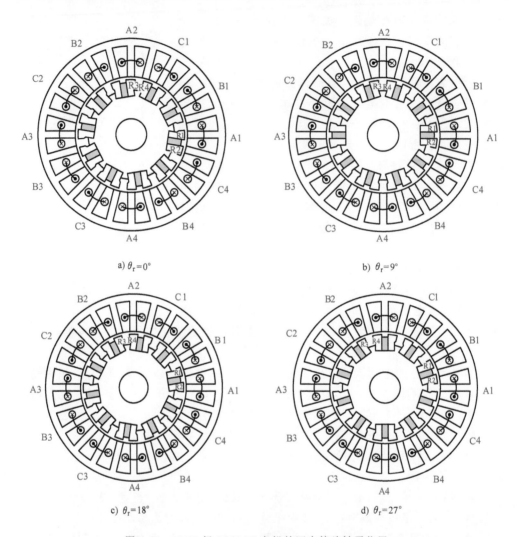

a) $\theta_r = 0°$ b) $\theta_r = 9°$

c) $\theta_r = 18°$ d) $\theta_r = 27°$

图 6-57 24/10 极 RPM-FS 电机的四个特殊转子位置

对→第一平衡位置→正向正对。可见，两者均从正向正对开始，但旋转方向却相反，这一特性将使得电枢线圈 A1 与 A2 中的永磁磁链和空载感应电动势在相位上相差半个周期，并且极性相反，称为"绕组互补性"。因此，RPM-FS 电机与 SPM-FS 电机类似，电枢绕组都具有"绕组一致性"与"绕组互补性"，能够有效抵消电枢线圈永磁磁链与感应电动势的偶次谐波，提高每相永磁磁链及感应电动势的正弦度[47]。

4. RPM-FS 电机静态特性

（1）永磁磁场分布

图 6-58 给出了上述四个转子特殊位置时的 RPM-FS 电机永磁磁场分布。显然，

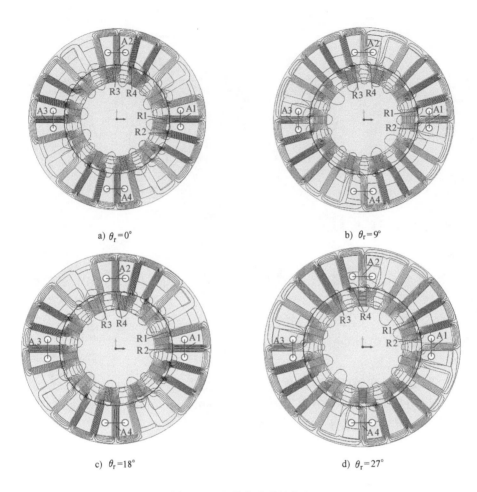

a) $\theta_r = 0°$ b) $\theta_r = 9°$

c) $\theta_r = 18°$ d) $\theta_r = 27°$

图 6-58 空载永磁磁场分布

对于每个转子特殊位置,永磁磁路与理论分析基本吻合。此外,由图 6-59 中 RPM-FS 电机磁场分布局部放大图可见,在相邻两个转子磁极单元之间存在永磁漏磁。由于永磁体切向充磁,且充磁方向一致,永磁体产生的磁链有一部分穿过相邻两磁极单元间的气隙,沿圆周构成闭合回路,即"极间漏磁支路"影响气隙磁通密度的大小,进而影响永磁磁链等电磁特性。

图 6-60 为 $\theta_r = 0°$ 时的空载气隙磁通密度波形,波形中的正向最大位置对应于转子齿 R1 与电枢齿 A1 的正对位置,此时电枢线圈 A1 磁链为正向最大。而波形中的负向最大位置对应于转子齿 R3 与电枢齿 A2 的正对位置。此外,RPM-FS 电机定、转子齿正对位置的气隙磁通密度幅值为 1.1T,远小于传统 SPM-FS 电机气隙磁通密度峰值。

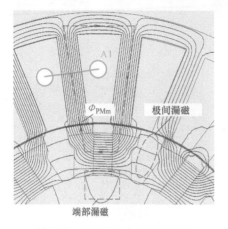

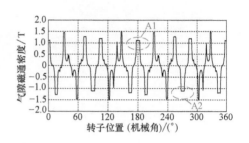

图 6-59　RPM-FS 电机极间漏磁　　　　　图 6-60　$\theta_r = 0°$时，空载气隙磁通密度

（2）永磁磁链

RPM-FS 电机 A 相空载永磁磁链如图 6-61 所示，由 24/10 极 RPM-FS 电机结构对称性可知，线圈 A1 和 A3 中的磁链波形完全重合，线圈 A2 和 A4 中磁链也相同，

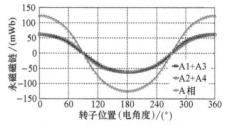

因此可将 A 相的四个线圈匝链的磁链两两相加后进行分析。由图 6-61 可知，单个线圈的永磁磁链呈正弦分布，且 A1+A3 与 A2+A4 两个磁链波形在转子特殊位置 $\theta_r = 9°$ 和 $\theta_r = 27°$（分别对应图中 90° 和 270° 电角度）时重合，而在其他转子位置上略有差别，验证了绕组的一致性与互补性。

图 6-61　24/10 极 RPM-FS 电机线圈磁链与单相磁链

图 6-62 为 RPM-FS 电机永磁磁链谐波分析。其中，电枢线圈 A1 与 A2 中匝链的永磁磁链均含有明显的偶次谐波，谐波含量分别为 THD%$_{A1}$ = 7.26%、THD%$_{A2}$ = 7.27%，如表 6-11 所示。得益于电枢线圈的互补性，永磁磁链中的偶次谐波可以相互抵消，因此 A 相永磁磁链中几乎不含偶次谐波，有效改善了

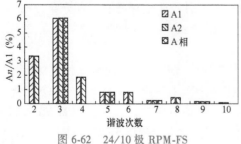

图 6-62　24/10 极 RPM-FS
电机空载永磁磁链谐波分布

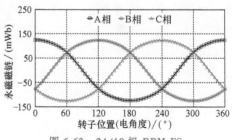

图 6-63　24/10 极 RPM-FS
电机三相空载永磁磁链

永磁磁链的对称性。此外，由永磁磁链谐波分析可知，RPM-FS 电机永磁磁链（见图 6-63）中含有较高的 3 次谐波，导致其空载感应电动势中也含有较高的 3 次谐波。

表 6-11　RPM-FS 电机空载永磁磁链谐波含量

谐波次数	线圈 A1	线圈 A2	A 相
2 次谐波(%)	3.36	3.35	0.0048
3 次谐波(%)	6.03	6.04	6.038
4 次谐波(%)	1.88	1.87	0.0018
5 次谐波(%)	0.8	0.8	0.805
6 次谐波(%)	0.8	0.8	0.0026
7 次谐波(%)	0.23	0.23	0.229
总谐波含量 THD(%)	7.26	7.27	6.1

RPM-FS 电机空载感应电动势波形如图 6-64 所示，可以清楚地看出绕组的互补特性对合成空载感应电动势的影响。图 6-65 为对单个线圈空载感应电动势和单相空载感应电动势波形的谐波分析，其中无论是单相空载感应电动势还是单个线圈空载感应电动势中，3 次谐波含量最高。在电枢线圈 A1 与 A2 中，2 次谐波的幅值几乎相等，且相位相反，因此串联构成单相绕组后，偶次谐波相互抵消，见表 6-12。

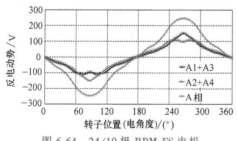

图 6-64　24/10 极 RPM-FS 电机
单相空载感应电动势

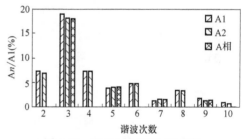

图 6-65　24/10 极 RPM-FS 电机
空载感应电动势谐波分布

表 6-12　RPM-FS 电机空载感应电动势谐波含量

谐波次数	线圈 A1+A3	线圈 A2+A4	A 相
2 次谐波(%)	7.08	6.69	0.0096
3 次谐波(%)	18.99	18.08	18.07
4 次谐波(%)	7.44	7.46	0.007
5 次谐波(%)	3.93	4.01	3.99
6 次谐波(%)	4.84	4.74	0.015
7 次谐波(%)	1.3	1.58	1.58
总谐波含量 THD(%)	22.9	22.06	18.6

考虑永磁磁链与空载感应电动势中的谐波含量，RPM-FS 电机三相空载感应电动势可表示为

$$
\begin{cases}
e_{\mathrm{a}} = \displaystyle\sum_{n=1}^{5} E_{\mathrm{m}(2n-1)} \sin\left[(2n-1)p_{\mathrm{r}}\omega_{\mathrm{r}}t \right] \\[2mm]
e_{\mathrm{b}} = \displaystyle\sum_{n=1}^{5} E_{\mathrm{m}(2n-1)} \sin\left[(2n-1)p_{\mathrm{r}}\omega_{\mathrm{r}}t - \dfrac{2\pi}{3} \right] \\[2mm]
e_{\mathrm{c}} = \displaystyle\sum_{n=1}^{5} E_{\mathrm{m}(2n-1)} \sin\left[(2n-1)p_{\mathrm{r}}\omega_{\mathrm{r}}t + \dfrac{2\pi}{3} \right]
\end{cases}
\tag{6-41}
$$

式中，$E_{\mathrm{m}(2n-1)}$ 为 $2n-1$ 次谐波幅值；p_{r} 为电机转子极对数；ω_{r} 为转子机械角速度。

三相对称正弦电流可表示为

$$
\begin{cases}
i_{\mathrm{a}} = I_{\mathrm{am}} \sin(p_{\mathrm{r}}\omega_{\mathrm{r}}t) \\
i_{\mathrm{b}} = I_{\mathrm{am}} \sin(p_{\mathrm{r}}\omega_{\mathrm{r}}t - 120°) \\
i_{\mathrm{c}} = I_{\mathrm{am}} \sin(p_{\mathrm{r}}\omega_{\mathrm{r}}t + 120°)
\end{cases}
\tag{6-42}
$$

式中，I_{am} 为相电流幅值。

RPM-FS 电机电磁转矩可计算为

$$
T_{\mathrm{e}} = \frac{e_{\mathrm{a}}i_{\mathrm{a}} + e_{\mathrm{b}}i_{\mathrm{b}} + e_{\mathrm{c}}i_{\mathrm{c}}}{\omega_{\mathrm{r}}}
\tag{6-43}
$$

将式（6-41）和式（6-42）代入式（6-43）中，可求得 RPM-FS 电机电磁转矩表达式为

$$
T_{\mathrm{e}} = T_{\mathrm{ef}} + T_{\mathrm{e3}} + T_{\mathrm{e5}} + T_{\mathrm{e7}} + T_{\mathrm{e9}}
\tag{6-44}
$$

式中

$$
\begin{cases}
T_{\mathrm{ef}} = 1.5 E_{\mathrm{m1}} I_{\mathrm{am}} / \omega_{\mathrm{r}} \\
T_{\mathrm{e3}} = 0 \\
T_{\mathrm{e5}} = -1.5 E_{\mathrm{m5}} I_{\mathrm{am}} \cos(6p_{\mathrm{r}}\omega_{\mathrm{r}}t) / \omega_{\mathrm{r}} \\
T_{\mathrm{e7}} = 1.5 E_{\mathrm{m7}} I_{\mathrm{am}} \cos(6p_{\mathrm{r}}\omega_{\mathrm{r}}t) / \omega_{\mathrm{r}} \\
T_{\mathrm{e9}} = 0
\end{cases}
\tag{6-45}
$$

由 RPM-FS 电机电磁转矩表达式可知，当电枢绕组中通入三相正弦对称电流时，空载感应电动势中的 3 次谐波既不产生平均转矩，也不产生转矩脉动，而 5 次和 7 次谐波仅产生转矩脉动。

忽略谐波影响，RPM-FS 电机三相永磁磁链 ψ_{ma}、ψ_{mb}、ψ_{mc} 满足如下关系：

$$
\begin{cases}
\psi_{\mathrm{ma}} = \psi_{\mathrm{m}} \cos(\theta_{\mathrm{e}}) \\
\psi_{\mathrm{mb}} = \psi_{\mathrm{m}} \cos(\theta_{\mathrm{e}} - 120°) \\
\psi_{\mathrm{mc}} = \psi_{\mathrm{m}} \cos(\theta_{\mathrm{e}} + 120°)
\end{cases}
\tag{6-46}
$$

式中，ψ_m 为永磁磁链基波峰值；θ_e 为转子位置（电角度），且 $\theta_e = p_r\theta_r$。

在三相永磁磁链的基础上，通过派克变换可得到交直轴磁链。但是在派克变换之前，首先要定义 RPM-FS 电机的直轴与交轴轴线位置。对于传统转子永磁型电机，如表贴式永磁同步电机，直轴轴线位于转子永磁体磁化方向的中心线，而交轴与直轴相差 $\pi/(2N_{RT})$ 机械角度，即交轴与相邻两永磁体的中线重合[48]。因此，对于传统转子永磁型电机，可以直接通过永磁体的排布判断交轴与直轴的所在位置。而对于 RPM-FS 电机而言，虽然永磁体也位于转子侧，但其拓扑结构由 SPM-FS 电机发展而来，永磁体的排布方式与传统转子永磁型电机并不相同。因此，RPM-FS 电机的交直轴可参考 SPM-FS 电机进行定义[47]，即通过永磁磁链的变化规律，确定交直轴所在位置。

图 6-66 为三相 RPM-FS 电机的 dq 轴定义，如图 6-66a 所示，A1 电枢齿与转子永磁体位置重合，位于"第一平衡位置"，此时，A 相绕组匝链的磁链为 0。因此，定义转子永磁体的轴线为 q 轴。q 轴顺时针旋转 $\pi/(2N_{RT})$ 角度定义为 d 轴。当转子逆时针旋转 $\pi/(2N_{RT})$ 角度时，如图 6-66b 所示，d 轴与 A1 电枢齿的轴线重合，此时 A 相电枢绕组的磁链达到正的最大值。

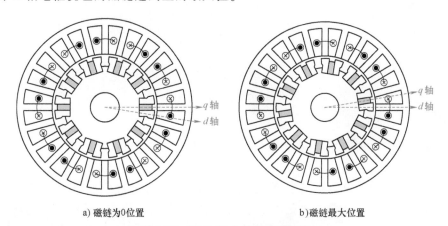

a) 磁链为0位置　　　　　　　　　　　　b) 磁链最大位置

图 6-66　RPM-FS 电机交直轴定义

定义了 RPM-FS 电机的交直轴后，可通过下式计算交直轴磁链：

$$\begin{bmatrix} \psi_{md} \\ \psi_{mq} \\ \psi_{m0} \end{bmatrix} = \boldsymbol{P} \begin{bmatrix} \psi_{ma} \\ \psi_{mb} \\ \psi_{mc} \end{bmatrix} \tag{6-47}$$

式中

$$\boldsymbol{P} = \frac{2}{3} \begin{bmatrix} \cos\theta_e & \cos(\theta_e - 120°) & \cos(\theta_e + 120°) \\ -\sin\theta_e & -\sin(\theta_e - 120°) & -\sin(\theta_e + 120°) \\ 1/2 & 1/2 & 1/2 \end{bmatrix} \tag{6-48}$$

进一步可以得到 dq 轴坐标系下永磁磁链表达式为

$$\begin{cases} \psi_{md} = \psi_m \\ \psi_{mq} = 0 \\ \psi_{m0} = 0 \end{cases} \tag{6-49}$$

式（6-49）表明，在 dq 轴坐标系下，d 轴磁链 ψ_{md} 为一个常数，并且与转子位置无关。在数值上，ψ_{md} 等于永磁磁链幅值 ψ_m，而 q 轴磁链与 0 轴磁链均为零。由图 6-63 所示的三相永磁磁链可得 dq 轴磁链波形，如图 6-67 所示。

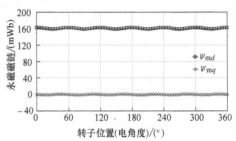

图 6-67　24/10 极 RPM-FS 电机
在转子坐标系下的永磁磁链

同理，忽略高次谐波分量影响，RPM-FS 电机空载感应电动势波形表达式可表示为

$$\begin{cases} e_{ma} = -E_m \sin(\theta_e) \\ e_{mb} = -E_m \sin(\theta_e - 120°) \\ e_{mc} = -E_m \sin(\theta_e + 120°) \end{cases} \tag{6-50}$$

（3）电感

电感是电机的重要特性参数之一，准确计算电机的电感以及推导相应的数学模型，对于电机本体设计以及控制具有非常重要的意义。忽略永磁体作用，当铁心不饱和时，可以获得 RPM-FS 电机的三相不饱和自感与互感波形如图 6-68 所示，可见互感的平均值几乎为零。这是由于定子铁心中容错齿的作用，使得三相绕组彼此隔离，如图 6-69 所示，当 A 相绕组通电时，电枢反应磁场经过 A 相电枢齿与相邻两个容错齿构成闭合回路，并不经过相邻的电枢齿 B 相与 C 相。

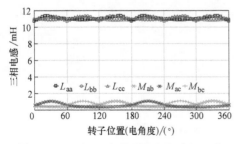

图 6-68　RPM-FS 电机不饱和自感与互感

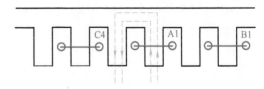

图 6-69　RPM-FS 电机主磁通路径

表 6-13   RPM-FS 电机电感特性   （单位：mH）

参　　　数	数值	
	不饱和电感	饱和电感
A 相自感 L_{aa}	11.1	9.59
B 相自感 L_{bb}	11.1	9.59
C 相自感 L_{cc}	11.1	9.59
AB 相间互感 M_{ab}	0.61	0.57
AC 相间互感 M_{ac}	0.61	0.57
BC 相间互感 M_{bc}	0.61	0.57

在实际情况中，由于永磁体的作用，定、转子铁心均处于饱和或临界饱和状态，因此需考虑铁心饱和程度对电感的影响。RPM-FS 电机的三相饱和自感与互感波形如图 6-70 所示。可见，受铁心磁场饱和的影响，RPM-FS 电机的饱和自感小于不饱和电感，而互感则仍然几乎为零，见表 6-13。值得注意的是，三相绕组自感在一个电周期内仅脉

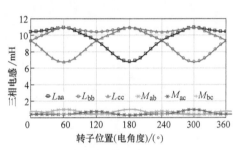

图 6-70   RPM-FS 电机饱和自感与互感

动一次，且三相自感间相位相差 120°电角度，该结论可用于建立 RPM-FS 电机三相电感数学模型。

基于三相绕组电感，可得到对应的 dq 轴电感 L_d 和 L_q 为

$$L(d,q) = \boldsymbol{P} \times \boldsymbol{L}(a,b,c) \times \boldsymbol{P}^{-1} \tag{6-51}$$

式中，$\boldsymbol{L}(a,b,c)$ 为定子侧三相电感矩阵，且

$$\boldsymbol{L}(a,b,c) = \begin{bmatrix} L_{aa} & M_{ab} & M_{ac} \\ M_{ba} & L_{bb} & M_{bc} \\ M_{ca} & M_{cb} & L_{cc} \end{bmatrix} \tag{6-52}$$

图 6-71 和图 6-72 给出了相应的直轴与交轴电感波形，其中，不饱和交直轴电

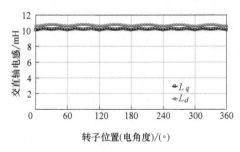

图 6-71   RPM-FS 电机不饱和直轴与交轴电感波形

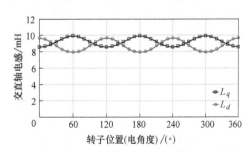

图 6-72   RPM-FS 电机饱和直轴与交轴电感波形

感波形基本不随转子位置发生变化，而饱和电感的波动则相对较大，两者的平均值见表 6-14。

表 6-14　不同工况下的 RPM-FS 电机直轴与交轴电感　（单位：mH）

参数	数值	
	不饱和	饱和
直轴电感平均值 L_d	10.7	8.8
交轴电感平均值 L_q	10.2	9.2

（4）电磁转矩

基于前文所得的永磁磁链、空载感应电动势以及电感等静态特性，可以得到 RPM-FS 电机电磁转矩的计算公式为

$$T_e = T_{PM} + T_r + T_{cog} = \frac{3}{2} P_r [\psi_m i_q + (L_d - L_q) i_d i_q] + T_{cog} \tag{6-53}$$

式中，T_{PM} 为交轴电流 i_q 与永磁磁场相互作用产生的永磁转矩；T_r 为直轴、交轴电流 i_d、i_q 与直轴、交轴电感相互耦合产生的磁阻转矩；T_{cog} 为定位力矩。

可见，电磁转矩主要由三部分构成。

RPM-FS 电机定位力矩周期可由定子槽数 N_{ST} 与转子极对数 N_{RT} 的最小公倍数 LCM（N_{ST}，N_{RT}）确定

$$C_{cog} = \frac{2\pi}{LCM(p_s, N_{RT})} \tag{6-54}$$

24/10 极 RPM-FS 电机 $p_s = 24$，$p_r = 10$，LCM(N_{ST},N_{RT})= 120，代入式（6-54）中，可求得定位力矩周期 $C_{cog} = 3°$。图 6-73 为基于有限元求得的 RPM-FS 电机定位力矩波形，其周期与分析结果一致。

基于交直轴电感分析可知，RPM-FS 电机 L_d 与 L_q 近似相等，磁阻转矩分量 T_r 可以忽略，适合采用 $i_d = 0$ 控制方式。因此式（6-53）可简化为

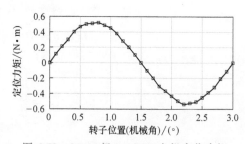

图 6-73　24/10 极 RPM-FS 电机定位力矩

$$T_e = \frac{3}{2} P_r \psi_m I_m + T_{cog} \tag{6-55}$$

式中，I_m 为相电流幅值。

图 6-74 为一个电周期内 RPM-FS 电机电磁转矩波形，电磁转矩平均值为 16.05N·m，转矩脉动为 11%。此外，在一个电周期内，电磁转矩脉动 6 次，同时含有较高的 12 次谐波分量，与定位力矩的周期数相同。电磁转矩减去定位力矩后，

转矩脉动明显减小，仅为5%，因此定位力矩为转矩脉动的主要因素。减去定位力矩后的电磁转矩波形在一个电周期内依然脉动6次，该转矩脉动主要由永磁磁链及空载感应电动势中的谐波产生。由RPM-FS电机三相永磁磁链与空载感应电动势谐波分析可知，波形中除最高的3次谐波以外，还含有较大的5次谐波和7次谐波。由式（6-45）分析可知，

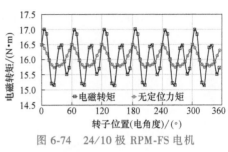

图 6-74 24/10 极 RPM-FS 电机
电磁转矩（I_{m_rms} = 5.9A）

当电枢绕组中通入三相对称正弦电流，电枢空载感应电动势中的5次谐波与7次谐波与电流相互作用，会产生具有6次谐波的转矩脉动。

6.6.2 转子永磁型磁通切换电机转矩产生机理

RPM-FS电机由SPM-FS电机发展而来，定、转子均为凸极结构。因此，与SPM-FS电机相似，永磁磁场与电枢反应磁场均受到凸极齿的调制作用，产生对应的调制谐波。本节将基于磁场调制原理，从永磁磁场调制、电枢反应磁场调制和转矩产生机理三个方面，分析RPM-FS电机的工作机理。建立RPM-FS电机磁势-磁导模型，分别计算调制后的永磁气隙磁场与电枢反应气隙磁场中的谐波分布，并量化各次谐波对电磁转矩的贡献比例。

1. RPM-FS 电机永磁磁场调制原理

RPM-FS电机的永磁磁场与电枢反应磁场中的谐波分布可通过建立简化的磁动势-磁导模型进行有效分析。基于永磁磁动势、电枢反应磁动势、定子气隙磁导和转子气隙磁导的数学模型，求解RPM-FS电机气隙磁通密度中的基波与调制谐波成分。

在建立RPM-FS电机简化磁势-磁导模型过程中，做出如下假设：

1）永磁体产生的永磁磁动势在圆周方向上为矩形波分布。

2）定子铁心与转子铁心磁导率均为无穷大。

3）RPM-FS电机的漏磁忽略不计。

RPM-FS电机转子上永磁体产生的气隙侧永磁磁动势（Permanent Magnet-Magneto Motive Force，PM-MMF）如图6-75所示。由于永磁体位于转子侧，PM-MMF与转子同步旋转，旋转角速度为ω_r。对PM-MMF波形进行傅里叶分解，可得到永磁磁动势的表达式为

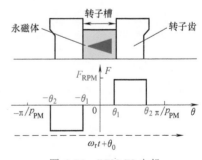

图 6-75 RPM-FS 电机
永磁磁动势模型

$$F_{RPM}(\theta, t) = F_{RPMb} \sum_{n=1}^{\infty} F_{RPMn} \sin\left[np_{PM}(\theta + \omega_r t + \theta_0) \right] \tag{6-56}$$

式中，F_{RPMb} 与 F_{RPMn} 为永磁磁动势傅里叶系数；n 为正整数；p_{PM} 为永磁极对数，对于 RPM-FS 电机，永磁极对数 p_{PM} 等于转子极对数 N_{RT}，即 $p_{PM} = N_{RT}$。

$$F_{RPMb} = -\frac{2F_{RPM}}{\pi} \tag{6-57}$$

$$F_{RPMn} = \frac{\cos(np_{PM}\theta_2) - \cos(np_{PM}\theta_1)}{n} \tag{6-58}$$

式中，F_{RPM} 为永磁磁动势幅值；θ_0、θ_1 和 θ_2 为转子初始位置、转子半槽弧长和转子半槽弧长加转子齿弧。

图 6-76 为有限元求得的 24/10 极 RPM-FS 电机永磁磁动势谐波分析结果，其谐波极对数主要包括：10 对、20 对、30 对、40 对和 50 对等，与式（6-56）分析结果保持一致，验证了 RFPM-FS 电机永磁磁动势模型的准确性。其中，由于永磁体极对数 $p_{PM} = 10$，因此，10 对极的谐波幅值最大。

定子侧气隙磁导模型如图 6-77 所示。定子凸极齿所对位置气隙长度最小，磁导最大，定义该位置下磁导幅值为 Λ_s；而定子槽所对位置气隙长度较大，磁导忽略不计，可用傅里叶级数表示为

$$\Lambda_{Rs}(\theta) = \Lambda_{S0} + \Lambda_{Sb} \sum_{k=1}^{\infty} \Lambda_{Sk} \cos(kN_{ST}\theta) \tag{6-59}$$

式中，Λ_{S0}、Λ_{Sb} 与 Λ_{Sk} 分别为傅里叶系数；k 为正整数。

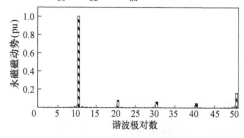
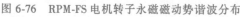

图 6-76 RPM-FS 电机转子永磁磁动势谐波分布

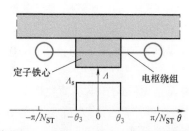

图 6-77 RPM-FS 电机定子气隙磁导模型

$$\Lambda_{S0} = \frac{N_{ST}\Lambda_s\theta_3}{\pi} \tag{6-60}$$

$$\Lambda_{Sb} = \frac{2\Lambda_s}{\pi} \tag{6-61}$$

$$\Lambda_{Sk} = \frac{\sin(kN_{ST}\theta_3)}{k} \tag{6-62}$$

式中，θ_3 为定子半齿宽。

由式（6-56）和式（6-59）可求得 RPM-FS 电机空载气隙磁通密度表达式为

$$B_{\text{gap}}(\theta,t) = F_{\text{RPM}}(\theta,t)\Lambda_{\text{Rs}}(\theta) = B_1(\theta,t) + B_2(\theta,t) + B_3(\theta,t) \tag{6-63}$$

式中

$$B_1(\theta,t) = F_{\text{RPMb}}\Lambda_{S0}\sum_{n=1}^{\infty}F_{\text{RPM}n}\sin\left[np_{\text{PM}}(\theta+\omega_r t+\theta_0)\right] \tag{6-64}$$

$$B_2(\theta,t) = \frac{F_{\text{RPMb}}\Lambda_{Sb}}{2}\sum_{n=1}^{\infty}\sum_{k=1}^{\infty}F_{\text{RPM}n}\Lambda_{Sk}\sin\left[(np_{\text{PM}}+kN_{\text{ST}})\theta + np_{\text{PM}}(\omega_r t+\theta_0)\right] \tag{6-65}$$

$$B_3(\theta,t) = \frac{F_{\text{RPMb}}\Lambda_{Sb}}{2}\sum_{n=1}^{\infty}\sum_{k=1}^{\infty}F_{\text{RPM}n}\Lambda_{Sk}\sin\left[(np_{\text{PM}}-kN_{\text{ST}})\theta + np_{\text{PM}}(\omega_r t+\theta_0)\right] \tag{6-66}$$

由式（6-63）可知，RPM-FS 电机气隙磁通密度由极对数为 np_{PM} 和 $|np_{\text{PM}}\pm kN_{\text{ST}}|$ 的两类谐波叠加而成。其中，由式（6-46）可知，极对数为 np_{PM} 的谐波主要由转子永磁磁动势直接产生，并且以转速 $np_{\text{PM}}\omega_r$ 旋转。然而，当转子永磁磁动势受到定子凸极齿的调制作用时，气隙磁通密度中将产生极对数为 $|np_{\text{PM}}\pm kN_{\text{ST}}|$ 的调制谐波，转速为 $np_{\text{PM}}\omega_r/(np_{\text{PM}}\pm kN_{\text{ST}})$。RPM-FS 电机气隙永磁磁通密度谐波特性见表 6-15。

表 6-15　RPM-FS 电机空载气隙永磁磁通密度谐波特性

谐波极对数	谐波转速
np_{PM}	$np_{\text{PM}}\omega_r$
$np_{\text{PM}}+kN_{\text{ST}}$	$np_{\text{PM}}\omega_r/(np_{\text{PM}}+kN_{\text{ST}})$
$\lvert np_{\text{PM}}-kN_{\text{ST}}\rvert$	$np_{\text{PM}}\omega_r/(np_{\text{PM}}-kN_{\text{ST}})$

RPM-FS 电机空载永磁气隙磁通密度分布如图 6-78 所示。由图可知，气隙磁通密度中主要包括了 10 对极和 50 对极谐波，而 20 对极、30 对极和 40 对极谐波幅值较小。由式（6-63）分析可知，该类气隙磁通密度谐波分量均由转子永磁磁动势直接产生。此外，空载永磁气隙磁通密度中还含有 14 对极和 34 对极谐波，该类气隙

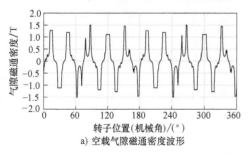

a) 空载气隙磁通密度波形

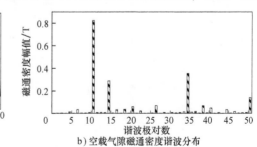

b) 空载气隙磁通密度谐波分布

图 6-78　RPM-FS 电机空载永磁气隙磁通密度

磁通密度谐波分量则是受定子凸极齿对永磁磁动势的调制作用产生的。

2. RPM-FS 电机电枢反应磁场调制原理

RPM-FS 电机的转子也为凸极结构，因此电枢反应磁场与永磁磁场相似，受到转子凸极齿的调制作用。图 6-79a 为 A 相电枢反应磁动势模型。由 24/10 极 RPM-FS 电机结构可知，电枢线圈 A1 与 A3 绕制方向相同，与 A2 与 A4 绕制方向相反。因此在电枢反应磁动势模型中，线圈 A1 处的磁动势为正，而线圈 A2 处的磁动势为负。此外，由 B、C 两相绕组分别与 A 相绕组在空间上相差 30° 和 60° 机械角度，可得到 B、C 两相的电枢反应磁动势模型如图 6-79b 和图 6-79c 所示。基于傅里叶分析，三相电枢反应磁动势可以表示为

$$F_{Rw}(\theta,t) = \frac{8N_{Rc}}{\pi} \sum_{i=1}^{\infty} F_{Rwi} \cdot$$

$$\left\{ i_{RA}\sin\left[(4i-2)\theta \right] - i_{RB}\sin\left[(4i-2)\left(\theta-\frac{\pi}{6}\right) \right] - i_{RC}\sin\left[(4i-2)\left(\theta+\frac{\pi}{6}\right) \right] \right\}$$

$$(6\text{-}67)$$

式中，N_{Rc} 为 RPM-FS 电机单个线圈匝数，F_{Rwi} 为电枢反应磁动势傅里叶系数，i 为正整数。

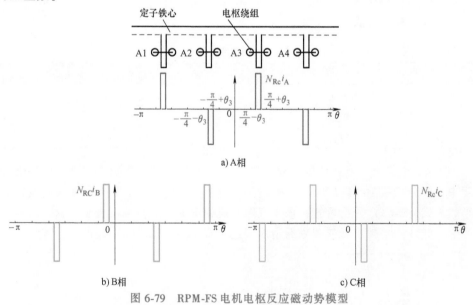

a) A相

b) B相   c) C相

图 6-79 RPM-FS 电机电枢反应磁动势模型

三相对称电枢电流表示为

$$\begin{cases} i_{RA} = I_{Rmax}\sin(\omega_e t) \\ i_{RB} = I_{Rmax}\sin(\omega_e t - 2\pi/3) \\ i_{RC} = I_{Rmax}\sin(\omega_e t + 2\pi/3) \end{cases} \quad (6\text{-}68)$$

式中，I_{Rmax} 为 RPM-FS 电机相电流峰值；ω_e 为电角频率，即 $\omega_e = N_{RT}\omega_r = p_{PM}\omega_r$。

当 $i = 3r-2$（r 为正整数）时，将式（6-68）代入式（6-67），可得

$$F_{Rw}(\theta, t) = \frac{12N_{Rc}I_{Rmax}}{\pi} \sum_{i=1}^{\infty} F_{Rwi} \cos[N_{RT}\omega_r t - (4i-2)\theta] \tag{6-69}$$

式中

$$F_{Rwi} = \frac{(-1)^{i-1}\sin[(4i-2)\theta_3]}{4i-2} \tag{6-70}$$

当 $i = 3r-1$ 时，式（6-67）可表示为

$$F_{Rw}(\theta, t) = 0 \tag{6-71}$$

当 $i = 3r$ 时，式（6-67）可表示为

$$F_{Rw}(\theta, t) = -\frac{12N_{Rc}I_{Rmax}}{\pi} \sum_{i=1}^{\infty} F_{Rwi} \cos[N_{RT}\omega_r t + (4i-2)\theta] \tag{6-72}$$

式中

$$F_{Rwi} = \frac{(-1)^{i-1}\sin[(4i-2)\theta_3]}{4i-2} \tag{6-73}$$

由式（6-69）、式（6-71）和式（6-72）可知，电枢反应磁动势的谐波极对数可以表示为 $4i-2$，且不包括 3 及 3 的倍数对极谐波。基于有限元得到的 24/10 极 RPM-FS 电机电枢反应磁动势谐波分析如图 6-80 所示，可见电枢反应磁场中主要包括 2 对极、10 对极、14 对极、22 对极、26 对极、34 对极和 38 对极谐波，分别对应式（6-69）、式（6-71）、式（6-72）中的分析结果，即 $i = 1$、3、4、6、7、9、10，验证了电枢反应磁动势分析模型的准确性。

转子侧气隙磁导模型如图 6-81 所示，该气隙磁导模型忽略转子永磁体，仅考虑转子凸极齿对气隙磁导的影响。因此，基于傅里叶分析，转子侧气隙磁导可表示为

$$\Lambda_{Rr}(\theta, t) = \Lambda_{Rr0} + \Lambda_{Rrb} \sum_{j=1}^{\infty} \Lambda_{Rrp} \cos[jN_{RT}(\theta + \omega_r t + \theta_0)] \tag{6-74}$$

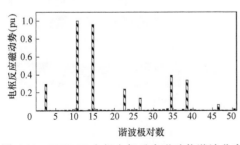

图 6-80 RPM-FS 电机电枢反应磁动势谐波分布

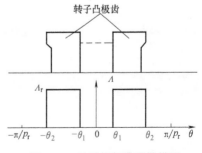

图 6-81 转子侧气隙磁导模型

式中，Λ_{Rr0}、Λ_{Rrb} 和 Λ_{Rrp} 分别为转子气隙磁导傅里叶系数，且

$$\Lambda_{Rr0} = \frac{P_r}{\pi}\Lambda_r(\theta_2 - \theta_1)$$

$$\Lambda_{Rrb} = \frac{2\Lambda_r}{\pi}$$

$$\Lambda_{Rrp} = \frac{\sin(jN_{RT}\theta_2) - \sin(jN_{RT}\theta_1)}{j}$$

因此，电枢反应磁动势产生的气隙磁通密度表达式可由式（6-67）和式（6-74）得到

$$B_{Rw}(\theta,t) = F_{Rw}(\theta,t)\Lambda_{Rr}(\theta) \tag{6-75}$$

当 $i = 3r-2$ 时，电枢反应气隙磁通密度为

$$B_{Rw}(\theta,t) = \frac{12N_{Rc}}{\pi}\Lambda_{Rr0}I_{Rmax}\sum_{i=1}^{\infty}F_{Rwi}\cos\left[(4i-2)\theta - N_{RT}\omega_r t\right] +$$
$$\frac{6N_{Rc}}{\pi}\Lambda_{Rrb}I_{Rmax}\sum_{i=1}^{\infty}\sum_{p=1}^{\infty}F_{Rwi}\Lambda_{Rrp}\left[\cos\beta_1 + \cos\beta_2\right] \tag{6-76}$$

式中

$$\begin{cases}\beta_1 = [jN_{RT} - (4i-2)]\theta + (j+1)N_{RT}\omega_r t + jN_{RT}\theta_0 \\ \beta_2 = [jN_{RT} + (4i-2)]\theta + (j-1)N_{RT}\omega_r t + jN_{RT}\theta_0\end{cases} \tag{6-77}$$

当 $i = 3r$ 时，电枢反应气隙磁通密度为

$$B_{Rw}(\theta,t) = -\frac{12N_{Rc}}{\pi}\Lambda_{Rr0}I_{Rmax}\sum_{i=1}^{\infty}F_{Rwi}\cos\left[(4i-2)\theta + N_{RT}\omega_r t\right] -$$
$$\frac{6N_{Rc}}{\pi}\Lambda_{Rrb}I_{Rmax}\sum_{i=1}^{\infty}\sum_{p=1}^{\infty}F_{Rwi}\Lambda_{Rrp}\left[\cos\beta_1 + \cos\beta_2\right] \tag{6-78}$$

式中

$$\begin{cases}\beta_1 = [jN_{RT} + (4i-2)]\theta + (j+1)N_{RT}\omega_r t + jN_{RT}\theta_0 \\ \beta_2 = [jN_{RT} - (4i-2)]\theta + (j-1)N_{RT}\omega_r t + jN_{RT}\theta_0\end{cases} \tag{6-79}$$

基于式（6-76）与式（6-78），可得到电枢反应气隙磁通密度谐波特性见表 6-16 和表 6-17。可知，气隙磁通密度中主要的谐波极对数包括两类：

表 6-16　电枢反应气隙磁通密度谐波特性（$i = 3r-2$）

谐波极对数	谐波转速
$4i-2$	$-N_{RT}\omega_r/(4i-2)$
$4i-2+jN_{RT}$	$(j-1)N_{RT}\omega_r/(jN_{RT}+4i-2)$
$\lvert 4i-2-jN_{RT}\rvert$	$(j+1)N_{RT}\omega_r/[jN_{RT}-(4i-2)]$

表 6-17　电枢反应气隙磁通密度谐波特性（$i=3r$）

谐波极对数	谐波转速
$4i-2$	$N_{\text{RT}}\omega_r/(4i-2)$
$4i-2+jN_{\text{RT}}$	$(j+1)N_{\text{RT}}\omega_r/(jN_{\text{RT}}+4i-2)$
$\left\|4i-2-jN_{\text{RT}}\right\|$	$(j-1)N_{\text{RT}}\omega_r/[jN_{\text{RT}}-(4i-2)]$

1）$4i-2$ 对极，且不包括 3 及 3 的倍数对极谐波。该类谐波是由电枢反应磁动势作用于气隙而直接产生，因此与电枢反应磁动势本身的谐波极对数相同。

2）$\left|4i-2\pm jN_{\text{RT}}\right|$ 对极，其中 $4i-2$ 不等于 3 及 3 的倍数。该类谐波为调制谐波，是由于电枢反应磁场在气隙侧受到转子凸极齿的调制效应影响产生。

电枢反应气隙磁通密度谐波分布如图 6-82 所示，主要包括 2 对极、10 对极、14 对极、18 对极、20 对极、22 对极、26 对极、30 对极、34 对极、38 对极和 46 对极谐波分量，其中 2 对极、10

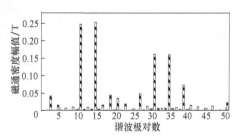

图 6-82　电枢反应气隙磁通密度谐波分布

对极、14 对极、22 对极、26 对极、34 对极、38 对极和 46 对极分量是由电枢反应磁动势直接产生，相应的谐波极对数可表示为 $4i-2$ 次，$i=3r-2$ 或 $3r$，$r=1$，2，3 和 4；而 18 对极、20 对极和 30 对极谐波则是由于转子凸极齿对电枢反应磁场的调制作用产生，其中 18 对极谐波可表示为 $\left|4i-2-jN_{\text{RT}}\right|$，$i=3r-2$，$r=4$，$j=2$，20 和 30 对极谐波则分别表示为 $\left|4i-2+jN_{\text{RT}}\right|$，$i=3r$，$r=1$，$j=1$ 或 2。因此，基于式（6-76）与式（6-78）所得结论能够有效分析 RPM-FS 电机的电枢反应气隙磁通密度谐波分量以及相应的谐波转速。

此外，当 $i=3r-2$ 时，24/10 极 RPM-FS 电机电枢反应气隙磁通密度的谐波极对数可以表示为

$$4i-2=12r-10=N_{\text{ST}}(r/2)-N_{\text{RT}} \tag{6-80}$$

$$\left|4i-2\pm jN_{\text{RT}}\right|=\left|N_{\text{ST}}(r/2)-(1\pm j)N_{\text{RT}}\right| \tag{6-81}$$

当 r 为偶数时，电枢反应产生的气隙磁通密度谐波表达式与永磁磁动势产生的气隙磁通密度谐波表达式相同，即 $\left|np_{\text{PM}}\pm kN_{\text{ST}}\right|$，且极对数相同的谐波同步旋转。

当 $i=3r$ 时，电枢反应气隙磁通密度的谐波极对数表达式可变为

$$4i-2=12r-2=N_{\text{ST}}(r-1)/2+N_{\text{RT}} \tag{6-82}$$

$$\left|4i-2\pm jN_{\text{RT}}\right|=\left|N_{\text{ST}}(r-1)/2+(1\pm j)N_{\text{RT}}\right| \tag{6-83}$$

当 $r=1$ 时，电枢反应气隙磁通密度的谐波极对数为 $\left|(1\pm j)N_{\text{RT}}\right|$，该类谐波与永磁磁动势产生的空载气隙磁通密度中的 np_{PM} 对谐波极对数与转速均保持一致；当 r 为奇数时，电枢反应气隙磁通密度的谐波极对数则与永磁气隙磁通密度中的

$\left| np_{\mathrm{PM}} \pm kN_{\mathrm{ST}} \right|$ 对极调制谐波的极对数与转速均保持一致。

3. RPM-FS 电机电磁转矩产生机理

RPM-FS 电机气隙中具有相同极对数和转速的永磁气隙磁通密度谐波与电枢反应气隙磁通密度谐波相互作用，能够产生电磁转矩驱动转子旋转。因此，电磁转矩 T_{e} 可表示为

$$T_{\mathrm{e}} = \frac{\pi}{4} B_{gv} A_{wv} \cos\varphi_v D_{\mathrm{si}}^2 l_{\mathrm{stk}} \tag{6-84}$$

式中，B_{gv} 是磁负荷，即空载气隙磁通密度 v 对极谐波幅值；φ_v 是相应的 v 对极磁负荷谐波与电负荷谐波夹角；D_{si} 为定子内径；l_{stk} 为电机轴向长度；A_{wv} 是电负荷 v 对极谐波幅值，且

$$A_{wv} = \frac{mN_{\mathrm{ph}} k_{wv} I_{\mathrm{Rmax}}}{\pi D_{\mathrm{si}}} \tag{6-85}$$

式中，N_{ph} 为每相串联匝数；k_{wv} 为 v 次谐波绕组因数。

通过对 24/10 极 RPM-FS 电机永磁磁场与电枢磁场的谐波分析可知：永磁气隙磁场中 10 对极、14 对极和 34 对极谐波幅值较高，而电枢反应气隙磁场中 10 对极、14 对极、30 对极和 34 对极谐波具有较高幅值，同时两类磁场中的 10 对极、14 对极、34 对极谐波的转速分别相等。因此，电磁转矩主要由这三种谐波共同产生。值得注意的是，永磁气隙磁通密度中 10 对极谐波幅值最大，而电枢反应磁场气隙磁通密度中的 10 对极与 14 对极谐波幅值几乎相等，并且高于其他谐波。因此，24/10 极 RPM-FS 电机中 10 对极谐波对电磁转矩的贡献远大于其他次谐波对电磁转矩的贡献。

基于麦克斯韦应力张量法，RPM-FS 电机的电磁转矩可基于气隙磁通密度谐波的径向分量 B_{rv} 与切向分量 B_{tv} 计算

$$T_{\mathrm{e}} = \frac{\pi D_{\mathrm{si}}^2 l_{\mathrm{stk}}}{4\mu_0} \sum_{v=1}^{\infty} B_{rv} B_{tv} \cos\left[\theta_{rv}(t) - \theta_{tv}(t)\right] \tag{6-86}$$

式中，θ_{rv} 与 θ_{tv} 分别为 B_{rv} 与 B_{tv} 的谐波相位。

将有限元计算所得到的 B_{rv} 与 B_{tv} 代入式 (6-86)，可求得 24/10 极 RPM-FS 电机气隙磁通密度中谐波对电磁转矩的贡献比例，如图 6-83 所示。可见，10 对极谐波贡献了电磁转矩的 83%，远远高于 14 对极调制谐波的 -11.5% 和 34 次调制谐波的 21.4%。此外，由于永磁磁场和电枢反应磁场中的 14 对极谐波的旋转方向相反，因此贡献负转矩。

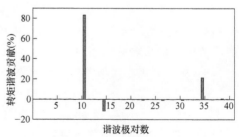

图 6-83 24/10 极 RPM-FS 电机电磁转矩谐波贡献

6.7 双转子磁齿轮功率分配电机

新能源汽车是当前汽车工业发展的大势所趋,其中混合动力汽车(Hybrid Electric Vehicle,HEV)技术作为从传统内燃机汽车到纯电动汽车机车之间的过渡产品,已然成为当今汽车技术的研究热点。混联式混合动力汽车的功率分配系统可以使内燃机持续运行在高效的工况下,然而目前主流的混联技术被丰田汽车集团的行星齿轮系统长期垄断。除了商业垄断以外,齿轮机构本身也有机械磨损和间隙等缺点,因此全电气化的传动系统解决方案是混合动力技术的发展方向。

与此同时,电机学领域的磁齿轮技术得到了业内广泛的关注,这是因为磁齿轮可以避免机械齿轮的机械磨损,这一特点降低了系统的维护成本,提高了系统的可靠性。其中,同轴磁齿轮(Coaxial Magnetic Gear,CMG)的运动学特征与行星齿轮恰好一致,将永磁同步电机与同轴磁齿轮结合形成磁齿轮功率分配电机(Magntic-Geared Power Split Motor,MGPSM),在功能上可以取代现有混联式 HEV 动力系统中的功率分配装置,图 6-84 所示为基于 MGPSM 电机的输入分裂式混合动力系统,其中内燃机的功率可以分裂为两部分:一部分传递到 MGPSM 的定子绕组,转化为电能存储到电池中,需要时再用来驱动牵引电机;另一部分可以直接由外转子传递到内转子,驱动车辆行驶。本节以 MGPSM 电机为对象,研究了其运行原理,提出了完整的分析方法,建立了数学模型,揭示了该电机的主要特点并加以利用,从而提高了 MGPSM 电机的性能[11,49-51]。

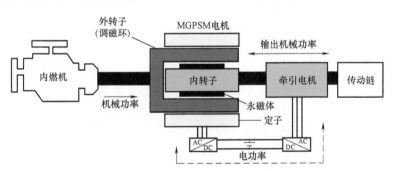

图 6-84 基于 MGPSM 电机的输入分裂式混合动力系统

6.7.1 MGPSM 电机的基本结构与工作原理

本节所研究的 MGPSM 电机基本结构如图 6-7b 所示,内转子为表贴式永磁转子,外转子为凸极磁阻转子,实质上是磁齿轮的调磁环;定子有 24 槽,嵌放有 4 对极的三相分布绕组。MGPSM 电机的外层气隙中,与绕组极对数相同的磁场谐波分量会在电枢绕组中匝链磁链。由磁场调制原理可知,空载情况下,调磁环和内转子的运动都会导致外层气隙中谐波分量的运动，与绕组极对数相同的磁场分量发生运动，就会在绕组中感应出反电动势。此时如果在绕组中注入电流就会发生电磁能量转换，产生电磁转矩。

根据磁齿轮原理，可写出 MGPSM 电机的极对数关系和转速方程为

$$p_w + p_{ir} = p_{or} \tag{6-87}$$

$$n_w p_w + n_{ir} p_{ir} = n_{or} p_{or} \tag{6-88}$$

式中，n_w、n_{ir} 和 n_{or} 分别是绕组同步磁场转速、内转子（永磁转子）转速和外转子（调磁环转子）转速；p_w、p_{ir} 和 p_{or} 分别是绕组同步磁场极对数、内转子（永磁转子）极对数和外转子（调磁环转子）调磁块个数。

考虑电枢绕组的"频率-转速"关系为

$$n_w p_w = 60f \tag{6-89}$$

代入式（6-88）可得到

$$f = \frac{n_{or} p_{or} - n_{ir} p_{ir}}{60} \tag{6-90}$$

即电枢绕组的工作电频率。由于 MGPSM 电机中的绕组电频率不由单独一个转子的转速决定，因此在本文后续讨论电机特性中往往关注频率而不是转速。注意式（6-90）中当外转子转速很低的时候，有可能出现"负频率"，这意味着内外转速差值的变化（即使内外转子转速方向都不变），会导致电功率流的方向发生变化[52]。

定义内转子转矩 T_{ir}、外转子转矩 T_{or} 和电磁转矩 T_{em} 的正方向为逆时针方向，与转速正方向一致。它们分别代表了内转子、外转子和定子的受力情况，而电机作为一个整体，应该满足力矩平衡，即

$$T_{ir} + T_{or} + T_{em} = 0 \tag{6-91}$$

又由于功率平衡，有

$$T_{ir} n_{ir} + T_{or} n_{or} + T_{em} n_w = 0 \tag{6-92}$$

那么，将式（6-88）和式（6-91）代入（6-92），消去 $T_{em} n_w$ 以后容易得到内外转子转矩关系

$$T_{ir} n_{ir} + T_{or} n_{or} + (-T_{ir} - T_{or}) \frac{n_{or} p_{or} - n_{ir} p_{ir}}{p_w} = 0 \tag{6-93}$$

考虑极对数关系即式（6-87），有 $p_w = p_{or} - p_{ir}$，代入式（6-93），展开得

$$T_{ir} n_{ir} p_{or} - T_{ir} n_{ir} p_{ir} + T_{or} n_{or} p_{or} - T_{or} n_{or} p_{ir} = T_{ir} n_{or} p_{or} - T_{ir} n_{ir} p_{ir} + T_{or} n_{or} p_{or} - T_{or} n_{ir} p_{ir} \tag{6-94}$$

整理可得内转子转矩 T_{ir} 与外转子转矩 T_{or} 关系为

$$T_{ir} = -\frac{p_{ir}}{p_{or}} T_{or} \tag{6-95}$$

对式（6-92）施以相同方法消去 $T_{ir} n_{ir}$，即可得外转子转矩 T_{or} 和电磁转矩 T_{em} 关系为

$$T_{em} = -\frac{p_w}{p_{or}}T_{or} \qquad (6\text{-}96)$$

对式（6-92）施以类似方法消去 $T_{or}n_{or}$，即可得外转子转矩 T_{ir} 和电磁转矩 T_{em} 关系为

$$T_{em} = \frac{p_w}{p_{ir}}T_{ir} \qquad (6\text{-}97)$$

可见内外转子与定子的转矩比固定，且只与电机极对数配置有关系，因此一旦电机设计完成就无法改变，MGPSM 电机控制算法只能够通过控制电枢绕组同步磁场转速间接调节内外转子转速的比值。定子的电磁转矩与内转子转矩方向相同，而与外转子转矩方向相反。

6.7.2　MGPSM 电机的工作模式

普通永磁同步电机只能工作在发电或者电动模式下，而 MGPSM 电机由于具有三个端口，因此可以工作在多种模式下，只要满足功率守恒即可。从这个角度看，不能简单地说 MGPSM 电机是发电机或者电动机，实际运行中往往同时扮演着电动机和发电机的角色。所谓功率分配就是指电功率或者机械功率在 MGPSM 电机的三个端口之间的相互流动，如图 6-85 所示。下面介绍三种混合动力系统中常见的工作模式。首先定义功率分配装置的流入功率为负，流出功率为正，整个系统满足能量守恒，即流入功率与流出功率之和为零。

1. 工作模式 1

如图 6-86 所示，机械功率从外转子流入，电功率从定子绕组流入 MGPSM 电机，机械功率从内转子流出，那么此时内转子输出功率应该等于外转子的输入机械功率与绕组输入电功率之和，即

$$P_{ir} = -(P_{or}+P_{em}) > 0 \qquad (6\text{-}98)$$

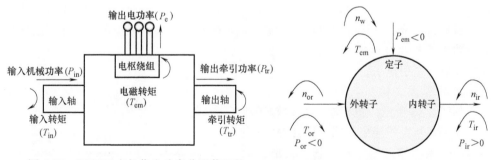

图 6-85　MGPSM 电机作为功率分配装置的　　　　图 6-86　工作模式 1 下的功率流方向
　　　　示意图，逆时针为正方向

设此时的外转子逆时针旋转（正向旋转），那么外转子转矩为负（转矩转速方向相反做负功，吸收功率）。由式（6-95）和式（6-96）可知，此时电磁转矩和内

转子转矩必为正。内转子对外输出功率，则转速方向与转矩相同为正。

电枢绕组吸收功率，则绕组同步磁场方向为负，由式（6-90）可知工作电频率应当为负，即

$$f=\frac{n_{or}p_{or}-n_{ir}p_{ir}}{60}<0 \qquad (6-99)$$

从而有

$$n_{ir}>\frac{p_{or}}{p_{ir}}n_{or} \qquad (6-100)$$

这说明此时内转子运行在很高的转速下，因此输出功率很大。在混合动力汽车的应用背景下，这种工况实现了在高速下的全功率输出，即：可以使内燃机机械功率和电池电功率同时输出用来驱动车辆高速行驶，可见 MGPSM 电机可以使混合动力汽车的输出功率大于内燃机输出功率。

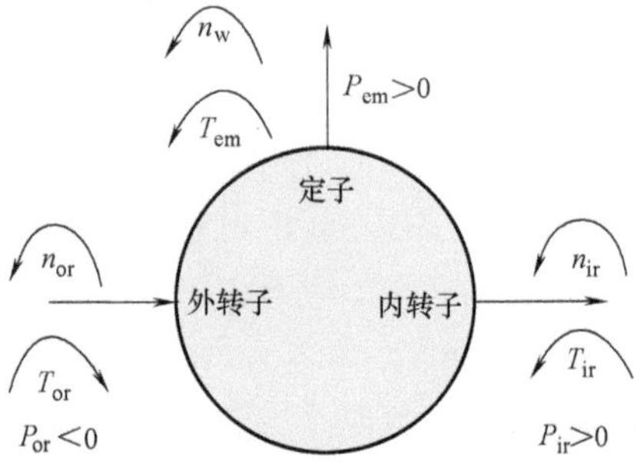

2. 工作模式 2

如图 6-87 所示，机械功率从外转子流入，电功率从定子绕组流出 MGPSM 电机，机械功率从内转子流出，那么此时外转子输入功率应该等于内转子的输出机械功率与绕组输出电功率之和，即

$$P_{or}=-(P_{ir}+P_{em})<0 \qquad (6-101)$$

设此时的外转子逆时针旋转（正向旋

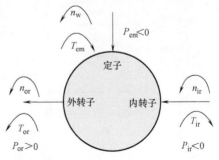

图 6-87　工作模式 2 下的功率流方向

转)，参考工作模式 1 的讨论方法，可以得到转矩转速方向以及内转子转速条件为

$$0<n_{ir}<\frac{p_{or}}{p_{ir}}n_{or} \qquad (6-102)$$

这种工作模式对应着混合动力汽车的一般运行工况，即内燃机的输出机械功率被分裂成两部分，一部分以机械功率形式通过内转子输出以驱动车辆，而剩余部分以电功率形式通过电枢绕组输出至电池或者用以驱动牵引电机。

3. 工作模式 3

如图 6-88 所示，机械功率从内转子流入，电功率从定子绕组流入，MGPSM 电机的输出机械功率用于驱动外转子，那么此时外转子输出功率应该等于内转子的输入机械功率与绕组输入电功率之和，即

$$P_{or}=-(P_{ir}+P_{em})>0 \qquad (6-103)$$

设此时的外转子逆时针旋转（正向旋

图 6-88　工作模式 3 下的功率流方向

转），根据工作模式 1 的讨论方法，可以得到转矩转速方向，实际上模式 3 与模式 2 互逆。模式 3 实现了混合动力车纯电动驱动力不足的情况下，在运行中启动内燃机的功能，而这个过程一般只有不到 1s。实际上停车情况下内燃机启动过程也是工作模式 3 的一种特殊形式，即 $n_{ir}=0$（内转子往往被制动机构锁止），此时内燃机启动所需的功率完全由定子绕组提供。

表 6-18 总结了上述三种工作模式。

表 6-18 三种常用 MGPSM 电机工作模式（外转子逆时针旋转）

模式	功率流向	转速关系	电枢磁场	功能
1	$P_{ir}=-(P_{or}+P_{em})>0, P_{or}<0, P_{em}<0$	$n_{ir}>\dfrac{p_{or}}{p_{ir}}n_{or}$	顺时针	全功率运行
2	$P_{or}=-(P_{ir}+P_{em})<0, P_{ir}>0, P_{em}>0$	$0<n_{ir}<\dfrac{p_{or}}{p_{ir}}n_{or}$	逆时针	功率分配
3	$P_{or}=-(P_{ir}+P_{em})>0, P_{ir}\leq0, P_{em}<0$	$n_{or}<$启动转速	逆时针	启动内燃机

6.7.3 MGPSM 电机磁路不对称现象及影响

为验证 MGPSM 电机的基本原理，设计了一台结构简单的小功率样机。为符合混合动力汽车的需要，极数配比设计为 $p_{ir}/p_w=2$。为了降低电枢绕组工作频率，原理样机选择了尽可能少的极对数且外转子需含有偶数个调磁块，所以配置为：$p_{or}=6$，$p_{ir}=4$，$p_w=2$。电机定子采用了 24 槽/4 对极单层分布式绕组，电机结构如图 6-89 所示。表 6-19 中列出了电机的设计参数。该 MGPSM 电机在混动系统中安装方式可以参考图 6-84，假定内燃机工作在 2500r/min，内转子工作在 1500r/min（车速约 40km/h），根据式（6-90），此时电枢绕组发电工作频率将达到 150Hz，这在控制上更容易实现。

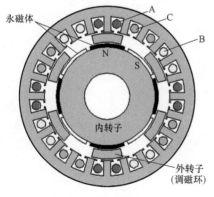

a）原理样机结构示意图

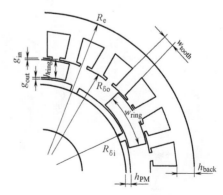

b）原理样机重要尺寸标注

图 6-89 MGPSM 电机原理样机结构示意图

表 6-19　原理样机设计指标与参数

参　数	符　号	数　值
额定功率	P_{in}	1.1 kW
外转子额定	$T_{or} @ n_{or}$	11N·m@ 1000r/min
内转子额定	$T_{ir} @ n_{ir}$	7.3N·m@ 750r/min
相电压	U	≤36V(有效值)
内层气隙半径	$R_{\delta i}$	46.4mm
外层气隙半径	$R_{\delta o}$	60.6mm
定子外径	R_e	85mm
定子轭高	h_{back}	10mm
剩磁	B_r	1.2T(NdFeB)
磁钢厚度	h_{PM}	3mm
额定电流密度	J	5A/mm²(有效值,自然冷却)
堆叠长度	L_e	45mm
气隙厚度	g_{in}, g_{out}	0.6mm
定子齿宽	w_{tooth}	6.8mm
调磁块跨过弧度	w_{ring}	30°
外转子厚度	h_{ring}	10mm

普通永磁电机三相绕组下的磁路在时空上应该对称,从而保证三相具有相同的磁通密度波形和反电动势波形,以产生稳定的转矩。

然而,在 MGPSM 电机中,0 时刻的 A 相磁路与外转子旋转过 120°电角度后的 C 相(以及外转子旋转过 240°电角度后的 B 相)磁路不一致。图 6-90 是 MGPSM 电机内转子固定,外转子旋转时的磁路结构。如图 6-90a 所示,A 相达到磁链峰值,也就是磁路最短时刻;外转子旋转 120°电角度以后,C 相磁路如图 6-90b 所

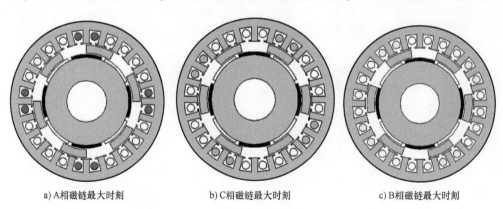

a) A相磁链最大时刻　　　　　b) C相磁链最大时刻　　　　　c) B相磁链最大时刻

图 6-90　MGPSM 电机的相磁路不对称性

示；外转子旋转 240°电角度以后，B 相磁路如图 6-90c 所示，其磁路与图 6-90a 中
A 相磁路也不相同，与图 6-90b 中 C 相磁路相反。为说明磁路不对称所产生的影
响，图 6-91 给出了 MGPSM 电机的磁链和空载反电动势波形。由于磁路不对称，导
致图 6-91a 中三相磁链不相同，特别地，A 相磁链形状与 B 相、C 相磁链不同，而
B 相和 C 相磁链形状相同，这也验证了上述对磁路的分析。虽然磁链形状的不对称
性并不明显，但是图 6-91b 中，三相绕组空载反电动势波形（正比于磁链对时间的
变化率）不对称性十分明显，特别是 A 相空载反电动势波形形状与 B 相、C 相不
同；而 B 相和 C 空载反电动势波形形状相同，但是位置相反，这与上述对磁路的
分析完全一致。

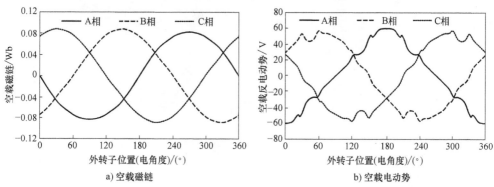

a) 空载磁链　　　　　　　　　　　　　　　　　b) 空载电动势

图 6-91　内转子固定，外转子转速 1000r/min 的空载磁链与空载电动势波形

为深刻揭示三相路不对称的机理，现对电机气隙磁通密度谐波进行分析。图
6-92a 是 0 时刻 A 相的磁通密度波形起始点；图 6-92b 是外转子旋转过 120°电角度
时刻 C 相的磁通密度波形起始点。这两个时刻下 A 相和 C 相的磁通密度波形如图
6-93 所示。

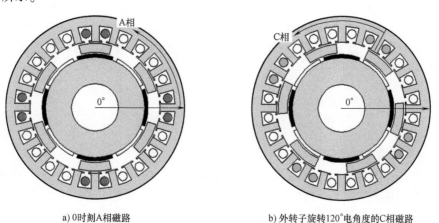

a) 0时刻A相磁路　　　　　　　　　　　　b) 外转子旋转120°电角度的C相磁路

图 6-92　A 相和 C 相气隙磁通密度波形的坐标定义

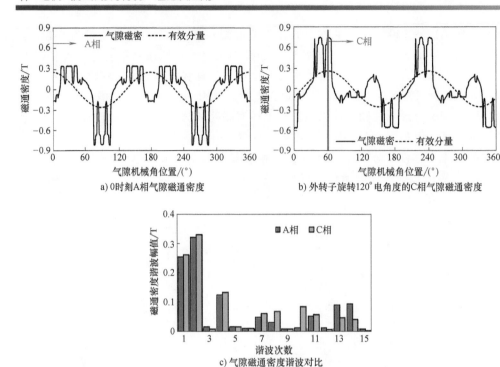

a) 0时刻A相气隙磁通密度

b) 外转子旋转120°电角度的C相气隙磁通密度

c) 气隙磁通密度谐波对比

图 6-93　气隙磁通密度谐波分析

由图 6-93 中可以明显看出，二者磁通密度波形的形状完全不同，但是分别以各自绕组的起点为参考系来观察，他们有效分量的相位和幅值完全相同，这也是其空载反电动势中各相基波幅值相同的原因，因此从磁通密度基波的角度看，MG-PSM 电机的运行原理与普通永磁同步电机并没有什么不同。但是，从磁通密度波形幅频谱上可以看出，二者高次谐波的变化很大，可见在外转子旋转过程中，气隙磁通密度的谐波幅值发生了变化，这一点与普通永磁同步电机不同，也是磁路不对称现象在气隙磁通密度波形中的直观表现。

根据磁场调制原理，任意一次谐波都是由磁动势函数与磁导函数相乘获得，其中，任意 v 对极谐波可以写成

$$B_v(\theta,t) = \sum_{m,n=\text{odd}}^{\infty} \frac{a_n \lambda_m}{2} \cos\left[v\left(\theta - \frac{mp_{\text{or}}\omega_{\text{or}} - np_{\text{ir}}\omega_{\text{ir}}}{v}t + \frac{mp_{\text{or}}\beta_0 - np_{\text{ir}}\alpha_0}{v} \right) \right]$$

（6-104）

式中，v 对极谐波由多种谐波合成，只要满足

$$v = \left| mp_{\text{or}} - np_{\text{ir}} \right|$$

（6-105）

的 m 和 n 都可以合成 v 对极谐波，但是由于永磁磁动势与磁导波形接近梯形波，其中的高次谐波系数衰减很快，因此气隙磁通密度谐波中主要分量集中在低次区域，也就是比较小的 m 和 n。以 7 次谐波（对于本文中 $p_\text{w}=2$ 的电机而言，7 次谐波是 14 对极的谐波磁场）为例，所有满足

$$|6m-4n| = 14 \tag{6-106}$$

的组合都可以合成 7 次谐波。

各种组合中最小的 m 和 n 组合为主要分量，如果主要分量占得的比例较大，那么总的谐波幅值变化就会比较小。因此，这种合成现象对各次谐波的影响程度不同。这里提出一种简单的方法找出各次谐波中幅值变化较大的谐波分量，也就是对不对称性影响较大的谐波分量。按照上文中的讨论，为了找出造成气隙磁通密度波形不对称的谐波分量，可将图 6-93 中的两个气隙磁通密度波形相减，获得如图 6-94a 的磁通密度波形差值，各次谐波的差值示于图 6-94b。该差值波形含有丰富谐波分量，这些分量对应的气隙磁通密度谐波在 A 相磁通密度波形中和 C 相磁通密度波形中不同，因此可以认为它们是导致磁通密度波形不对称的原因。但并不是所有分量都可以在电枢绕组中感应出空载反电动势，根据星形分布绕组谐波理论，只有 $6k\pm1$ 次谐波分量会对输出转矩造成影响。

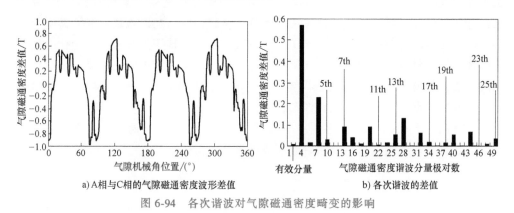

a) A相与C相的气隙磁通密度波形差值　　b) 各次谐波的差值

图 6-94　各次谐波对气隙磁通密度畸变的影响

6.7.4　互补式 MGPSM 电机的原理与实验验证

为抑制 MGPSM 电机磁路不对称的影响，提出了一种互补式 MGPSM 电机方案。由传统电机理论可知，转子斜极是抑制磁路不对称和谐波的有效方法。但是，对于传统永磁同步电机而言，气隙磁通密度基波的相位直接由转子位置决定，转子斜极将导致电磁转矩减小。但是，对于 MGPSM 电机而言，由于其气隙磁通密度波形由内转子和外转子位置同时决定，因此，通过合理设计两个转子的斜极偏移角度，就有可能在实现斜极功能的同时，避免输出转矩下降。

1. 转矩保持原理与设计规则

为方便说明，这里把 MGPSM 电机中的磁场调制过程用简单磁路法描述如图 6-95 所示。

图 6-95 中，θ_{ir} 和 θ_{or} 分别是内转子和外转子的角度位置，二者的变化表达了内外转子的旋转运动。R_{outgap} 和 R_{ingap} 分别是内层气隙和外层气隙的磁阻，由于电

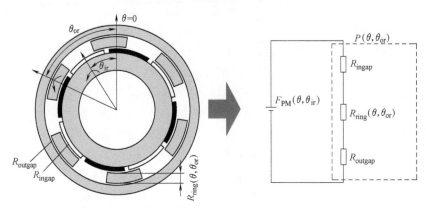

图 6-95　简单磁路法对空载 MGPSM 电机的描述

机内外层气隙均匀，因此其各自气隙磁阻沿着圆周方向是一个常数。$R_{ring}(\theta, \theta_{or})$ 是指外转子区域磁阻，外转子由调磁块和隔磁材料构成，在调磁块部分，其磁导非常大；而在隔磁材料部分，其磁导接近于空气，因此外转子磁导沿圆周变化，且在调磁环和隔磁材料交替边缘上变化剧烈。可见，外转子区域内的磁导是一个交替变化的函数，其值恒大于零，且形状接近于矩形波，随着外转子的旋转，θ_{or} 发生变化，区域内各点的磁阻也在变化。$F_{PM}(\theta, \theta_{ir})$ 表示了内转子永磁体建立的永磁磁动势，显然由于 N、S 极交替变化，磁动势应该是一个正负半周对称且交替变化的函数，且波形形状接近梯形，永磁磁动势函数可以写成

$$F_{PM}(\theta, \theta_{ir}) = \sum_{l=1,3,5}^{\infty} a_l \cos(lp_{ir}(\theta - \theta_{ir} + \theta_{ir0})) \tag{6-107}$$

为了明确物理关系，引入磁导系数，即磁路中单位面积下的磁导。在图 6-95 所示的简单磁路中，磁导系数可以写为

$$P(\theta, \theta_{or}) = \frac{1}{R_{outgap} + R_{ingap} + R_{ring}(\theta, \theta_{or})} = c_0 + \sum_{m=1}^{\infty} c_m \cos(mp_{or}(\theta - \theta_{or} + \theta_{or0})) \tag{6-108}$$

利用磁动势与磁导的关系计算气隙磁通密度为

$$B(\theta, \theta_{ir}, \theta_{or}) = F_{PM}(\theta, \theta_{ir}) \times P(\theta, \theta_{or}) = \sum_{l=1,3,5}^{\infty} a_l c_0 \cos(lp_{ir}(\theta - \theta_{ir} + \theta_{ir0})) +$$

$$\sum_{l=1,3,5}^{\infty} \sum_{m=1}^{\infty} \frac{a_l c_m}{2} \times \cos\left[(mp_{or} + lp_{ir})\left(\theta - \frac{mp_{or}\theta_{or} + lp_{ir}\theta_{ir}}{mp_{or} + lp_{ir}} + \frac{mp_{or}\theta_{or0} + lp_{ir}\theta_{ir0}}{mp_{or} + lp_{ir}}\right) \right] +$$

$$\sum_{l=1,3,5}^{\infty} \sum_{m=1}^{\infty} \frac{a_l c_m}{2} \times \cos\left[(mp_{or} - lp_{ir})\left(\theta - \frac{mp_{or}\theta_{or} - lp_{ir}\theta_{ir}}{mp_{or} - lp_{ir}} + \frac{mp_{or}\theta_{or0} - lp_{ir}\theta_{ir0}}{mp_{or} - lp_{ir}}\right) \right] \tag{6-109}$$

式（6-109）表达的含义可以理解成，磁通密度是单位面积下的磁通量，因此应该用磁动势 $F_{PM}(\theta, \theta_{ir})$ 乘以单位面积下的磁导，即磁导系数 $P(\theta, \theta_{or})$。

原理样机的 $p_{or}=6$，$p_{ir}=4$，因此，只有式（6-109）中的第三项有可能产生 2 对极外层气隙磁场，从而与原理样机的定子绕组产生电磁转矩。由于永磁磁动势波形和磁导系数波形都接近梯形波，因此它们的傅里叶系数中低次项系数值比较大，且随着次数增大而急剧衰减，因此 a_1 和 m_1 是其中的最大值。在 $m=l=1$ 时，外层气隙中 2 对极磁场可以写成

$$B_{1,1}(\theta, \theta_{ir}, \theta_{or}) = \frac{a_1 c_1}{2}\cos\left[(p_{or}-p_{ir})\theta - (p_{or}\theta_{or}-p_{ir}\theta_{ir}) + (p_{or}\theta_{or0}-p_{ir}\theta_{ir0})\right]$$

$$(6-110)$$

可见 2 对极磁场位置变化与内外转子的位置都有关系，并且，如果内外转子运行中满足

$$p_{or}\theta_{or} = p_{ir}\theta_{ir} \tag{6-111}$$

那么 2 对极磁场的位置就不会发生改变，这是因为

$$B_{1,1}(\theta, \theta_{ir}+\Delta\theta_{ir}, \theta_{or}+\Delta\theta_{or}) = \frac{a_1 c_1}{2}\cos\left[(p_{or}-p_{ir})\theta - \right.$$

$$\left. (p_{or}\theta_{or}+p_{or}\Delta\theta_{or}-p_{ir}\theta_{ir}-p_{ir}\Delta\theta_{ir}) + (p_{or}\theta_{or0}-p_{ir}\theta_{ir0})\right] = B_{1,1}(\theta, \theta_{ir}, \theta_{or}) \quad (6-112)$$

可见，MGPSM 电机具有如下特点：只要内外转子旋转角度满足式（6-111），就可以保持外层气隙磁通密度相位和幅值不变，进而保持输出转矩不变。这一特点为设计 MGPSM 电机斜极提供了思路。

2. 磁路不对称性的解决方法

MGPSM 电机的转矩不变特性说明，如果对该电机的一个转子采用斜极方法以削弱谐波，那么就可以对另外一个转子也使用斜极，以保持气隙磁通密度有效分量的幅值和位置不变，从而保持输出转矩不下降。具体实施时，将原理样机的内外转子沿着轴向分为 3 段，每一段的内外转子均旋转一定角度，如图 6-96 所示。图 6-96 中内外转子被分成 M1、M2 和 M3 三个分段模块，由于分段旋转会造成各电机模块之间的漏磁，因此每段之间用隔磁材料隔开。外转子的相邻两个模块之间沿圆周错开 $\Delta\theta_{or0}$ 的机械角度，而内转子的相邻两个模块之间沿圆周错开 $\Delta\theta_{ir0}$ 的机械角度。只要能够保证相邻转子模块在安装时错开的角度满足关系

$$p_{or}\Delta\theta_{or0} = p_{ir}\Delta\theta_{ir0} \tag{6-113}$$

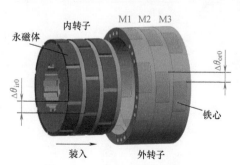

图 6-96　互补转子结构示意图

就可以保证三个电机分段模块的有效磁场分量（本文中原理样机的 2 对极磁场）不变。

要消除磁路不对称特性对反电动势和转矩脉动的影响，需要重点消除 $6k\pm1$ 次谐波。为消除 MGPSM 电机中 v 次谐波，可采用图 6-96 所示的分段斜极方法，同时使 $\Delta\theta_{ir0}$ 和 $\Delta\theta_{or0}$ 满足

$$B_v(\theta,\theta_{ir},\theta_{or}) + B_v(\theta,\theta_{ir}+\Delta\theta_{ir0},\theta_{or}+\Delta\theta_{or0}) + B_v(\theta,\theta_{ir}+2\Delta\theta_{ir0},\theta_{or}+2\Delta\theta_{or0}) = 0$$

$$(6\text{-}114)$$

根据式（6-109），v 次谐波分量可以写成

$$B_v(\theta,\theta_{ir},\theta_{or}) = \sum_{m,l=odd}^{\infty} \frac{a_l c_m}{2}\cos\left[v\theta - (mp_{or}\theta_{or} - np_{ir}\theta_{ir}) + (mp_{or}\theta_{or0} - np_{ir}\theta_{ir0})\right]$$

$$(6\text{-}115)$$

为了实现式（6-114）的效果，只要将三个电机分段的初始偏移角度设计为

$$mp_{or}\Delta\theta_{or0} - lp_{ir}\Delta\theta_{ir0} = k\frac{2\pi}{3} \qquad k\ \text{不能被 3 整除} \qquad (6\text{-}116)$$

可见，随着 k 的取值不同，偏移角度设计有很多种，由于偏移角度会造成分段模块之间的漏磁，为了尽量减少这种漏磁，应该使得 $\Delta\theta_{ir0}$ 和 $\Delta\theta_{or0}$ 尽量小，因此应该将 k 取值为 ±1。结合式（6-113）和式（6-116），容易得到

$$|m-l|\, p_{ir}\Delta\theta_{ir0} = |m-l|\, p_{or}\Delta\theta_{or0} = \frac{2\pi}{3} \qquad (6\text{-}117)$$

式中，m 和 l 的存在意味着，v 次谐波实际由很多种组合分量构成，要消除 v 次谐波所有组合分量很困难，因此实际操作中只能设计偏移角度以消除其中占主导作用的低次分量。对本文中的原理样机而言，参考图 6-94b 中对差值波形的分析可知 7 次谐波影响最大，这里以消除 7 次气隙磁通密度谐波分量中的最大分量为例（对 2 对极有效磁场而言，其 7 次谐波即为 14 对极磁场），对于各种 m 和 l 的组合，及其为消除该组合分量所需的偏移角设计列于表 6-20。

表 6-20 7 次谐波中的各个组合分量及偏移角设计

m	-9	-5	-1	3	7	11	15
l	-17	-11	-5	1	7	13	19
$|m-l|$	8	6	4	2	0	2	4
$p_{ir}\Delta\theta_{ir0}$	$\pi/12$	$\pi/9$	$\pi/6$	$\pi/3$	—	$\pi/3$	$\pi/6$

如上述讨论，想要同时消除表 6-20 中所有的 m 和 l 组合分量很困难，但是可以将 $p_{ir}\Delta\theta_{ir0}$ 设计为 $\pi/3$ 以消除最小组合（$m=3$，$l=1$，$|m-l|=2$）。不仅如此，当有 $p_{ir}\Delta\theta_{ir0}=\pi/3$ 时，对于表 6-20 中满足

$$|m-l|\frac{\pi}{3} = k\frac{2\pi}{3} \qquad k\ \text{不能被 3 整除} \qquad (6\text{-}118)$$

的所有分量实际上也可以被同时消除。

将 $m=3$，$l=1$，$p_{ir}=4$ 和 $p_{or}=6$ 代入式（6-117），容易得到消除 7 次谐波的 $\Delta\theta_{ir0}$ 和 $\Delta\theta_{or0}$ 分别是 15° 和 10° 机械角度。据此，可以将电机设计成如图 6-97a 所示，图中的定子部分也分为三段，每段之间用隔磁材料隔开以减少漏磁。图 6-97b、c 和 d 中是三个电机分段的外层气隙磁通密度波形，从磁通密度波形中可以明显看出，虽然三段各自的气隙磁通密度波形形状变化较大，但是有效分量，即 2 对极磁通密度分量的相位和幅值都一样，这一特点保证了输出转矩不会因为斜极而下降。

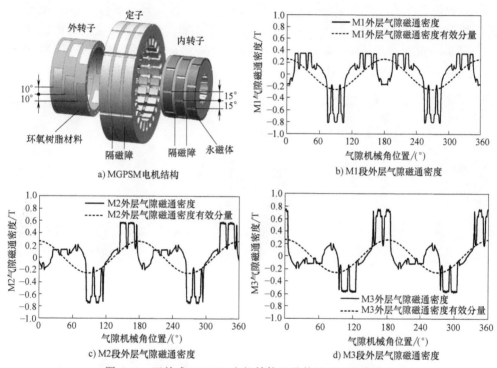

a) MGPSM电机结构

b) M1段外层气隙磁通密度

c) M2段外层气隙磁通密度

d) M3段外层气隙磁通密度

图 6-97　互补式 MGPSM 电机结构以及外层磁通密度波形

实际上，各个电机模块的气隙磁通密度波形并没有被改变，也就是说三个电机模块各自的磁路不对称性并没有改变，这种分段组合的方法只是改变了整个电机的电气性能。因此谐波消除的效果只能从绕组的反电动势中表现出来。为了验证谐波消除的效果，图 6-98 中描述了内转子固定，外转子以 1000r/min 转速旋转时的三段反电动势

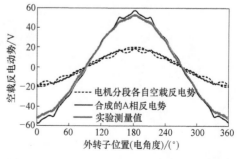

图 6-98　电机分段合成的 A 相空载反电动势

波形在电机绕组中的合成效果。对比图 6-91b 可以发现，相同转速下，相绕组反电动势的波形正弦度获得了明显提高。从反电动势合成的角度来看，这种分段斜极的方法，实际上是通过设计转子分段的偏移角度，让各个分段转子共同在一个定子绕组中感应出的反电动势，让处于不同相位的谐波相互抵消，从而达到了整个绕组中反电动势波形对称的目的，这种相互抵消的效应在本节中被称为"互补"，因此，这种方法设计出的 MGPSM 电机被称为互补式 MGPSM 电机。更多极对数配置以及偏移角设计可参见文献 [52]。

3. 实验验证

为验证上述互补式 MGPSM 电机的原理与效果，首先设计制作了一台原理样机，如图 6-99 所示。图 6-100a 所示是内、外转子在额定转速下的空载反电动势波形，图 6-100b 所示是外转子单独旋转时（$n_{or} = 1000 \text{r/min}$）的空载反电动势波形。可见，电动势正弦度和对称性较好。

a) 外转子　　　b) 内转子　　　c) 双转子总成　　　　　d) 定子

图 6-99　原理样机实物

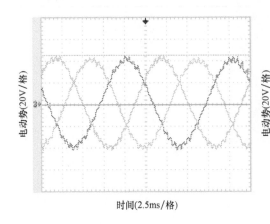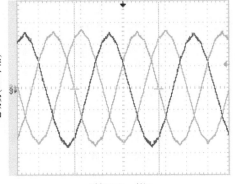

a) 内转子1200r/min，外转子1600r/min时　　　b) 内转子0r/min，外转子1000r/min时

图 6-100　空载反电动势（反电动势 20V/格）

图 6-101 所示是内转子固定、外转子旋转一周所测得的定位力矩和反电动势波形。为了减少测量中的信号干扰，外转子转速较低（50r/min），同时测量反电动势波形是为了方便观察定位力矩周期数。从图 6-101 中可以看出，一个电动势周期（即一个外转子电周期）内，出现 12 个周期定位力矩波头，并且定位力矩幅值在 0.2N·m 左右，与仿真分析结果一致[52]。

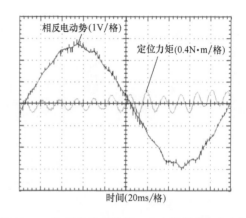

图 6-101　实测外转子旋转一个电周期的定位力矩

图 6-102a 所示是稳态时的内外转子转矩和电流波形，可见电流正弦度非常高，内外转子的转矩也非常平稳。此时，实测外转子转矩 $T_{or} = 10.77$N·m，内转子转矩 $T_{ir} = 7.08$N·m，而 2D 有限元仿真结果为 $T_{or} = 11.12$N·m，$T_{ir} = 7.42$N·m，测量值是计算值的 96%，这个误差主要是样机加工误差和材料性能误差等所致。图 6-102b 所示是内外转子的转矩随电流变化的曲线，图中对比了 2D 仿真结果和实验测量结果，可见电机转矩-电流曲线表现出良好线性关系，这说明电机具有良好的过载能力。

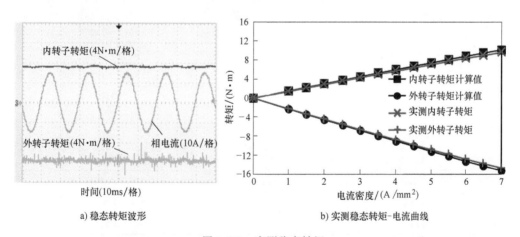

a) 稳态转矩波形　　　　　　　　b) 实测稳态转矩-电流曲线

图 6-102　实测稳态转矩

图 6-103 所示为突加负载的动态响应曲线，测试时将内转子固定，外转子由感应电机拖至 500r/min 恒转速运行，电枢绕组采用 $i_d = 0$ 控制。如图所示，在某一时刻突然将 i_q 从轻载直接加到满载，此时内外转子转矩也随之变化。图 6-103a 是 Matlab/Simulink 仿真结果，图 6-103b 是实测波形，可见测量结果与仿真结果保持一致。

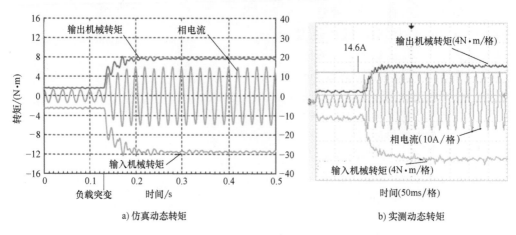

a) 仿真动态转矩   b) 实测动态转矩

图 6-103　转矩动态响应

在原理样机验证的基础上，进一步对互补式 MGPSM 的设计参数进行了分析优化，并重新设计制造了一台工程样机，其主设计参数见表 6-21。除了尺寸和极数配比的差异外，与原理样机的不同点主要在于内转子的辐条式磁钢排列方式，以及分两段式的互补结构，图 6-104 所示为工程样机结构以及实物照片[50,51]。

表 6-21　工程样机主要参数与设计指标

参　　数	符　　号	数　　值
额定功率	P_{in}	12kW(51Nm@ 2250r/min)
外转子额定	$T_{or}@\,n_{or}$	51N·m@ 2250r/min
内转子额定	$T_{ir}@\,n_{ir}$	36N·m@ 1500r/min
极数配置	P_{or},P_{ir},P_w	10,7,3
相电压	U	≤100V(有效值)
定子外直径	D_e	230mm
剩磁	B_r	1.28 T(NdFeB)
额定电流密度	J_{max}	14.8A/mm² (峰值,水冷)
堆叠长度	L_e	32mm
气隙厚度	g_{in},g_{out}	0.5mm
槽数	Q	36
每极每相槽数	q_w	2
绕组系数	K_w	0.966

将工程样机在一混合动力系统测试平台上进行了试验，图 6-105 所示为混合动力测试平台。对该工程样机进行了不同运行模式的试验，验证了该电机具有与丰田 Prius 混合动力汽车中的行星齿轮功率分配器相似的功能，可以实现发电、车辆静

a) 结构示意图　　　　　　　b) 转子总成照片　　　　　　c) 电机外形照片

图 6-104　工程样机

图 6-105　工程样机测试平台

止/行进中启动内燃机、功率分配，以及发动机自稳速、转矩协调等。

图 6-106 所示是实测电机稳态运行时的电流和转矩波形。试验时，为了让控制器获得较好的控制效果，让电机工作在较低的工作频率下（内转子 426r/min，外

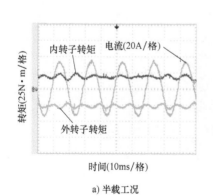

a) 半载工况

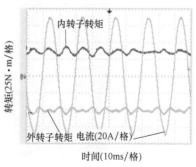

b) 满载工况

图 6-106　实测电机输出转矩

329

转子固定,工作频率 50Hz),做 $i_d = 0$ 控制,图中分别是半载状态和满载状态下的转矩和电流,可见电流正弦度非常高。测量中发现转矩波形呈现一定脉动,但是该转矩脉动并不随电流增大而增大,并且并无明显周期变化规律,因此判断并非电磁转矩脉动;考虑到电机定位力矩非常小,因此推断为测功机所造成的脉动。图 6-106a 中,相电流有效值为 23.5A,测得外转子转矩 26.25N·m,内转子转矩 20.35N·m;图 6-106b 中,相电流有效值为 49A,测得外转子转矩 50.5N·m,内转子转矩 37.65N·m。

图 6-107 则给出了恒定转速的转矩动态响应。测试中,将外转子固定,内转子由测功机拖动到 428r/min 恒转速运行,此时电频率为 50Hz,电周期为 20ms。开始时,电机轻载(相电流有效值 8A),然后每隔 100ms 以阶跃方式逐渐增加电枢电流至额定电流,此时内外转子转矩会随之阶跃增大至额定转矩。

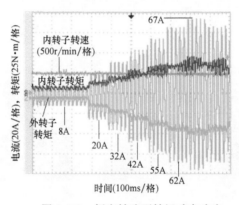

图 6-107 恒定转速下转矩动态响应

图 6-108 所示是内转子固定在 1500r/min 条件下,外转子全范围内的效率 MAP,这代表整个系统的输出功率(分成机械功率和电功率两部分)占输入功率

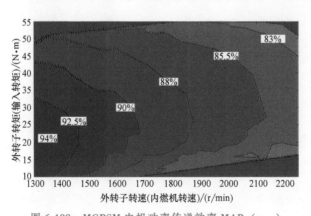

图 6-108 MGPSM 电机功率传递效率 MAP(η_{sys})

的比值。观察可知：

（1）内燃机转速越低则效率越高。这是因为，转速越低、转差越小那么通过绕组转化的电能所占比重就越小，实际上损耗主要发生在电能转化过程中，而机械能的直接传递十分高效。

（2）在低速区，转矩对效率影响很大，而高速区则较小，效率比较稳定。这是因为低速区损耗以铜耗为主，而到了高速区铁耗的影响也很严重，铜耗主要由电流（也就是转矩）引起。

（3）转速越低则系统越接近并联混合动力，而转速越高则系统越接近串联混合动力。从 MAP 上可以看出，并联混合动力效率高于串联混合动力，但是并联混合动力中要求内燃机转速随车速变化，这又降低了内燃机效率，总的来说串联和并联系统各有优势。混联系统的优点就在于获得了功能上的折中，通过控制内外转子转差和电枢电流可以灵活地调节系统效率。

关于工程样机更多的分析和测试结果，请参见文献 [52]。

6.8　定子超导励磁磁场调制电机

应用了超导材料的电机称之为超导电机。因超导材料的直流电阻为零，与普通电机相比，超导电机拥有更高的电负荷或磁负荷，具有高功率密度和高效率的优势，在大容量高转矩密度推进电机、大功率直驱风力发电机等领域应用前景广阔。自 20 世纪 60 年代美国 Aveo-Everett 实验室首次提出并验证了世界上第一台低温超导电机[53] 以来，美国、日本、韩国以及中国等均对超导电机进行了研究，提出了不同拓扑结构的超导电机，典型案例如美国研发的 36.5MW 船舶推进超导电机[54] 和远景能源研发的 3.6MW 直驱超导风力发电机[55]。

现有的超导电机从原理上看基本都属于同步电机。根据超导电机的低温冷却系统结构形式，超导电机分为两类，即采用低温耦合传输装置的动态密封超导电机和不采用该装置的静态密封超导电机。而对于静态密封超导电机而言，无论将超导绕组用作电枢绕组或者励磁绕组，超导绕组均需静止不动，因此根据该类电机的电枢绕组是否旋转，将静态密封超导电机又分为电枢旋转型及电枢静止型两类，具体分类如图 6-109 所示[56]。无论是动态密封还是静态密封超导电机，根据其定转子是否采用铁心，又可分为空气心和铁心结构两类。

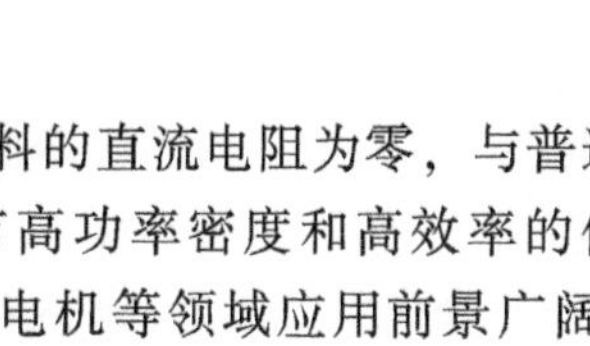

动态密封超导电机采用超导线材绕制超导励磁绕组，通入直流电流以产生电机运行所必需的强磁场，电机负载运行时，超导励磁绕组随转子以同步速旋转，

图 6-109　超导电机分类

故与电枢反应基波磁场之间无相对运动，在超导励磁绕组中不产生交流损耗。但为了保持转子上的励磁绕组处于低温超导状态，必须通过低温耦合传输装置将冷却液

输送到转子，这种动态密封的低温耦合传输装置，导致电机结构复杂，制造难度大、成本高。因此，如何实现静态密封，成为超导电机的重要研究方向。一种方案是旋转电枢型，即将超导励磁绕组放在电机定子上，而将电枢绕组放在转子上，虽然实现了静态密封，但电枢绕组需经由电刷集电环导入电流，大容量电机难以实现且系统可靠性低。另一种方案是静止电枢型，即电枢绕组采用超导线材放于定子，以静态密封实现了对超导电枢绕组的冷却，但因电枢电流是交变电流，而超导线材流过交流电流会产生交流损耗，不仅降低了电机效率，而且限制了超导线材的临界电流，导致超导线材的优势难以充分发挥。

为解决上述难题，作者团队近年依据磁场调制原理，提出了定子超导励磁磁场调制电机，既实现了静态密封，又保证超导绕组中通入直流电流，具有显著特色和优势。

6.8.1　定子超导励磁磁通切换电机

图 6-110 所示为定子超导励磁磁通切换电机结构示意图[57-59]，它是用超导励磁绕组取代磁通切换永磁电机的永磁体，在其中通入直流电流产生励磁磁场，电枢绕组采用传统的铜导线，其工作原理与磁通切换永磁电机相同[24]。该电机的超导励磁绕组和电枢绕组都位于电机的定子上，同时实现了无刷和静态密封。中国石油大学的王玉彬等设计并制造了一台样机，励磁绕组采用BSCCO-2223 高温超导线材绕制，冷却介质采用价格低廉

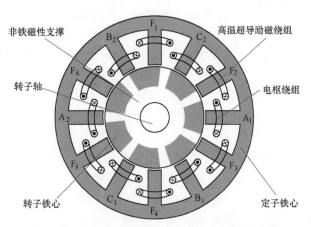

图 6-110　定子超导励磁磁通切换电机结构示意图

的液氮，温度保持在 77K 以下。励磁线圈设计成跑道形，放置在内外层杜瓦之间，如图 6-111 所示。

图 6-112 所示为样机装配过程以及样机实验系统，由一台原动机拖动定子超导励磁磁通切换电机作发电运行，测得不同励磁电流时电机空载电动势波形如图 6-113 所示。

虽然样机的实验结果验证了该超导电机的原理可行性，但也揭示了该电机结构面临的问题。一方面由于超导励磁线圈杜瓦占据了较大定子空间，使绕组排布困难，不得不放大定子尺寸；另一方面电枢反应磁场对超导励磁线圈影响严重，抑制了超导线圈的载流能力。为解决这些难题，依据磁场调制理论，进一步提出了双定

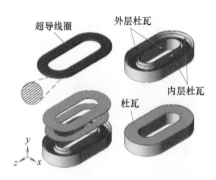

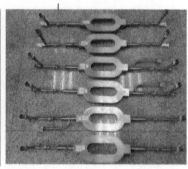

a) 跑道形线圈及其冷却杜瓦结构　　　　　　　b) 实物图

图 6-111　超导线圈及杜瓦

a) 样机装配　　　　　　　　　　b) 样机及其冷却装置

图 6-112　样机及其实验系统

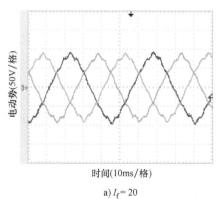
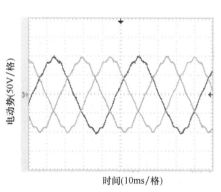

a) $I_f = 20$　　　　　　　　　　b) $I_f = 30$

图 6-113　实测样机空载电动势（$n = 200 \text{r/min}$）

333

子磁场调制超导励磁电机[60,61]，下面介绍其原理和主要特性。

6.8.2 双定子磁场调制超导励磁电机

1. 基本结构与工作原理

根据第 3 章磁场调制理论，由励磁源建立初始磁动势，经调制器调制后得到含有多种谐波的调制磁动势，再由电枢绕组选取若干次谐波磁动势进行能量转换。励磁源不论是永磁体还是电励磁，位于定子或转子，只要所建立的初始磁动势相同，其效果就相同。为此，将图 6-110 中原来位于定子上的超导励磁绕组转移到内定子，放置在转子内部，而外定子上仅放置电枢绕组，构成内外双定子结构，这样既保持了超导绕组位于定子，只需静态密封即可实现对超导体的冷却，又解决了超导励磁绕组与电枢绕组争夺空间的问题。

图 6-114 所示为双定子磁场调制超导励磁电机的结构示意图，内定子、转子和外定子同轴心排列。外定子上安放铜线电枢绕组，内定子上安放由超导线圈和低温恒温器组成的超导磁体。内定子上的超导励磁绕组通入直流电流产生静止的励磁磁动势，经凸极转子的异步调制作用，在气隙中产生一系列旋转谐波磁场，外定子上的电枢绕组从中提取有用成分进行能量转换。

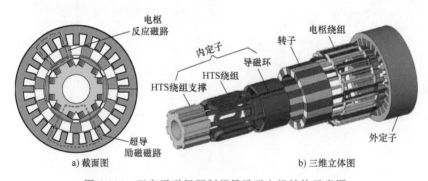

a) 截面图   b) 三维立体图

图 6-114　双定子磁场调制超导励磁电机结构示意图

2. 电枢反应磁场对超导绕组的影响

在传统的同步超导电机中，电枢反应磁场的基波分量在空间与转子同步旋转，电枢反应磁场与超导励磁绕组之间没有相对运动，不会在超导体中产生交流损耗。但是，在双定子磁场调制超导电机中，电枢反应磁场经凸极转子调制后将产生一系列谐波磁场，相对于静止的超导励磁绕组产生相对运行，将在超导绕组中感应出交变电动势，导致励磁绕组中的电流波动，引起交流损耗。这种交流损耗不仅降低电机效率，当交流损耗达到一定量后可能会使超导体失超。

为有效抑制电枢反应磁场对超导励磁绕组的影响，在超导磁体的外侧设置了导磁环，并通过合理设计外定子齿数、转子的凸极数和导磁环，使电枢反应磁场尽可能多的通过外定子、转子凸极和导磁环闭合，在几何结构上减少电枢反应磁场与超导线圈的接触量[62]，如图 6-114a 中虚线所示的电枢反应磁路。为进一步抑制未被外定子、转子凸极和导磁环短路的电枢反应磁场，提出了一种复合式电磁屏蔽层，由布置在导磁环上的笼型阻尼屏蔽层和安放在低温恒温器内侧的铜屏蔽层组成，其结构示意图如图 6-115 所示[63]。为验证该屏蔽层的效果，设计了一台 10kW 的原理样机，主要设计参数见表 6-22。图 6-116 和图 6-117 分别对比了采用复合式电磁屏蔽层前后超导绕组中的感应电压，图中 N_1、S_1、N_2、S_2 和 N_3 分别为

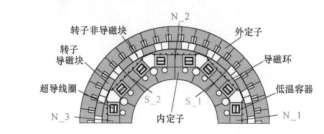

a) 复合式电磁屏蔽布置图

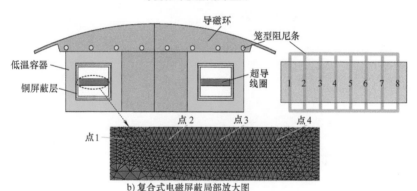

b) 复合式电磁屏蔽局部放大图

图 6-115　复合式电磁屏蔽

表 6-22　双定子磁场调制超导励磁电机的主要设计参数

参　　数	数值	参　　数	数值
额定功率/kW	10	额定电压/V	380
额定转速/(r/min)	300	功率因数	1
超导绕组的额定励磁电流/A	40	外定子的外直径/mm	760
超导绕组的材料	Bi2223	转子的外直径/mm	608.8
超导绕组的工作温度/K	77	转子的内直径/mm	552.8
超导绕组的临界电流(@77 K,0 T)/A	70	转子铁心轴向长度/mm	100
每个超导绕组的匝数	100	内、外气隙长度/mm	0.6
超导线材总用量/m	460	外定子的齿数	42
超导线圈的截面积/mm²	13.5×8.4	内定子的齿数	8
低温容器外层杜瓦的截面积/mm²	49×45	转子的凸极数	18
低温容器内层杜瓦的截面积/mm²	40×37	电枢绕组的极对数	14
超导励磁绕组的极对数	4		

图 6-115a 所示的超导绕组。图 6-118 和图 6-119 分别对比了采用复合式电磁屏蔽层前后平行于和垂直于超导绕组的磁场水平，图中点 1、点 2、点 3 和点 4 分别为图 6-115b 所示的磁通密度指示点。可见该复合式电磁屏蔽层可有效地降低超导绕组周围的谐波磁场及超导绕组中的感应电压。

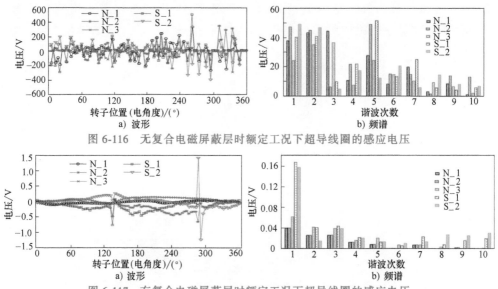

图 6-116　无复合电磁屏蔽层时额定工况下超导线圈的感应电压

图 6-117　有复合电磁屏蔽层时额定工况下超导线圈的感应电压

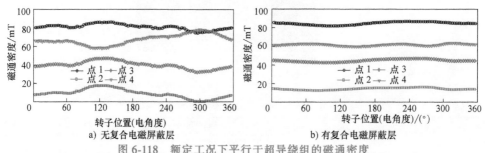

图 6-118　额定工况下平行于超导绕组的磁通密度

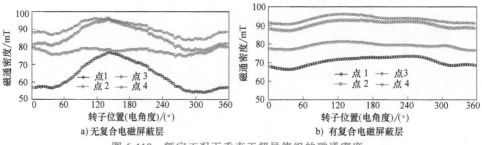

图 6-119　额定工况下垂直于超导绕组的磁通密度

图 6-120 给出了 10kW 样机的主要部件和整机装配图。

a) 内定子(含超导磁体)　　　b) 杯形转子　　　c) 外定子　　　d) 整机装配

图 6-120　10kW 双定子超导励磁磁场调制电机样机

3. 10MW 概念样机设计

此外，为了研究该双定子磁场调制超导励磁电机在大功率风力发电机领域的应用前景，根据 10MW 海上风力发电机的性能指标和技术参数，设计了一台 10MW 双定子超导励磁场调制发电机，并分析了基本电磁性能，与目前主流研究的 10MW 同步旋转型超导励磁发电机进行对比[14,64]。结果表明，双定子超导励磁场调制发电机的感应电动势畸变率、转矩脉动等基本电磁性能可满足海上风力发电的要求，且转矩密度与同步旋转型超导励磁发电机相当，但其可同时实现电流传输的无刷化和低温系统的静态密封。因此，从超导风力发电系统的可靠性和整个服务周期的成本而言，双定子超导励磁场调制发电机有明显优势，详见文献 [14]。

6.8.3　磁场调制超导电机的技术难点与展望

由于突破了同步旋转型超导电机在低温系统密封、电流传导和转矩传输等方面的技术瓶颈，磁场调制超导电机具有显著的特色和优势。为了促进磁场调制超导电机系统相关理论及其技术的发展，笔者认为磁场调制超导电机存在以下技术难点，有待深入研究：

（1）拓扑结构及设计方法。磁场调制超导电机拥有很多特有问题，如丰富的谐波磁场对超导材料性能的影响、必不可少的铁磁材料对气隙磁场密度的限制、承载超导材料的低温容器对电机尺寸的制约等，因此不宜套用普通场调制型电机的拓扑和设计方法，应以磁场调制理论为指导，结合超导材料的特性，考虑低温容器等辅助结构的影响，参考传统电机的设计手段及流程，探索适合的拓扑与设计方法。

（2）精确建模分析及多目标优化。超导电机一般定位于大容量电机，体积较大，在初始设计阶段使用有限元分析方法耗时巨大，尤其是磁场调制超导电机即使以单元电机为最小建模单位，用时仍然很长。考虑超导电机强磁场、强耦合和高饱和的特性，建立磁场调制超导电机的精确数学模型，能缩短初始设计的时间，也便于采用数学工具完成多目标优化。

（3）谐波抑制及损耗计算。磁场调制超导电机气隙中磁场谐波丰富，这些谐波既会增大铁耗、降低功率因数和效率、恶化转矩和电压质量，又会增加超导绕组的交流损耗，从而加大低温冷却系统的压力和超导绕组失超的风险。因此，有必要深入研究谐波产生机理，提升有效谐波，抑制无用谐波。另外，应考虑铁磁材料磁场复杂、高饱和的特性，研究铁耗计算方法，结合超导体物理模型，研究在复杂磁场环境下超导体交流损耗的计算方法，为提升电机效率和设计低温冷却系统提供支撑。

（4）低温系统设计及温度管理。低温冷却系统是超导电机必备的辅助设备之一，决定超导磁体能否正常运行。它的结构应简单可靠，内部温度需稳定，运行时不能超过设计标准，必须研究温度管理技术，精确控制内部温度，避免超导磁体的局部温度过高而丧失功能。

（5）励磁系统设计及控制策略。超导绕组具有大电流、低电压、低电阻、大电抗的特点，微小的电压变化会导致极大的电流变化，使励磁磁场不稳定，因此低压大电流的恒流源是励磁系统的关键部件。另外，励磁电流的调节速度不能太快，否则会产生交流损耗，然而又不宜太慢，否则不能满足电机动态性能要求，所以励磁系统的控制策略研究也很重要。

总体来说，超导电机较常规电机的优势得到了国际公认，尤其是在对电机的体积和重量有严格限制的船舶电力推进和直驱风力发电领域。磁场调制超导电机突破了同步旋转型超导电机在低温系统密封、电流传导和转矩传输等方面的技术瓶颈，具有良好的发展前景。但是，磁场调制超导电机从原理性突破到最终的工程化应用还有很长的距离，未来的研究工作任重道远，需要更多感兴趣的科研工作者共同努力，将我国的超导电机技术推进到国际先进水平。

参 考 文 献

[1] WU D, SHI J T, ZHU Z Q, et al. Electromagnetic performance of novel synchronous machines with permanent magnets in stator yoke [J]. IEEE Transactions on Magnetics, 2014, 50 (9): Article #8102009.

[2] ZHANG Y, HUA W, CHENG M, et al. Comprehensive comparison of novel stator surface-mounted permanent magnet machines [C]. Proceedings of International Conference on Electrical Machines (ICEM), Marseille, France, 2012: 589-594.

[3] SHI J T, ZHU Z Q, WU D, et al. Comparative study of novel synchronous machines having permanent magnets in stator poles [C]. Proceedings of International Conference on Electrical Machines (ICEM), Berlin, Germany, 2014: 429-435.

[4] CHEN J T, ZHU Z Q, IWASAKI S. A novel E-core switched-flux PM brushless AC machine [J]. IEEE Transactions on Industry Applications, 2011, 47 (3): 1273-1282.

[5] ZHANG J, CHENG M, CHEN Z. Investigation of a new stator interior permanent magnet machine [J]. IET Electric Power Applications, 2008, 2 (2): 77-87.

[6] XU W, ZHU J G, ZHANG Y, et al. New axial laminated-structure flux-switching permanent magnet machine with 6/7 poles [J]. IEEE Transactions on Magnetics, 2011, 47 (10): 2823-2826.

[7] OWEN R L, ZHU Z Q, THOMAS A S, et al. Alternate poles wound flux-switching permanent magnet brushless AC machines [J]. IEEE Transactions on Industry Applications, 2010, 46 (2): 1406-1415.

[8] DU Y, XIAO F, HUA W, et al. Comparison of flux-switching PM motors with different winding configurations using magnetic gearing principle [J]. IEEE Transactions on Magnetics, 2016, 52 (5): Article# 8201908.

[9] HUA W, SU P, ZHANG G, CHENG M. A novel rotor-permanent magnet flux-switching machine [C]. Proceedings of Tenth International Conference on Ecological Vehicles and Renewable Energies (EVER), Monte Carlo, Monaco, 2015: 1-10.

[10] WU Z Z, ZHU Z Q. Analysis of magnetic gearing effect in partitioned stator switched flux PM machines [J]. IEEE Transactions on Energy Conversion, 2016, 31 (4): 1239-1249.

[11] SUN L, CHENG M, JIA H. Analysis of a novel magnetic-geared dual-rotor motor with complementary structure [J]. IEEE Transactions on Industrial Electronics, 2015, 62 (11): 6737-6747.

[12] CHENG M, HAN P, BUJA G, et al. Emerging multi-port electrical machines and systems: past developments, current challenges and future prospects (invited paper) [J]. IEEE Transactions on Industrial Electronics, 2018, 65 (7): 5422-5435.

[13] HUA W, ZHANG G, CHENG M. Flux-regulation theories and principles of hybrid-exicited flux-switching machines [J]. IEEE Transactions on Industrial Electronics, 2015, 62 (9): 5359-5369.

[14] ZHU X, CHENG M. Design and analysis of 10MW class HTS exciting double stator direct-drive wind generator with stationary seal [J]. IEEE Access, 2019, 7: 51129-51139.

[15] CHENG M, CHAU K T, CHAN C C. Static characteristics of a new doubly salient permanent magnet motor [J]. IEEE Transactions on Energy Conversion, 2001, 16 (1): 20-25.

[16] CHAU K T, SUN Q, FAN Y, et al. Torque ripple minimization of doubly salient permanent-magnet motors [J]. IEEE Transactions on Energy Conversion, 2005, 20 (2): 352-358.

[17] YANG W, XU W, XIAO X. Torque ripple reduction strategy of model based predictive torque control for doubly salient permanent magnet synchronous machines [C]. IEEE Energy Conversion Congress and Exposition (ECCE), Raleigh, NC, USA, 2012: 113-120.

[18] CUI W, GONG Y, JIANG J, et al. Optimized doubly salient memory motors with symmetric features using transposition design methods [C]. International Conference on Power Engineering, Energy and Electrical Drives, Torremolinos, Málaga, Spain, 2011: 1-7.

[19] GONG Y, CHAU K T, JIANG J Z, et al. Design of doubly salient permanent magnet motors with minimum torque ripple [J]. IEEE Transactions on Magnetics, 2009, 45 (10): 4704-4707.

[20]　CAO R, CHENG M, MI C, et al. A linear doubly salient permanent-magnet motor with modular and complementary structure [J]. IEEE Transactions on Magnetics, 2011, 47 (12): 4809-4821.

[21]　LIU X, ZHU Z Q. Electromagnetic performance of novel variable flux reluctance machines with DC-field coil in stator [J]. IEEE Transactions on Magnetics, 2013, 49 (6): 3020-3028.

[22]　DU Y, ZHANG C, ZHU X, et al. Principle and analysis of doubly salient PM motor with Π-shaped stator iron core segments [J]. IEEE Transactions on Industrial Electronics, 2019, 66 (3): 1962-1972.

[23]　HELLER B, HAMATA V. Harmonic field effects in induction machines [M]. Amsterdam: Elsevier, 1977.

[24]　程明, 花为. 定子永磁无刷电机·理论、设计与控制 [M]. 北京: 科学出版社, 2021.

[25]　程明. 微特电机及系统 [M]. 2版. 北京: 中国电力出版社, 2014.

[26]　SUN L, TAYLOR J, CALLEGARO A D, et al. Stator PM-based variable reluctance resolver with advantage of motional back-EMF [J]. IEEE Transactions on Industrial Electronics, 2020, 67 (11): 9790- 9801.

[27]　CHENG M, HAN P, HUA W. General airgap field modulation theory for electrical machines [J]. IEEE Transactions on Industrial Electronics, 2017, 64 (8): 6063-6074.

[28]　SUN L, LUO Z, WANG K, et al. A stator-PM resolver with field modulation principle [J]. IEEE Transactions on Energy Conversion, DOI: 10. 1109/TEC. 2020. 3001655.

[29]　SUN L, TAYLOR J, GUO X, et al. A linear position measurement scheme for long-distance and high-speed applications [J]. IEEE Transactions on Industrial Electronics, DOI: 10. 1109/TIE. 2020. 2984447.

[30]　HUA W, SU P, SHI M, et al. The influence of magnetizations on bipolar stator surface-mounted permanent magnet machines [J]. IEEE Transactions on Magnetics, 2015, 51 (3): Article #8201904.

[31]　ZHU X, HUA W, WANG W, et al. Analysis of back-EMF in flux-reversal permanent magnet machines by air-gap field modulation theory [J]. IEEE Transactions on Industrial Electronics, 2019, 66 (5): 3344-3355.

[32]　CHENG M, HUA W, ZHANG J, et al. Overview of stator-permanent magnet brushless machines [J]. IEEE Transactions on Industry Applications, 2011, 58 (11): 5087-5101.

[33]　CHEN J T, ZHU Z Q. Winding configurations and optimal stator and rotor pole combination of flux-switching PM brushless AC machines [J]. IEEE Transactions on Energy Conversion, 2010, 25 (2): 293-302.

[34]　CHEN J T, ZHU Z Q, IWASAKI S, et al. A novel E-core switched-flux PM brushless AC machine [J]. IEEE Transactions on Industry Applications, 2011, 47 (3): 1273-1282.

[35]　XUE X, ZHAO W, ZHU J, et al. Design of five-phase modular flux-switching permanent-magnet machines for high reliability applications [J]. IEEE Transactions on Magnetics, 2013, 49 (7): 3941-3944.

[36]　MIN W, CHEN J T, ZHU Z Q, et al. Optimization and comparison of novel E-Core and C-Core linear switched flux PM machines [J]. IEEE Transactions on Magnetics, 2011, 47 (8):

2134-2141.

［37］ ZHANG G, HUA W, CHENG M, et al. Investigation of an improved hybrid-excitation flux-switching brushless machine for HEV/EV applications ［J］. IEEE Transactions on Industry Applications, 2015, 51 （5）: 3791-3799.

［38］ WANG Y, CHEN M, CHING T W, et al. Design and analysis of a new HTS axial-field flux-switching machine ［J］. IEEE Transactions on Applied Superconductivity, 2015, 25 （3）: Article #5200905.

［39］ DU Y, ZOU C, ZHU X, et al. A full-pitched flux-switching permanent-magnet motor ［J］. IEEE Transactions on Applied Superconductivity, 2016, 26 （4）: 0604505.

［40］ WU Z Z, ZHU Z Q. Analysis of air-gap field modulation and magnetic gearing effects in switched flux permanent magnet machines ［J］. IEEE Transactions on Magnetics, 2015, 51 （5）: Article #8105012.

［41］ DU Y, XIAO F, HUA W, et al. Comparison of flux-switching PM motors with different winding configurations using magnetic gearing principle ［J］. IEEE Transactions on Magnetics, 2016, 52 （5）: Article #8201908.

［42］ HUA W, SU P, ZHAO G, et al. Flux-switching machines in Wiley encyclopedia of electrical and electronics engineering ［M］. Hoboken, New Jersey: John Wiley & Sons, 2015.

［43］ THOMAS A S, ZHU Z Q, JEWELL G W. Comparison of flux switching and surface mounted-permanent magnet generators for high-speedapplications ［J］. IET Electrical Systems in Transportation, 2011, 1 （3）: 111-116.

［44］ SULAIMAN E, KOSAKA T, MATSUI N. High power density design of 6-slot-8-pole hybrid excitation flux switching machine for hybrid electric vehicles ［J］. IEEE Transactions on Magnetics, 2011, 47 （10）: 4453-4456.

［45］ AWAH C C, ZHU Z Q, WU Z Z, et al. Comparison of partitioned stator switched flux permanent magnet machines having single- or double-layer windings ［J］. IEEE Transactions on Magnetics, 2016, 52 （1）: Article #9500310.

［46］ CAI X, CHENG M, ZHU S, et al. Thermal modeling of flux-switching permanent-magnet machines considering anisotropic conductivity and thermal contact resistance ［J］. IEEE Transactions on Industrial Electronics, 2016, 63 （6）: 3355-3365.

［47］ 花为. 新型磁通切换型永磁电机的分析、设计与控制 ［D］. 南京: 东南大学, 2007.

［48］ 唐任远. 现代永磁电机理论与设计 ［M］. 北京: 机械工业出版社, 1997.

［49］ SUN L, CHENG M, ZHANG J, et al. Analysis and control of complementary magnetic-geared dual-rotor motor ［J］. IEEE Transactions on Industrial Electronics, 2016, 63 （11）: 6715-6725.

［50］ SUN L, CHENG M, WEN H, et al. Motion control and performance evaluation of a magnetic-geared dual-rotor motor in hybrid powertrain ［J］. IEEE Transactions on Industrial Electronics, 2017, 64 （3）: 1863-1872.

［51］ SUN L, CHENG M, TONG M. Key issues in design and manufacture of magnetic-geared dual-rotor motor for hybrid vehicles ［J］. IEEE Transactions on Energy Conversion, 2017, 32 （4）: 1492-1501.

［52］ 孙乐. 磁齿轮功率分配电机的分析、设计与控制［D］. 南京：东南大学，2016.

［53］ STEKLY Z, WOODSON H H, HATCH A M, et al. A study of alternators with superconducting field windings：II-experiment［J］. IEEE Transactions on Power Apparatus and Systems, 1966, PAS-85（3）：274-280.

［54］ GAMBLE B, SNITCHLER G, MACDONALD T. Full power test of a 36.5MW HTS propulsion motor［J］. IEEE Transactions on Applied Superconductivity, 2011, 21（3）：1083-1088.

［55］ SONG X, BUHRER C, BRUTSAERT P, et al. Designing and basic experimental validation of the world's first MW-class direct-drive superconducting wind turbine generator［J］. IEEE Transactions on Energy Conversion, 2019, 34（4）：2218-2225.

［56］ 王玉彬. 旋转超导电机发展现状［J］. 电机与控制应用，2020，47（2）：1-8.

［57］ WANG Y, WANG C, FENG Q, et al. Fabrication and experiment of racetrack HTS magnet for stator field-excitation HTS machine［J］. IEEE Transactions on Applied Superconductivity, 2017, 27（4）：Article #5201605.

［58］ WANG Y, FENG Q, LI X, et al. Design, analysis, and experimental test of a segmented-rotor high-temperature superconducting flux-switching generator with stationary seal［J］. IEEE Transactions on Industrial Electronics, 2018, 65（11）：9047-9055.

［59］ 王玉彬，马祎楠. 高温超导磁通切换电机励磁线圈电磁力计算［J］. 电机与控制学报，2020，24（7）：82-89.

［60］ 程明. 双定子超导励磁场调制电机：201510228203.0［P］. 2017-09-19.

［61］ CHENG M, WANG Y, HUA W, et al. Dual-stator superconductive exciting field modulating motor：European Patent 3293870（PCT/CN2016/073416）［P］. 2019-04-10.

［62］ ZHU X, CHENG M, LI X, et al. Topology analysis, design, and comparison of high temperature superconducting double stator machine with stationary seal［J］. IEEE Transactions on Applied Superconductivity, 2020, 30（1）：Article #5200110.

［63］ CHENG M, ZHU X, WANG Y, et al. Effect and inhibition method of armature-reaction field on superconducting coil in field-modulation superconducting electrical machine［J］. IEEE Transactions on Energy Conversion, 2020, 35（1）：279-291.

［64］ CHENG M, NING X, ZHU X, et al. Selection of excitation operating points of 10MW HTS exciting double stator direct-drive wind generators having single and double polarity inner stator［J］. Politeknik Dergisi（Journal of Polytechnic）, 2020, 23（2）：537-545.

第7章 磁场调制理论的其他应用

7.1 概述

第 4 章~第 6 章重点介绍了磁场调制理论的三个主要应用，即磁场调制行为分析、电机性能分析与计算和拓扑结构的创新指导。由于所建立的磁场调制理论着眼于电机气隙内的磁场谐波在空间上的分布和时间上的变化，因而与电机内的磁场谐波相关的各个方面都会与磁场调制现象存在关联，并可以利用所建立的磁场调制理论进行辅助分析。目前，磁场调制理论还在如下几个方面存在广阔的应用前景（包括但不局限于）：

（1）建立电机中的时间-空间变换关系，从时间和空间两个维度上减少使用有限元方法分析电机电磁性能时的计算量，简化永磁体内和绕组导体内的涡流损耗计算，缩短基于有限元分析的大规模多目标、多层级、多物理场的优化设计的计算时间。例如，无刷双馈感应电机的转子上存在短路线圈绕组，采用瞬态电磁场求解器求解时，绕组中的电流或电压需要较长的过渡时间才能进入正弦稳态，导致仿真时间过长。文献 [1] 通过分析无刷双馈感应电机中的时间-空间关系，将多步瞬态电磁场有限元分析简化为单步静磁场有限元分析，使得大规模多目标电磁性能优化成为可能。再如，文献 [2] 通过分析聚磁式场调制永磁电机中永磁体内磁通密度变化的时间-空间关系，通过对最少步数的瞬态电磁场有限元分析得到的磁通密度波形进行平移等变换快速构建一个完整电周期内的磁通密度波形，进而通过永磁体涡流损耗解析模型获取较为准确的永磁体内涡流损耗的估计值。

（2）指导电机内局部拓扑结构的快速优化。例如，表贴式永磁电机中永磁体的形状和位置的优化[3]，凸极磁阻转子式无刷双馈磁阻电机的转子极弧宽度的优化等均可以直接转化为对气隙磁通密度谐波（幅值或种类）的优化。文献 [4] 通过优化气隙中工作谐波的含量，有效提升了目标电机的转矩性能。

（3）快速分析电机中的径向力分布和随时间的变化，进而预测电机内的电磁振动和噪声分布[5,6]，有利于在设计初期就对电机中的电磁振动和噪声性能进行控制和优化设计。

（4）指导变极绕组的设计和分析，实现绕组的功能复用[7,8]。

为了展示磁场调制理论在其他方面的应用，本章以无刷双馈电机为例，利用磁场调制理论分析该电机内径向力的分布规律，为无刷双馈电机的电磁振动与噪声分析奠定基础，同时推导出无刷双馈电机中避免产生不平衡磁拉力的必要条件。然后以无轴承单极和交替极永磁交流电机的悬浮绕组为例，介绍磁场调制理论在变极绕组设计和分析中的作用。

7.2 无刷双馈电机的径向力分析

7.2.1 电机内的电磁振动和噪声

电机中的噪声包括电磁噪声、空气动力噪声和机械噪声[9]。其中，电磁噪声是由气隙中各次谐波磁场产生的交变电磁力在铁心及其相关联的机械构件中引起的振动造成的。由电机气隙磁通密度的作用，在定子齿上产生的电磁力有径向和切向两个分量。其中，径向分量使定子铁心产生振动变形，是电磁噪声的主要来源；切向分量是与电磁转矩相对应的作用力，它使齿对其根部发生弯曲，产生局部振动变形，是电磁振动的一个次要来源。因此，分析电机内的电磁振动和噪声，主要是分析电机气隙内的径向电磁力分布及其随时间的变化，以及定子的径向固有振动特性。当气隙中电磁力波的波数与定子的某一结构模态相吻合且转速合适时，将引发谐振，产生显著的振动和电磁噪声。

7.2.2 电机内的径向力分析

电机内的径向力密度与气隙磁通密度有关。通常，气隙磁通密度的切向分量比径向分量小很多，因而径向力密度 $\sigma_r(\phi,t)$ 可以近似表示为

$$\sigma_r(\phi,t) = \frac{B_r^2(\phi,t)}{2\mu_0} \tag{7-1}$$

式中，$B_r(\phi,t)$ 为气隙磁通密度的径向分量；μ_0 为真空磁导率；ϕ 为静止坐标系下沿气隙圆周方向的机械位置角度；t 为时间。

作用在转子上的合成径向力 $\boldsymbol{F}(t)$ 为

$$\boldsymbol{F}(t) = F_x(t) + \mathrm{j}F_y(t)$$
$$= r_g l_{\text{stk}} \int_0^{2\pi} \sigma_r (\cos\phi + \mathrm{j}\sin\phi)\,\mathrm{d}\phi \tag{7-2}$$

式中，r_g 为气隙半径；l_{stk} 为电机轴向长度；"x" 和 "y" 分别表示 x 轴和 y 轴分量。

对于绕组结构对称、气隙均匀且每极每相槽数 q 为整数的传统交流电机，作用在转子上的合成径向力总为零。其径向气隙磁通密度分布的频谱是离散的，且相邻

磁通密度谐波的极对数至少相差 2。电机气隙
中的径向力密度分布和作用在转子上的合成径
向力矢量如图 7-1 所示。

7.2.3　电机内的径向力计算

　　无刷双馈电机的气隙中包含多种极对数和
转速均不相同的磁场谐波，但通常只包含两个
主要的工作谐波，其极对数分别为 p_1 和 p_2，且
$p_1 \neq p_2$。这两个工作谐波分别对应定子绕组中
的功率绕组和控制绕组。转子可以为短路线圈、
凸极磁阻或多层磁障结构，且包含 N_{RT} 个重复
单元。为了区分，极对数组合用 $(p_1 - N_{RT} - p_2)$
的格式进行描述。第 3 章所建立磁场调制统一
理论可以方便地给出气隙磁通密度的解析表达

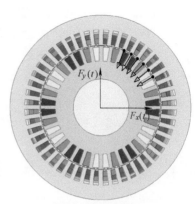

图 7-1　作用在无刷双馈感应电机定
子齿顶的径向力密度分布（局部）
和转子上的合成径向力矢量
（不平衡磁拉力）

式，从而为诸如无刷双馈电机等包含多种工作谐波的特殊电机类型的径向力解析分
析提供了可能，这是传统电机分析理论所无法比拟的。

　　由第 3 章的气隙磁场调制统一理论可知，由于短路线圈、凸极磁阻或多层磁障
的调制作用，无刷双馈电机的气隙中存在多种磁通密度谐波。第 4.4 节给出了三种
典型无刷双馈电机气隙磁通密度的详细表达式。其中，有两个气隙磁通密度谐波为
主要分量，其幅值最大，而且对平均转矩有所贡献，这一特点与传统交流电机有所
不同。为了使分析结果更加具有通用性，即对三种转子结构的无刷双馈电机均适
用，这里假设径向气隙磁通密度 $B_r(\phi, t)$ 仅包含两个主要工作谐波，则其表达式
可以写成

$$B_r(\phi, t) = B_1 \cos(p_1 \phi - \omega_1 t + \varphi_1) + B_2 \cos(p_2 \phi - \omega_2 t + \varphi_2) \tag{7-3}$$

式中，B_1 和 B_2 分别为 $2p_1$ 极和 $2p_2$ 极气隙磁场谐波的幅值；ω_1 和 ω_2 为功率绕组
和控制绕组电流角频率；φ_1 和 φ_2 为初始相位。

　　φ_1 和 φ_2 的值将会影响最大气隙磁通密度和最大径向力密度出现的位置和时
刻，但不影响径向力沿气隙圆周分布的模态。这里径向力沿气隙圆周的分布在一个
完整电周期内的变化称为径向力的模态。将式（7-3）代入式（7-2），化简后可得

$$F_x(t) + jF_y(t) = \begin{cases} \dfrac{\pi B_1 B_2 r_g l_{stk}}{2\mu_0} e^{\pm j[(\omega_1 - \omega_2)t - (\varphi_1 - \varphi_2)]} & p_1 - p_2 = \pm 1 \\ 0 & p_1 - p_2 \neq \pm 1 \end{cases} \tag{7-4}$$

　　式（7-4）表明，只有当两个工作谐波的极对数相差 1 时，作用在转子上的合
成径向力才不为零。当需要考虑更多次气隙磁通密度谐波的影响时，可以用第 4.4
节给出的气隙磁通密度详细表达式取代式（7-3）进行分析。

　　表 7-1 和表 7-2 给出了不同极对数组合在一个完整电周期内的径向力分布，其

中，φ_1 和 φ_2 取为零。可见，当两套绕组的供电频率不同时，不同极对数组合存在不同的模态，而且对于同一台无刷双馈电机，对调两套定子绕组后其径向力模态也会发生变化，见表 7-1 中极对数组合为（2-3-1）和（1-3-2）的两列所示。从表 7-1 和表 7-2 可以总结出，径向力分布中波峰的个数总是等于转子的可重复单元数 N_{RT}。

表 7-1　极对数组合为（2-3-1），（1-3-2）和（3-5-2）的无刷双馈电机中径向电磁力沿气隙圆周的分布（$\omega_1 = 50 \times 2\pi \text{Hz}$，$\omega_2 = 25 \times 2\pi \text{Hz}$，$T = 1\text{s}/(50-25) = 40\text{ms}$，$\varphi_1 = \varphi_2 = 0$）

	(2-3-1)	(1-3-2)	(3-5-2)
$0T/5 = $ 0ms			
$1T/5 = $ 8ms			
$2T/5 = $ 16ms			
$3T/5 = $ 24ms			

（续）

	(2-3-1)	(1-3-2)	(3-5-2)
$4T/5=$ 32ms	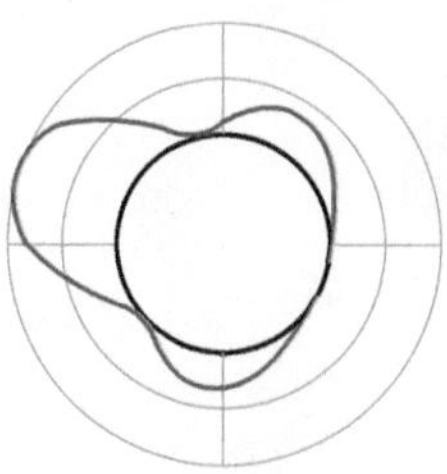	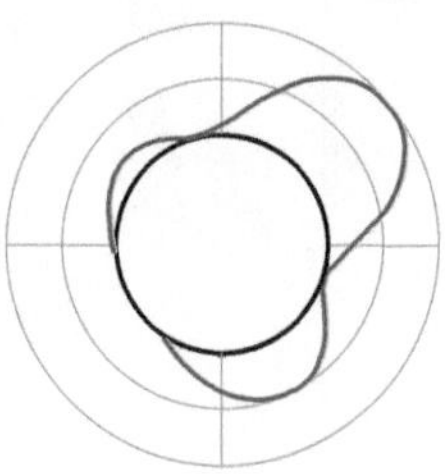	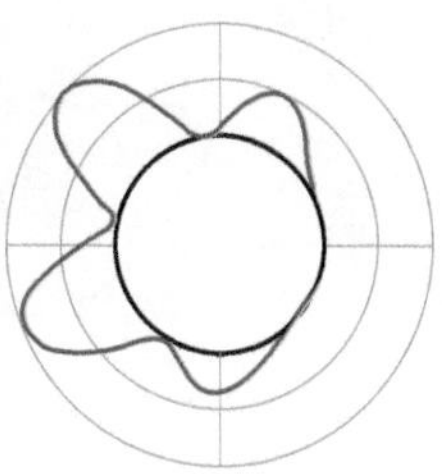
$5T/5=$ 40ms	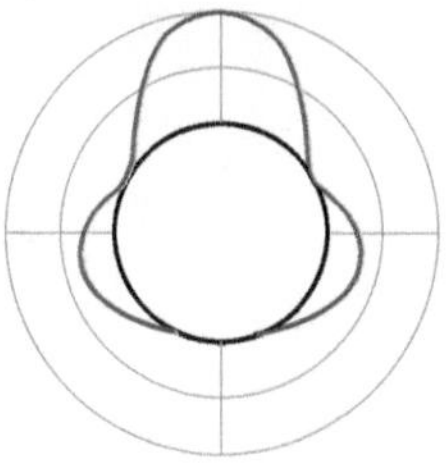	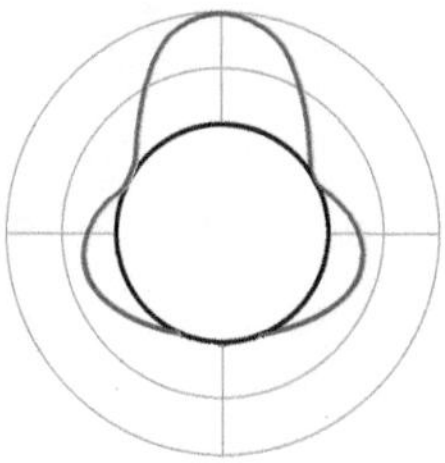	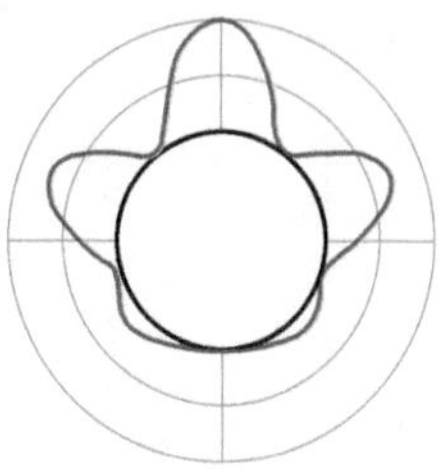

表 7-2　极对数组合为（4-5-1），（4-6-2）和（4-7-3）的无刷双馈电机中径向电磁力沿气隙圆周的分布（$\omega_1=50\times2\pi$Hz，$f_2=25\times2\pi$Hz，$T=1\text{s}/(50-25)=40$ms，$\varphi_1=\varphi_2=0$）

	(4-5-1)	(4-6-2)	(4-7-3)
$0T/5=$ 0ms	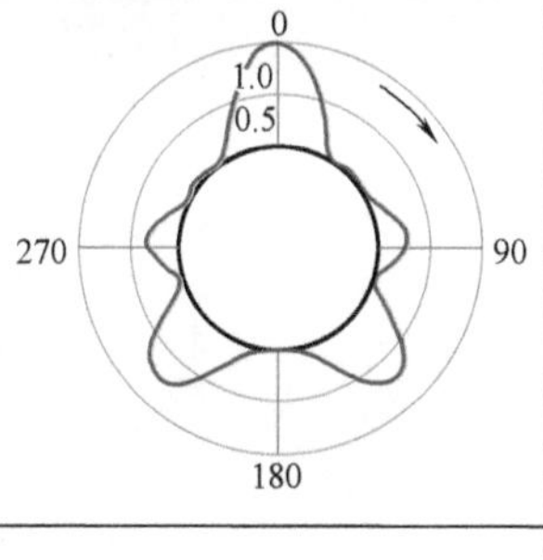	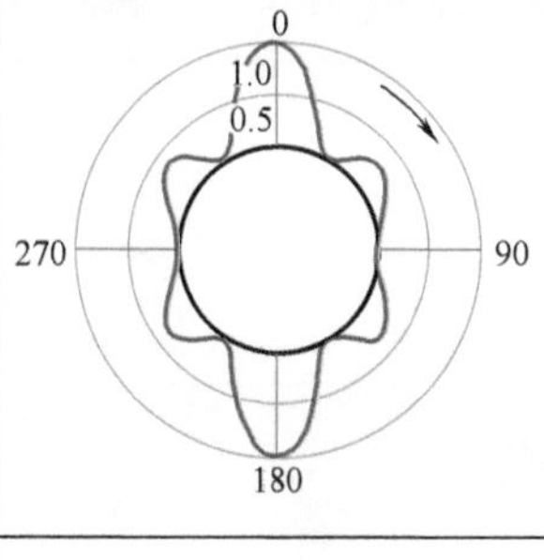	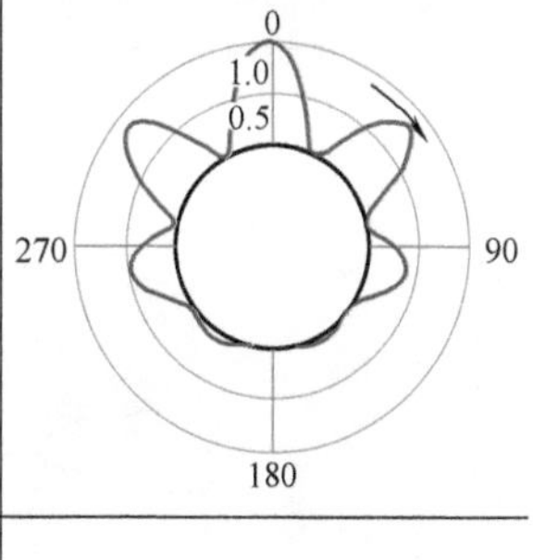
$1T/5=$ 8ms	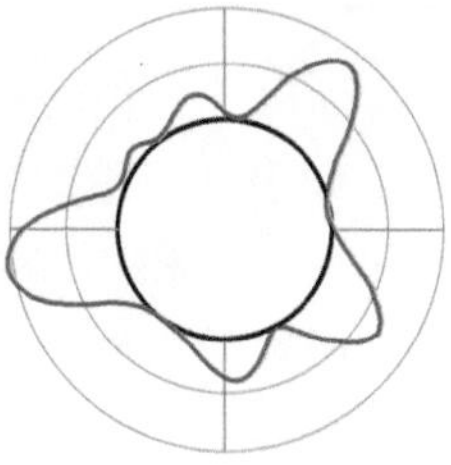	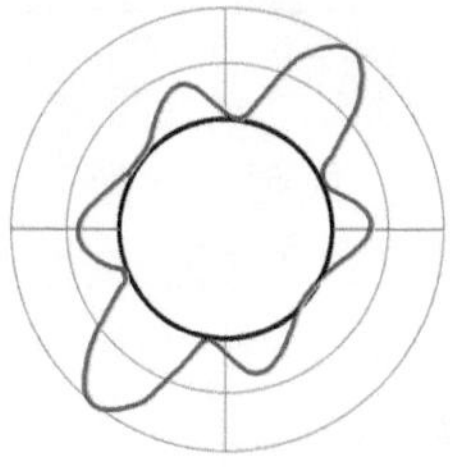	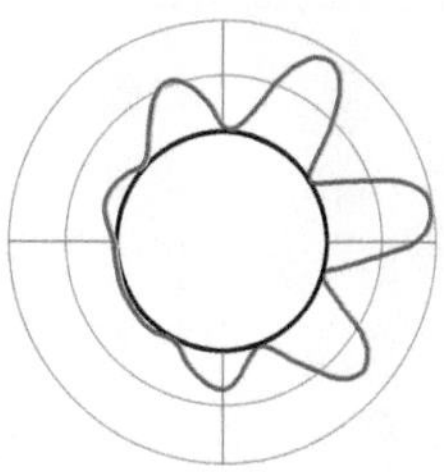

（续）

	(4-5-1)	(4-6-2)	(4-7-3)
$2T/5 =$ 16ms			
$3T/5 =$ 24ms			
$4T/5 =$ 32ms			
$5T/5 =$ 40ms			

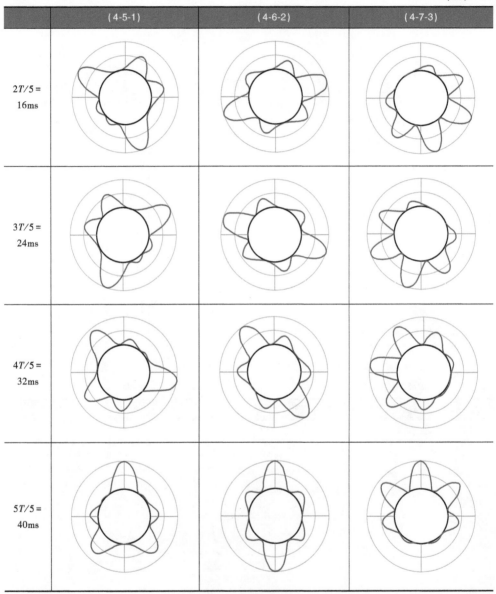

　　将表7-1和表7-2中给出的径向力分布沿气隙圆周进行积分，便可得到相对应的作用在转子上的合成径向力，如图7-2所示。与表7-1和表7-2相对应，两套定子绕组的供电频率分别为50Hz和25Hz。从图7-2a，7-2b，7-2c和7-2f中可以观察到，在此供电情形下，当两套定子绕组的极对数 p_1 和 p_2 相差为1时，作用在转子上的合成径向力才不为零。F_x 和 F_y 均按照正（余）弦规律变化，即合成径向力是一幅值恒定的旋转力，且其旋转频率为 $|\omega_1 - \omega_2|$。该合成作用力的旋转方向与极

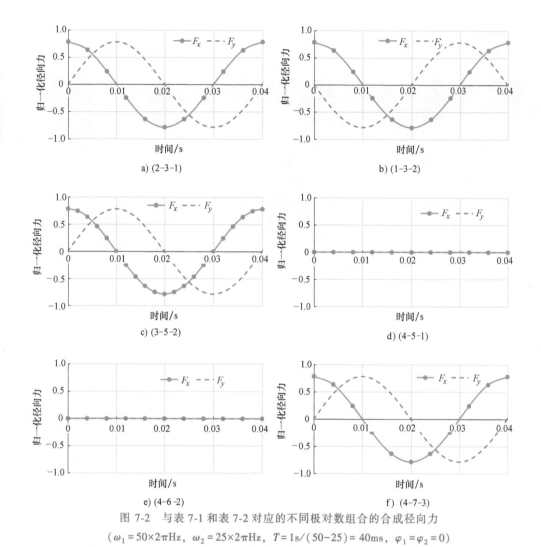

图 7-2 与表 7-1 和表 7-2 对应的不同极对数组合的合成径向力

($\omega_1 = 50 \times 2\pi$Hz, $\omega_2 = 25 \times 2\pi$Hz, $T = 1$s/(50−25) = 40ms, $\varphi_1 = \varphi_2 = 0$)

对数组合和供电频率密切相关。当两套定子绕组的极对数 p_1 和 p_2 相差大于 1 时，如图 7-2d 和 7-2e 所示，作用在转子上的合成径向力始终为零。值得注意的是，尽管极对数配合（4-5-1）的径向力分布不是径向对称的，但合成的径向力仍然为零。

为了研究供电频率对径向力模态和合成径向力的影响，表 7-3 和表 7-4 给出了当两套定子绕组供电频率均为 50Hz 时，不同极对数组合在一个完整电周期内的径向力分布。可见，径向力波仍然旋转，但是其旋转频率变为 2 倍的供电频率。且在两套绕组供电频率相同时，对调两套定子绕组，其径向力模态完全相同，如表 7-3 中极对数组合为（2-3-1）和（1-3-2）两列所示。对任一极对数组合，径向力波峰的个数仍然等于转子上可重复单元的个数 N_{RT}。

从图 7-3 可以看出，当两套定子绕组的供电频率完全相同时，合成的径向力将不再旋转，而是变为一恒定矢量，这与式（7-4）的预测相同。

表7-3 极对数组合为（2-3-1），（1-3-2）和（3-5-2）的无刷双馈电机中径向电磁力沿
气隙圆周的分布（$\omega_1 = 50\times2\pi$Hz，$\omega_2 = 50\times2\pi$Hz，$T = 1/2\times1$s$/50$Hz$=10$ms，$\varphi_1 = \varphi_2 = 0$）

	(2-3-1)	(1-3-2)	(3-5-2)
$0T/5 =$ 0ms			
$1T/5 =$ 2ms			
$2T/5 =$ 4ms			
$3T/5 =$ 6ms			

（续）

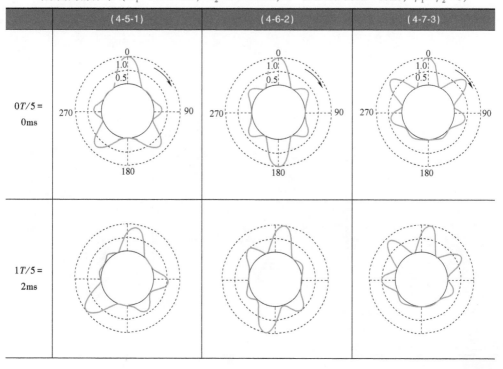

表7-4 极对数组合为（4-5-1），（4-6-2）和（4-7-3）的无刷双馈电机中径向电磁力沿气隙圆周的分布（$\omega_1 = 50 \times 2\pi\mathrm{Hz}$，$\omega_2 = 50 \times 2\pi\mathrm{Hz}$，$T = 1/2 \times 1\mathrm{s}/50\mathrm{Hz} = 10\mathrm{ms}$，$\varphi_1 = \varphi_2 = 0$）

（续）

	(4-5-1)	(4-6-2)	(4-7-3)
$2T/5=$ 4ms			
$3T/5=$ 6ms			
$4T/5=$ 8ms			
$5T/5=$ 10ms			

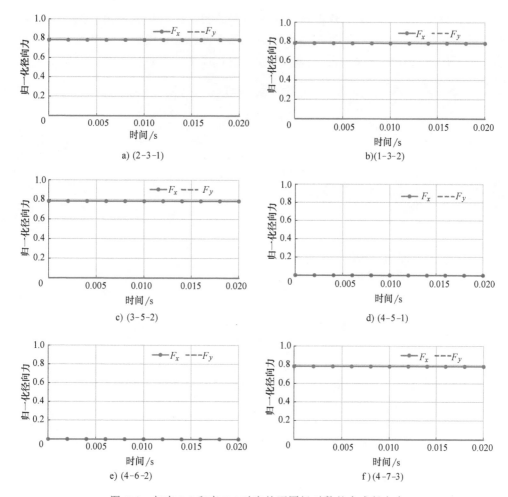

图 7-3 与表 7-3 和表 7-4 对应的不同极对数的合成径向力

（图中 $\omega_1 = 50 \times 2\pi\text{Hz}$，$\omega_2 = 50 \times 2\pi\text{Hz}$，$T = 1/2 \times 1\text{s}/50\text{Hz} = 10\text{ms}$，$\varphi_1 = \varphi_2 = 0$）

为了得到各气隙磁通密度谐波对不为零的合成径向力（即不平衡磁拉力）的贡献，首先从有限元计算结果中输出某一时刻的气隙磁通密度分布，并计算其对应的幅度频谱，如图 7-4（不饱和情况）和图 7-5（饱和情况）所示。径向力的比较见表 7-5（不饱和情况）和表 7-6（饱和情况）所示。由于稳态情况下，主要气隙磁场谐波分量的幅值基本不随转子位置发生变化，因而一个时刻的气隙磁通密度波形及其对应的幅度频谱对于径向力分析来说已经足够。

从有限元分析结果中可以发现，对于极对数组合（3-5-2）和（4-7-2），不平衡磁拉力主要由工作谐波产生。而极对数组合（4-5-1）的不平衡磁拉力主要由无用谐波造成。这是因为在（4-5-1）的极对数组合中，两个工作谐波的极对数相差 3，因而不能产生不平衡磁拉力。这一结果也表明，在分析实际电机的径向力时，仅考虑两个主要工作谐波并不能总是给出准确的结论。由绕组排布、铁心饱和和齿槽效应引入的所有其他次气隙磁场谐波都应该纳入考虑的范围，这也凸显了使用磁场调制理论分析气隙中多种磁通密度谐波对径向力分布的影响的重要性。

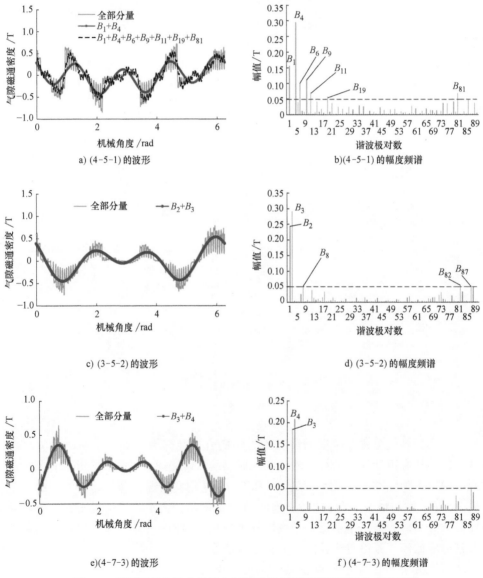

图 7-4 不同极对数组合的径向气隙磁通密度波形和对应的幅度频谱
（不饱和情况下的有限元计算结果）

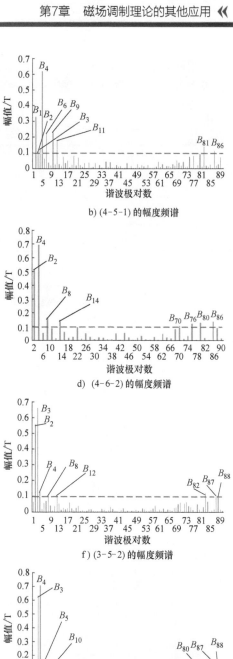

a) (4-5-1) 的波形

b) (4-5-1) 的幅度频谱

c) (4-6-2) 的波形

d) (4-6-2) 的幅度频谱

e) (3-5-2) 的波形

f) (3-5-2) 的幅度频谱

g) (4-7-3) 的波形

h) (4-7-3) 的幅度频谱

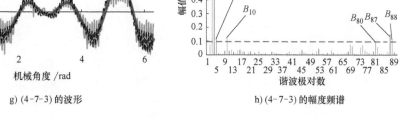

图 7-5 不同极对数组合的径向气隙磁通密度波形和对应的幅度频谱
（饱和情况下的有限元计算结果）

表 7-5　不饱和情况下不同极对数组合的径向力

极对数组合	计算中包含的磁场谐波分量	合成的径向力矢量/N	幅值/N
(4-5-1)	$(B_1,B_4,B_6,B_9,B_{11},B_{19},B_{81})$	0	0
	所有谐波	$(2228.92-j2786.17)$	3568.02（有限元结果＝3595.03）
(3-5-2)	(B_2,B_3)	$(13113.38-j2799.03)$	13408.78
	所有谐波	$(15168.47-j3023.37)$	15466.84（有限元结果＝15490）
(4-7-3)	(B_3,B_4)	$(7089.37-j1531.78)$	7252.96
	所有谐波	$(8239.69-j1563.9)$	8386.79（有限元结果＝8355）

表 7-6　饱和情况下不同极对数组合的径向力

极对数组合	计算中包含的磁场谐波分量	合成的径向力矢量/N	幅值/N
(4-5-1)	(B_1,B_2)	$(6334.73+j1560.69)$	6524.16
	(B_2,B_3)	$(607.44-j2588.18)$	2588.18
	(B_3,B_4)	$(13441.50+j7113.80)$	15207.89
	(B_1,B_2,B_3,B_4)	$(20383.68+j6158.61)$	21293.73
	所有谐波	$(32309.2+j15272.27)$	35736.91（有限元结果＝35807.8）
(3-5-2)	(B_2,B_3)	$(67609.66-j13686.72)$	68981.10
	(B_3,B_4)	$(-15817.16+j2767.25)$	16057.40
	(B_{87},B_{88})	$(2069.80-j386.24)$	2105.53
	$(B_2,B_3,B_4,B_{87},B_{88})$	$(53862.30-j11305.71)$	55036.05
	所有谐波	$(46963.65-j10320.89)$	48084.36（有限元结果＝47891.0）
(4-6-2)	$(B_2,B_4,B_8,B_{14},B_{70},B_{76},B_{80},B_{86})$	0	0
	所有谐波	0	0（有限元结果＝0）
(4-7-3)	(B_3,B_4)	$(82365.80-j17526.85)$	84209.95
	(B_4,B_5)	$(-15521.80-j3140.39)$	15836.30
	(B_{87},B_{88})	$(3212.47-j554.44)$	3259.97
	$(B_3,B_4,B_5,B_{87},B_{88})$	$(70056.47-j14940.90)$	71631.97
	所有谐波	$(63355.16-j12210.9)$	64521.18（有限元结果＝63683.8）

　　通过比较表 7-5 和表 7-6，可以发现铁心饱和会引入除了工作谐波外的其他低次磁场谐波。随着低频部分的频谱变得更加密集，将会有更多极对数相差 1 的磁场

谐波对产生，最终导致按照所有气隙磁场谐波计算得到的合成径向力和按照两个工作谐波计算得到的合成径向力之间产生较大偏差。这也意味着，在饱和情况下，无用磁场谐波同样能够产生非常可观的径向力。

7.2.4　无不平衡磁拉力的极对数组合

为了避免产生不平衡磁拉力，无刷双馈电机的径向力分布应该保持径向对称，即

$$\sigma_r(\phi,t)=\sigma_r(\phi+\pi,t) \tag{7-5}$$

考虑所有通过短路线圈、凸极磁阻和多层磁障的调制作用引入的气隙磁场谐波分量，式（7-5）可以进一步表示为

$$\frac{1}{2\mu_0}\left\{\frac{\mu_0}{g_e}M(N_{RT})\left[F_1(\phi,t)+F_2(\phi,t)\right]\right\}^2=\frac{1}{2\mu_0}\left\{\frac{\mu_0}{g_e}M(N_r)\left[F_1(\phi+\pi,t)+F_2(\phi+\pi,t)\right]\right\}^2 \tag{7-6}$$

式中，$M(N_{RT})[\cdot]$ 为第 3 章中引入的调制算子；g_e 为有效气隙长度；$F_1(\phi,t)$ 和 $F_2(\phi,t)$ 为功率绕组和控制绕组建立的磁动势。

式（7-6）经过化简，可以得到

$$p_1\pm p_2=N_{RT}=2k \qquad (p_1,p_2\in Z^+,k\in Z) \tag{7-7}$$

铁心的饱和将会引入额外的三次谐波，使得极对数配合需满足如下的约束条件

$$\begin{cases} p_1\pm p_2=N_{MB}=2k & (p_1,p_2\in Z^+,k\in Z) \\ 3p_1\pm p_2=N_{MB}=2k & (p_1,p_2\in Z^+,k\in Z) \\ p_1\pm 3p_2=N_{MB}=2k & (p_1,p_2\in Z^+,k\in Z) \\ 3p_1\pm 3p_2=N_{MB}=2k & (p_1,p_2\in Z^+,k\in Z) \end{cases} \tag{7-8}$$

化简式（7-8）仍然可以得到式（7-7）。这是因为如果一个极对数配合满足式（7-8）中的第一个等式，那么它也将满足最后三个等式。综上所述，当考虑铁心饱和时，只有当无刷双馈电机的转子包含偶数个重复单元时，才能彻底消除不平衡磁拉力。

7.3　无轴承单极和交替极永磁交流电机的悬浮绕组设计

利用磁场调制原理，可以对文献 [10] 涉及的无轴承单极和交替极永磁交流电机的两极悬浮绕组进行快速分析和设计[8]。该应用要求一套定子绕组能够同时产生两种不同的主极对数，正好符合磁场调制原理的多空间谐波的特点，因而考虑通过对源磁动势进行调制分析，进而确定悬浮绕组中线圈的连接方式。

所研究的无轴承电机的转矩绕组参数为：槽数 $Q=36$，极对数 $p=4$，相数 $m=3$。计算可知每极每相槽数 $q=Q/(2mp)=3/2$，极距 $\tau=Q/(2p)=9/2$，线圈跨距 y

需为正整数，因而可以取 $y=4$ 或 5。转矩绕组的槽导体分布如图 7-6a 所示，其中叉号表示电流流入纸面，而点号表示电流流出纸面。相应地槽导体分布函数和线电流密度分布函数如图 7-6b 所示。导体分布函数为一个冲激函数列（图 7-6 中的箭头），其中每个冲激函数表示一根槽内导体，其正负表示导体内电流的方向。对应的匝数函数和绕组函数分别如图 7-6c 和图 7-6d 所示。匝数函数 $T(\phi,\varphi_0)$ 为导体分布函数 $D(\phi)$ 从任意圆周角位置 ϕ_0 开始的积分。去掉 $T(\phi,\phi_0)$ 的直流分量便可得到绕组函数 $W(\phi)$。可见，绕组函数与积分初始位置 ϕ_0 无关。按照所建立的气隙磁场调制统一理论，一套具体的绕组结构可以由其绕组函数充分描述。各次谐波绕组系数可以从绕组函数的傅里叶展开式中直接得到。

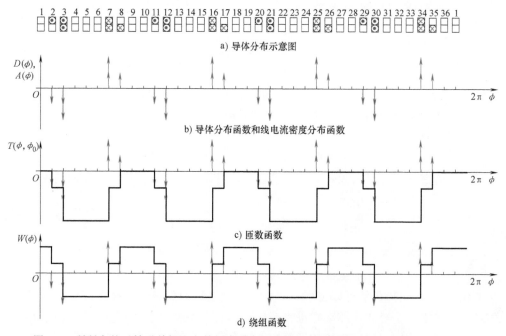

图 7-6 所研究的无轴承单极和交替极永磁交流电机的转矩绕组（$Q=36$，$p=4$，$m=3$）

7.3.1 绕组变极设计原理

转矩绕组的导体分布函数可以统一表示为

$$C_t(\phi)=\sum_j R_j\delta(\phi_j) \qquad \sum_j R_j=0 \qquad (7\text{-}9)$$

式中，R_j 为第 j 个槽内的导体数，且已经包含了导体中的电流方向。

例如，$R=-5$ 表示在所研究的槽内包含 5 根导体并且所有 5 根导体内的电流方向为流出纸面。线电流密度分布函数 A、磁动势分布函数 F、匝数函数 T 和绕组函数 W 的表达式分别为

$$A_t(\phi) = i \cdot C_t(\phi) \tag{7-10}$$

$$F_t(\phi) = \int_{\phi_0}^{\phi} A_t(\phi)\,d\phi - \frac{1}{2\pi}\int_0^{2\pi}\left[\int_{\phi_0}^{\phi} A_t(\phi)\,d\phi\right]d\phi = i \cdot W_t(\phi) \tag{7-11}$$

$$T_t(\phi,\phi_0) = \int_{\phi_0}^{\phi} C_t(\phi)\,d\phi \tag{7-12}$$

$$W_t(\phi) = T_t(\phi,\phi_0) - \int_0^{2\pi} T_t(\phi,\phi_0)\,d\phi \tag{7-13}$$

假设转矩绕组建立的磁动势包含 p_t 对极，则其导体分布函数的基波分量可以表示为

$$C_t(\phi) = C\sin(p_t\phi + \varphi_d) \tag{7-14}$$

由第 3 章的气隙磁场调制统一理论可知，使用短路线圈、凸极磁阻和多层磁障结构均可以改变绕组建立的源磁动势，产生具有不同极对数的新的磁动势谐波分量。在绕组变极的过程中，可以将变极后的绕组磁动势视为源磁动势被一凸极磁阻调制后的结果。更进一步，可以直接使用式（3-25）定义的调制算子作用于导体分布函数 $C_t(\phi)$，并取 $\lambda(x,\theta_r)$ 为 $M\sin(p_m\phi + \varphi_m)$，可得调制后的导体分布为

$$M(p_m)[C_t(\phi)] = MC\sin(p_m\phi + \varphi_m)\sin(p_t\phi + \varphi_d)$$
$$= \left(\frac{MC}{2}\right)\{\cos[(p_m-p_t)\phi+(\varphi_m-\varphi_d)] - \cos[(p_m+p_t)\phi+(\varphi_m+\varphi_d)]\}$$

$$\tag{7-15}$$

调制后的导体分布建立的磁动势分布为

$$F_s(\phi) = i \cdot \left\{\int_{\phi_0}^{\phi} M(\phi)C_t(\phi)\,d\phi - \frac{1}{2\pi}\int_0^{2\pi}\left[\int_{\phi_0}^{\phi} M(\phi)C_t(\phi)\,d\phi\right]d\phi\right\}$$
$$= i \cdot \left(\frac{MC}{2}\right)\left(\frac{1}{p_m - p_t}\right)\{\sin[(p_m - p_t)\phi + (\varphi_m - \varphi_d)]\} -$$
$$i \cdot \left(\frac{MC}{2}\right)\left(\frac{1}{p_m + p_t}\right)\{\sin[(p_m + p_t)\phi + (\varphi_m + \varphi_d)]\} \tag{7-16}$$

式（7-16）表明，调制后的导体分布建立的磁动势包含两个分量，其极对数分别为 $(p_m - p_t)$ 和 $(p_m + p_t)$，而且极对数为 $(p_m - p_t)$ 的分量比极对数为 $(p_m + p_t)$ 的分量具有更大的幅值。因此，如果想要利用一套 4 对极绕组通过改变导体中的电流方向来产生 1 对极磁动势分布，那么调制波的极对数须为 $p_m = (4+1) = 5$。当调制波的极对数确定后，就可以利用调制波来确定哪些导体中的电流方向需要做出调整以产生所需的两极磁动势，以及新的导体分布。

7.3.2 方案 1：跨距 $y = 4$

首先从上层导体及其相应的导体分布入手，如图 7-7a 和图 7-7b 所示。如果调制波的初始位置落在区间 $(-2\pi/5+7\pi/36, -2\pi/5+8\pi/36)$ 内，如图 7-7c 所示，则调制后的上层导体的分布函数将会变成图 7-7d。考虑到本方案下线圈跨距 $y = 4$，

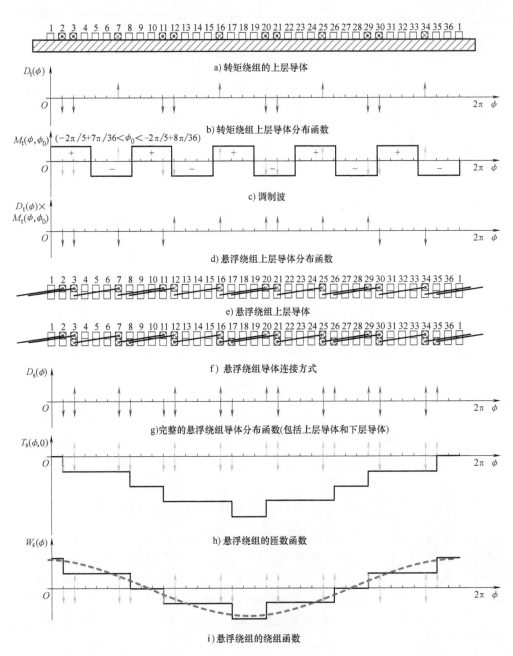

$D_t(\phi)$ a) 转矩绕组的上层导体

$M_t(\phi,\phi_0)$ $(-2\pi/5+7\pi/36<\phi_0<-2\pi/5+8\pi/36)$ b) 转矩绕组上层导体分布函数

$D_t(\phi)\times M_t(\phi,\phi_0)$ c) 调制波

d) 悬浮绕组上层导体分布函数

e) 悬浮绕组上层导体

$D_s(\phi)$ f) 悬浮绕组导体连接方式

$T_s(\phi,0)$ g)完整的悬浮绕组导体分布函数(包括上层导体和下层导体)

$W_s(\phi)$ h) 悬浮绕组的匝数函数

i) 悬浮绕组的绕组函数

图 7-7 从现有转矩绕组结构 ($Q=36$, $p=4$, $m=3$, $y=4$) 出发推导悬浮绕组 I 的导体排布

可以进一步确定下层导体的电流方向。可以发现，不同的调制波初始位置将会导出不同的悬浮绕组排布。跨距 $y=4$ 的另外一种可能如图 7-8 所示。为了区别这两种可能的悬浮绕组结构，此处将其分别命名为悬浮绕组I和悬浮绕组II。确定了上下层导体

的电流方向之后，就可以得到悬浮绕组的匝数函数和绕组函数。图 7-7 和图 7-8 中的虚线表示悬浮绕组建立的磁动势的基波分量。通过计算悬浮绕组的导体分布函数或绕组函数的傅里叶系数便可得到各次谐波的绕组系数，如图 7-9 和图 7-10 所示。

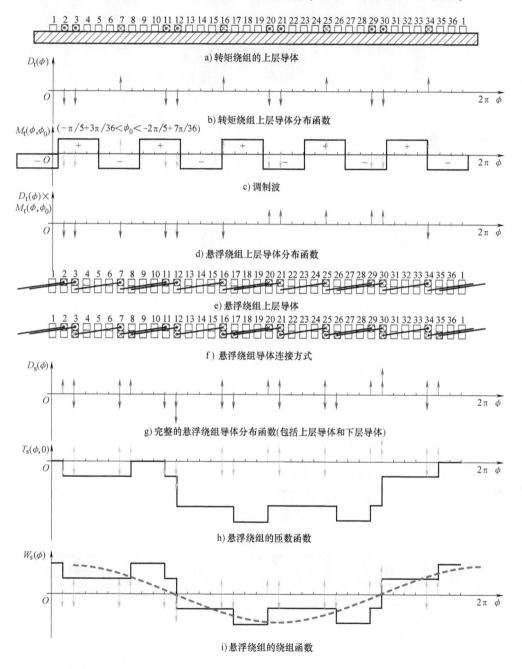

图 7-8 从现有转矩绕组结构（$Q=36$，$p=4$，$m=3$，$y=4$）出发推导悬浮绕组Ⅱ的导体排布

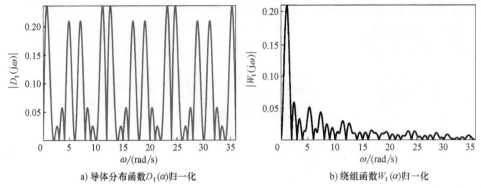

a) 导体分布函数$D_t(\alpha)$归一化　　　　　　　　b) 绕组函数$W_t(\alpha)$归一化

图 7-9　悬浮绕组 I 的傅里叶变换结果（所求傅里叶系数为 $\omega=1$，2，3，4，5，…处的函数值）

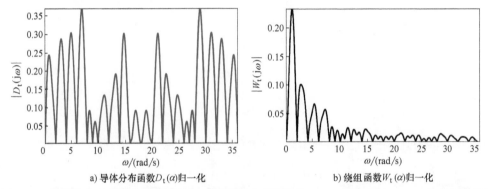

a) 导体分布函数$D_t(\alpha)$归一化　　　　　　　　b) 绕组函数$W_t(\alpha)$归一化

图 7-10　悬浮绕组 II 的傅里叶变换结果（所求傅里叶系数为 $\omega=1$，2，3，4，5，…处的函数值）

悬浮绕组 I 和悬浮绕组 II 的各次谐波绕组因数见表 7-7。可见，磁场调制理论为复杂绕组的图形化设计和分析提供了便利，易于利用信号分析与变换的方式通过编程实现。

7.3.3　方案 2：跨距 $y=5$

类似地，可以分析跨距 $y=5$ 的方案，并得到另外两种可能的悬浮绕组结构——悬浮绕组 III 和悬浮绕组 IV，如图 7-11 和图 7-12 所示。其傅里叶变换结果如图 7-13 和图 7-14 所示。谐波绕组系数见表 7-7。

表 7-7　可能的悬浮绕组结构的谐波绕组系数

绕组方案	方案 1：跨距 $y=4$		方案 2：跨距 $y=5$	
谐波极对数	悬浮绕组 I	悬浮绕组 II	悬浮绕组 III	悬浮绕组 IV
1	0.2041	0.2250	0.2522	0.2780
3	0	0.2887	0	0.3220
5	0.2041	0.3046	0.1698	0.2534
7	0.2041	0.3711	0.0277	0.0503
9	0	0	0.5000	0.3727
11	0.2041	0.1262	0.3164	0.1956

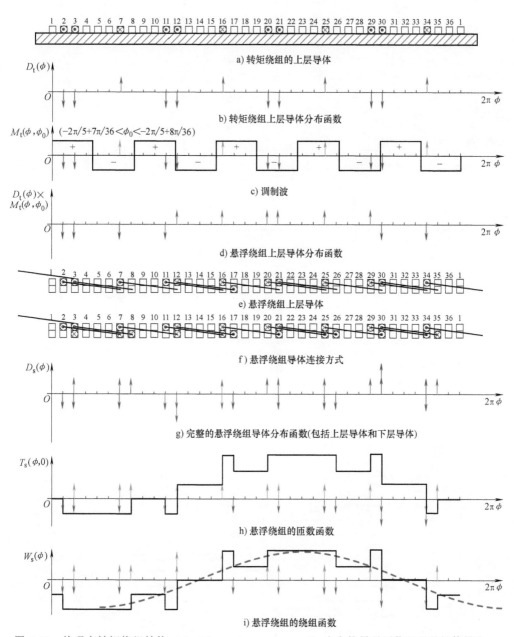

a) 转矩绕组的上层导体

b) 转矩绕组上层导体分布函数

c) 调制波

d) 悬浮绕组上层导体分布函数

e) 悬浮绕组上层导体

f) 悬浮绕组导体连接方式

g) 完整的悬浮绕组导体分布函数(包括上层导体和下层导体)

h) 悬浮绕组的匝数函数

i) 悬浮绕组的绕组函数

图 7-11 从现有转矩绕组结构（$Q=36$，$p=4$，$m=3$，$y=5$）出发推导悬浮绕组Ⅲ的导体排布

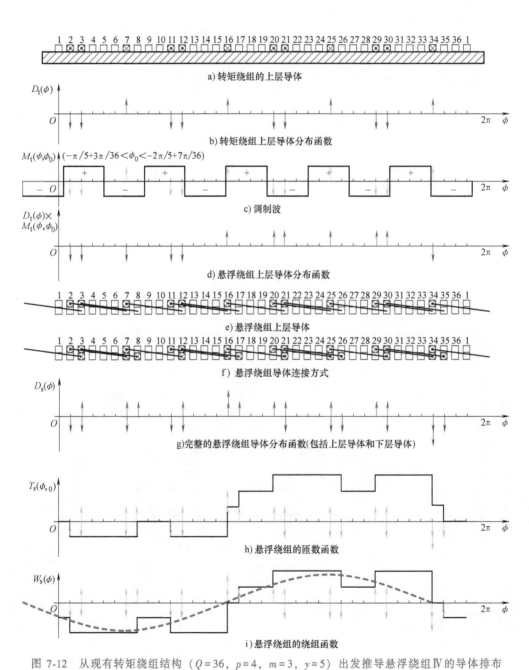

a) 转矩绕组的上层导体

$D_t(\phi)$

b) 转矩绕组上层导体分布函数

$M_t(\phi,\phi_0)$ $(-\pi/5+3\pi/36<\phi_0<-2\pi/5+7\pi/36)$

c) 调制波

$D_t(\phi)\times M_t(\phi,\phi_0)$

d) 悬浮绕组上层导体分布函数

e) 悬浮绕组上层导体

f) 悬浮绕组导体连接方式

$D_s(\phi)$

g)完整的悬浮绕组导体分布函数(包括上层导体和下层导体)

$T_s(\phi,0)$

h) 悬浮绕组的匝数函数

$W_s(\phi)$

i) 悬浮绕组的绕组函数

图 7-12 从现有转矩绕组结构（$Q=36$，$p=4$，$m=3$，$y=5$）出发推导悬浮绕组Ⅳ的导体排布

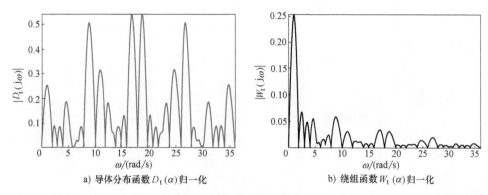

a) 导体分布函数 $D_t(\alpha)$ 归一化　　　　b) 绕组函数 $W_t(\alpha)$ 归一化

图 7-13　悬浮绕组Ⅲ的傅里叶变换结果（所求傅里叶系数为 $\omega=1$，2，3，4，5，…处的函数值）

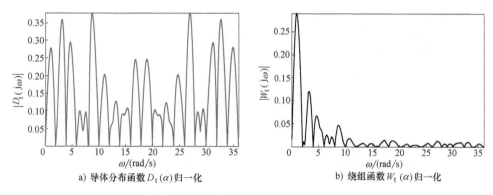

a) 导体分布函数 $D_t(\alpha)$ 归一化　　　　b) 绕组函数 $W_t(\alpha)$ 归一化

图 7-14　悬浮绕组Ⅳ的傅里叶变换结果（所求傅里叶系数为 $\omega=1$，2，3，4，5，…处的函数值）

参 考 文 献

［1］　WANG X, STROUS T D, LAHAYE D, et al. Modeling and optimization of brushless doubly-fed induction machines using computationally efficient finite-element analysis ［J］. IEEE Transactions on Industry Applications, 2016, 52（6）: 4525-4534.

［2］　朱洒，卢智鹏，王卫东，等. 基于 CE-FEA 和小信号分析快速计算逆变器供电下聚磁式场调制永磁电机中永磁体涡流损耗 ［J］. 电工技术学报，2020, 35（5）: 963-971.

［3］　CHAITHONGSUK S, BAHID-MOBARAKEH B, CARON J P, et al. Optimal design of permanent magnet motors to improve field-weakening performances in variable speed drives ［J］. IEEE Transactions on Industrial Electronics, 2012, 59（6）: 2484-2494.

［4］　ZHU X, JIANG M, XIANG Z, et al. Design and optimization of a flux-modulated permanent magnet motor based on an airgap-harmonic-oriented design methodology ［J］. IEEE Transactions on Industrial Electronics, 2020, 67（7）: 5337-5348.

［5］　DEVILLERS E, BESNERAIS J L. Fast calculation of the airgap flux density distribution based on subdomain and permeance magnetomotive force models of electric machines [C]. International Symposium on Electromagnetic Fields in Mechatronics, Electrical and Electronic Engineering, Nancy, France, 2019.

[6] FANG H, LI D, QU R, et al. Modulation effect of slotted structure on vibration response in electrical machines [J]. IEEE Transactions on Industrial Electronics, 2019, 66 (4): 2998-3007.

[7] 许实章. 交流电机的绕组理论 [M]. 北京: 机械工业出版社, 1985.

[8] HAN P, CHENG M. Synthesis of airgap magnetic field modulation phenomena in electric machines [C]. IEEE Energy Convers. Congr. Expo (ECCE), Baltimore, USA, 2019.

[9] 陈世坤. 电机设计 [M]. 北京: 机械工业出版社, 1990.

[10] SEVERSON E, NILSSEN R, UNDELAND T, et al. Dual-purpose no-voltage winding design for the bearingless ac homopolar and consequent pole motors [J]. IEEE Transactions on Industry Applications, 2015, 51 (4): 2884-2895.